EL REINO
DEL AZAHAR

MARTA MICHAVILA
GENER - 2013

Linda Belago

EL REINO DEL AZAHAR

Traducción de
María Alonso Gómez

temas'de hoy. TH NOVELA

Diseño e ilustración de cubierta: Opalworks

El papel utilizado para la impresión de este libro
es cien por cien libre de cloro
y está calificado como **papel ecológico**

Título original: *Im Land der Orangenblüten* by Linda Belago

Ediciones Temas de Hoy es un sello editorial de Ediciones Planeta Madrid, S. A.
Paseo de Recoletos, 4. 28001 Madrid
www.temasdehoy.es
www.planetadelibros.com
Primera edición: octubre de 2012
ISBN: 978-84-9998-194-9
Depósito legal: M. 30.409-2012
Preimpresión: J. A. Diseño Editorial, S. L.
Impresión: Unigraf, S. L.

Printed in Spain-Impreso en España

ÍNDICE

A mis padres

En la vida hay que aprender del pasado,
soñar con el futuro y vivir el presente.

PRÓLOGO

Reino Unido de los Países Bajos, 1850
Róterdam, Elburg

Al arrancar el carruaje, los cascos de los caballos levantaron una nube de polvo rojizo.

—Ya va siendo hora de que llueva. Este calor… —comentó Jan Vandenberg mientras sacudía las finas motas de polvo de su chaqueta oscura.

Su esposa Helena, que iba sentada en el carruaje de espaldas al cochero, alargó la mano hacia su hija Juliette.

—Ven aquí conmigo.

Pero la pequeña de nueve años, a la que sus padres llamaban cariñosamente Julie, sacudió la cabeza.

—Desde aquí veo mucho mejor, mamá. —Se acurrucó contra el brazo de su padre y dejó que el aire frío le acariciase el rostro.

Desde hacía algunas semanas, un calor abrasador había sumido a hombres y animales en un estado de total apatía. Esa tarde de junio, contentos de abandonar el aire asfixiante del establo por unas horas, los caballos trotaban a paso ligero por las calles de Róterdam, donde, con el templado aire vespertino, la vida comenzaba poco a poco a rebrotar.

Ese día, además, Julie se sentía muy orgullosa de que sus padres le hubieran dado permiso para acompañarlos a una cena con amigos. No era la primera vez y, como siempre, un hormigueo le recorría el cuerpo a causa de la emoción. Durante el viaje solo podía pensar en los miembros de la alta sociedad que se iba a encontrar allí. Iba tan enfrascada en esos pensamientos que los delgados labios se le fruncían mientras repasaba una y otra vez todo lo que debía tener presente: una reverencia de cortesía a la anfitriona, los cubiertos de la mesa y cómo utilizarlos. Con un poco de suerte no servirían nada demasiado difícil de comer. Los mejillones solían darle problemas y con frecuencia acababa manchándose. ¡Y sobre todo tenía que acordarse de no limpiarse la nariz con la manga! Ojalá consiguiera hacerlo todo bien. Así, sus padres se sentirían orgullosos y elogiarían su comportamiento.

Julie admiraba a su madre por el gran aplomo y la elegante serenidad con que siempre se conducía. Su padre, prestigioso miembro de la sociedad roterodamense, era apreciado como invitado y como anfitrión por lo espléndido que era. Sabía mantener una buena conversación y le gustaba introducir pequeñas bromas. Incluso en una ocasión, en una de sus últimas visitas, cuando la cocinera de los Werkendam se excedió tanto con la sal de la sopa que la anfitriona se sonrojó y los comensales comenzaron a toser, su padre sonrió con amabilidad y señaló que la comida tenía un viso exótico pero que, no obstante, estaba muy sabrosa. Y sus palabras surtieron efecto; los invitados continuaron comiendo aunque hubieron de regar la comida con abundante vino. Julie soñaba con llegar a ser como sus padres.

—Ve a sentarte con tu madre; si no, vas a acabar cubierta de polvo de los pies a la cabeza —ordenó Jan Vandenberg apremiando a la rubia muchacha a que se sentase en el asiento de enfrente. Julie despertó de sus pensamientos y se miró la ropa asustada. En su vestido se advertía una leve mancha rojiza. Oh, no, no podía asistir a la cena con el vestido sucio.

Helena intentó sacudir la suciedad del vestido con la mano.

—No te preocupes, tesoro, ¡apenas se ve! —Acto seguido, le colocó a su hija un rizo rebelde bajo el sombrero, la rodeó con el brazo y la estrechó con ternura.

—Mira, tú y yo vamos a presentarnos bien limpias y, sin embargo, tu padre parecerá un barrendero. A lo mejor no le dejan entrar…

Julie alzó la mirada y observó a su padre con preocupación, pero la risa mal disimulada de su madre no tardó en revelar que se trataba de una broma.

En esos momentos, ninguno de ellos podía sospechar el trágico final que les depararía aquel día de verano.

Unas calles más allá, un cochero había interrumpido su viaje al frente de un coche que iba cargado hasta arriba de barriles de vino y del que tiraban cuatro caballos belgas. Unos chiquillos juguetones, exaltados por la brisa fresca que soplaba a esas horas, se divertían haciendo cosquillas a uno de los caballos con una vara hasta que el animal, irritado, sacudió la cola y comenzó a patear contra el suelo. En uno de esos movimientos, se le enredó una pata trasera en la cuerda con la que el cochero había amarrado el carruaje. Al tensarse la cuerda, esta pegó un tirón del bocado de los caballos delanteros. Uno de ellos se asustó e inició con su compañero una descontrolada carrera al galope. Los granujas se escondieron a toda prisa en un patio, a sabiendas de que se habían excedido. El cochero, que salió corriendo, ya no pudo sino contemplar desconcertado cómo se alejaba su coche. Los barriles, que caían con estruendo, aumentaron el pánico de los caballos. Los transeúntes se apartaban espantados al paso desbocado del carro del que tiraban los cuatro voluminosos animales.

El cochero de los Vandenberg no advirtió más que un respingo en la punta de las orejas de sus caballos y un ligero titubeo, acto seguido, vio aparecer tras la esquina el carro del que tiraban los caballos desbocados. Sus propios caballos hicieron ademán de huir, pero en ningún momento tuvieron escapatoria. Los cuatro pesados cuerpos de los animales de tiro embistieron el carruaje y, en un abrir y cerrar de ojos, el carro de carga y el carruaje se confundieron en un único amasijo de caballos temblorosos, desgarrones de cuero y estallidos de madera. El carruaje de los Vandenberg volcó con el golpe. Alguien gritó. Lo último que Julie vio fueron los adoquines grises sobre los que quedó tendida. Después todo quedó a oscuras.

—¿Mamá?

¿Lo había soñado? Angustiada, Julie trató de abrir los ojos, pero sus pesados párpados temblaban como las alas de una mariposa y el primer rayo de luz la deslumbró. ¿Se había dormido?

—Ssshhh..., sigue descansando —susurró una voz en la lejanía.

—¿Mamá? —Julie logró por fin abrir los ojos y parpadeó.

—No, soy yo, Marit.

Julie entrevió el enjuto rostro borroso de su niñera. Esta se inclinó sobre ella y le apartó de la frente un mechón empapado en sudor.

—Sigue descansando, Juliette, ¿me oyes?

—¿Qué ha pasado? —Julie se notaba rara. Quiso moverse, pero una intensa punzada en la pierna la hizo estremecerse.

Marit le posó una mano en el hombro y la forzó con suavidad a recostarse de nuevo sobre la almohada.

—¡Juliette, tienes que seguir descansando! —El tono de su voz no dejaba lugar a réplica. Julie hundió la cabeza en la almohada y, antes de que su cabeza tocase la funda, volvió a sumirse en un profundo letargo sin sueños.

Cuando, al cabo de varias horas, volvió a despertar, logró despegar los pesados párpados, aunque no sin esfuerzo. Miró a su alrededor por el rabillo del ojo y advirtió que se encontraba en su habitación. Las pesadas cortinas, que colgaban a ambos lados de la ventana y que hasta entonces solo habían cumplido una función decorativa, estaban cerradas, pero parecía que fuera era de día. ¿Qué hacía en la cama a esas horas? Cuando intentó incorporarse, notó un pinchazo en la pierna. ¿Estaba herida?

¿Qué había pasado? ¿Por qué estaba tan cansada?

De pronto notó una sensación de mareo y todo volvió a quedar a oscuras.

El doctor Maarten entró en la habitación de Juliette Vandenberg. Marit se levantó de la silla sin hacer ruido. Jugueteaba nerviosa con el pañuelo que tenía entre las manos. Señaló a Julie con la mirada y susurró:

—Se ha despertado ya dos veces, ahora vuelve a dormir. —Su rostro reflejaba la preocupación por la pequeña.

El doctor Maarten asintió con un gesto, se ajustó los binóculos sobre la nariz y observó a la muchacha con expresión meditabunda. Pobre criatura. ¡Menuda tragedia! Él conocía a los

Vandenberg desde hacía varios años, había tenido a Juliette en sus brazos cuando no era más que un bebé.

—Ha preguntado por su madre. —Marit se enjugó los ojos enrojecidos con el pañuelo. Su rostro de agotamiento exhibía una palidez enfermiza y la bata gris que vestía estaba arrugada.

El doctor Maarten le posó la mano en el hombro en un gesto tranquilizador.

—Marit, sé que Juliette aún tiene que pasar por lo peor, pero debemos contárselo en cuanto recobre la conciencia, tal como acordamos.

Marit sollozó en silencio, al tiempo que asentía con la cabeza.

—Salga y tranquilícese un rato, yo me quedaré con ella. —Se acomodó en la silla que Marit había colocado junto a Julie. La niñera permaneció indecisa a los pies de la cama—. Váyase, váyase —insistió el doctor.

Julie se movió y el médico se inclinó sobre la cama para comprobar si abría los ojos, pero ella los mantuvo cerrados. La pérdida de conciencia parecía haber dado paso a u sueño reparador.

Al día siguiente, cuando despertó, Julie consiguió al fin expresar un pensamiento claro.

—¿Qué me pasa en la pierna? ¿Podré volver a caminar de nuevo? —preguntó la pequeña mirándose con preocupación el aparatoso vendaje.

—Tienes el hueso roto —le explicó el doctor Maarten—, pero se curará.

Marit acarició con ternura la mejilla de su pupila y volvió a cubrir el vendaje con la colcha.

—¿Y cuánto tardará?

—Tendrás que seguir guardando reposo unas cuantas semanas más hasta que el hueso se suelde —explicó la niñera mientras volvía a sentarse en la silla que había junto a la cama.

—¿Cómo me lo he hecho? ¿Y dónde está mamá?

Julie no obtuvo respuesta.

Poco después, el doctor Maarten entró en la habitación. A pesar de la sonrisa que le dedicó, unas hondas arrugas de preocupación surcaban su frente.

—Bueno, Juliette, veo que has recobrado las fuerzas. —Se colocó junto a la cama y se dirigió a la niñera—: Marit, ¿le importaría dejarnos un momento a solas?

Cuando Marit abandonó la habitación, el médico se sentó en el borde de la cama.

—¿Cómo te encuentras hoy? —Juntó las manos sobre el regazo y Julie advirtió que los nudillos se le volvían blancos por la tensión de la piel.

—Muy bien, señor doctor.

—¿Cómo va la pierna?

—Ya no me duele tanto. —Julie hablaba con valentía y trataba de sonreír al médico, pero la expresión de gravedad del hombre le borró la sonrisa.

El doctor le agarró la mano.

—Juliette, tengo que decirte algo. —Se tomó un tiempo como si necesitase buscar las palabras adecuadas; después prosiguió en voz baja—: Tus padres y tú, los tres, sufristeis un terrible accidente. Tus padres quedaron gravemente heridos —el doctor respiró hondo— y a veces las heridas son tan graves que no se pueden curar. —Hizo una pausa.

De pronto un escalofrío espantoso recorrió todo el cuerpo de

Julie. Las palabras del doctor Maarten resonaban en su cabeza: un terrible accidente… heridos… ¡sus padres estaban gravemente heridos! Pero ¿dónde estaban?, tenía que reunirse con ellos, tenía que… Levantó la vista con miedo y se encontró con el rostro serio del médico, cuyos oscuros ojos la miraban cargados de tristeza. La realidad la golpeó con fuerza, sintió que una ola de desconsuelo la arrasaba por dentro, tan intensa e infinita que estuvo a punto de quedarse sin respiración. «Que no se pueden curar», había dicho el doctor.

—¿Significa eso que mamá y papá están… muertos? —se oyó preguntar a sí misma.

Tenía la sensación de que su voz procedía de una remota lejanía. Igual que la del doctor Maarten.

—Sí, mi niña.

Acto seguido, se le nublaron los sentidos.

Julie pasó los días posteriores en un estado de aturdimiento a medio camino entre el sueño y la vigilia. Todavía albergaba la esperanza de que un día se abriese la puerta y asomara el rostro alegre de su madre. Pero eso no sucedió, y Julie se sumergió en un estado de silenciosa melancolía. No sabía qué hacer con el dolor, ni siquiera era capaz de llorar. Tampoco el final de su convalecencia contribuyó a mejorar su estado anímico. La muchacha alegre y risueña que había sido en su día se convirtió en una niña taciturna y callada.

Marit le prometía una y otra vez que algún día las cosas volverían a marchar bien, pero la ausencia de sus padres estaba presente a todas horas y a Julie le provocaba un dolor casi físico. Los sirvientes se despidieron y ya no volvieron más, y los muebles iban apareciendo poco a poco cubiertos con sábanas blancas. Todo eso desmentía la promesa de Marit.

Julie intentaba abrigar esperanzas y convencerse de que todo seguiría siendo como antes, pero en sus sueños ocurrían cosas aterradoras: se encontraba sola en la inmensidad de la casa, todo estaba vacío y oscuro, ya no quedaba nadie. Otras veces se veía en un orfanato. Una vez había ido a visitar uno con su madre y habían llevado regalos para los niños que vivían allí. «Estos niños no tienen padres que les cuiden», le había explicado su madre. Ahora, en sus sueños, ella se veía sentada entre aquellos niños. Marit hacía todo lo que buenamente podía por mantener la rutina de la pequeña. Con todo, le ocultaba a Julie que, a la larga, su vida no iba a seguir transcurriendo como hasta entonces. Nadie quería hablar de ese tema, hasta que llegó un día en que ya fue ineludible. Antes, sin embargo, Marit quiso celebrar por todo lo alto un acontecimiento como el décimo cumpleaños de Julie, que tendría lugar en septiembre. Algunas otras muchachas —hijas de los amigos más íntimos de los padres— aceptaron la invitación e intentaron que, al menos por unas horas, la vida de Julie volviese a parecer casi normal. Pero en cuanto terminó la celebración, Marit tuvo que hacer frente a la realidad y ceder a las presiones del abogado de los Vandenberg.

Dado que la pequeña de diez años no podía tomar posesión de la herencia, correspondía al familiar más cercano hacerse cargo de su administración. Y en cuanto Julie se recuperó, ese pariente hizo acto de presencia mucho más rápido de lo que todos habrían deseado.

De pronto, una mañana de octubre, la casa de los Vandenberg amaneció con un gran ajetreo. Por primera vez desde la celebración del cumpleaños, se respiraba en la cocina el aroma a bizcocho casero.

—¿Qué pasa? ¿Esperamos visita?

Julie sorprendió a la niñera abriendo la ventana de la habitación de invitados para ventilar. Marit se limitó a contestar lacónicamente:

—Sí.

Apartó a Julie a un lado para preparar las camas. En realidad, esa era tarea de las sirvientas, pero en los últimos meses todas habían abandonado la casa para buscar otra residencia donde trabajar. Ya solo quedaban allí Marit y la vieja cocinera.

Julie contempló el ir y venir de Marit con cierta perplejidad. ¿Por qué nadie le había contado que esperaban visita y por qué Marit le ocultaba la identidad del invitado? Desde que sus padres... Desde el accidente y el entierro nadie había ido de visita a casa de los Vandenberg. ¿Quién iba a recibir a los huéspedes?

—Juliette, ve a tu habitación. Ahora voy yo y te ayudo a vestirte. —Marit la condujo hasta la puerta y Julie salió de allí con gesto pensativo.

Poco después, Marit —que continuaba mostrándose parca en palabras— ayudó a Julie a enfundarse un precioso vestido y le recogió el cabello en una trenza en forma de corona. Julie dejó que Marit llevase a cabo todo el proceso sin oponer ninguna resistencia y, al mirarse, se estiró el vestido con apuro. Este no llegaba al suelo y, bajo las medias, todavía podía apreciarse que su pierna izquierda estaba considerablemente más delgada que la derecha. El médico había dicho que con el tiempo volverían a igualarse. Hasta ese momento, a Julie no le había importado, pero ahora, al verse tan elegante, reparó en ello y se sintió incómoda. Marit no reaccionó a su mirada de bochorno y le anudó un lazo en el cabello rubio dorado.

—Ya está, ya te puedes ir —le ordenó con tono resuelto empujándola hacia la puerta.

Las estancias de la planta baja estaban limpias y ordenadas, alguien había retirado las sábanas blancas de los muebles y en el salón estaba preparada la mesa de café. Julie se sentía nerviosa.

Al poco, oyó llegar un carruaje. El tintineo de los aparejos llegó hasta el pasillo y Julie oyó crujir la grava de la entrada cuando el coche se detuvo. Marit se dirigió hacia la puerta para abrir mientras Julie aguardaba indecisa en el vestíbulo. Se sentía increíblemente sola. Cómo le habría gustado tener a sus padres en ese momento.

Sus alterados nervios se apaciguaron un poco al ver entrar al señor Lammers. Este había trabajado para su padre como abogado y notario, y visitaba a la familia con regularidad. Después de que Marit lo saludase con cortesía, el abogado se dirigió a Julie.

—Mejuffrouw Vandenberg, me alegra verla completamente recuperada.

Julie le dio las gracias con una educada reverencia, tal como le habían enseñado. Sin embargo, se mantuvo escéptica. La expresión de inquietud que exhibía el rostro del señor Lammers recordaba a la de un animalillo asustado y, al verlo, a Julie se le contagió el aire de nerviosismo y turbación.

En la calle, pudo oírse con claridad la llegada de otro coche. Julie se volvió hacia Marit con un gesto inquisitivo. ¿Quién estaba llegando? ¿Qué hacía allí el señor Lammers? Pero antes de que alguien tuviera ocasión de aclarárselo, un segundo invitado irrumpió en la estancia. Al ver el rostro del hombre, por un fugaz instante un destello de esperanza invadió la infantil mirada de Julie. Respiró hondo, pero no tardó en darse cuenta de la equivocación. Aunque el parecido de ese hombre con su padre era asombroso, estaba claro que no era él.

—Juliette, este es tu tío Wilhelm Vandenberg. —Marit empujó con suavidad a la niña para que se acercase al hombre.

—Juliette, me alegro mucho de volver a verte —dijo el hombre con un entusiasmo desmedido. Sin embargo, su voz no reflejaba ni alegría ni cariño sinceros.

Julie saludó con una reverencia y se retiró rápidamente, buscando la mano de Marit. No recordaba tener ningún tío. Estaba casi segura de que no lo había visto jamás. Al menos, en persona. ¿Le habían hablado sus padres alguna vez de él? Creía recordar que su padre lo había mencionado alguna vez. ¿O acaso se lo estaba inventando? Siguió con gesto pensativo a Marit, que acompañó al visitante hasta la mesa; allí Marit le soltó la mano y le acercó una silla. En ese instante, Julie se dio cuenta de que durante toda esa mañana Marit exhibía la misma expresión de impasibilidad.

—Gracias, Marit. —El gesto de asentimiento del tío fue una señal inequívoca para que la niñera abandonase la estancia. Julie le pidió ayuda con la mirada. ¿Acaso pensaba dejarla sola a la mesa con aquel desconocido? El miedo volvió a invadirla: ¿y si cometía algún error? Al principio, el hombre ni siquiera la miró. El señor Lammers apartó la taza de café a un lado y abrió su maletín de piel. Sacó un taco de papeles que extendió cuidadosamente sobre la mesa. Wilhelm Vandenberg buscó con cierta indignación alguien que le sirviera y, finalmente, se sirvió él mismo el café. Los hombres hicieron caso omiso del pastel que desprendía ese dulce aroma que por la mañana había invadido la casa y abierto el apetito de Julie. A ella también se le había cerrado el estómago.

Cuando el señor Lammers se dirigió a ella, se sobresaltó.

—Ahora que usted, mejuffrouw Vandenberg, goza de nuevo de buena salud —Lammers titubeó un instante mientras revolvía nervioso los papeles—, tenemos que plantearnos qué será de usted en el futuro. Su tío —agregó dedicando una fugaz mirada a Wilhelm Vandenberg— se ha desplazado desde Ámsterdam para tomar una decisión en su nombre. Es su pariente más cercano y, por tanto, su albacea.

Julie paseó la mirada de uno a otro. No comprendía nada. ¿Albacea?

Julie descubrió el significado de la palabra «albacea» antes de lo que habría deseado. Pocos días más tarde, se hallaba de camino a un internado.

Iba sentada junto a su tío en el carruaje y miraba por la ventana. Ya no le gustaba montar en coche y, además, aquel no era precisamente un viaje de placer.

Las imágenes de la despedida se le agolpaban en la cabeza. Pensaba en Marit, que había salido a la puerta a despedirla tratando de reprimir la tristeza mientras le susurraba unas palabras al oído. Julie era incapaz de imaginarse la vida sin Marit. Marit siempre había estado allí para ella. Y Julie había apreciado siempre la calidez que le procuraba tener una niñera tan cariñosa. Conocía a las niñeras de otras familias y sabía que algunas eran bastante crueles. Marit, en cambio, nunca le había gritado, ni siquiera el día que Julie se había hecho un desgarrón en un vestido nuevo. Solía contarle cuentos antes de dormir y le hacía unas hermosas trenzas que ni siquiera a su madre le salían tan bien. ¿Quién iba ahora a ayudarla a vestirse? ¿Quién la peinaría? ¡No podía hacerlo todo sola! ¿Qué iba a ser ahora de Marit?

La despedida, además, fue demasiado rápida. El tío Wilhelm la obligó a prepararse deprisa y corriendo para partir y la llevó al coche a empellones. La última imagen con la que se quedó era la de la casa de sus padres. Una imagen llena de silencio y de paz. ¿Volvería a ver aquella casa algún día?

Ahora ya llevaban varias horas de viaje en dirección al norte, a través de tierras de labor y árboles desnudos. Un viento racheado arrastraba a toda velocidad las nubes negras. Pasaron por pueblos pequeños que se estaban preparando ya para la llegada del invierno y atravesaron bosques donde las hojas secas danzaban al ritmo del viento. Julie se ajustó el grueso abrigo al cuerpo, tiritando, y enterró la nariz en el cuello. La tela olía a casa, a cera de pulir el suelo y a bolas de naftalina y, por un instante, le pareció percibir el aroma del perfume de su madre. Después del accidente, en cuanto pudo ponerse en pie, había recorrido la casa a hurtadillas buscando cosas que pudieran hacerla sentirse cerca de sus padres otra vez. Hundía la nariz en las almohadas, en los pañuelos y hasta en el cenicero donde su padre posaba el puro por las noches. Pero el torrente de sensaciones de súbita calidez quedaba reducido enseguida a un agudo dolor y a un inmenso vacío. Los recuerdos se hallaban íntimamente unidos a la residencia de sus padres, y ahora que se iba alejando de ella kilómetro a kilómetro, paso a paso, Julie sentía que los recuerdos se desvanecían y se tornaban cada vez más difusos.

No se sentía a gusto en compañía de su tío Wilhelm. Desde que llegó, solo se había dirigido a ella para darle alguna que otra instrucción sobre los preparativos, pero, por lo demás, no se preocupaba por ella en absoluto. Lo único que despertó su interés fue el inventario de la casa, pues examinó a fondo todos y cada uno de los muebles mientras el señor Lammers lo seguía por doquier con actitud servil pasando una tras otra las hojas de una lista inacabable. Ese fatídico día, Marit había insistido enérgicamente en que Julie se encerrase en su habitación y dejase a solas a los dos hombres, ya que tenían que tratar de asuntos serios. A partir de ahí, todas las demás decisiones importantes se tomaron a espaldas de Julie. La alegría que siempre había caracterizado a su padre no parecía ser un rasgo que tuviera en común con su tío, que, en todo momento, se mostraba frío y distante con Julie. No parecía que lo conmoviese en absoluto la terrible incertidumbre de Julie sobre el futuro, que tanto la atemorizaba.

Julie lo miró un par de veces, pero él en ningún momento apartó la vista de la ventanilla. Por un instante, Julie se planteó formularle alguna de las muchas preguntas que la asaltaban, pero no era correcto que un niño se dirigiera a un adulto sin que este le hubiera hecho ninguna pregunta, de modo que siguió mirando por la ventana. Julie, que no sabía dónde se hallaba su futura escuela, se quedó muy sorprendida cuando, al llegar al cruce donde se tomaba el desvío hacia Ámsterdam, el coche tomó otro camino.

Levantó la vista hacia su tío con mirada inquisitiva y, en esa ocasión, obtuvo una respuesta inmediata:

—El internado femenino Admiraal van Kinsbergen está en Elburg —se limitó a comentar el tío Wilhelm.

Julie se encogió de hombros. ¿En Elburg? No tenía ni idea de dónde se encontraba eso, pero con el paso de las horas se desvanecía cualquier esperanza de poder vivir cerca de su pariente. Con gesto de tristeza, se hundió entre los cojines del asiento del carruaje. A pesar de que apenas conocía a aquel hombre y aunque no se parecía en absoluto a su padre, le dolía ver que se esfumaba por completo la pequeña esperanza de que en algún momento cambiara su actitud. El día comenzó a decaer antes de que concluyeran el viaje. Julie pasó la noche sola y desvelada en una habitación pequeña y fría de una posada. La posadera, que llevaba varios muchachitos colgados de las faldas, sintió lástima de la pequeña y por la noche le llevó a la cama un vaso de leche con galletas; pero Julie ni siquiera lo tocó, no tomó ni un solo bocado.

A la mañana siguiente, prosiguieron el viaje. Bien entrada la tarde, el cochero atravesó un puente y traspuso la puerta de la pequeña ciudad de Elburg, que se encontraba a más de un día de viaje desde Ámsterdam. Julie estaba hambrienta y agotada, aunque intentaba reprimir las lágrimas porque no quería llorar delante de su tío. Los callejones eran cada vez más estrechos y, bajo la tenue luz del atardecer, Julie comenzó a vislumbrar una gran aglomeración de innumerables casas. Parecía como si el constructor se hubiera propuesto levantar todos los edificios en el menor espacio posible. Esa angostura, que en otras circunstancias podría haber resultado acogedora, a Julie le resultó espantosa e intensificó más aún su malestar, que poco a poco se iba tiñendo de nerviosismo. El coche dobló unas cuantas esquinas más hasta que se detuvo frente a la entrada de un imponente y colosal edificio.

Mientras Julie, indecisa, bajaba del coche tras su tío, el gran portal de la casa se abrió y una mujer alta y enjuta se dirigió hacia ellos. A Julie se le encogió el estómago.

—Mijnheer Vandenberg, es un placer. Espero que hayan tenido un viaje agradable —dijo la mujer inclinándose con una reverencia, antes de volver la mirada hacia Julie, que permanecía inmóvil junto a su tío—. Y tú debes de ser Juliette. —No había en su voz ni asomo de calidez. La expresión de su cara traslucía rigidez y resolución—. Me llamo Anna Büchner y soy la directora del internado. —Lanzó una fugaz mirada de menosprecio a Julie, que se inclinó ante la señora, antes de que esta se volviera de nuevo hacia el tío—: Pasemos adentro. Allí podremos hablar de todos los detalles. Juliette —la directora dio una palmada y de inmediato apareció por la puerta una mujer ataviada con traje de servicio—, Merle te llevará a tu habitación. Yo pasaré a buscarte por allí más tarde.

Julie siguió a la sirvienta hasta el interior del edificio y, una vez dentro, recorrieron varios pasillos lúgubres e interminables. Al fin, la mujer se detuvo frente a una puerta y la abrió. Con una pronunciada reverencia, Merle le dijo a Julie:

—Mejuffrouw Vandenberg, su habitación. —La sirvienta cedió el paso a Julie y entró tras ella en la estancia. Encendió una pequeña lámpara de aceite que había sobre la mesa y traspuso de nuevo la puerta hasta el pasillo. Julie recorrió la habitación con mirada curiosa. En comparación con las dimensiones del resto del edificio, era diminuta. En los laterales más largos había una cama y un armario, el espacio del centro lo ocupaba una mesa con dos sillas y, en un rincón, detrás de la puerta, se veía una palangana. A Julie la invadió una sensación de esperanza: ¡dos camas! No parecía que ninguna de las dos camas estuviera hecha, pero tal vez, con un poco de suerte, ¡no viviría sola en aquel lugar!

Julie se dirigió al angosto ventanuco. Daba a un patio interior por el que discurrían caminos de grava entre pequeños bancales.

—Parece un claustro —pensó espontáneamente. Se sentó en el borde de la cama sin saber muy bien qué hacer. No le quedaba más remedio que esperar. Tenía mucho frío, pero no había estufa en la habitación; estaba cansada y, aunque las sábanas estaban tiesas y frías, no pudo resistir la tentación de tenderse en la cama y cubrirse con la colcha hasta la cabeza. Se quedó mirando los tablones desgastados del suelo con gesto pensativo. Aquella habitación la habían pisado infinidad de pequeños pies. Se preguntó si todas las demás niñas se habrían sentido tan solas como se sentía ella. Todo a su alrededor le resultaba descorazonador. Con gran esfuerzo, logró reprimir las lágrimas. Tenía que ser fuerte, tal como Marit le había repetido una y otra vez. Su madre también lo habría querido así.

Después de lo que le pareció una auténtica eternidad, como nadie venía a recogerla, Julie decidió salir al pasillo y asomarse a una de las ventanas. Desde allí se divisaba la calle. Bajo la luz mortecina se adivinaba el carruaje de su tío, estacionado frente al portal. El vapor que desprendían los cuerpos calientes de los caballos se confundía con la neblina nocturna. Entonces, Wilhelm Vandenberg atravesó la puerta. Subió al coche y, sin volver la vista atrás una sola vez, se marchó.

¡Hasta la vista!

Reino Unido de los Países Bajos, Surinam, 1858-1859
Elburg, Ámsterdam, plantación de Heegenhut

CAPÍTULO 1

Julie recorrió a todo correr los pasillos del internado con la carta en la mano. Subió una escalera, dobló una esquina y siguió corriendo por otro pasillo. A esas alturas ya se conocía los recovecos del edificio de memoria. Llevaba ocho años allí, aunque no había empezado a sentirse bien hasta que la señora Koning, tres años atrás, había ocupado el puesto de directora; casi al mismo tiempo, habían alojado a Sofia en su habitación. El internado se convirtió en su casa, pero nunca llegó a sentirlo como un hogar. La señora Koning asumió la dirección del internado después de que su predecesora, que en su día había recibido a Julie, se viera obligada a abandonar el cargo a causa de varias disputas. El despido de la señora Büchner fue para Julie una auténtica bendición. La nueva directora le inspiraba admiración y respeto. La llegada de la señora Koning había significado un cambio como de la noche al día, al menos así lo vivió Julie. El internado femenino Admiraal van Kinsbergen se había levantado muchos años atrás sobre las ruinas de un antiguo monasterio para complementar la escuela masculina, situada también en Elburg, que gozaba de una fantástica reputación. A pesar de las expectativas depositadas en el proyecto, el internado femenino jamás logró un prestigio comparable al de la escuela masculina. Cuando el número de internas se estancó, se decidió nombrar directora a la señora Büchner, una experimentada pedagoga. El plan de rescatar la escuela fue una noticia bien recibida por todos. Sin embargo, la dama sufrió un giro radical que nadie llegó a comprender. Al poco tiempo —cuando Julie aún no había ingresado en el internado—, la directora Büchner se sumió en un súbito fervor religioso que, para la escuela, resultó más dañino que favorable. Las familias fueron sacando a sus hijas del internado hasta que solo quedaron allí las jóvenes que no tenían otro lugar adonde ir. Aunque Julie se preguntó en varias ocasiones si su tío conocía la fama de la escuela, nunca se atrevió a preguntárselo a él. En su día, él se había limitado a dejarla allí y jamás había vuelto a preocuparse por ella. Sencillamente, se ocupaba de pagar la mensualidad puntualmente y, una vez al año, Julie tenía que visitarlo durante tres semanas, pero nunca más de tres. La familia de su tío seguía siendo desconocida para Julie; esas breves estancias no eran suficientes para crear un clima de confianza.

Por lo demás, Julie jamás se atrevió a quejarse sobre la situación en la escuela, de manera que durante casi cinco años le tocó sufrir los múltiples servicios religiosos, siempre iguales, en la gélida capilla del convento —que fueron los que en gran medida marcaron su rutina en la escuela— y tuvo que soportar pacientemente horas y horas de interminables oraciones.

Cuando, poco antes del fin definitivo de la escuela, las riendas de la institución pasaron a manos de Alida Koning, la situación escolar y cotidiana cambió de manera drástica. La nueva directora introdujo un plan de estudios moderno y concedía permiso regularmente a las alumnas para que salieran. Por no hablar de las estufas nuevas que mandó instalar... Su gestión no tardó en dar sus frutos y pronto comenzaron a llegar nuevas internas, entre las cuales estaba Sofia. Julie presenció en silencio el proceso de transformación que se estaba produciendo a su alrededor. Para ella era como si el tiempo hubiera estado detenido y, de pronto, el ritmo de los relojes se hubiera desatado. En pocas semanas, los pasillos oscuros, habitados únicamente por corrientes de aire, se convirtieron en espacios luminosos y cálidos con un agradable ajetreo. Julie escuchaba fascinada las voces de las muchachas, de vez en cuando incluso se oían risas y se veían vestidos de colores. Al principio, la timidez venció a Julie, que no se atrevía a sumarse al nuevo ambiente.

Alida Koning gozaba de un refinado olfato para las personas y Juliette Vandenberg la preocupó desde el primer momento. La joven muchacha vivía gran parte del tiempo absorta en sus pensamientos y parecía haber perdido la ilusión por vivir, algo que, por otro lado, no era de extrañar, teniendo en cuenta la historia y las prácticas medievales que habían imperado en el internado. Por eso, adoptó la sabia decisión de ponerle como compañera de habitación a la alegre Sofia. Esta, con su buen instinto y su afecto, logró arrancar a Julie de su timidez y, poco a poco, esta empezó a abrirse a los demás.

Durante los primeros años en Elburg, Julie vivió en soledad sus preocupaciones de juventud y sus necesidades. Habría preferido que se la tragara la tierra antes que depositar su confianza en alguien. Las antiguas compañeras parecían criaturas divinas a las que sobre todo no afectaban los cambios físicos propios de la edad. Ella, por el contrario, durante mucho tiempo tuvo que ocultar avergonzada los cambios que se estaban produciendo en su cuerpo. La transformación de niña a mujer la tenía atemorizada. Pero ¿con quién habría podido compartir esos miedos? Ni sus compañeras ni la señora Büchner le habrían resultado de ayuda, ya que en aquella época en el internado estaba terminantemente prohibido distraerse con temas como la moda o los muchachos jóvenes. Cuando llegaron las nuevas internas, ante Julie se abrió de pronto el nuevo mundo de las jovencitas, una experiencia totalmente nueva, emocionante y, al mismo tiempo, aterradora. Aunque con cierto titubeo, poco a poco Julie fue adentrándose en el tema. La primera experiencia que Sofia compartió con Julie fue que las muchachas jóvenes se alegraban de que les creciera el pecho. Y también la «deshonra» mensual se convirtió de pronto en algo completamente normal y dejó de ser algo por lo que disculparse ante Dios. Julie se acordaba perfectamente del día en que Sofia la había llevado aparte y le había hablado con una claridad turbadora sobre determinadas cosas de la vida. Julie se había puesto roja como un cangrejo, pero Sofia la había tranquilizado:

—Todo es completamente normal.

Julie trabó amistades por primera vez y halló en la directora una persona de confianza que, si bien no podría sustituir a su madre, sí que podría guiarla en la senda de la vida adulta, en cuyo umbral se encontraba en aquellos momentos. Cada vez era más consciente de que tenía que empezar a pensar en el futuro. Hacía tiempo que las demás muchachas se planteaban qué querían hacer al terminar la escuela. Julie no tenía ni idea de qué camino tomar. Le gustaba la idea de hacerse maestra, pero su tío no había expresado todavía ninguna opinión al respecto. ¿Acaso era algo que debía decidir ella por su cuenta? A decir verdad, lo dudaba. Soñar con el matrimonio, como hacían las demás muchachas, ni siquiera se le pasaba por la cabeza. ¿Dónde iba a encontrar un joven para ella? Cada vez que lo pensaba desterraba rápidamente la idea de su mente, aunque nunca la descartaba del todo.

En aquel momento, Julie irrumpió sin aliento en la habitación. Sofia pegó un respingo.

—¿Juliette? ¿Qué pasa?

Julie le entregó la carta sin mediar palabra. Sus rubios rizos se habían soltado del prieto moño y caían desgreñados sobre las mejillas sofocadas. Con un gesto nervioso, Julie se colocó los mechones detrás de las orejas.

—¡Léela! No quieren que me vaya contigo. ¡Tengo que ir con ellos! —Mientras Sofia tomaba el papel con mirada inquisitiva, Julie se sentó en el borde de la cama y trató de serenar la respiración—. ¡Léela! —la apremió con impaciencia.

Sofia se sentó en su cama y desdobló el pliego de papel. En el rostro de su amiga, Julie advirtió una expresión de sorpresa, que fue tornándose en rabia.

—Juliette…, pero si… Entonces tienes que… ¡Ahora que ya nos habíamos hecho ilusiones! —Sofia miró desconcertada a su amiga.

Julie se encogió de hombros con resignación.

—Yo me he llevado la misma sorpresa cuando la señora Koning me ha entregado el escrito. Nunca creí que se negarían. ¡No quiero ir allí! —exclamó con un suspiro—. Sabes cuánto odio esa visita anual obligatoria. ¡Ojalá pudiera ir a tu casa!

—Julie dirigió una mirada triste a su amiga. Se lo habían imaginado todo muy bonito: Julie podría pasar por primera vez las vacaciones de invierno con Sofia. Un plan que le agradaba mucho más que la estancia con su tío. Habían enviado una petición por escrito. Y resulta que la correspondiente respuesta era negativa.

—Bueno, vamos, tampoco será tan terrible. El año pasado también lo pasaste… bien. —Sofia intentaba salvar la situación. Sabía lo que significaba para Julie pasar las vacaciones con ella en casa. Pero si el tío se oponía, no había nada que hacer.

Cuando Alida Koning asumió la dirección, las vacaciones de verano estaban a la vuelta de la esquina y todas las muchachas, salvo Julie, estaban preparando sus equipajes. Entonces a la nueva directora se le había ocurrido una idea.

—¿Juliette? ¿No vas a visitar a tu tío en verano?

Julie había sacudido la cabeza afligida.

—No, solo me dejan que los visite en invierno. En verano, la familia se marcha de vacaciones. Y yo…, bueno, no quieren que yo…

A la directora la muchacha le había inspirado lástima. ¿Cómo iba a pasar la pobre joven la época más hermosa del año encerrada entre aquellos oscuros muros?

—A lo mejor podrías marcharte con Sofia. Lo consultaré con los De Weeks —había sugerido de manera espontánea. Y con ello logró que Julie, por primera vez en muchos años, disfrutase al pensar en la protección de una familia.

Desde el primer momento, la familia de Sofia se había mostrado entusiasmada. En gran medida, también porque sabían que Sofia solía sentirse un poco sola entre sus tres hermanos mayores. Los De Weeks acogieron a Julie con gran afecto y cariño. Al principio, ella se sentía un poco incómoda porque no quería molestar, pero el miedo se disipó enseguida y pronto comenzó a disfrutar plenamente de la estancia en casa de Sofia. Desde entonces, Julie pasaba todas las vacaciones, salvo las tres semanas de invierno, con Sofia y su familia, que desde hacía varias generaciones poseía una villa de vacaciones en Hallerscoge. Era una imponente y antigua mansión señorial en medio de misteriosos bosques rodeados de charcas donde chapoteaban patos y de prados donde pastaban caballos. Era una casa llena de vida y amor. Sofia tenía una extensa familia y en la casa siempre reinaba mucho ajetreo. Salían de excursión y de picnic, recibían visitas a menudo y el momento álgido del verano era siempre la gran cacería. Para Julie, las semanas en Hallerscoge eran como un sueño. Allí tenía su propia habitación, podía lucir hermosos vestidos y estaba completamente integrada en la vida familiar. La madre de Sofia jamás marcó diferencias de trato entre Julie y sus propios hijos. Algunas noches, antes de dormir, Julie daba las gracias a Alida Koning en silencio por haber ideado aquel plan.

Ahora el sueño de pasar las vacaciones de invierno con Sofia se había desmoronado.

Como siempre que las asediaban preocupaciones o problemas, Sofia y Julie salieron del asfixiante espacio del internado y se adentraron en la naturaleza. Durante los primeros cinco años, Julie no había disfrutado de la belleza de la ciudad de Elburg porque solo conocía la vista desde las ventanas y el camino a la iglesia. Por eso, durante los últimos tres años había saboreado la libertad más que nadie.

Era principios de diciembre y el aire empezaba a notarse frío. Las muchachas se abrigaron bien, su aliento formaba pequeñas nubes blancas de vaho y sus pies hacían crujir la alfombra de hojas secas de los viejos robles. Una junto a la otra, avanzaban con gesto pensativo por el ancho camino entre las antiguas murallas y el hondo foso que rodeaban la ciudad.

El camino que discurría por el exterior de las murallas se hallaba a pocos minutos de distancia del internado y muchos habitantes de Elburg acudían allí a pasear y tomar el fresco, algo que resultaba bastante difícil en las intrincadas y angostas callejuelas de la ciudad. En verano, familias enteras iban a hacer picnic y los niños jugaban en las explanadas de hierba. Los jóvenes galanes llevaban a pasear a sus prometidas en pequeños botes y en ocasiones se entreveían parejas de enamorados ocultos entre las sombras de los enormes árboles. Observar todos aquellos movimientos era una de las distracciones favoritas de las jóvenes del internado. Pero ahora en invierno, con el frío helador, apenas había gente.

Julie suspiró.

—No entiendo para qué quiere mi tío que vaya a Ámsterdam. —En efecto, para ella era todo un misterio por qué, año tras año, su tío se empeñaba en que Julie fuera a pasar con ellos el cambio de año. Julie no se llevaba bien ni con él ni con su esposa ni con sus hijas—. A lo mejor le remuerde la conciencia por haberme abandonado aquí —gruñó.

Sofia rodeó a su amiga con el brazo. Ella también estaba muy ilusionada con la idea de que Julie pasara las vacaciones en su casa y comprendía perfectamente el disgusto de su amiga.

—Bueno, Juliette... Yo creo que lo hacen con buena intención. —Al pronunciar aquellas palabras, ella misma se dio cuenta de que sonaban vacías. Cuando llegaron a la torre defensiva, cuyos cimientos utilizaban como mirador, se sentaron en un banco. Algunos patos intentaban alcanzar el agua a través de la fina capa de hielo y dos cisnes imponentes descansaban en la orilla bajo las ramas colgantes y cubiertas de escarcha de un sauce.

—Solo son tres semanas. —Sofía suspiró de nuevo.

—Llevan siendo solo tres semanas desde hace nueve años, pero ya no puedo más —replicó Julie en tono malhumorado. Y entonces se le ocurrió una idea—: A lo mejor…, si fingiera que he caído enferma, tal vez podría quedarme aquí.

—Por Dios, Juliette, que tienes dieciocho años, ¡no te comportes como una cría pequeña! Además, en Nochevieja tu tío organiza una buena fiesta, ¿no? Al menos eso será divertido. Vestidos deslumbrantes, bailes, música, gente interesante… Y en Semana Santa volverás con nosotros. —Sofia trató de ocultar la tristeza que la frustración de sus planes le provocaba. Ya era bastante difícil para Julie.

Julie siguió refunfuñando, pero Sofia tenía razón, todos los años la fiesta de la despedida del año constituía el momento estelar de las vacaciones, y eso compensaba, al menos en parte, el resto de la estancia. No porque Julie consiguiera distraerse durante los demás días que pasaba en familia. Ni tampoco porque nadie se preocupara especialmente por ella. Pero al menos por unas horas cesaba el insoportable discurso de la «pobrecita muchacha». Como nadie de la familia, salvo el primo Wim, gozaba en realidad de la confianza de Julie ni se esforzaba lo más mínimo por ganársela, todos se limitaban a compadecerla por la pérdida de sus padres y de su hogar… Esa compasión fingida a Julie no le procuraba consuelo alguno y, en cuanto regresaba al internado, olvidaba a la familia por completo hasta el año siguiente.

—¡Ámsterdam es una ciudad preciosa! Hay fabulosas calles comerciales y allí conocerás a infinidad de gente nueva. ¡Es emocionante! —exclamó Sofia en un nuevo intento para animar a su amiga, pero poco a poco se le acababan los argumentos y Julie continuaba con la misma cara larga—. Y piensa además que estará allí tu primo…, tu primo Wim.

Sí, Wim. Por un instante se le iluminó la mirada, tenía que admitirlo. Su primo Wim, el hijo de Wilhelm, era la única persona de toda la familia que le caía bien. La primera vez que la invitaron a Ámsterdam, después de haber pasado el primer año en el internado, él no era más que un pilluelo descarado, pero ahora estaba hecho todo un hombre. De niña, Julie se había resistido a acercarse al pequeño Wim, al que sacaba dos años de edad, pese a que advertía con agrado que al muchacho le gustaban su madre y sus hermanas tan poco como a ella. Con él se había entendido bien desde el principio y, además, era el único que aportaba un poco de diversión al aburrido día a día en la residencia familiar de su tío.

De pronto se le escapó una carcajada. Le había venido a la mente la imagen de la rubia cabellera y la pícara mirada de su primo el día que le propuso —ella debía de tener unos doce años— que robaran un pedazo del pastel recién horneado que había en la cocina. Julie no estaba muy convencida porque no quería ocasionar problemas en casa de su tío y, menos aún, que la tomasen por una ladrona. Pero acabó dejándose tentar por su primo y accedió a hacerlo. Lo cierto es que el hormigueo que sintió al coger el pastel fue de lo más excitante y, además, tal como Wim había predicho, no los atraparon.

Hasta las vacaciones, el tiempo transcurrió a toda velocidad.

—¿Juliette? Venga, vamos, los coches están esperando abajo.

Sofia se hallaba en la puerta preparada para partir.

Julie estaba tendida en la cama, leyendo, con el abrigo de viaje puesto, pero en su actitud no se advertía el menor asomo de premura. Cerró el libro, obligada por la mirada censora de Sofia, y lo dejó sobre la mesilla de noche. Se levantó resoplando de la cama y, antes de comprobar su aspecto en el espejo, estiró la colcha primero y a continuación su vestido liso marrón.

Cuando llegó a Elburg, el espejo devolvía el reflejo de una pequeña muchachita; ahora, sin embargo, la imagen era la de una joven mujer. Aunque Julie no era tan madura como Sofia, su cuerpo revelaba en lugares precisos unas curvas ligeramente más pronunciadas que las de su delgada compañera de habitación.

Las otras compañeras veían en Julie a una muchacha hermosa de dorada cabellera, de refinadas facciones y de naricilla pequeña y algo respingona.

—Pareces una auténtica aristócrata —solía decirle Sofia para burlarse.

—Sí, claro, y un día aparecerá un príncipe a caballo y me rescatará —contestaba siempre Julie y se le dibujaba una profunda arruga en el entrecejo, sobre los límpidos ojos azules, como cuando algo la enojaba.

En esos instantes, su rostro exhibía esa misma expresión mientras, entre resoplidos, se ajustaba el sombrero a la cabeza.

En los últimos días, Sofia había intentado destacar las virtudes del viaje de su amiga a Ámsterdam en diversas ocasiones, aunque con escaso éxito. La sombra de su tío planeaba sobre Ámsterdam y le causaba a Julie demasiado miedo como para que se ilusionara con el viaje. Wilhelm era un desconocido que un día había irrumpido en su vida y la había arrancado de todo lo que le resultaba familiar y cercano. En ocasiones, sentía una ira irrefrenable contra él. A él le interesaba la herencia mucho más que ella; con el tiempo Julie ya no tenía duda alguna. Ella no le concedía mucha importancia al dinero y en su momento no comprendió lo que estaba pasando con la herencia de sus padres. Julie tenía todas sus necesidades cubiertas, la señora Koning le había explicado que, en lo que concernía a su situación financiera, no debía preocuparse por nada. Pero cada vez que tenía que ir a Ámsterdam, andaba con mil ojos. Temía que su tío pudiera volver a quitarle algo o a enviarla a algún lugar adonde no quisiera ir. Seguía teniendo grabado a fuego el recuerdo y el dolor de la despiadada despedida, ocho años atrás. A sus padres se los había arrebatado el destino. Pero su hogar, la casa de sus padres, lo único que ella tenía, se lo había arrebatado él. En el corazón de Julie había nacido una frialdad imborrable hacia ese hombre. A él no le gustaba Julie y tampoco la quería. Eso no había cambiado con el paso de los años.

Sofia, que se percató de que Julie estaba enfrascada en sus cavilaciones, la rodeó con el brazo en un gesto afectuoso pero decidido.

—Vamos, bajemos a ver si han llegado los coches. —Y condujo a su amiga hacia la puerta.

Cuando Sofia divisó el coche de sus padres desde la ventana del pasillo, echó a correr todo lo deprisa que le permitía la falda plisada que lucía. En ese instante, Julie se alegró por su amiga. Los padres de Sofia eran personas de muy buen corazón.

Cuando, poco después, Julie traspuso el umbral de la puerta del internado, tuvo que ajustarse la capa. Era a primera hora de la mañana del 20 de diciembre y hacía un frío helador. Delante del edificio había un gran ajetreo. La madre de Sofia se acercó enseguida con los brazos abiertos.

—Juliette, qué alegría me da volver a verte, ¿cómo estás?

—Gracias, estoy bien, mevrouw De Weeks —contestó Julie en tono amable, aunque sus palabras no respondían del todo a la verdad. Después, recorrió con la mirada la plazuela que se abría ante el internado y vio el coche de su tío. En la puerta se mostraban con ostentación las iniciales «WV», de Wilhelm Vandenberg, en grandes y recargadas letras doradas. El cochero exhibía una expresión hosca porque llevaba largo rato aguardando a Julie. Esta, sin embargo, solo lamentó haber obligado a los pobres caballos a esperar en el frío. Reprimió el asomo de mala conciencia, sacudió el brazo para despedirse de su amiga por última vez y accedió al fin a emprender el viaje forzoso a casa de su tío.

CAPÍTULO 2

Wilhelm Vandenberg estaba asomado a la ventana de su despacho contemplando con la mirada perdida el barrio de comerciantes que se extendía a los pies de su casa.

Margret, su esposa, en su momento se había mostrado reacia a mudarse a esa parte de la ciudad, pero para Wilhelm era importante estar cerca de su lugar de trabajo. El enorme solar y los planos de la casa, que respondían a la categoría social de la familia, contribuyeron a convencerla. Más tarde, varios comerciantes se asentaron en el vecindario y, actualmente, se trataba de una de las zonas mejor consideradas de la ciudad, algo de lo que Margret solía decir: «Yo siempre estuve a favor de que nos trasladáramos aquí». Wilhelm suspiraba. Margret. En su momento, al menos era una mujer llamativa, pero hoy… Era pequeña y nervuda, llevaba siempre el cabello cano recogido y tirante y solía lucir vestidos recatados con el cuello muy rígido que le añadían años a los cincuenta y seis que tenía. Ella, sin embargo, parecía disfrutar de ese papel de matrona avejentada. Dirigía su casa y el servicio con mano dura y no les daba jamás oportunidad de tomar una decisión ni a su marido ni a sus hijos. No obstante, con sus dos hijas, Martha y Dorothea, mostraba algo más de benevolencia que con su hijo Wim. Wilhelm Vandenberg, a decir verdad, vivía atemorizado por su esposa. O, mejor dicho, vivía atemorizado por su colérico carácter, por sus incontrolados arrebatos si se le llevaba la contraria y por sus desmayos cada vez que discutían. Ella le reprochaba a su marido de manera constante y en presencia de los hijos que no le gustaba el tipo de vida que llevaba. A veces, él se decía que ojalá tuviera el valor de decirle a la cara que era precisamente su actitud arrogante y autoritaria la causa de que pasara tanto tiempo fuera de casa. Una buena comida y vino abundante constituían el remedio para olvidar a su hostil esposa.

Wilhelm se acarició el cabello encanecido y cada vez más escaso y arrastró su voluminoso cuerpo de nuevo hasta el sillón situado tras su escritorio. Con gesto pensativo, pasó la mano por el oscuro tablero de madera noble. Los negocios ya no marchaban tan bien, la competencia había aumentado de forma escandalosa en los últimos años. Wilhelm Vandenberg había logrado mantener el monopolio de algunos productos importados, en especial el del azúcar procedente de las colonias, pero algunos años atrás se habían introducido en el mercado astutos vendedores que ofrecían precios más ajustados y le hacían la vida más difícil. El precio del azúcar de remolacha, sobre todo, había caído en picado. Las ganancias habían sufrido un drástico descenso y, teniendo en cuenta las elevadas exigencias de su familia, la situación económica empezaba a complicarse. A Margret no se le podía ni plantear la posibilidad de que modificase su tren de vida. Y, en un futuro cercano, tendría que pensar además en casar a sus hijas, lo cual iba a suponer un duro golpe a las arcas; eso si hallaba hombres adecuados para las dos. Él calculaba que tendría que destinar parte de su fortuna a ello, aunque no perdía la esperanza de que las dos encontraran hombres de categoría que, una vez casadas, las mantuvieran. Hasta que llegara la hora, debía mantener los negocios en marcha; no solo por el bien de su único hijo varón, que heredaría la empresa familiar, a pesar de que este tenía en mente otros planes, algo que enojaba profundamente a Wilhelm. Él esperaba que, antes o después, Wim acabara entrando en razón.

De todos modos, todavía tenía un último as en la manga. Juliette. En su momento se había convertido en tutor de su sobrina a regañadientes, a pesar de que su hermano ni siquiera mencionaba su nombre en el testamento. Tenía derecho a administrar y ocuparse de la herencia, sí, pero ¿podía disponer del dinero? En absoluto.

«¡El refinado señorito de su hermano!» A Wilhelm lo invadió la ira, una ira que le sobrevenía cada vez que pensaba en su hermano a pesar de que este llevase ocho años muerto.

Al principio, habían comenzado dirigiendo juntos el negocio. Habrían podido levantar un auténtico imperio de no ser por la cobardía de Jan Vandenberg y por su empeño en hacer siempre las cosas bien. La vida del comerciante era dura y en ocasiones había que trampear un poco; Wilhelm, a diferencia de Jan, aprendió enseguida esa lección. Al final, los hermanos terminaron enfrentándose. Jan, el más joven, decidió emprender su propio camino y, para gran indignación de Wilhelm, las cosas no le marcharon nada mal. Hasta el momento de su muerte, la empresa de los Vandenberg en Róterdam siguió prosperando, mientras que la parte de Wilhelm, en Ámsterdam, quedó estancada.

En todo caso, Juliette era como una pequeña garantía. Su padre le había dejado en herencia toda su fortuna. Aunque al cumplir los veintiún años ella tendría acceso al dinero, Wilhelm todavía abrigaba la esperanza de poder intervenir en el juego de alguna manera. Con un poco de suerte, conseguiría concertar un matrimonio conveniente con un hombre que estuviera dispuesto a invertir, sin dudarlo, toda la fortuna de Juliette en el «seguro negocio» de su tío. Wilhelm llevaba largo tiempo tramando ese plan y no veía ningún motivo para no llevarlo a cabo. El único problema era la propia Juliette, que casi con toda seguridad se iba a negar a aceptarlo. En ese sentido, lo preocupaba también la valoración de Juliette que le había hecho llegar la nueva directora del internado. Esta no solo ensalzaba la valía de la joven en cuanto a las materias escolares —la muchacha destacaba en neerlandés, alemán, francés, inglés, cálculo e historia—, sino que además elogiaba su carácter: «Su dulzura y su virtuoso comportamiento apuntan a la conveniencia de que emprenda una formación posterior como maestra», rezaba el informe. Wilhelm golpeó exasperado la mesa con el puño. Con un poco de suerte a la muchacha todavía no le habrían llenado la cabeza de pájaros. Esa tendencia moderna a empeñarse en que las mujeres trabajaran... Wilhelm quería ver a Juliette como una esposa virtuosa y no como una mujer dispuesta a renunciar al matrimonio para ejercer una profesión. De esa manera, a él no le serviría de nada. La antigua directora coincidía más con esa visión, aunque a veces —tenía que admitirlo— era tan estricta que incluso daba miedo. Casi como Margret, pensó sin querer.

Margret y Juliette... por alguna razón jamás se habían entendido bien. Ocho años atrás, Margret se había opuesto radicalmente a acoger a la niña en su casa. Por mucha lástima que sintiera, ella ya tenía tres hijos y con eso era más que suficiente. Lo cierto es que Wilhelm nunca había esperado que reaccionara de otro modo. A través de unos conocidos, consiguieron encontrarle acomodo en poco tiempo. Muchos de los hijos de sus amigos ingresaban en internados y todos coincidían en recomendar el colegio femenino de Elburg. Se trataba de una gran institución dirigida por profesionales competentes, según habían oído. Y la matrícula costaba un precio módico, a diferencia de las elevadas cuotas que se pagaban en los internados de alcurnia de Róterdam y Ámsterdam. De forma que no tardaron en decidirse por la escuela de esa pequeña ciudad a orillas del lago Veluwemeer. ¡Un lugar ideal para aquella cría! Y en principio un gran acierto, ya que en ningún momento recibieron queja alguna, más bien al contrario. Todos los informes anuales sobre el comportamiento de Juliette habían sido positivos.

Tampoco les interesaba saber mucho más sobre Juliette. A Wilhelm su sobrina le traía sin cuidado, no le molestaba especialmente y la discreción de la muchacha le resultaba incluso agradable. A Margret, sin embargo, por alguna razón no le gustaba absolutamente nada. Wilhelm no pudo reprimir una sonrisa. Pensó que tal vez Margret se sentía celosa porque, con el tiempo, Juliette se había convertido en una bella mujer. En secreto, Wilhelm admiraba la hermosura de la muchacha mucho más que la de sus hijas. Margret le había dado a entender en diversas ocasiones que estaba ansiosa por deshacerse cuanto antes de la responsabilidad de la joven, aunque en el fondo su sobrina no representaba una carga excesiva. Precisamente, desde hacía no mucho, Margret había comentado que dentro de poco tiempo la estancia de Juliette en el internado llegaría a su fin. Después habría que empezar a pensar en casarla… o en meterla en un convento de hermanas de la caridad…

—¿Quieres meterla en un convento? —le preguntó Wilhelm a su esposa con tono de incredulidad.

—No podemos traerla a casa con nosotros —replicó Margret escandalizada y, una vez más, al borde del desmayo.

Wilhelm suspiró. La dote para ingresar en un convento de monjas era elevada… Puede que ahí perdiera casi la mitad de la herencia. Por no hablar de que no podían obligar a Juliette a renunciar al mundo. Ni hablar. Lo mejor sería encontrar un candidato adecuado con el que casarla. Y cuanto antes, mejor.

Wilhelm se sirvió un whisky de la garrafa de cristal que descansaba sobre el escritorio. A decir verdad, la tenía allí para los invitados, pero ahora necesitaba urgentemente un refrigerio. Le aguardaba una conversación de lo más desagradable. Uno de sus proveedores había anunciado su visita: Karl Leevken, que venía de ultramar. Al parecer el hombre había recorrido el largo camino hasta Ámsterdam para hablar personalmente con Wilhelm, lo cual no hacía presagiar nada bueno. En los últimos años, Wilhelm había decidido reducir los pagos a sus proveedores a su conveniencia. Él pensaba que se hallaba a buen seguro, pues al fin y al cabo toda esa gente se encontraba tan lejos que las cartas tradicionales solían tardar semanas en llegar y las reclamaciones legales, incluso meses. Además, la economía de las plantaciones estaba por los suelos, de forma que muchos de sus proveedores podían darse por contentos con recibir algo de dinero. Pero, si el motivo de la visita de Leevken era reclamarle los pagos pendientes…, a saber cuántos otros decidirían seguir su ejemplo.

Todavía no estaba todo perdido y lo principal era evitar males mayores. Wilhelm recapituló una vez más lo que sabía de Leevken: el hombre, propietario de una plantación de caña de azúcar en Surinam, era uno de sus mayores productores y, sin duda, el proveedor al que Wilhelm había estafado la mayor suma de dinero.

Surinam, ¿dónde estaba ese lugar exactamente? Debía de hallarse en algún rincón de la selva sudamericana. Wilhelm esperaba que Leevken fuera una especie de granjero, el descendiente de algún colonizador aventurero que décadas atrás hubiera emprendido el viaje a las Américas en busca de una vida mejor. Aunque en la actualidad muchos comerciantes de los Países Bajos conservaban plantaciones en tierras de ultramar, la administración de estas solía hallarse en manos de los nativos, porque vivir, lo que se dice vivir, nadie quería vivir en aquel lugar. Demasiado caluroso, demasiado húmedo, demasiado alejado de la civilización...

Cuando, al poco, Karl Leevken traspuso la puerta del despacho de Wilhelm Vandenberg, el empresario estuvo a punto de perder el habla. El hombre que apareció ante él no era el dueño de una plantación con aspecto de granjero que él esperaba encontrar, sino un hombre apuesto y elegante ataviado con un traje refinado. Lo acompañaba, como una sombra oscura, un corpulento mozo negro que tomó el sombrero y el abrigo de su señor para, acto seguido, colocarse con discreción y obediencia junto a la puerta mientras Leevken se acercaba a Wilhelm. Por un instante, este escudriñó con desconcierto al sirviente negro, quien pese a lucir ropas europeas caminaba descalzo. Después,

Wilhelm volvió a centrar la atención en su invitado. No debía mostrar irritación alguna, al fin y al cabo lo que le interesaba era dar una imagen de honestidad ante Leevken.

Sin embargo, ya en el saludo, Leevken le transmitió una sensación de fortaleza y seguridad en sí mismo que lo despojó por completo de cualquier atisbo de tranquilidad. El tono de voz de Leevken no dejaba lugar a dudas respecto a que aquel hombre estaba acostumbrado a dictar órdenes.

—Mijnheer Vandenberg, es un placer conocerlo. Sentémonos.

Wilhelm notó que aquel hombre le había arrebatado el papel de anfitrión. ¿Quién se creía aquel tipo que era? Antes de que Wilhelm hubiera acabado de rodear la mesa para dejar caer todo su peso sobre la silla, Leevken ya había tomado asiento, se había recostado con actitud relajada y había cruzado las piernas. Wilhelm advirtió también que el hombre recorría la estancia con una mirada de desprecio. Menos mal que había recibido a Leevken en el despacho de su casa, que era considerablemente más representativo que el del trabajo. A pesar de ello, lo invadió una inusual sensación de inseguridad, aunque se esforzó mucho por disimularla. Con un gesto resuelto, levantó la vista y clavó la mirada en los ojos de su interlocutor.

Leevken debía de rondar los cuarenta años de edad, tenía la piel ligeramente bronceada, el cabello oscuro y unos llamativos ojos verdes. Un hombre guapo y apuesto, aunque afeitado; no seguía, pues, la moda que se había impuesto en Europa de lucir bigote y perilla.

—¿Puedo ofrecerle algo de beber? —le preguntó Wilhelm con determinación señalando la garrafa.

En un abrir y cerrar de ojos, el criado negro de su visitante apareció junto a ellos y sirvió la bebida en las copas dispuestas en la mesa. Leevken le hizo un gesto con la cabeza y, acto seguido, el mozo volvió a retirarse a su lugar.

—Por favor —Wilhelm asintió en dirección a las copas tratando de obviar la aparición del criado, pero no se sentía cómodo en su papel. ¿Quién era allí el señor de la casa?

—Mijnheer Vandenberg, vayamos directamente al grano. En las cuentas que usted nos ha hecho llegar existen una serie de irregularidades que nos perjudican de manera considerable. Actualmente, la suma de dinero que se nos debe asciende a una importante cantidad. —Leevken miró a Wilhelm fijamente a los ojos y por un momento dio la impresión de que el color verde de su mirada se volvía más oscuro.

En ese mismo instante, Wilhelm comprendió con total claridad que el deshilachado discurso de disculpas que él había preparado para un supuesto hombre provinciano no valía un comino. Leevken sabía lo que quería y no estaba dispuesto a permitir que lo despacharan ni con palabrería ni con limosna. Y de algún modo, o esa impresión le dio a Wilhelm, el nivel de vida en las colonias no parecía en absoluto tan mala como solía decirse.

De pronto, los pensamientos de Wilhelm comenzaron a divagar. Tal vez no debería haber bebido. La concentración le estaba fallando. Por un momento, se quedó mirando fijamente por la ventana para recobrar la compostura. Fuera había empezado a nevar.

Se recompuso y se sentó bien erguido. Leevken no podía llevarse la impresión de que aquella conversación no se producía entre iguales.

—Mijnheer Leevken, lamento terriblemente que haya realizado un viaje tan largo para… tratar un asunto que podríamos haber solucionado por carta.

Leevken interrumpió a Wilhelm con un esbozo de sonrisa.

—Mijnheer Vandenberg, no pensará que me he desplazado hasta Europa por usted. Tengo asuntos mucho más importantes que abordar. Pero pensé que era buena idea aprovechar mi presencia aquí para venir a pedirle una explicación.

Wilhelm comenzó a sudar.

—Por supuesto… En todo caso, no sabe cuánto me alegro de que haya venido a visitarme. —Wilhelm carraspeó mientras intentaba pensar cómo proseguir la conversación—. He dado órdenes al departamento de cuentas para que revisen de nuevo todas las operaciones. Como usted comprenderá…, en una empresa tan grande —y acompañó el comentario con un gesto de grandeza— no puedo encargarme personalmente de todo. Por desgracia, les llevará unos días repasar y poner orden en todos los documentos. Espero que goce de tiempo y ocasión para venir a visitarme de nuevo.

Leevken asintió.

—Me quedaré unos días en Ámsterdam. Estoy seguro de que podremos solventar las irregularidades. Es muy desagradable comprobar que tu propia contabilidad se desequilibra a causa de las deficiencias de otro.

Wilhelm recibió aquellas palabras como una bofetada. Leevken no podría haber expresado con mayor claridad lo que pensaba de él. A Wilhelm le indignó verse humillado de esa manera y trató de pensar con sensatez sin dejarse llevar por la rabia. ¿Y si anunciaba a Leevken el fin de la colaboración? La idea resultaba atractiva, pero también debía tener en cuenta que Leevken era un proveedor fiable con un género excelente. Si lo dejaba, tardaría meses en encontrar otro proveedor para sustituirlo y no quería revelar su punto flaco ni, tras tantos años como importador, verse obligado a cambiar a la venta de azúcar de remolacha, cuyo precio era mucho más bajo. Wilhelm admitió aterrorizado que no le quedaba otra opción que pedir prestado el dinero de Leevken o recortarlo de otro lugar. Pero ¿de dónde? Se recompuso interiormente. Lo más importante era tratar de apaciguar a Leevken. De entrada, ni siquiera estaba seguro de que el departamento jurídico pudiera arreglar las irregularidades tan rápido.

—Mijnheer Leevken, la semana que viene mi esposa y yo daremos una cena y sería para nosotros un honor contar con usted entre nuestros invitados —señaló con toda la amabilidad de que fue capaz, aunque en lo más hondo de su ser le fastidiaba formular esa invitación.

—Será un placer —respondió Leevken mientras se levantaba—, en ese caso nos veremos dentro de unos días. Me pondré en contacto con usted. —Acto seguido, el criado negro alcanzó el sombrero y el abrigo a su señor y le abrió la puerta. Wilhelm tuvo que apretar el paso para seguirlos. Por el rabillo del ojo, vio pasar a Margret por una de las puertas del pasillo. ¡Qué mujer tan cotilla! En cuanto Wilhelm recibía visita en casa, ella se quedaba merodeando por los pasillos con la esperanza de enterarse de algún chismorreo que poder comentar después con sus hijas. Sin lugar a dudas, la visita de Leevken y su acompañante negro descalzo iba a convertirse en la comidilla de las damas. Lo que él no imaginaba era hasta qué punto Leevken iba a dar que hablar más adelante.

CAPÍTULO 3

En el preciso instante en que el coche atravesaba el límite de la ciudad, Julie deseó regresar a la apacible Elburg o, mejor aún, estar en el campo con su amiga Sofia. Ámsterdam se le antojaba un lugar complicado y gris. La ciudad presentaba un aspecto sucio y desordenado, multitud de personas recorrían las calles en penumbra con paso apresurado y la nieve que caía del cielo, con las pisadas de los cascos y las ruedas de los carros, quedaba convertida en un barro caldoso que salpicaba hasta la ventana del coche.

El día estaba declinando cuando el carruaje atravesó la entrada de piedra de la residencia de los Vandenberg. A ambos lados del camino se abría una cuidada zona ajardinada con un aspecto espléndido, a pesar de la gran nevada. Julie no pudo evitar pensar que era una mansión señorial y casi un tanto ostentosa. En la ciudad no había muchas casas que dispusieran de un jardín alrededor. La de su tío, en cambio, se elevaba en el centro de una inmensa finca y era una grandiosa construcción de piedra roja y dos plantas de altura con las ventanas y las esquinas de las fachadas pintadas de blanco. Varios escalones conducían a la puerta de entrada, sobre la que se erigía un prominente balcón apoyado en gruesas columnas. ¿Qué habría dicho su tío si hubiera visto la angosta habitación donde vivía Julie en el internado? Por lo visto, no le interesaba lo más mínimo... Julie desterró el dolor por un momento de su mente y se preparó para abandonar el coche. El carruaje se detuvo con un gran crujido sobre el camino de grava y el cochero le abrió la puerta a Julie. La muchacha se apresuró a subir las escaleras procurando no resbalar en la lustrosa piedra. Para no causar una mala impresión en el momento de reencontrarse con la familia, un año después, se había protegido el cabello de la nieve con el abrigo. Por un momento, en la penumbra de la calle, el viento y la nieve la cegaron. Con la cabeza gacha, atravesó a toda prisa la puerta del vestíbulo —que se abrió en ese instante— y se llevó un susto terrible. Estuvo a punto de chocar con un hombre que se disponía a abandonar la residencia de sus tíos.

—¡Oh, disculpe! —Dio un paso a un lado con torpeza para apartarse y notó que su espalda chocaba con alguien. Se volvió avergonzada y descubrió los ojos blancos de un hombre de piel negro azabache. Asustada, se apartó dando un respingo—. Disculpe —murmuró de nuevo.

—Juliette, qué alegría verte. —Tras el desconocido asomó por la puerta el rostro de su tío, que tanto le recordaba a su padre. Pero ¡cuánto había engordado en el último año! Tenía las mejillas flácidas y caídas y por encima del cuello se advertía una imponente papada que ni siquiera la barba lograba disimular. ¿A qué venía de pronto esa fingida amabilidad...? Julie se echó a temblar.

En ese instante, fue consciente de lo irrespetuosa que había sido su entrada en la casa. Debería haber esperado hasta que la invitasen a entrar.

—Tío, disculpe que haya… —sintió que los colores se le subían por momentos—. Está cayendo una nevada terrible, tío Wilhelm —agregó entre tartamudeos. Con gesto cortés, realizó una ligera reverencia ante Wilhelm Vandenberg y se colocó el pañuelo cubierto de nieve sobre el antebrazo. Después, lanzó una fugaz mirada al visitante.

A Wilhelm Vandenberg, cuyo rostro no traslucía precisamente una expresión de alegría, no le quedó otro remedio que hacer las presentaciones oportunas.

—Mijnheer Leevken, le presento a mi sobrina, Juliette Vandenberg.

El hombre avanzó un paso hacia Julie y se inclinó a besarle la mano.

—Es un auténtico placer para mí conocerla —dijo en un tono de voz moderado sin apartar ni un instante la mirada de Julie.

Julie agachó los ojos hacia sus zapatos, bajo los cuales se habían formado dos pequeños charcos de barro y nieve. Cuando las personas mayores que ella la saludaban con el debido respeto en lugar de hablarle como a una niña, no podía evitar sentirse un poco abrumada.

Fuera, a lo lejos, se oyó el tintineo apagado de unos aparejos. Un coche de plaza atravesó la puerta de entrada al jardín. Wilhelm observaba la escena con incomodidad.

—Su coche ya está aquí. Nos veremos dentro de unos días —dijo en un intento de despedir con rapidez al invitado.

—Mijnheer Vandenberg. Mejuffrouw Vandenberg. —El señor Leevken volvió la vista atrás un instante antes de quedar expuesto a la ventisca al dirigirse a su coche. El sirviente negro lo siguió y cerró la puerta tras de sí.

Wilhelm sacudió la cabeza con indignación.

—¡Descalzo! Hay que ver cómo tratan esos colonos al servicio…

Entonces, cayó en la cuenta de que Julie, que se había quedado inmóvil en el vestíbulo, continuaba allí. En esa ocasión, Wilhelm ya no se esforzó por adoptar un tono de voz respetuoso.

—La cena es a las seis, ¡sé puntual! —le ordenó.

Julie forzó una sonrisa de amabilidad como respuesta.

Su tío la dejó en el propio vestíbulo en manos de una sirvienta de la casa que la acompañó hasta el dormitorio de invitados. Julie recorrió la estancia con una mirada curiosa. Cada vez que llegaba, la impresionaba la lujosa decoración de la casa. Los suelos se hallaban cubiertos de suaves alfombras y las paredes de los pasillos forradas de cuadros con marcos dorados. En cada ocasión, Julie descubría muebles nuevos de lo más exquisitos; parecía que a su tía Margret le gustaba ir variando el mobiliario. El dormitorio de invitados no tenía comparación con la pequeña alcoba que compartía con Sofia en el internado. Allí disponía de una gran estufa de obra que proporcionaba un ambiente cálido y confortable y la espaciosa habitación estaba, además, iluminada por pequeñas luces plateadas.

—Mandaré que le suban el equipaje ahora mismo. ¿Desea algo más, mejuffrouw Vandenberg? —La sirvienta se inclinó con una reverencia, pero el gesto negativo que hizo Juliette con la cabeza bastó para que la criada abandonase la estancia con premura.

Julie permaneció un tiempo indecisa en el centro de la habitación, luego se refrescó y, en cuanto le subieron el equipaje, se cambió de vestuario. No quería llevar la misma ropa del viaje cuando se reuniera con la familia. Al poco, la sirvienta llamó de nuevo a la puerta y condujo a Julie escaleras abajo hasta el comedor. Había llegado ese momento que ella tanto temía. El reencuentro.

Tía Margret la saludó con escasas palabras y cierta frialdad mientras la escudriñaba de arriba abajo.

—Qué alegría que al fin pudieras arreglarlo todo para venir a visitarnos. —A Julie le entraron ganas de echarse a reír. «Pudieras arreglarlo todo», como si hubiera tenido elección...

Sus primas se encontraban sentadas junto a su tía Margret y también dedicaron a Julie una mirada cargada de desprecio. Martha era de pequeña estatura y flaca y, a pesar de ser bastante más joven que Julie, presentaba un aspecto idéntico al de su madre. Llevaba el cabello recogido atrás en un tirante moño y lucía un vestido de cuello alto y rígido que, tal como Julie advirtió al primer vistazo, no respondía en absoluto a la moda del momento. Dorothea, en cambio, parecía haber heredado más bien los rasgos físicos de su padre: era casi una cabeza más alta que su madre y su hermana y tenía unas caderas muy marcadas. Su redonda cara de pan y sus siempre sonrojadas mejillas esbozaron una sonrisa tonta y desmañada dirigida a Julie. Con todo, Dorothea no era ni mucho menos tan torpe como Martha, aunque actuaba siempre bajo el yugo implacable de su madre y su hermana. Julie tampoco se mostraba amable con ella.

En ese momento, irrumpieron en la sala el tío Wilhelm y su

hijo, que venían discutiendo de la habitación contigua. Wim parecía alterado y en un primer momento no reparó en la presencia de Julie.

—Padre, ya lo he invitado, ¡por favor! ¿No me estarás diciendo que me prohíbes invitar a un amigo?

Margret lo reprendió por lo bajo con tono de desaprobación:

—Wim, ¡tenemos visita!

En ese instante, el joven reparó en Julie. La saludó brevemente con aspereza y gesto distraído y volvió a fijar la mirada cargada de reproche en su padre. Este alzó la mano para interrumpirlo.

—Wim, más tarde…

Julie reprimió una sonrisa. Wim seguía siendo el mismo de siempre.

Julie se sentó a la mesa, miró a su alrededor, y se dio cuenta de que ninguno de los presentes se percataba de que ella recorría discretamente todos los rostros. Margret y Martha estaban sentadas tiesas como velas y jugueteaban con la comida. A Dorothea le habían asignado un lugar junto a Julie y estaba sirviéndose a su antojo toda suerte de exquisiteces para, acto seguido, llevárselas a la boca. Wilhelm y su hijo proseguían con la discusión por lo bajo. La disputa guardaba relación con la celebración del fin de año, aunque Julie no alcanzó a entender los detalles. Wim no parecía dispuesto a cejar en el empeño, cosa que tenía a su padre visiblemente sulfurado.

En un momento dado, Margret comenzó a sentirse irritada por la discusión entre los hombres.

—Wilhelm, si Wim quiere invitar a Hendrik, por favor..., deja que lo invite.

Wilhelm enmudeció al instante y la alegría se vio plasmada en el rostro de Wim. Aun así, este no pudo evitar lanzar una indirecta a su padre:

—Además, ¡tú acabas de añadir más invitados a la lista!

El efecto del comentario no se hizo esperar. Margret lanzó rápidamente una mirada inquisitiva a su esposo. La mujer de Wilhelm no soportaba que nadie modificara los planes ni las listas de invitados de celebraciones tan importantes como aquella. Julie lo sabía por años anteriores y en sus adentros le divirtió ese acto de abierta rebeldía de su tío. Este lanzó a su hijo una mirada rencorosa, pegó un buen trago a la copa y se encogió de hombros con resignación.

—Bueno, lo cierto es que... no invitar al señor Leevken, si para entonces todavía está en Europa, habría sido un acto de mala educación. Vendrá a cenar y al baile de San Silvestre.

Margret resopló y se limpió la comisura de los labios con una servilleta. Se había vuelto a irritar.

—Al menos espero que deje a ese negro en casa. De lo contrario, espantará al resto de mis invitados —espetó con rabia. Y lo decía en serio.

Julie siguió atentamente la conversación de la mesa. ¿Leevken? ¿Era ese el hombre con el que se había tropezado al llegar?

Los días anteriores a la noche de San Silvestre eran días de gran ajetreo en casa de los Vandenberg. La familia parecía haberse olvidado de Julie, cosa que a ella no le resultaba especialmente molesta, pues estaba acostumbrada a que nadie en casa de su tío se interesase por ella. En silencio, observó cómo se desarrollaban los preparativos de la cena que celebrarían esa noche. Con esa invitación a socios y amigos, los Vandenberg conmemoraban el fin de año. Julie ansiaba con curiosidad la llegada del compañero de clase de Wim. Según la descripción de su primo, se trataba de un joven muy interesante; de hecho, a Wim se le iluminaba el rostro cada vez que hablaba de ese tal Hendrik. El joven residía en el mismo internado que Wim y, al parecer, para Wim era todo un ejemplo a seguir. Hendrik escribía para los diarios de Ámsterdam, un trabajo que tenía a Wim fascinado, para desgracia de su tío, que había manifestado en más de una ocasión la esperanza de que su hijo siguiera sus pasos en la empresa familiar. Hendrik llegó a media mañana y se reveló como un conversador agradable y conciliador. Ya durante la comida, Margret lanzó una mirada de reproche y un comentario de censura a Julie cuando esta se atrevió a trabar conversación con Hendrik sobre los derechos de las mujeres.

—¿Eso es lo que os enseñan ahora en el internado, Juliette? —preguntó con sarcasmo. Julie prefirió no responder, pero siguió aguardando con ilusión la cena. Con Hendrik tendría la diversión asegurada. Y ese Leevken, rodeado de un aura tan exótica, sería un emocionante complemento a una reunión en la que, por lo demás, seguramente reinaría una atmósfera bastante recatada.

Con todo, durante la primera hora de la cena se respiró un ambiente más bien tedioso. El tío Wilhelm debía de haberles pedido a Hendrik y Wim que se contuvieran en la mesa; por lo menos, Hendrik se limitó a mantener una conversación cordial y Wim tampoco hizo ningún ademán de querer cambiar de tema. Julie paseó la mirada, aburrida, por el círculo de rostros hasta detenerse en el del señor Leevken, situado en el extremo opuesto, junto a su tío. Cuando se habían saludado unas horas antes, su carisma la cautivó de inmediato y en ese instante advirtió cómo su bronceado destacaba frente a las caras pálidas de los demás invitados. Además, a Julie le fascinaron los buenos modales de aquel hombre, se había quedado mirándolo aturdida mientras él saludaba con cortesía a los otros presentes en la fiesta. Por otra parte, su tío no se apartó de él ni un solo instante. De manera que todo apuntaba a que ese hombre era importante, pues los demás invitados también lo miraban con curiosidad. Era completamente distinto de los otros invitados, demacrados y entrados en años. Como si hubiera notado la mirada de Julie, Leevken levantó la vista y se giró directamente hacia ella. La contempló y, con un leve asentimiento, alzó la copa. A Julie le dio un vuelco el corazón. Después recordó lo que dictan las normas del buen comportamiento; una mujer jamás debe quedarse mirando a un hombre. Rápidamente, apartó la vista e intentó concentrarse de nuevo en la conversación.

Cuando los invitados se trasladaron al salón después de la comida, Leevken tomó asiento en un sillón y ordenó que le trajeran una bebida. Hendrik y Wim decidieron sentarse a su lado. A Hendrik se le despertó el instinto periodístico y, sin dudarlo un instante, le preguntó a Leevken:

—¿De modo que usted tiene una plantación de caña de azúcar en Surinam?

—En efecto, joven, así es. —La respuesta de Leevken resultó un tanto lacónica.

Julie se acercó con discreción a ellos. Tal vez así conseguiría descubrir algo más sobre aquel hombre. Surinam…, ¿dónde se encontraba exactamente ese lugar?

Entretanto, el rostro de Hendrik adoptó una expresión expectante.

—¿Explota usted sus tierras con esclavos?

Leevken sonrió con gesto de diversión y cruzó lentamente las piernas.

—Por supuesto —dijo sonriendo, antes de dar un trago a la bebida.

—¿Qué opina usted del hecho de que algunos miembros del gobierno tengan la intención de apoyar la abolición de la esclavitud en las colonias? —Hendrik no parecía tener ningún reparo a la hora de abordar temas espinosos.

Julie percibió la tensión que se respiraba en el ambiente. Leevken, sin embargo, ni se inmutó.

—¿Sabe usted qué pienso yo, Hendrik? Que esas personas no tienen presente que tal medida acabaría con la supervivencia económica de las colonias. Sin esclavos no podríamos mantener la productividad y, mientras el gobierno no ofrezca una alternativa, más vale que reflexionen bien antes de atender las peticiones de abolición de la esclavitud. —Hablaba de forma pausada, su voz tenía un tono profundo y dominante. No era un hombre proclive a embarcarse en discusiones.

—Pero ¿no cree usted que hay alternativas mejores que el trabajo esclavo? Podrían emplearse trabajadores europeos.

En ese instante, Leevken se inclinó ligeramente hacia delante y clavó la mirada en Hendrik.

—Si se ha informado sobre el asunto, por descontado sabrá que esa medida ha intentado aplicarse, pero que fracasó de manera estrepitosa a causa de la complexión y la predisposición al trabajo de los europeos.

Cuando Leevken prosiguió, Hendrik rompió a sudar visiblemente.

—El negro, por su incomparable condición física, está predestinado a trabajar en las plantaciones. Además, esa gente tolera el clima mucho mejor. Si se los dirige de manera adecuada, adaptándose siempre a sus capacidades mentales, consiguen unos resultados ostensiblemente mejores que cualquier trabajador de piel blanca.

En ese instante, Wim le lanzó una mirada de desprecio a Leevken y le dijo:

—Pero ¡la esclavitud atenta contra la dignidad de la persona!

Leevken soltó una carcajada burlona.

—¿De dónde ha sacado usted esa idea? Les recomiendo, jóvenes, que antes de hablar en contra de la esclavitud se informen de la posición de los esclavos. Nosotros damos trabajo, alimentos y acomodo a esos negros. Si uno los deja libres, como ha sucedido ya en otros países, volverán de inmediato a su salvaje estilo de vida. Lo que en la mayoría de los casos significa acabar sumidos en la pobreza y el alcoholismo. La esclavitud es ante todo la salvación de ese pueblo. En especial, es el mejor modo de sacar adelante las regiones cálidas.

Hendrik resopló con desdén, pero antes de que pudiera responder, Wilhelm Vandenberg se unió al corro. Probablemente, le daba miedo que Hendrik y Wim pudieran estar incomodando al invitado con temas inconvenientes.

—Wim, Hendrik: a mijnheer Streever le gustaría conversar con vosotros, ¿le concederíais el honor?

Julie sonrió para sus adentros ante la creativa estrategia de su tío. Mijnheer Streever, además de una casa de comercio, regentaba una pequeña imprenta que difundía las noticias más relevantes sobre economía y finanzas. Sin pensárselo dos veces, Wim y Hendrik salieron disparados a su encuentro. «Justo en el clavo, tío Wilhelm, si lo que querías era liberar a Leevken», pensó Julie para sí.

—Mijnheer Leevken, confío en que esos dos jóvenes no lo hayan importunado. —El tío Wilhelm rellenó la copa de Leevken.

—De ningún modo... —Leevken estaba brindando con el anfitrión cuando llegaron algunos invitados nuevos que requerían la presencia del tío Wilhelm.

Julie se dio cuenta, no sin cierto bochorno, de que repentinamente se encontraba allí sola con Leevken. Este dio un trago a la copa, se acomodó en el sillón y acto seguido se dirigió a Julie:

—Mejuffrouw Vandenberg, es un placer volver a verla.

Julie sintió que las palmas de las manos se le humedecían y que el pulso se le aceleraba.

CAPÍTULO 4

Los días hasta el fin de año transcurrieron rápidos como el viento. En casa de los Vandenberg, llegó el día del gran baile. El 31 de diciembre, Julie comenzó a prepararse temprano. Se vistió con esmero, el vestido de gala rojo oscuro favorecía su figura a pesar del enorme miriñaque y de las enaguas de seda. Lo había comprado en Elburg unas semanas antes con ayuda de Sofia. De hecho, para gusto de Julie resultaba demasiado atrevido, pero Sofia la convenció de que estaba a la última moda y de que le quedaba a las mil maravillas. Lo cierto es que ahora Julie no podía por menos que darle la razón. Cada vez que se movía, parecía que estuviera flotando.

Tal vez hasta encontraría pareja de baile. No es que bailase muy bien, pero le encantaba. Claro que en el internado solo tenían ocasión de bailar en pareja con otra chica, pero seguro que, si un hombre te dirigía, era otro cantar. Julie esperaba que el conjunto de invitados no estuviera formado únicamente por socios y conocidos de su tío entrados en años. La vez anterior le había tocado bailar con un hombre mayor que, pese a que la había tratado con simpatía y amabilidad, y parecía agradecido por haberla sacado a bailar, era tremendamente lento y torpe en los movimientos. Además, desprendía un olor desagradable. Para eso prefería bailar con Hendrik o Wim, aunque ninguno de los dos tenía aspecto de ser buen bailarín.

No podía evitar que apareciese en su mente la imponente figura del desconocido bronceado con el que había conversado durante la cena anterior. Ese tal Leevken, de Surinam... Por desgracia, la conversación había sido muy corta. A tía Margret no le gustó verla hablando sola con aquel hombre y se encargó enseguida de llevarla a una mesa con otras mujeres. Aunque Julie no se enfadó, a partir de ahí no fue capaz de articular palabra debido a los nervios. Wim mencionó de pasada que Leevken volvería el día del baile. Tal vez él sabía bailar. Fuese como fuese, Julie estaba determinada a pasar un buen rato. Y, si esa noche Leevken se dirigía a ella, no pensaba ponerse a tartamudear como si fuese una jovencita desvalida. Ni hablar. Eso lo tenía claro.

Una de las sirvientas la ayudó a peinarse. En esas ocasiones sus rizos largos y rubios la favorecían más aún. No necesitaba, como era el caso de otras mujeres, colocarse extensiones de cabello. Julie se decidió por un peinado con la raya en el medio. El resto del cabello iba recogido atrás en una trenza sujeta con peinetas de carey. Unos cuantos tirabuzones largos le flanqueaban el rostro. Se trataba de una variación atrevida y moderna, que según Sofia era el último grito, aunque con toda seguridad la tía Margret pondría el grito en el cielo al verla. Julie estaba intrigada por ver la cara que se les quedaría a sus primas. No era especialmente vanidosa, pero tratándose de ellas dos le gustaba pensar que al menos por una vez iba a poder presumir. Ese día,

Julie quería estar radiante; un vistazo al espejo bastó para ver que lo había conseguido. De algún modo, intuía que ese día cambiaría su vida.

Cuando descendió las escaleras, Wim y Hendrik la estaban esperando.

—Mejuffrouw Vandenberg —Wim se inclinó y tomó a Julie del brazo con elegancia—, ¿me concede el honor de llevarla a la mesa? —Julie se echó a reír.

La mesa estaba ya servida, todavía había varios grupos de invitados que conversaban reunidos en corros. Julie se quedó sin respiración al divisar a Leevken en el otro extremo de la estancia. Él le dedicó una leve sonrisa. A continuación, Margret los invitó a sentarse a la mesa.

Después de comer, los invitados se dispersaron por las diferentes estancias de la planta baja. Julie salió al gran jardín de invierno que había en la parte trasera de la casa, donde habían montado una pista de baile y donde, en ese instante, unos músicos tocaban música de baile discreta. En general, se sentía cómoda y relajada. La comida transcurrió sin complicaciones, las personas que se sentaron a su lado a la mesa no eran del todo aburridas y ya se había bebido una copa de champán, lo cual le provocó un cálido cosquilleo en el estómago. ¿Qué estaría haciendo Sofia? Los De Weeks también daban un baile ese día. Rápidamente, Julie desterró ese pensamiento. Al fin y al cabo, allí no se estaba tan mal.

Por un momento, Julie miró a través de uno de los enormes ventanales de la habitación. En el jardín habían encendido antorchas y, con el reflejo de la luz, la nieve de los arbustos centelleaba como en los cuentos.

—Sí, rara vez la nieve convive con las palmeras —dijo a su espalda una profunda voz masculina que le resultó familiar.

Julie se sobresaltó. Al volverse, su mirada se encontró directamente con unos oscuros ojos verdes.

—¡Mijnheer Leevken! Qué alegría… —Para entonces el señor Leevken se encontraba ya muy cerca de ella.

—Mejuffrouw Vandenberg —replicó él con gran énfasis mientras señalaba las plantas que se elevaban a su lado—, donde vivimos nosotros son mucho más grandes, pero evidentemente allí crecen solas. En este clima eso es imposible.

Julie trató de huir del aprisionamiento de su mirada, que parecía reposar sobre ella a una profundidad infinita. En un primer momento, sintió frío y, de golpe, la invadió una sensación de calor. Notó cómo se le subían los colores. «Di algo», pensó para sus adentros. Buscó las palabras.

—Eh, ¿entonces el clima es muy diferente en su país? —se oyó preguntar.

Leevken sonrió y se situó junto a ella al lado de la ventana.

—Mejuffrouw Vandenberg, Surinam está en el trópico, allí hace calor durante todo el año.

—Llámeme Juliette… —Julie se sintió aliviada al no tener que mirarlo a la cara y, al mismo tiempo, le asaltó una duda: ¿era acaso demasiado pronto para ofrecerle su nombre de pila? La mirada de ese hombre producía en su cabeza un grado de confusión que jamás había sentido. Lo contempló de perfil con estupor. Tenía la piel curtida por el sol y surcada por escasas arrugas, pese a que era claramente mayor que ella. Destilaba una natural seguridad en sí mismo y su presencia resultaba imponente. Julie volvió rápidamente la mirada hacia la nieve centelleante.

—De modo que no hay nieve en Surinam. —Ella misma se dio cuenta de cuán torpe sonaba su comentario y acto seguido se lo reprochó; él acababa de mencionar el trópico. Julie intentó ocultar su inseguridad tras una sonrisa forzada.

—No —repuso Leevken soltando una risotada—, pero hay innumerables maravillas de la naturaleza que un europeo, créame lo que le digo, no se podría creer si no las hubiera visto con sus propios ojos. —Hablaba en voz baja pero articulando bien las palabras. Julie quería preguntarle algo, lo que fuese, porque solo deseaba seguir escuchándolo.

—¿Dónde ha dejado al hombre negro que iba con usted el otro día?

—¿El hombre negro? —Leevken volvió a soltar una carcajada—. El hombre negro se llama Aiku y es mi criado. No es necesario traerlo a una celebración como la de esta noche. —Se volvió hacia Julie sin dejar de sonreír y le preguntó—: ¿O acaso le parece a usted que su tío no dispone de personal suficiente en la casa? Venga, buscaremos un lugar cómodo y le contaré más cosas sobre mi país. —Ofreció el brazo a Julie y, antes de que esta pudiera plantearse si era adecuado o no, él la estaba conduciendo a una habitación más tranquila.

Tras dos copas de champán, a Julie se le había deshecho por completo el nudo que tenía en la garganta y conversaba con Leevken con una actitud más desenvuelta.

Este le habló, sin abandonar en ningún momento el tono de orgullo, de su plantación Rozenburg a la vera del río Surinam.

—Pero seguro que allí hay animales peligrosos…

—Por supuesto que los hay, pero viven en la jungla y suelen mantenerse bien alejados de las casas.

—¿Está usted casado? —Julie formuló la pregunta de un modo totalmente inesperado y, en cuanto reparó en la inconveniencia de su curiosidad, agachó la mirada, avergonzada.

Por un instante el verde de los ojos de Leevken pareció volverse más oscuro.

—Mi esposa falleció hace quince años.

—Ah…, lo lamento. —Las palabras le salieron de manera automática, pero en realidad Julie tenía que reconocer que no sentía ninguna compasión. ¿Qué le estaba pasando? Leevken la miró con gesto escrutador.

—No tiene que lamentarlo, Juliette, fue hace mucho tiempo. Y Surinam… Ese país tiene sus desventajas, lo admito, pero los limpios cielos estrellados lo compensan casi todo.

—¿Y qué cultiva en su plantación? —Julie consideró que era momento de cambiar de tema. Con la misma franqueza, Leevken le habló de la vida en la plantación y del cultivo de la caña de azúcar.

El tiempo pasó volando. Después de la conversación, Leevken volvió a llevar a Julie al jardín de invierno donde varias parejas bailaban al son de la música.

—¿Me concede este baile, Juliette? —le preguntó en tono solemne.

Juliette, ligeramente achispada, esbozó una sonrisa.

—Será un placer, aunque prometí concederles un baile a mi primo y a su amigo. Así que tendrá que aguardar su turno.

—Lo cierto es que, si echa un vistazo —repuso Leevken paseando la mirada por el grupo de invitados que bebía, charlaba y danzaba—, me temo que quedará decepcionada. Creo que los muchachos…

—¿A qué se refiere? —preguntó Julie intrigada, al ver que Leevken se interrumpía.

—Compruébelo usted misma —señaló con la copa en dirección a los dos jóvenes—. Creo que ellos dos se bastan y se sobran.

A decir verdad, Hendrik y Wim no parecían prestar demasiada atención a lo que estaba sucediendo en el jardín, y ya no digamos a las mujeres que revoloteaban en círculo a su alrededor, en las que ni siquiera habían reparado. Seguramente, habrían vuelto a embarcarse en una acalorada discusión sobre el diario que querían fundar juntos, sobre el dinero de sus padres...

Julie sonrió con fingida decepción y deslizó la mano bajo el brazo de Leevken.

—En ese caso..., tendré que reordenar los turnos de nuevo y conformarme con usted. —Entre risas, Julie cogió otra copa de champán de la bandeja que les ofrecía una de las sirvientas.

Leevken sonrió complacido.

—Será un completo placer.

Cuando la música volvió a sonar, Leevken la condujo hasta la pista de baile. Mientras posaba su copa sobre la bandeja de otro sirviente que pasó junto a ellos, Julie lanzó una mirada triunfal a sus primas y se dejó llevar por su acompañante.

—Llámeme Karl, por favor —le susurró él al oído. Julie jamás había estado tan cerca de un hombre, aunque la fuerza con que él la tenía agarrada por el hombro y la mano le resultaba excesiva y demasiado posesiva. Sin embargo, era un fantástico bailarín y Julie disfrutaba dejándose guiar por él, bajo su protección, flotando en sus brazos. Tío Wilhelm no había querido caer en mezquindades y había organizado unos fuegos de artificio. Julie se tambaleó por unos instantes al terminar el baile. Estaba un poco mareada.

—Venga conmigo, salgamos fuera y así podremos ver los fuegos de artificio desde el mirador. —Karl la condujo hasta la puerta, donde una de las sirvientas les alcanzó los abrigos.

El corazón de Julie latía cada vez más deprisa y el aire que exhalaba formaba pequeñas nubes en el helador ambiente de la noche. Karl la guio hasta la balaustrada del mirador. Estaba oscuro.

—¿Seguro que no tiene frío? —Con gesto determinado, rodeó a Julie con los brazos y la estrechó con suavidad. Julie contuvo la respiración por un instante. No, no tenía frío, al contrario, notaba un hormigueo cálido por todo el cuerpo. Antes de que pudiera decir nada, estallaron los primeros fuegos artificiales sobre sus cabezas y una lluvia de luces de colores lo inundó todo. Mientras los invitados contemplaban el cielo asombrados, Julie se volvió de nuevo hacia Karl. Quería decirle cuánto había disfrutado de la velada. Pero antes de que tuviera ocasión de hacerlo, sus ojos volvieron a caer en el abismo casi negro de su misteriosa mirada. Karl la estrechó entre sus brazos y la besó en la boca. Sus labios suaves y cálidos se encontraron con los de Juliette, que por un instante creyó que se iba a desmayar.

A la mañana siguiente, Julie amaneció con un tremendo dolor de cabeza. ¿Tanto champán había bebido? En su mente se agolpaban y daban vueltas las sensaciones que la noche anterior le había dejado. Sin embargo, por encima de todos los demás recuerdos predominaba el instante en el que sus labios se habían tocado.

Por la tarde, Julie se encontró con sus primas en la peluquería. En un primer momento pensó darse la vuelta, no tenía ningunas ganas de estar con ellas y todavía notaba palpitaciones en las sienes. Pero, finalmente, optó por mantener las normas del buen comportamiento y se sentó a su lado.

—¿Un té, Juliette? Ay, qué fiesta tan fabulosa la de ayer. —En la voz de Martha se advertía un retintín que no auguraba nada bueno—. Tú lo pasaste en grande con ese Leevken…

Julie se ruborizó. ¿Acaso Martha los habría visto besarse?

Su prima se limitó a arrugar la nariz y esbozó una sonrisa sarcástica.

—Bueno, bien está que aproveches para disfrutar, porque pronto ingresarás en el convento.

A Julie se le heló la sangre. Miró a su prima de hito en hito. ¿Qué acababa de decir Martha? A Julie la palabra le retumbó en los oídos. ¿Un convento? Martha, en cambio, parecía dispuesta a seguir regodeándose en el tremendo asombro de Julie.

—No creerás que padre tiene intención de casarte… Primero nos llegará el turno a nosotras —comentó entre risas mientras le daba a Dorothea unos golpecitos en el brazo.

De pronto, Julie oía a sus primas como en la lejanía. No sabía qué futuro planeaba su tío para ella, pero desde luego jamás se le habría ocurrido pensar que pretendiera meterla en un convento. De pronto la invadió un miedo aterrador al futuro. ¿Acaso no iba a poder decidir por sí misma qué quería hacer con su vida?

CAPÍTULO 5

Tras el Año Nuevo, Karl Leevken emprendió satisfecho el camino a casa de Wilhelm Vandenberg. ¿Acaso no era aquella la mejor operación comercial que podía cerrar en Europa? Tenía que reconocer que el destino le sonreía.

Tras la cena previa en casa de los Vandenberg, uno de los invitados se había ofrecido a llevarlo al hotel, que le caía de camino. A pesar de que el hombre se hallaba claramente afectado por el exceso de alcohol, Karl había aceptado de buen grado el ofrecimiento. A aquellas horas tan intempestivas, le daba pereza esperar por un coche de plaza, y Ámsterdam era inhóspita y fría en esa época del año.

En cuanto se hubieron sentado en el coche, el hombre le había preguntado a Karl sin rodeos:

—¿Y entonces? ¿Le ha echado el ojo a la pequeña de los Vandenberg? Las jovencitas como ella tienen su encanto. En los tipos como yo ni siquiera se fijan, pero en un hombre como usted… —había comentado mientras le daba unas palmaditas de reconocimiento en la espalda—, usted tiene las mejores cartas.

Karl se había limitado a sonreír, aunque en realidad no tenía ganas de seguir hablando del tema con aquel hombre. Había disfrutado conversando brevemente con la señorita Vandenberg. Su cabello rubio, su pálida tez y su inigualable inocencia… Karl había podido comprobar con satisfacción que todavía era capaz de cautivar a una dama.

Sin embargo, a continuación su acompañante de esa noche se había inclinado hacia él y en tono de conspiración le había susurrado al oído:

—Por lo que he oído, la joven viene con una inmensa hogaza debajo del brazo, por eso su tío está intentando mantenerla vigilada. Resulta que la muchacha trae consigo una nutrida herencia. Sin embargo, nada puede hacerse hasta que no…

Ese asunto había despertado, de pronto, un enorme interés en Karl. Cuando al día siguiente fue a pedir informes al respecto, lo sorprendió la magnitud de la fortuna que Juliette atesoraba. Muy interesante.

En un abrir y cerrar de ojos, se hizo una composición de lugar. En los últimos tiempos, su banco de Surinam le había aconsejado que hiciera un esfuerzo por cuidar sus relaciones comerciales. Las cosas continuaban marchando bien, pero en esa época de tanta competencia o bien uno destacaba, si quería superar la presión económica, o bien tenía que ceder terreno. Esa última opción, Karl ni siquiera se la planteaba. Por ese motivo había decidido, aunque a regañadientes, viajar a Europa: para fomentar y reavivar sus contactos.

En Surinam, además, el director del banco le había dado otro consejo: «Si lo que desea es expandirse, deberá mantener buenos tratos con sus vecinos. Cuando les llegue el día de retirarse… preferirán venderle sus tierras a usted en vez de dejarlas en manos del primer cazafortunas llegado de Europa o devolvérselas a la selva. Su plantación es tan próspera que, si no comete ninguna locura, podría estar entre aquellos que logran sacar beneficio incluso en tiempos de crisis. Leevken, usted se oculta demasiado en sus tierras. Recupere su vida social. Es de vital importancia. Tal vez le convendría buscarse otra esposa, no desestime la influencia de una mujer, y... —había agregado con una sonrisa de suficiencia— tal vez incluso acabe teniendo un heredero varón».

A Karl no le gustaba demasiado la vida social. Había maneras más agradables de pasarlo bien. Pero después de conocer a Juliette, lo pensó mejor. Esa muchacha podría servir para sanear todas sus cuentas, estaba disponible y había recibido la instrucción propia de su categoría social. Por su dulzura y sus maneras casi pueriles se le antojaba una persona ideal, preparada desde el punto de vista de los modales y el saber estar, para convertirse en esposa y madre devota. Al menos eso es lo que él esperaría de una señorita educada en una escuela femenina superior.

Naturalmente, las damas de la colonia se disputarían la simpatía de la joven muchacha europea, como se disputaban todo aquello que llegaba del viejo continente.

Con una sola operación, podía volver a subirse al tren de la prosperidad sin tener que hacer ningún esfuerzo especial. Su esposa podría representarlo como es debido en sociedad. Naturalmente. Y eso a cambio de un pequeño sacrificio: renunciar a su libertad. Al menos, oficialmente.

Qué distinta era a las mujeres que él solía escoger, mujeres negras a las que no hacía falta cortejar, esclavas que hacían exactamente lo que se les decía. Como Suzanna...

Pero Juliette todavía era joven y moldeable. Las cosas no resultarían muy complicadas con ella.

La invitación de Wilhelm Vandenberg para asistir al baile de San Silvestre fue de lo más oportuna. Aquella noche pudo comprobar que la señorita Vandenberg se sentía atraída por él. La había cautivado, no le cabía la menor duda. Si se llevaba a la joven a Surinam, el resultado sería más que positivo. La elevada herencia era un punto más a favor. El siguiente paso sería hacerle una oferta a Wilhelm Vandenberg, y este, en su situación, sería un necio de no aceptar. En caso necesario, incluso podría ayudarlo con un empujoncito, amenazándolo con hacer público que estaba estafando a sus proveedores, pero probablemente ni siquiera sería necesario. Vandenberg era avaricioso.

Karl se recostó con gesto de satisfacción en el asiento del coche. Ah, el ritmo allí en Europa era agotador y, además, hacía un tiempo absolutamente miserable, pero pronto estaría de regreso en casa y podría proseguir con su vida de siempre.

—¿Mi sobrina? ¿Está usted en su sano juicio? Yo ni siquiera lo conozco mucho y usted… Usted no la conoce en absoluto. —Wilhelm Vandenberg se levantó del sillón de un respingo y comenzó a dar vueltas por el despacho con las manos entrelazadas a la espalda.

No cabía duda de que había interpretado la propuesta de Karl como un acto descarado, aunque al mismo tiempo Karl advirtió que la cabeza de Wilhelm comenzaba a maquinar al reparar en el aspecto comercial del trato. Karl se limitó a esperar sentado tranquilamente en la silla mientras iba pegando tragos a la copa de whisky.

—No se lo tome de ese modo, Vandenberg. Según he oído, hasta la fecha la muchacha no ha sido para usted más que una piedra en el zapato. Ocho años en un internado, apenas ningún contacto con la familia..., y tengo entendido que incluso ha estado informándose sobre algún convento.

—Me ofenden sus comentarios. Yo me tomo muy en serio todo cuanto guarda relación con el bienestar de mi sobrina. —La voz de Wilhelm Vandenberg traslucía cierta indignación. Pero en sus palabras se apreciaba también un asomo de recelo. Había picado el anzuelo.

Karl hizo un gesto de rechazo con la mano.

—No es necesario que me cuente nada, Vandenberg, ya lo sé todo. No es ningún secreto que la muchacha es la heredera de la fortuna de su padre. Se trata por tanto de un buen partido y comprendo perfectamente que no quiera casarla con el primero que pase por la calle. —Karl se inclinó ligeramente hacia delante y juntó las manos sobre el regazo. Clavó la mirada en Wilhelm Vandenberg, que en ese instante había regresado a su escritorio y estaba agarrado al respaldo de su sillón—. El trato que yo le propongo se ajustará a las mil maravillas a sus deseos. Usted cédamela y podrá dar todas sus deudas conmigo por saldadas. Y eso sin tener que apretarse el cinturón lo más mínimo. Y quién sabe, además, qué otras cosas pueden pasar cuando salga a la luz que usted ha llegado a un acuerdo conmigo en tiempo de vacas flacas. —Karl hablaba en voz baja, pero su tono de voz traslucía determinación y un cierto asomo de amenaza—. Si usted decidiera casar a su sobrina conmigo, tendría todas las cuentas saldadas a cambio de la dote. Incluso podría comprometerme, en virtud de nuestra nueva relación de parentesco, a proveerle la mercancía a un precio más ventajoso en los años venideros. La voz no tardaría en correrse, lo que supondría, por supuesto, una caída generalizada de los precios, y eso obligaría a algunos de sus competidores a cambiar a mercancías europeas más baratas, lo que nos permitiría una vez más elevar el precio de nuestro azúcar de gran calidad. Piénselo bien. —Karl pegó un golpe con la mano en la pila de papeles que descansaba sobre el escritorio de Wilhelm. Los documentos sobre los pagos pendientes…

Wilhelm se desplomó sobre la silla y, durante un instante, se quedó mirándose los dedos.

—¿Qué es lo que debo hacer? —preguntó al fin de mala gana.

Karl levantó la mirada hacia el techo.

—Tiene que hacer, amigo mío, lo que tiene que hacer en estos casos el tutor de la novia. Prométame la mano de Juliette y encárguese de que ella consienta.

Wilhelm Vandenberg se enderezó, la decisión estaba tomada.

—¡Consentirá!

Karl asintió con satisfacción y se puso en pie. Su sirviente negro lo estaba aguardando, preparado para ayudarlo con el abrigo.

—Póngase en contacto conmigo en cuanto lo haya hablado con la muchacha —ordenó Karl sin mayores despedidas—. Y hágalo cuanto antes. He planeado mi partida para finales de este mes. Juliette debería estar preparada para esa fecha. —Con esas palabras abandonó la habitación.

CAPÍTULO 6

Julie atravesó la nieve del jardín trasero a grandes zancadas. Ya no sentía el frío y tampoco tenía ojos para contemplar la belleza de los árboles nevados.

La palabra «convento» resonaba en su cabeza sin cesar. De pronto, se agolpaban en su mente los recuerdos de las detestables horas y horas de oración en el internado. Martha le había comunicado en un tono despiadado y no sin cierto regodeo que sus padres estaban pensando en enviarla a una institución de las hermanas de la caridad el siguiente verano.

Para Julie supuso una auténtica bofetada. ¡No! En ningún caso pensaba permitir que la metieran en un convento. ¡Tenía que encontrar una alternativa! Ojalá Sofia estuviera allí, seguro que a ella se le ocurriría una solución. Julie se sintió terriblemente sola.

A pesar de que, de vez en cuando, se había planteado qué sería de ella cuando acabase la escuela, nunca había querido detenerse a pensarlo en serio. Todavía faltaba mucho para eso. Sin embargo, en ese momento, fue dolorosamente consciente de que había llegado la hora. El siguiente verano debería abandonar el internado y, con él, a Sofia. Unas cálidas lágrimas le surcaron el rostro. Para las demás chicas estaba claro cuál era el camino a seguir: regresar al seno de sus familias hasta que, con el paso del tiempo, las dejasen en manos de un hombre dispuesto a casarse con ellas. Pero ¿con quién iba a casarse Julie? Ella, el «ratón gris del internado», como solía llamarla Martha años atrás. ¿Y el tío Wilhelm? Él no iba a preocuparse en buscar un candidato porque antes tenía que casar a sus dos hijas. En eso Martha tenía razón.

Julie iba a tener que someterse a la voluntad de su tío.

Al día siguiente, tras toda la noche en vela, su tío la hizo llamar. Ella ya se imaginaba lo que querría comunicarle.

Julie entró con resignación en el despacho.

—Tío Wilhelm, ¿querías verme?

—Siéntate, Juliette. —Le señaló la silla situada ante su escritorio—. ¿Cómo estás?

A Julie le desconcertó la pregunta, ya que su tío jamás se preocupaba por su estado de ánimo.

—Bien, gracias, tío —le dijo titubeante.

—Bueno, Juliette, el verano que viene acabarás la escuela y tu tía y yo hemos estado pensando en tu futuro.

Julie se estremeció en la silla y comenzó a manosearse el vestido con gesto nervioso.

—Tras haber contemplado la situación en su conjunto, Margret y yo hemos pensado que lo más adecuado sería que pasaras los próximos años en una institución de hermanas de la caridad.

Julie trató de componer expresión de sorpresa, tal vez conseguiría convencer a su tío para que cambiara de idea.

—¿Un… un convento?

—Sí, cielo. Ya has cumplido dieciocho años y no ha aparecido ningún pretendiente que quiera pedir tu mano. Cuando termines la escuela, estarás sola. Por desgracia, nosotros no podemos acogerte, ya lo sabes... Margret... En el convento estarás entre mujeres con un destino muy similar al tuyo.

Julie se quedó mirándolo con rabia.

—Pero yo no quiero ingresar en un convento. ¡No podéis hacerme esto! ¿Qué va a ser de mí? ¿Me pasaré el día entero rezando? Antes que eso preferiría..., podría estudiar para... ¿maestra?

—Cielo, allí tendrás todo el tiempo que necesites para reflexionar sobre qué te gustaría hacer cuando seas mayor. Estoy convencido de que las hermanas te ayudarán en esa tarea, y para mujeres solteras un convento de monjas es lo más..., lo más adecuado.

—Pero ¡yo no quiero! —replicó Julie descorazonada. No se le ocurrían más argumentos.

—Bueno, si verdaderamente no es eso lo que quieres... Lo cierto es que no puede decirse que nadie se haya interesado por ti. Lo que ocurre es que... No, en mi opinión no era una buena idea, y por parte de ese señor estoy seguro de que no fue más que una broma. —Wilhelm carraspeó.

—¿Señor? ¿Qué señor? —En los ojos de Julie brilló una chispa de esperanza. Era una noticia completamente inesperada. En su situación actual, estaba dispuesta a casarse hasta con alguno de esos socios viejos y cojos de su tío si de ese modo evitaba ingresar en el convento.

—Bah —respondió su tío con un gesto despectivo—. No debería haberte dicho nada. Ese muchacho desvergonzado..., yo ni siquiera sé qué es lo que se trae entre manos. Sería como entregarte al primero que pasa por la calle.

—Pero ¿quieres decirme de una vez de quién se trata, por todos los santos? —exclamó Julie—. Tío, necesito saberlo.

—De ese tal Leevken. Esas gentes de las colonias tienen una idea muy extraña del matrimonio. Mira que presentarse aquí y...

—Karl Leevken ha... ¿pedido mi mano? —Julie se ruborizó.

—Yo le dije enseguida que nosotros no nos planteamos un enlace de esa naturaleza. Ese hombre es mucho mayor que tú y además vive en ese país salvaje.

La mente de Julie comenzó a maquinar a toda velocidad. Se le formó una profunda arruga en el entrecejo. ¿Se trataba de una opción a la que debía agarrarse como a un clavo ardiendo? ¿Casarse con quien era prácticamente un desconocido?

Wilhelm le concedió unos instantes de reflexión y, mientras tanto, tomó un trago de whisky. Después, respiró hondo y prosiguió.

—Le he dicho que primero entrarás a vivir en un convento. Si con el tiempo continúa teniendo interés en ti, cosa que con la distancia será difícil que suceda... Bueno, creo que con eso el asunto ha quedado solucionado.

Ahora todo estaba en sus manos, y Leevken era una opción mucho mejor que cualquiera de aquellos hombres viejos con la dentadura podrida y una enorme barriga, por no hablar del convento.

—¡Lo haré! —El cuerpo de Julie entró en tensión al anunciar la decisión—. Me casaré con Karl Leevken.

—¡Pero Juliette! No..., ¡no puede ser! Tendrías que irte con él a Surinam y...

—Si ha pedido mi mano —replicó con gran firmeza—, yo se la concederé. Me casaré con Karl Leevken y me iré con él a Surinam.

Julie se miró en el espejo y se colocó bien algunos mechones. ¿Qué era lo que acababa de hacer? Ahora ya era oficial.

Pero meterse en un convento... No conseguía comprenderlo. Pero habría preferido cualquier cosa antes de entrar en el convento. Y una boda no era la peor alternativa. Aunque a decir verdad se sentía algo aturdida. En el fondo, apenas conocía a Karl Leevken. Pero cada vez que recordaba la noche de San Silvestre, un escalofrío agradable le recorría todo el cuerpo. Seguramente en cierto modo su comportamiento fue indecoroso. Pero sus labios... Julie se llevó los dedos a la boca. Todavía le parecía sentir la respiración de Leevken en sus mejillas.

No, ¡comprometerse con Leevken era lo correcto! Además era un modo de liberarse de las ataduras de su tío Wilhelm. Quién sabe qué otras cosas podría llegar a tramar su tío. O ingresarla en el convento o bien emparentarla con alguno de esos hombres pálidos y aburridos. De este modo, al menos Julie tenía la sensación de que la decisión era en parte suya.

Jamás había recibido ninguna muestra de afecto por parte de sus tíos. Karl Leevken, en cambio, sí sentía aprecio por ella, ya que de lo contrario no la habría besado aquella noche. Y además era guapo, educado, y parecía un hombre de fortuna, de forma que Julie no podía desear nada mejor. Por otro lado, viviría la emoción de viajar a un país donde todo era nuevo y desconocido. Era cierto que por edad podía ser su padre, pero...

«Una ocasión así solo se presenta una vez en la vida.» Ese fue el pensamiento que había cruzado la mente de Julie en el despacho de Wilhelm, y ahora lo veía cada vez más claro.

Pero ya no podría regresar al internado. Pensó en Sofia con pesadumbre. Por otra parte, sabía que en verano todas sus amigas abandonarían la escuela y que sus caminos se separarían, pero mantendrían el contacto por carta...

¡Ahora Karl estaba a punto de llegar! Margret se apresuró a organizar una cena para acabar de concretar los detalles del enlace. Parecía que la idea del compromiso le producía una alegría inconmensurable, probablemente le aliviaba librarse de Julie. Martha y Dorothea, en cambio, se mostraron decepcionadas ante la noticia.

—No puedes marcharte con un desconocido a un país lleno..., lleno de negros. —Por lo visto, a ojos de sus primas era impensable que alguien quisiera voluntariamente renunciar a la seguridad del hogar. Ellas solo aspiraban a sentar la cabeza, tener hijos y dedicarse a parlotear en corrillo con otras mujeres de la misma calaña. Probablemente, habrían preferido la alternativa de ingresar en un convento.

Julie, en cambio, sí se veía viviendo en el ambiente tropical y fastuoso de las remotas colonias. El plan olía a aventura. «Juliette Leevken, dueña y señora de la plantación Rozenburg.» Julie estaba dominada por el sentimiento de que la decisión no solo había sido suya, sino de que, además, no era ni mucho menos la peor de todas las decisiones. Tal vez sus primas sencillamente sentían un poco de envidia al ver que Julie iba a contraer matrimonio antes que ellas. Julie se puso en pie con determinación y comprobó de nuevo que el vestido estuviera bien. Ese día quería ofrecer un aspecto impresionante, majestuoso..., ¡no fuera a ser que Karl sintiera la tentación de echarse atrás! Ahora por fin dejaría atrás a la niña de internado recatada que era y se convertiría en una mujer. Al pensar en volver a ver a Karl se le hizo un nudo en la garganta. Rápidamente, se empolvó de nuevo la nariz y se encaminó escaleras abajo.

—Qué alegría tan extraordinaria verte, Juliette. —Karl le besó la mano a modo de saludo y le susurró algunas palabras al oído que, a juzgar por el tono de complicidad, contenían algo más que una fórmula de cortesía.

Julie volvió a sentir un hormigueo de excitación mientras Margret y Wilhelm invitaban a Leevken a sentarse a la mesa. Lo situaron junto a Julie, que titubeó un instante cuando notó que Karl le posaba la mano en el antebrazo. La palma de la mano le abrasaba la piel. ¿Por qué se sentía tan fuera de sí cada vez que lo tenía cerca?

Julie tuvo que concentrarse mucho para seguir la conversación de la cena.

Wim se mostró un tanto extrañado por el acontecimiento y adoptó una expresión de sorpresa cuando su padre le comunicó la noticia. Julie evitó la mirada inquisitiva de su primo y se centró en Karl.

—Mijnheer Leevken. —Margret plegó la servilleta y decretó con ello que había llegado el momento de entrar en el meollo del asunto—. ¿Cuándo tiene usted pensado partir? Con esa pregunta lo que pretendo es que abordemos la cuestión de los plazos.

—El barco zarpa el 28 de enero. Me he tomado la libertad de reservar ya un pasaje para los dos.

Aunque Julie contaba con que partirían pronto, en cuanto se celebrase…, se celebrase la boda, pero ¿tan rápido? ¿El 28 de enero? ¡Ya estaban a día 9!

—Bien, yo creo que el enlace debería tener lugar alrededor del día 22. De ese modo nos daría tiempo a notificar la proclama matrimonial y cumplir con los plazos establecidos. —Parecía que Karl Leevken tenía todas las fechas en la cabeza—. Y después resta tiempo suficiente para preparar el viaje. Yo me encargaré de disponerlo todo.

Margret lanzó una mirada fugaz a Julie y casi le inspiró lástima. ¿Es que su sobrina no se daba cuenta de la forma en que se estaba hablando allí de su boda, como si se tratase del pago y la facturación de una mercancía?

Julie asintió con un gesto leve. En su mirada pareció advertirse un destello de miedo, pero, al volver la vista hacia Karl, sus ojos recobraron el brillo anterior.

Entonces el asomo de compasión de Margret se desvaneció. La muchacha era tan ingenua que estaba condenándose a su propia ruina. Porque, desde luego, era evidente que aquel hombre no la amaba.

CAPÍTULO 7

El vestido era precioso. Julie se movía con cierta inseguridad en aquellos ropajes tan vaporosos, pero se sentía tan liviana como si estuviera desnuda.

Debajo, había decidido ponerse una suave lencería de seda con encajes a juego con el vestido. Hasta entonces, Julie jamás se había molestado en llevar lencería bonita. ¿Para qué? Ahora, sin embargo, pronto tendría que desvestirse frente a un hombre…, frente a Karl…

Se dio media vuelta cuidadosamente delante del espejo. La modista le recogió un poco de tela de aquí y de allá y le metió las mangas a la medida justa.

—¡Qué emoción! —comentó mientras le tomaba las medidas—. ¡Casarse y marcharse a ultramar!

Julie se limitó a responder con un lacónico «sí». Hasta entonces, Surinam no había sido más que un castillo en el aire, pero ahora que hablaba de ello cada vez con más frecuencia la idea iba tomando forma. El miedo también aumentaba con el paso del tiempo. ¿Por qué se había embarcado en esa aventura? Era un país tan remoto, tan desconocido… Todo cuanto sabía sobre

Surinam procedía de las escasas pinceladas que Karl le había dado sobre el país y los hechos, más bien descorazonadores, que Wim había recopilado como avezado periodista.

—Surinam se encuentra en la costa atlántica, rodeado por la Guayana británica, Brasil y la Guayana francesa. —Wim giró el pequeño globo terráqueo y le señaló con el dedo la diminuta mancha de un país cuyo tamaño parecía ridículo en comparación con el resto del continente americano—. Lleva siendo colonia europea más de dos siglos. Los ingleses fueron los primeros colonizadores; luego los holandeses se quedaron el país, para transferírselo por segunda vez a los ingleses. Hasta 1814, los Países Bajos no volvieron a hacerse con el poder de la colonia. Gracias al cultivo de caña de azúcar, café, cacao y algodón, Surinam se convirtió en un importante proveedor de Europa.

Wim proporcionó otros muchos datos y números que, por otro lado, no resultaban de gran utilidad para Julie, aun cuando se trataba del lugar donde iba a vivir en el futuro.

La modista parecía entusiasmada.

—He oído muchas veces que los hombres jóvenes de las colonias se desenvuelven de maravilla. Y la cultura de aquel lugar está muy influida por la de los ingleses. ¡Si no, todos esos indios serían almas impías!

—¿Indios? —Julie miró sorprendida a la modista, que estaba agachada tomando la altura de los tobillos para el vestido.

—No me voy a vivir a la India —dijo tratando de reprimir una carcajada.

—Pero, mi niña, ¿adónde se va entonces? —preguntó la modista desconcertada.

—A Surinam, que se encuentra en el continente sudamericano.

—¿Surinam? ¿Pero no es ese un país temible donde viven multitud de salvajes? Ay... Lo siento. —La modista se avergonzó de inmediato de su impertinente comentario. Rápidamente, trató de arreglar la metedura de pata—: Sepa usted que mi hermano es marinero. De vez en cuando, naturalmente le gusta contar historias de países remotos. —La mujer se incorporó y observó su trabajo.

Julie, en cambio, no se tomó a mal su sinceridad. Ahora le picaba la curiosidad. Al fin, alguien que conocía ese país y no se limitaba a torcer el gesto con expresión interrogante al oír el nombre.

—¿Qué cuenta su hermano sobre Surinam?

La modista estudió a la muchacha con mirada meditabunda.

Rápidamente, Julie agregó:

—Mi futuro esposo no habla de otra cosa, como es natural, pero siempre me resulta interesante conocer historias del país que será mi nuevo hogar. —Julie se sonrojó al soltar esa pequeña mentira. En realidad, Karl Leevken no había vuelto a contarle nada desde que fijaron la fecha de la boda y el viaje. Julie estaba convencida de que no lo hacía con mala intención y de que la razón era sencillamente que no habían podido pasar ni un instante a solas para mantener una conversación. Julie lo atribuía a la presencia permanente de su tía durante las escasas visitas de Karl, pues a pesar de la precipitación de los planes era preciso mantener las formas. Además, su prometido tenía un calendario de lo más apretado, pues debía aprovechar los últimos días en Europa para resolver sus negocios. Con todo, Julie se sentía decepcionada. Karl tendría que ser claro acerca de todas las preguntas que bullían en la mente de Julie. ¿Por qué no hacía el esfuerzo de escucharla y de responder a todas esas preguntas?

—Bueno… —La modista titubeó un instante—. Verá, mi hermano es un simple marinero, no se mezcla con las gentes del país —dijo al fin en tono vacilante—. Aunque, a decir verdad, en una ocasión me contó que ese país tiene un clima absolutamente extraordinario y que en ciertos aspectos los negros viven mejor que los blancos. Y negros hay muchos.

Julie se echó a reír.

—Sí, Karl también cuenta lo mismo, pero esas personas son trabajadores de las plantaciones y sirvientes, como ese Aiku que sigue a Karl a todas partes.

—Bueno, lo que dice mi hermano… Lo que me ha contado es que allí de cuando en cuando hay problemas con los negros que se rebelan. Que a menudo desembarcan allí soldados para…, para poner las cosas en orden. Pero estoy segura de que su marido y usted no tendrán problemas con eso. —Para enfatizar sus palabras asintió bruscamente con la cabeza—. Además, allí debe de haber muchas cosas hermosas, muchas frutas suculentas. Joost, mi hermano, decía que los hombres de mar solían volverse locos de contento al volver a ver tierra firme después de una travesía tan larga.

¡La travesía! De eso Karl no le había hablado todavía.

—¿Cuánto tiempo suele pasar su hermano en alta mar? —Julie albergaba la esperanza de que la modista no hubiera percibido el miedo en su voz.

Esta reflexionó con concentración.

—¿Se refiere para ir a Surinam? ¿Ida y vuelta?

—Solo ida —repuso Julie con un hilo de voz; y, por primera vez, fue consciente del significado de sus palabras.

—Ah…, bueno, la verdad es que se tarda una temporada en llegar. Aunque con los barcos modernos ha de ser mucho más agradable que antaño. La última travesía duró solo cuarenta días. —Julie tragó saliva. ¡Eso era más de un mes!

La modista se percató de su expresión de sorpresa.

—No se preocupe, cielo, seguro que esa travesía en barco no es más peligrosa que otras muchas.

A Julie no le supuso ningún consuelo ese comentario. Al parecer, había varias cosas que su futuro esposo todavía no le había aclarado.

La ceremonia planificada a toda prisa tuvo lugar en una pequeña capilla. Margret invitó a algunos amigos y conocidos para que los bancos no se vieran completamente vacíos. En presencia de Margret, nadie se atrevió a realizar preguntas sobre el enlace. A Julie le habría gustado gozar de la compañía de sus amigas del internado, pero Margret lo descartó. Dijo que un viaje tan largo era demasiado dispendioso y que, además, las clases ya habían comenzado. Julie casi lo había olvidado. Era cierto que ella también habría tenido que regresar al internado hacía ya una semana. De pronto, al verse rodeada de todas aquellas personas desconocidas, se sintió sola. En sus sueños siempre había imaginado su boda de otra manera. Una celebración más alegre y no tan… improvisada. Todo transcurrió a gran velocidad, durante las firmas en el registro civil se respiraba el ambiente sobrio propio de los acuerdos contractuales. Y la celebración posterior… No hubo tiempo para planes ni para sorpresas. Bastante complicado fue ya llegar a tiempo con el vestido. En ese aspecto, todo fue sobrio y convencional: después de la ceremonia, los recién casados y los invitados a la boda celebraron un banquete en casa de los Vandenberg, aunque no fue nada extraordinario. El tío Wilhelm hizo un brindis y Julie y Karl recibieron las felicitaciones de los presentes. A Julie se le pasó el día muy deprisa, en su memoria ese convite se confundía con otros banquetes, con otras charlas, con otras conversaciones vacías y con otras personas sin nombre. Ni siquiera sintió el excitante hormigueo que había sentido otras veces al notar las leves caricias de Karl. Además, ese día Karl ni siquiera la tocó... Cuando los invitados se marcharon, Julie tuvo la sensación de despertar de un sueño vulgar y corriente.

Finalmente, Karl la agarró de la mano y Julie notó que la invadía un miedo terrible. La esperaba el futuro irrevocable de lo que denominaban la «noche de bodas». Ella tenía una ligera idea de lo que significaba en teoría, pero en la práctica...

Lo cierto es que antes de enfrentarse a esa situación habría agradecido tener a su lado a una mujer experimentada que hubiera podido darle algún que otro consejo. Pero habría sido impensable recurrir a Margret, y sus primas... no, ¡estaba mucho mejor con la boca cerrada!

De camino al hotel de Karl, Julie se sentía cada vez más nerviosa. Karl le concedió un breve periodo de gracia, la acompañó a la habitación y luego se disculpó con delicadeza. Julie se sintió completamente perdida en el cuarto. Sus enseres personales habían sido enviados previamente al hotel, de forma que... Abrió la maleta, se enfundó con suavidad el camisón y se acurrucó bajo las sábanas del inmenso lecho. Después, esperó.

Cuando Karl regresó al poco, desprendía un ligero olor a alcohol. Al cerrar la puerta tras de sí, se quedó detenido un instante en medio de la oscuridad de la habitación. Luego, Julie oyó cómo se desvestía y se introducía a su lado en la cama. Se deslizó bajo la colcha hasta colocarse encima de ella y la besó en la boca. Su lengua se abrió paso entre los labios de Julie; el movimiento no fue delicado, sino más bien posesivo. Julie intentó apartarlo, pero con ello solo consiguió excitarlo más.

Karl le subió el camisón, la agarró por las caderas y la atrajo hacia sí. Julie se sentía desbordada por sensaciones que oscilaban entre el aturdimiento, el miedo y la agitación.

—Karl, yo… —Dijo mientras trataba nuevamente de soltarse.

—Shhhh… Juliette, yo sé lo que hago.

Cuando Karl la penetró, Julie notó un dolor breve y punzante. Los movimientos de Karl dentro de ella eran cada vez más violentos. Julie estaba asustada porque había perdido por completo el control de lo que pasaba. Además, Karl pesaba mucho y, cuando ella intentaba quitárselo de encima, él no hacía sino empujarla con más fuerza contra la almohada. Le hacía daño, pero Julie no se atrevía a decir nada. Cuando todo hubo terminado, sintió un gran alivio.

Cuando Karl rodó al fin hacia su lado de la cama, le lanzó a Julie una fugaz mirada de satisfacción. Nada comparable con aquello a lo que él estaba acostumbrado, pero ahora ya era suya. Y ya podía poner fin a toda la farsa.

CAPÍTULO 8

Al poco tiempo, Julie ya no sabía ni dónde tenía la cabeza. Los días siguientes fueron terriblemente ajetreados y por la noche tampoco conseguía descansar. Karl se encargaba única y exclusivamente de sus asuntos. Julie no encontraba paz ninguna junto a su marido, más bien le provocaba miedo y la hosca actitud de Karl no contribuía sino a empeorar la situación. Julie había oído en alguna ocasión el concepto de la «carga del matrimonio», ¿acaso se refería a eso? Julie no podía conciliar el sueño junto a él.

Durante el día, en cambio, apenas lo veía.

Karl le había sugerido que se proveyera de toda suerte de bienes y enseres ya que en Surinam las posibilidades eran bastante más limitadas. Aiku la acompañaba siempre a todas partes. El hombre negro permanecía con gesto imperturbable y la seguía a todas las tiendas, siempre de punta en blanco, pero siempre descalzo. ¡Y eso que era invierno! Al principio, a Julie le inspiraba cierto temor, pero enseguida vio que se trataba de un hombre inofensivo que, además, era el que se encargaba de que los comerciantes enviaran sus nuevos vestidos de inmediato a la suite de Karl.

Justo cuando Aiku acababa de salir para depositar algunos

paquetes en la habitación contigua, donde dormía sobre un colchón, entró Karl. Estrechó a su joven esposa contra su cuerpo y la besó con ímpetu en la boca.

—¡No, Karl! —exclamó Julie cuando consiguió por fin librarse de sus labios. ¿Ahora iba a tener que soportarlo también durante el día?—. Hay que hacer el equipaje y seguramente Aiku está a punto de venir… —Julie se sentiría morir de vergüenza si el criado los sorprendía.

En esa ocasión, para sorpresa de Julie, Karl la soltó. Julie aprovechó la oportunidad para cambiar de tema.

—Dime una cosa, Karl… Aiku…, bueno…, que si… ¿no puede hablar?

Julie había estado dándole vueltas a esa cuestión. Llevaba varios días recorriendo la ciudad con el criado y, curiosamente, este no había dicho ni una sola palabra en todo el tiempo. ¿No podía hablar? ¿No quería? Tal vez es que a los esclavos no se les permitía hablar con los blancos.

Karl se sentó en el borde de la cama y comenzó a juguetear con el anillo que siempre llevaba, como tantas veces hacía. Se trataba de una pieza curiosa de la que Karl no se desprendía jamás, un anillo tosco que parecía encerrar algún misterio. Hasta entonces, Julie no se había atrevido a preguntarle por su significado. Finalmente, Karl respondió entre titubeos:

—No, es que le… Bah, Juliette, una mujer no tiene por qué saber estas cosas.

Julie se imaginó lo peor.

—¿Qué le han hecho?

—Bueno…, le cortaron la lengua.

—Oh, Dios mío, ¡qué espanto! —Julie se llevó la mano a la boca horrorizada—. ¿Quién ha podido hacerle algo así?

—A veces los negros entre sí son un poco…, pero tú no tienes por qué preocuparte —añadió Karl en un tono lapidario.

Julie se quedó impactada. Con eso sí que no había contado. ¿Qué razón podría haber para cortarle la lengua a un hombre? ¿Qué otras atrocidades habrían cometido con Aiku?

—¿Y por qué no lleva zapatos? —preguntó con la voz entrecortada.

Karl se echó a reír.

—Sencillamente, porque no le gusta y porque en Surinam todo el mundo va descalzo. Ven aquí… —dijo volviendo a estrecharla entre sus brazos—. Ya aprenderás todo lo que hay que saber sobre los esclavos cuando lleguemos a casa. —Daba la impresión de que era un tema sobre el que a Karl no le gustaba hablar o al que no le concedía importancia—. Antes de nada, hay cosas más importantes. Ahora me gustaría pedirte un favor.

—¿Y de qué se trata? —preguntó tratando de librarse de sus brazos.

—¿Podrías encargarte de comprarle algunas cosas a mi hija?

—¿Tu hija? —Julie se soltó de Karl desconcertada.

—Bueno, es que no suelo acertar con el gusto de las mujeres.

—¡Tu hija! —Julie lo miró con incredulidad—. ¿Tienes una hija? ¿Por qué no me lo habías dicho?

Karl se encogió de hombros.

—Juliette, soy viudo, como sabes. El hecho de que tenga una hija no es nada reprochable.

Julie notaba que la rabia iba creciendo en su interior.

—¿Reprochable? No, pero ¿se puede saber por qué lo has mantenido en secreto? Deberías habérmelo contado.

—¿Debería? ¿Acaso eso habría cambiado las cosas? —Karl la miró con recelo.

Julie no sabía qué decir.

—¿Qué…, qué edad tiene? —preguntó al fin.

Karl tuvo que pararse a pensarlo unos instantes.

—Diecisiete —respondió después.

Julie lo miró escandalizada.

—Karl, ¡tu hija es solamente un año más joven que yo!

Él volvió a encogerse de hombros.

—Así os entenderéis mejor.

Julie se mordió los labios.

—¿Cómo se llama? —preguntó por lo bajo.

—Martina —respondió Karl con toda tranquilidad. No parecía que la indignación de Julie lo afectase lo más mínimo—. Y dijo que le gustaría que le llevase unos cuantos vestidos bonitos y dos sombreros. Cómprale algo que te guste a ti. Como bien has dicho…, sois prácticamente de la misma edad.

Karl se despidió dándole a Julie un beso fugaz en la frente.

—¡Acompaña a la misi, Aiku! —exclamó dirigiéndose al criado, que aguardaba en la puerta con actitud servicial—. Saldrá a hacer unos recados. Un encargo de misi Martina.

Por un momento, pareció que Aiku torcía ligeramente el gesto al oír el nombre de Martina, pero asintió con la cortesía habitual.

Julie resopló.

—Aiku, ¿me haría el favor de…?

—¡Juliette! —la increpó Karl volviéndose hacia ella—: ¡A los esclavos no se los trata de usted! —Y acto seguido salió por la puerta.

Julie se sentó frente al espejo, algo aturdida. Ahora no solo estaba casada, sino que ¡tenía una hijastra!

Y además puede que Karl tuviera más parientes de los que no le había hablado. ¿Tendría padres o hermanos…?

A saber cuántas cosas le habría ocultado. De pronto, y no era la primera vez, sintió odio hacia su marido y cierto miedo de su propio atrevimiento. Un esposo desconocido, un país desconocido, una familia nueva... En ocasiones, Julie necesitaba acordarse de que la alternativa habría sido ingresar en un convento para no arrepentirse de su decisión.

Cuando, dos días más tarde, a primera hora de la mañana, Julie y Karl se encaminaron al puerto, la joven se asustó al ver la cantidad de equipaje que había acumulado. Para transportar las maletas de los Leevken hasta el puerto fue necesario un coche extra. A pesar de que aquel 28 de enero era un día frío y húmedo, en el puerto había un gran bullicio formado por el ir y venir de los carruajes y por pasajeros aglomerados en el muelle. Las familias se despedían a voz en grito. Algunos con lamentos de dolor, otros con alegría. Tío Wilhelm y su esposa ni siquiera se molestaron en acompañarla al barco, y mucho menos sus primas, que seguían dolidas por el hecho que ella hubiera sido la primera en aventurarse al matrimonio. Definitivamente, Julie veía con claridad que no tenía familia. Pero ¿acaso alguna vez la había tenido? Se reprochó ese arranque gratuito de sentimentalismo. Ahora su única familia eran Karl Leevken y su hija, de la que no sabía más que el nombre.

Julie divisó varias fragatas dispuestas para zarpar. ¿Adónde se dirigirían? ¿A América, a la India? Se preguntó emocionada cuál de todas sería la suya. El aire estaba cargado de un intenso olor a mar. Las gaviotas graznaban y las olas batían contra las dársenas.

Cuanto más se acercaba a los barcos, mayor era la algarabía.

Julie observó con asombro lo que otros pasajeros cargaban en los barcos. Muebles inmensos, infinidad de cajas e incluso, en algunos estrechos contenedores que la grúa elevaba en el aire para cargarlos en la bodega, se oía relinchar a los caballos.

Karl la tranquilizó.

—Aquí es tan sencillo como entrar en una tienda y comprar lo que uno necesita. Allí es preciso encargarlo todo y hacerlo llevar. Y luego hasta que llega… Es normal que los visitantes que vienen de ultramar llenen sus equipajes de objetos de uso corriente y artículos de lujo.

Cuando Julie vio aquellas cantidades ingentes de bultos, los barcos dejaron de parecerle grandes y seguros. Avanzaba entre la multitud con inseguridad y pegada a Karl, que no parecía advertir los miedos y las dudas de su joven esposa. Le soltó la mano y se excusó deprisa y corriendo antes de dejarla a solas con Aiku junto al equipaje de mano de ambos.

Cuando Karl desapareció entre el gentío, Julie todavía no sabía cuál de todos aquellos barcos era el suyo. Por primera vez, se sintió casi alegre de tener a Aiku a su lado. El inmenso hombre negro era como una roca muda contra la que batía el oleaje y, al verlo, la gente daba un respetable rodeo. Probablemente, les inspiraba miedo. Julie se preguntó si Aiku se alegraría de volver a casa y si allí habría una esposa y una familia esperándolo…

—¡Juliette!

Alguien gritó su nombre.

—¡Juliette!

Julie vio aparecer una cabellera rubia entre el gentío.

—¿Wim? —exclamó en dirección a su primo a través de la colorida multitud.

El joven llegó sin aliento hasta donde estaban Julie y Aiku.

—¡Menos mal que he dado contigo a tiempo!

—¿Qué estás haciendo aquí, Wim? —Julie se alegraba mucho de ver a su primo, pero ya se habían despedido el día anterior.

—¡No podía permitir que te marcharas así! —Wim miró a su prima con una expresión cargada de cariño. A Julie la invadió una sensación de agradable calidez. Wim era la única persona de la familia que significaba algo para ella.

—Quería despedirte como es debido. ¡Con lágrimas y agitando un pañuelo, como dictan los cánones! —Sonrió con picardía antes de componer una expresión seria—. Y, además, es que tengo que contarte algo que he oído, aunque en realidad no debería. Periodismo de investigación, podría llamarlo…

Julie entornó los ojos.

—Dime, ¿qué es eso tan importante que tienes que contarme? —preguntó despreocupada. Wim siempre se había caracterizado por hacer un gran secreto de cualquier menudencia. Probablemente, le había venido a la mente otra enfermedad tropical espantosa de la que quería advertirla.

Wim le lanzó una mirada a Aiku.

—¿Habla nuestro idioma? —preguntó con desconfianza.

—Sí, creo que lo entiende, pero no puede hablar —respondió Julie.

Wim arrugó la frente y se apartó unos cuantos pasos de Aiku. Después bajó la voz:

—Ese Leevken… Se ha casado contigo para quedarse con tu herencia.

Julie enarcó las cejas, sorprendida.

—¿Mi herencia? —preguntó con incredulidad.

—Sí, ¡tu herencia! ¿Dónde crees que ha ido a parar la herencia que te dejaron tus padres?

—¿Mi herencia? Cuando cumpla veintiún años me la entregarán.

Wim se echó a reír.

—Sí, Juliette, así era hasta que..., hasta que te casaste. Pero ahora..., ahora ese Leevken ha pasado a ser el administrador de tu herencia hasta que cumplas la mayoría de edad. Y... o mucho me equivoco, o me temo que no está demasiado dispuesto a conservarla y a ahorrar para ti. —La expresión de Wim era seria y sus ojos reflejaban una gran preocupación. Al poco, prosiguió—: Ayer por la noche, al despedirme de vosotros, estuve escuchando la conversación de mis padres. Apenas podía creerme lo que estaba oyendo, pero es cierto, después lo comprobé. En el despacho de mi padre hay documentos que lo demuestran.

—¿Has estado espiando a tu padre? —Julie miró a su primo con expresión atónita.

Wim la agarró por el antebrazo, con lo que, automáticamente, se ganó una mirada amenazante de Aiku.

—¡Escúchame bien, Juliette! Mi padre había contraído una enorme deuda con Leevken que no podía pagar. Y por eso ha aceptado entregarte, digamos, ¡como pago!

Julie lo miró con perplejidad.

—¡Juliette! —Wim la miró con actitud suplicante—. Mi padre y ese Leevken están en el mismo bando. ¡Han tenido la frialdad de hacer un trueque contigo!

—Pero..., pero si tío Wilhelm quería meterme en un convento de monjas y yo..., yo fui la que decidió quedarse con Karl...

—¡Tonterías! —replicó Wim sacudiendo la cabeza con vehemencia—. No te habrían llevado de los pelos a un convento, por no hablar de la fortuna que piden las monjas por el alojamiento. Pero, aun en el caso de que hubieras acabado allí, en ningún caso habrías tenido que quedarte más de tres años. A los veintiún años habrías recibido tu herencia. Sin embargo ahora…, ¡ahora la recibirá ese Leevken!

No pudo continuar porque alguien lo interrumpió poniéndole la mano en el hombro.

—¡El joven mijnheer Vandenberg! Qué amable que se haya acercado hasta aquí para despedirse de mi esposa. —Karl apareció detrás de Wim y lo fulminó con la mirada.

—Mijnheer Leevken… —Wim no se dejó atemorizar—. Yo…

Karl lo interrumpió con brusquedad.

—Sí, por supuesto que puede despedirse, pero le ruego que se apremie porque debemos ir embarcando. Hasta la vista, mijnheer Vandenberg, y por favor salude a su padre de mi parte.

—¡Juliette…! —Wim parecía querer decir algo más, pero se quedó allí plantado con los hombros caídos. Era demasiado tarde para las palabras. Juliette Leevken ya había decidido su destino.

Karl agarró a Julie del brazo y la arrastró consigo. Al avanzar, empujó a algunas personas, que se vieron obligadas a apartarse a pesar de que también se dirigían al barco, y colocó a Julie en la cola de espera para subir a cubierta. Julie volvió la vista atrás. A Wim ya no lo vio, pero su mirada se detuvo en una mujer de aspecto atemorizado ataviada con un traje de religiosa. A pesar del miedo que se advertía en sus ojos, le dedicó una tierna mirada a Julie antes de que un hombre la empujase también a ella hacia el muelle.

—Vamos, Erika, estamos interrumpiendo a todo el mundo.

CAPÍTULO 9

Erika contempló aterrorizada las hamacas deshilachadas que se extendían por el interior de la cala del barco. Tenía claro que el viaje hasta la remota tierra de Surinam no iba a ser fácil, pero no imaginaba que pasaría las siguientes semanas en un camastro tambaleante. Esperaba encontrar sacos de paja o incluso un catre de madera, con eso se habría conformado. Pero esas hamacas que se bamboleaban entre las estructuras de madera del barco, tan pegadas entre sí… Seguro que con el oleaje chocarían los unos con los otros…

Su marido, sin embargo, no pareció sorprenderse al ver el acomodo. Se subió a una de las hamacas sin pensárselo, dejó colgando una pierna por cada lado y la miró con un brillo de satisfacción en los ojos.

—¡Vaya, vaya! ¡Mira lo cómodo que es! —Y para demostrarlo comenzó a mecer la hamaca, cuyas cuerdas comenzaron a chirriar.

Erika sacudió la cabeza con desprecio ante el pueril entusiasmo de su marido. Reinhard estaba loco de contento desde que había sabido que la pequeña hermandad evangélica buscaba parejas jóvenes y fuertes para cubrir los puestos de la misión en el extranjero. Con toda la ilusión, había solicitado una plaza para Erika y para él. Con mirada de ensoñación se había puesto a contemplar el nublado cielo alemán y había tratado de convencer a su mujer.

—Mira, de esa manera podríamos ver algo de mundo y llevar la palabra de Dios a multitud de personas.

Erika jamás se atrevió a manifestar en voz alta sus cavilaciones. Desde luego que ella deseaba extender el bien por el mundo y seguir caminando por la senda del Señor. Pero ¿tenía que ser necesariamente en la otra punta del mundo? ¿Tenía que ser en Surinam? Allí, por lo que ella sabía, no había más que una pequeña misión en medio de un país gigantesco poblado por habitantes aún sin cristianizar. Después de la boda, Erika solo deseaba formar una familia convencional y disfrutar de la vida en común en Alemania. La idea de Reinhard le parecía una completa locura y se había quedado desconcertada al ver que él enseguida aceptaba la oferta de trasladarse a los Países Bajos para esperar allí a que le asignaran un puesto de misionero. Pero ahora Reinhard era su marido, ella lo amaba por encima de todas las cosas y quería ser feliz a su lado, así que su deber era seguirlo allá donde fuera.

La inquietud que le producía el plan de la misión aumentó cuando, unas semanas más tarde, durante la estancia en los Países Bajos, escuchó una conversación entre Reinhard y el hermano Lutz, que había regresado de Surinam unos meses atrás. En realidad, ella había alentado a su marido a confiar en la voluntad de Dios, pero cuando, al servirles el té, entreoyó retazos de la conversación, no pudo resistir la tentación de quedarse escuchando detrás de la puerta al abandonar la habitación.

El hermano Lutz hablaba del desolador estado de las cosas en Surinam, de las enfermedades y del difícil clima del país; según él, muchos europeos morían o decidían regresar a Europa tras contraer alguna grave enfermedad. Y, por si eso no fuera suficiente, habló de la hostilidad hacia los misioneros, tanto por parte de los colonos como de los pobladores nativos. Por no mencionar la actitud de los cimarrones y de los esclavos rebeldes.

—Piénselo bien, hermano Reinhard. Tenga en cuenta que usted todavía es joven y su esposa es una criatura frágil. Vayan mejor a alguna misión dentro de Europa, allí también es necesario difundir la obra de Dios.

—¿Está queriendo decirme que ese país no merece escuchar la palabra de Dios? —La voz de Reinhard traslucía cierta decepción. Había planeado un encuentro con el hermano Lutz para obtener toda la información posible sobre el país donde establecerían su nuevo hogar; el hecho de que, de pronto, el hermano Lutz le desaconsejara, sin rodeos, emprender el viaje, le resultó terrible. Los Hermanos Moravos se habían propuesto el objetivo de difundir la palabra de Dios entre los infieles de todo el mundo.

—No, hermano Reinhard, lo único que no quiero es que vuestra inquietud os conduzca a la ruina. La labor que debe llevarse a cabo allí no puede compararse con la de lugares donde la misión goza de una estructura consolidada. En Surinam uno se encuentra bastante solo.

—No puede haber lucha allí donde existe la voluntad de Dios —lo interrumpió Reinhard.

—No, hermano, no hablo de lucha en el sentido de violencia. Aunque… —titubeó—. La labor que se desempeña allí es harto difícil. —El hermano Lutz suspiró profundamente. Parecía resultarle complicado, por un lado, animar a Reinhard a que siguiera las ideas de la hermandad y, por otro, transmitirle sus propias reflexiones nacidas de la experiencia.

Erika había escuchado suficiente. Las palabras del hermano Lutz le provocaron un miedo terrible. Era joven, estaba felizmente casada con Reinhard desde hacía un tiempo y se había imaginado una vida un poco diferente: la de una familia con hijos bajo la protección de la comunidad y no la de unos misioneros aislados en la selva sudamericana. Reinhard pasó premeditadamente por alto la sutil advertencia del hermano Lutz. Estaba entusiasmado con la idea de difundir la obra de Dios en la misión.

—Erika, asentarnos en la comunidad es algo que podemos hacer igualmente cuando seamos mayores —le decía con una dulce sonrisa—. A mí me parece hermoso que nuestros hijos crezcan allá donde suceden las cosas. Imagínate qué buena preparación supondrá para su posterior labor.

Erika había arrugado la frente, pensativa.

En ese momento, al verse en aquel tugurio en el interior del barco, todo el plan se le dibujó como una auténtica pesadilla. Ahora, más que las ansias de aventura, en su corazón pesaba la preocupación por el futuro y por su propia integridad física.

Algo muy similar parecía ocurrirle a Josefa Bürgerle, la mujer que se lamentaba a su lado. Los Bürgerle eran la otra pareja que había sido seleccionada para viajar a la misión de Surinam. Josefa ofrecía un aspecto pálido y demacrado aunque era apenas diez años mayor que Erika. Su marido, mientras tanto, ignoraba por completo los lamentos de su esposa. El hermano Walter era ostensiblemente mayor que su esposa y ya tenía el cabello cano. Su rostro era tan impasible que parecía cubierto por una máscara de expresión desabrida y las escasas palabras que había dirigido a su esposa desde que habían entrado en el barco no habían sido sino ásperos susurros. Erika sentía compasión por la mujer. Por lo que sabía, los Bürgerle llevaban a sus espaldas un largo viaje desde una comunidad del sur de Alemania y, en Ámsterdam, apenas habían tenido tiempo de descansar.

Entretanto, el hermano Walter estaba conversando a fuerza de frases cortas y bruscas con un hombre tosco sobre unas mantas agujereadas que había traído un marinero. El hombre corpulento se fue deshinchando ante el comportamiento frío pero piadoso del hermano. Con un leve asentimiento, entregó una de las mantas a Josefa y Erika. Erika se lo agradeció con cortesía, aunque eso no modificó el gesto impávido del hombre. Erika colocó el escaso equipaje en una de las cajas de madera que había debajo de las hamacas. El capitán del Zeelust, que se encargó de mostrarles el acomodo, se dirigió al pasaje de la entrecubierta con claridad.

—Solo les estará permitido salir a cubierta cuando yo lo diga.

Al principio, Erika creyó que el capitán hablaba al grupo de trabajadores ataviados con ropas andrajosas y que soltaban una peste terrible a alcohol, a quienes les adjudicaron parte de las hamacas.

—Son leñadores alemanes —susurró Reinhard. Pero, cuando Erika miró al capitán con gesto interrogante, este se limitó a responder con una mirada hostil:

—Eso vale para todos los de la entrecubierta.

En ese preciso instante, a Erika le invadió una terrible sensación de claustrofobia. ¿Cómo iba a soportar varias semanas encerrada en ese sofocante espacio con todos aquellos hombres?

Se puso a rezar para sus adentros e intentó calmarse. Que Dios atendiera sus ruegos y le diera fuerza para sobrevivir a ese viaje.

CAPÍTULO 10

Unas cubiertas por encima de Erika, Julie se sentía más o menos igual. Las palabras de Wim le habían caído como un jarro de agua fría y, aunque le costaba admitirlo, pensaba en ellas mucho más de lo que le gustaría. Una y otra vez, llegaba a la conclusión de que Wim no podía tener razón. Era ella quien había decidido quedarse con Karl Leevken, el enlace no había tenido nada que ver con su herencia. Tenía toda una vida por delante, una vida que ella misma había escogido, y se esforzaba con todas sus fuerzas por hacerse una imagen lo más luminosa posible de Surinam. Era cierto que se imaginaba la convivencia con Karl de otra manera, pero también con el tiempo él aprendería a tratarla con más delicadeza. La cabina de Karl y Julie era pequeña, pero confortable. Pocas horas después de que el barco zarpase, Julie ya tenía la impresión de que no le llegaba el aire. Karl lanzó su abrigo sobre la cama y desapareció en alguna parte del interior del barco. Julie lo esperó, pero, al ver que no volvía y como empezó a notar que se le acababa el aire de la habitación, se echó el mantón sobre los hombros y se abrió camino hacia cubierta.

Poco tiempo después, Julie estaba asomada a la borda contemplando el paisaje de alrededor. A lo largo de varias millas, el Zeelust navegó por el canal conocido como Noordhollands Kanaal, que une Ámsterdam con Den Helder pasando por Alkmaar. Recorrían las aguas interiores en lugar de salir al mar abierto. De camino al barco, Karl le había explicado que el Zuidersee, una ensenada que se extendía hasta Ámsterdam, era demasiado poco profundo para el calado de los barcos muy grandes y con cargas pesadas. Por eso se había construido ese canal, del que Julie no había oído hablar. Por los canales, existía también otro camino alternativo hasta Róterdam, le había explicado Karl, pero, como en ese caso los barcos tenían que ir tirados por caballos, resultaba mucho más largo y, para ahorrar tiempo, preferían atajar por el mar. ¡Róterdam! Ella recordaba haber visto de niña los caballos arrastrando las inmensas embarcaciones a la sirga. Y recordaba que se quedaba en la orilla mirando junto a sus padres y…

Rápidamente, desterró esos recuerdos. Ahora tenía que mirar hacia delante.

A lo largo de los siguientes días fue explorando, aunque no sin temor, las partes del barco que encontraba en el camino del camarote a la cubierta superior. Los elevados mástiles, las innumerables superestructuras y los aparejos le imponían mucho respeto. Permanentemente, veía a marineros circulando por la cubierta, arrastrando amarras, trajinando con las superestructuras o trepando por las velas. Y, curiosamente, en el resto del barco, al igual que en el interior del camarote, había apenas sitio para moverse, ya que cada metro parecía cumplir una función específica. Como los trabajadores se habían apiñado de nuevo en un rincón, un marinero la condujo por unas escaleras hasta la cubierta superior del barco. Allí reinaba una calma mayor.

—Esta parte es solo para los pasajeros, mevrouw. —Por un instante, él lanzó una mirada de nostalgia al paisaje que los rodeaba—. Al comienzo del verano, desde aquí hay una vista maravillosa de los campos de tulipanes —agregó por lo bajo.

Julie creyó adivinar en sus jóvenes ojos más añoranza que ansias de viajar.

En la cubierta todavía hacía un frío considerable y Julie supuso que por eso apenas había pasajeros allí. Lo cual era una ventaja para ella, que necesitaba tiempo para pensar. No conseguía quitarse de la cabeza las palabras de Wim. ¿De veras Karl se había casado con ella solo por el dinero? Julie se resistía a creérselo. Había sido tan encantador con ella…, tan… Al menos así había sido en Ámsterdam, cuando había otras personas presentes. Ahora, en el barco, lo cierto era que Karl apenas pasaba tiempo con ella y, desde luego, tampoco le daba conversación alguna, cosa que ella echaba mucho de menos. A decir verdad, Julie no lo veía más que en las comidas. Después, Karl desaparecía alegremente en el interior del casco y regresaba por la noche, siempre bastante bebido.

—Jugar a las cartas es una manera magnífica de pasar el tiempo —dijo riendo cuando Julie le preguntó qué hacía.

¿Bebía tanto cuando estaban en Ámsterdam? Después de la boda seguro que no. Pero antes… ¿qué sabía Julie?

Finalmente, el barco pasó por el Marsdiep —un paso con unas fuertes corrientes marinas— entre el extremo norte del continente y la isla Texel. Izaron las velas grandes y eso imprimió velocidad al Zeelust de inmediato.

El cuerpo de Julie reaccionó con fuertes mareos al ritmo creciente hacia mar abierto. Los días siguientes, el mal del mar le causó un gran sufrimiento, de modo que no pudo disfrutar de las famosas cretas de la costa inglesa cuando el Zeelust atravesó el canal de la Mancha. Karl le decía que los mareos se le pasarían y que el mar se calmaría en cuanto hubiesen dejado atrás el mar del Norte. Julie, sin embargo, temía no ser capaz de sobrevivir. En todo caso, Karl tampoco le decía mucho más. Julie pasaba los días sola y frustrada en el interior del angosto y asfixiante camarote, donde Karl solo entraba para dormir. En lugar de ocuparse de Julie, pasaba todo el tiempo en compañía de otros pasajeros varones jugando a las cartas y bebiendo licor. La peste a alcohol que desprendía cuando regresaba por las noches no contribuía precisamente a aliviar el malestar de Julie. Los mismos besos que la noche de fin de año la habían dejado sin respiración ahora más bien le provocaban náuseas. Sin embargo, Karl no renunciaba a compartir el lecho matrimonial y Julie no se atrevía a rechazarlo. Pero, poco a poco, el Zeelust fue alejándose de la tierra firme europea a través del Atlántico, el mar se fue calmando y Julie comenzó, al fin, a encontrarse mejor. El estómago se le tranquilizó y le apetecía salir a tomar el aire. Por primera vez desde hacía casi una semana, conseguía desplazarse hasta su lugar favorito de la cubierta. Karl había desaparecido, como de costumbre, y esa mañana ni siquiera le había preguntado cómo se encontraba.

Julie se hallaba agarrada a la baranda respirando con avidez el aire salado del mar cuando, de pronto, una voz a su espalda le preguntó:

—Dígame, joven, ¿es su primer viaje en barco? —Una mujer

rechoncha y de pequeña estatura la miró con una mezcla de socarronería y compasión.

Julie presentaba un aspecto lamentable. En los últimos días, como su estómago no admitía nada, se había alimentado solo a base de agua y pan tostado. Estaba pálida y tenía unas ojeras ennegrecidas bajo los ojos. Para salir a tomar el aire se había recogido el pelo de cualquier manera.

—Lo peor ya ha pasado —dijo la mujer en tono animoso mientras se acercaba—. Una vez que se deja atrás el canal inglés, la cosa se calma. —Sonrió a Julie con expresión risueña. Julie también trató de esbozar una sonrisa.

—Mi nombre es Wilma Kooger. Puede llamarme Wilma —anunció tendiéndole la mano a Julie—. Me alegro de haber encontrado compañía femenina en la cubierta. No insinúo que seamos las únicas mujeres a bordo, pero, por lo que he oído, a algunas les ha ido peor que a usted y todavía no han logrado recuperarse.

—Juliette Vand…, Leevken, disculpe. Puede llamarme Juliette.

Wilma asintió con una mirada elocuente.

—Leevken, ¿hum? ¿Recién casada, joven? Sí, a mí también me llevó una buena temporada acostumbrarme a mi nuevo nombre. —Se inclinó hacia la barandilla para acercarse a Julie.

A Julie le pareció más bien una pregunta retórica, porque ¿qué clase de mujer se embarcaría sola en un viaje de ese tipo? Asintió.

—Pasa los días con los otros hombres, ¿verdad?

Julie se encogió de hombros. No había demasiadas alternativas.

—¡Hombres! —Wilma compuso una expresión de repugnancia—. Mi Heinrich por aquel entonces era incapaz de contenerse, aunque viajábamos muy de cuando en cuando. Pero cada vez que viajábamos, me pasaba semanas enteras sin verle el pelo.

Julie no se atrevió a preguntar, pero Wilma pareció entender su mirada.

—Mi Heinrich murió ocho años atrás. Ahora vengo de Groningen, de visitar a mi hermana. En su día, ella se casó en los Países Bajos y ahora las cosas no le marchan bien.

—Vaya, lo lamento. —Julie no sabía muy bien qué decir.

—Ah, jovencita, no es para tanto. No sabe lo contenta que estoy de volver pronto a casa. En Europa hace siempre un tiempo espantoso. Venga, demos un paseo, a usted le vendrá bien tomar un poco el aire y para mí es un placer gozar de compañía. —Con estas palabras, Wilma echó a andar. Julie la siguió; ella también estaba contenta de tener con quien hablar. Lentamente, dieron toda la vuelta a la cubierta superior del barco.

Wilma le cayó simpática desde el primer momento. Tenía un aire resolutivo y maternal, pero sobre todo era una mujer ¡comunicativa! Julie consiguió reunir al fin detalles sobre la travesía y las distracciones a las que podía dedicar su tiempo una mujer. Cuando hacía buen tiempo, por ejemplo, solían reunirse a conversar y a hacer sus labores en la cubierta superior. De modo que Julie no se pasaría todo el viaje sola.

Wilma le contó que en la parte delantera de la cubierta solían colocar incluso sillas y mesas.

—Pero como parece que muchas de las damas todavía se encuentran mareadas, el capitán no debe de haberlo considerado apropiado por el momento. Por supuesto, aquí no disponemos del lujo de los grandes barcos de pasajeros, porque al fin y cabo

Surinam no es un destino muy solicitado. —Wilma soltó unas carcajadas y ralentizó el paso para contemplar la estela espumosa que el barco dejaba tras de sí—. Pero los viajes son mucho más confortables que antaño. En aquella época, en comparación con la multitud de mercancías que se transportaba, los pasajeros eran considerados unos trastos inútiles. —Wilma le pidió un té a un mozo del barco que les preguntó en qué podía servirles—. Y tráenos una mesa y dos sillas, que ya ha empezado el buen tiempo. —Desde que partieron, el aire se había tornado considerablemente más cálido y ahora, de cuando en cuando, el sol se dejaba entrever en los claros del cielo.

—Qué muchacho tan simpático —señaló Wilma después de que el joven se afanara enseguida en complacer el deseo de las damas y les dispusiera un acomodo donde sentarse.

—Bueno, Juliette, así que está recién casada. ¿Y dónde conoció a su marido? —Las palabras que Wilma pronunció mientras bebía traslucían una sana curiosidad.

Julie le contó la historia de buena gana. En su relato omitió la duda y el supuesto acuerdo comercial entre Karl y su tío, aunque a decir verdad le costó resistir la tentación de compartirlo con alguien, y en especial con una mujer.

Wilma enarcó las cejas con una visible sorpresa.

—Bueno, ¡veo que no ha andado perdiendo el tiempo!

—¿Conoce a mi esposo? —preguntó Julie acto seguido, algo apurada.

Julie no quería que Wilma pensara que trataba de sonsacarle información. Pero la colonia de Surinam tampoco parecía demasiado grande y probablemente todos sus miembros se conocían entre sí.

—¿Leevken? —Wilma asintió—. Bueno, conocer es un término exagerado, pero he oído hablar de él.

—¿Y? —preguntó Julie. Sabía que sonaba un tanto insólito que quisiera obtener información de su propio cónyuge de una persona a la que acababa de conocer. Pero la curiosidad pudo más que la prudencia—. ¿Qué se dice de él por ahí?

Wilma pareció quedarse pensando unos instantes.

—Bueno, es el propietario de una gran plantación de caña de azúcar. Quienes regentan las plantaciones son una especie aparte, eso debe saberlo. Pero no tiene que preocuparse, él ante todo es un…, un hombre respetado.

No consiguió sacarle a Wilma mucho más, ni sobre Karl ni sobre las particularidades del país. Julie se sintió incómoda y esa sensación le recordó a la conversación que había mantenido con la modista. Ella también se había expresado con cautela. Con una cautela extrema, para gusto de Julie.

Distraída por la nueva amistad que había trabado, para Julie el tiempo comenzó a transcurrir más deprisa. Llevaban ya catorce días de travesía. En total, debía de haber unos veinte pasajeros alojados en los camarotes de la cubierta superior. Julie solía reunirse en la cubierta con Wilma; poco después comenzaron a acudir allí también las demás mujeres que viajaban. Por contra, los hombres apenas se dejaban ver al aire libre. Aunque las mujeres censuraban ese comportamiento, tampoco hacían nada por evitarlo. Al contrario, más bien parecían satisfechas de saber ocupados a sus maridos. Julie intentaba rescatar de las conversaciones todos los datos que podía sobre el país donde establecería su nuevo hogar, aunque algunos de los comentarios le resultaban de lo más extraño. Así, por ejemplo, las mujeres se quejaban mucho de la falta de servicio y de la holgazanería de los criados en los Países Bajos.

—Es un alivio regresar a casa —comentó Laura Freiken, hija de un alto mando del ejército de Surinam, echándose a un lado el mantón bordado—. Yo quería traer conmigo a mi esclava favorita, pero mi padre se opuso. Me dijo que el clima iba a ser demasiado duro para ella y que era demasiado trastorno para él tener que arreglar lo de la vestimenta y el calzado.

Julie enseguida pensó en Aiku y en cómo lo había visto caminar descalzo por la nieve. Desde que zarparon no había vuelto a verlo y no tenía la menor idea de dónde viajaba.

—Sí —agregó otra mujer dándole la razón a la primera—. Yo me traje a Hena en una ocasión y después de unos días con zapatos era incapaz de caminar y no hizo más que caer enferma todo el tiempo. La verdad es que es mejor no traerlos.

—Pero, entonces, ¿en Surinam nadie lleva zapatos? —preguntó sorprendida Julie a las demás mujeres.

—A los esclavos no se les permite ir calzados, jovencita —le aclaró Wilma en voz baja.

—¿Por qué no?

Wilma se encogió de hombros.

—De alguna forma hay que mantenerlos… Bueno, tienen que mantenerse en la posición que les corresponde.

En la siguiente hora de conversación, Julie descubrió más cosas sobre sus futuros sirvientes. Los esclavos no solo no podían llevar zapatos, sino que tampoco tenían derecho a hablar neerlandés ni a mirar a los ojos a su señor.

«Sencillamente, porque no le gusta», había sido la imprecisa explicación de Karl cuando Julie le había preguntado por los pies descalzos de Aiku.

A Julie se le hacía difícil imaginarse el día a día de la vida cotidiana rodeada de un servicio formado por esclavos. Y ahora, al fin, había conseguido enterarse de cuáles eran las diferencias entre el personal de tío Wilhelm en Ámsterdam y Aiku: el negro no solo era un sirviente, sino que se debía por completo a su dueño y señor. En la medida de lo posible, incluso debía temerlo. Poco a poco Julie, a medida que descubría más cosas sobre su nuevo país, iba sintiéndose más confundida.

Cuando el tiempo volvió a mejorar de forma ostensible, Julie vio que aparecían en la parte delantera de la cubierta pasajeros a los que no había visto hasta ese día. Ella había dado por supuesto que aquella zona estaba reservada para los marineros, pero aquellas personas no tenían aspecto de formar parte de la tripulación.

—¿Quiénes son esas personas, Wilma, y por qué no habían aparecido por aquí hasta hoy? —Julie ya no tenía reparos a la hora de hacer preguntas.

—Ah, son cazafortunas y religiosos... Los capitanes intentan mantenerlos bajo cubierta en la medida de lo posible para evitar altercados. Porque la verdad es que para los otros pasajeros... —Wilma señaló con la cabeza hacia la zona donde solían reunirse los pasajeros de la cubierta superior— no es una imagen muy edificante.

Julie arrugó la frente. Wilma prosiguió con la explicación enseguida.

—Desde que se descubrieron algunos ríos de oro, cada vez llegan al país personas más extrañas. Y, supuestamente, en el interior del país hay nuevos pobladores que tienen a su disposición algunos terrenos. Entre ellos hay muchos alemanes, dicen por ahí, ya que existen muchos campos con madera y esa gente entiende mucho de desmonte y ebanistería. —Wilma se quedó pensativa—. Yo no creo que sea buena idea. La mayoría de los extranjeros no consiguen adaptarse al clima.

—Pero Karl me dijo que en Surinam hacía un tiempo muy agradable. —Julie esperaba no volver a ver sus ilusiones rotas una vez más.

Wilma soltó una carcajada.

—Bueno, es una forma de verlo. Ciertamente, durante todo el año hace un calor agradable, ni siquiera en la estación de las lluvias hace frío. Pero es un calor bochornoso, nada comparable con el calor del verano europeo. —Wilma se quedó mirando al horizonte—. Y por desgracia ese clima trae consigo enfermedades que no tienen parangón con ningún mal europeo. La peor de todas es la fiebre.

—¿La fiebre?

—Hay diferentes clases de fiebre, algunas solo atormentan al enfermo, otras pueden llegar a matarlo. —Wilma señaló hacia algunas de las personas andrajosas que ocupaban la parte delantera de la cubierta que en ese momento estaban reunidas en una suerte de misa—. Gracias a Dios, hay en Surinam una comunidad de Hermanos Moravos y sus miembros se encargan de cuidar a los esclavos y a los enfermos.

Julie miró al pequeño grupo de la cubierta inferior. Entre ellos había algunas mujeres que, con la cabeza gacha, escuchaban atentas la voz de un hombre que leía un libro, probablemente una Biblia. En otro rincón, entre maromas y toda suerte de aparejos, se hallaban unos cuantos hombres ataviados con ropas harapientas que fumaban y jugaban a las cartas. Observar a todos aquellos pasajeros allí hizo que Julie volviera a preguntarse algo que le rondaba la cabeza desde hacía varios días.

—¿Dónde viajará entonces nuestro esclavo, Wilma?

—¿Esclavo? No debe preocuparse, estará bien. Eso será mejor que se lo pregunte a su esposo, Juliette.

Julie no consiguió sacarle nada más a Wilma, que rápidamente cambió de tema. Julie volvió a sorprenderse una vez más. En cuanto formulaba una pregunta algo comprometida o incómoda, le respondían que no tenía por qué preocuparse o que le preguntase a su marido. Estaba empezando a sospechar que aquel país no era ni tan paradisíaco ni tan romántico como ella había imaginado. Por otro lado, la cuestión de los esclavos también parecía estar rodeada de aspectos peliagudos.

Julie no podía dejar de pensar en Aiku. Él le había servido en los Países Bajos; ella no había tardado en perderle el miedo y en convencerse de su bondad. El hecho de no verlo en la cubierta la tenía preocupada.

Por la tarde, le pidió explicaciones a Karl justo antes de que se marchara a jugar la partida.

—¿Dónde está Aiku? Desde que zarpamos no he vuelto a verlo.

Karl trazó un movimiento de despreocupación con la mano.

—Ah, está bajo cubierta. Son las normas, por seguridad, los esclavos deben mantenerse a buen recaudo durante la travesía.

—¿A buen recaudo? ¿Qué significa eso? ¿Que los encierran?

Karl sacudió la cabeza.

—Eso no tienes por qué saberlo —respondió lacónicamente—. Y ahora déjame tranquilo, que tengo que irme. —Karl abandonó el camarote dejando atrás a una Julie descontenta y enojada. No estaba dispuesta a conformarse con esa respuesta.

CAPÍTULO II

Al cabo de pocos días bajo cubierta, Erika estaba convencida de que aquella era la primera prueba de resistencia a la que había decidido someterla Dios. Los pasajeros de la entrecubierta viajaban hacinados como animales. La predicción optimista de Reinhard de que el capitán les dejaría salir enseguida a cubierta no se hizo realidad. La puerta que conducía a la cubierta solo se abría durante el día para contrarrestar un poco el mal olor. Pero, en lo alto de la escalera, había siempre un marinero haciendo guardia que no permitía salir a nadie. Erika hacía multitud de conjeturas sobre la razón por la que les prohibían salir al aire libre. Un vistazo al rincón de los leñadores y a Josefa bastó para responderse a sí misma. Si bien los leñadores se daban al alcohol —aparentemente su único equipaje— y se entretenían jugando a las cartas tanto de día como de noche, Josefa estaba tendida en la hamaca luchando contra el mal del mar. El hermano Walter también había perdido el color, pero aguantaba estoicamente las ganas de vomitar. A Reinhard, en cambio, el viaje no parecía afectarlo físicamente. Aunque, con el paso del tiempo bajo cubierta, su euforia se fue matizando y el aburrimiento comenzó a hacer mella también en él, seguía susurrándole a Erika palabras de entusiasmo sobre el fantástico país que los aguardaba. Todos los días volvía a prometerle a Erika que ese sería el día en el que les abrirían el acceso a la cubierta.

El marinero Ferger, cuya misión era vigilar la puerta de las bodegas que se abría al fondo de la entrecubierta, resoplaba con tono burlón cada vez que le preguntaban.

—Olvídelo, muchacha —respondía con soberbia desde la hamaca—. Hasta que no salgamos del canal y hayamos pasado Inglaterra, el capitán no dejará salir a nadie. La última vez unos trabajadores del campo estuvieron a punto de destrozar la parte exterior de tan borrachos que iban. Y los campesinos, a los que les permitió embarcar, se pasaron días y días vomitando en la cubierta. Así que ahora ha decidido mantener aquí abajo tanto a los que no se separan de los barriles como a los que no se despegan de los cubos.

Con una sonrisa socarrona señalaba a Josefa, que estaba abrazada a uno de los cubos y sufría arcadas de manera ininterrumpida.

Erika suspiró.

—¿Y cuánto tardaremos en pasar Inglaterra?

Ferger se encogía de hombros y se daba media vuelta en la hamaca.

Erika sospechaba que el hombre no estaba demasiado satisfecho con el puesto de guardia que ocupaba. Por otro lado, lo cierto es que su trabajo no encerraba una dificultad excesiva. Dos veces al día, ponía en movimiento su voluminoso cuerpo, se arrastraba escaleras arriba y al cabo de un tiempo volvía a bajar con un gran puchero de comida. Un mozo menudo y flaco lo seguía con una cesta llena de pan tostado. La sopa diaria era aguada, nunca contenía trozos de carne, pero al menos de vez en cuando había verdura. La alimentación era escasa, pero suficiente.

—Al fin y cabo no viajamos en primera clase —le puntualizó Reinhard a Erika al verla remover el caldo aguado con expresión de sorpresa—. Además, pronto podremos comer multitud de manjares exóticos.

«Si es que antes no hemos sucumbido a la necesidad», pensó Erika para sus adentros mientras devoraba su ración con avidez.

Ferger siempre se servía una abundante ración en la escudilla y luego mandaba al mozo a la bodega con el resto del puchero. Cuando este subía de vuelta solía aparecer pálido y con expresión de pánico. Erika no acababa de comprender qué bajaba a hacer allí el mozo con los restos de la sopa, así que un día decidió preguntarle al marinero para obtener la respuesta.

—Animales…, dos animales —espetó Ferger con una media sonrisa.

—¿Cerdos? —Erika no obtuvo respuesta, pero no se le ocurría ningún animal que pudiera viajar en la bodega de un barco y se alimentara con restos de sopa.

Cuando, al cabo de catorce días de travesía, se permitió por fin que los pasajeros de la entrecubierta salieran al aire libre, a Erika le decepcionó el panorama que se divisaba desde el barco. El mar. Solo la inmensidad del océano, nada de tierra a la vista, ni una sola línea de costa con playa. La inabarcable infinitud del paisaje proporcionó un nuevo motivo de queja a Josefa. Su marido sugirió que tal vez convendría oficiar un pequeño servicio para aliviar los posibles males y peligros del resto del viaje.

Mientras que la turba de leñadores se había instalado en el extremo de la cubierta entre maromas y cabos y daba buena cuenta de los licores, los Hermanos Moravos se buscaban un pequeño hueco refugiado del viento.

A Erika le costaba seguir el discurso del hermano Walter. Levantaba la cabeza con curiosidad una y otra vez tratando de ver qué pasaba a su alrededor. Reinhard la censuró con la mirada. Su obligación era unirse a la oración, aunque en realidad él estaba contento de que su esposa no fuese una mujer quejumbrosa y meliflua como Josefa.

Antes de partir, la pareja había vivido situaciones de gran tensión. Se habían visto obligados a decidir demasiadas cosas en un periodo de tiempo muy corto. Y así una discusión llevó a la otra. Reinhard era incapaz de comprender el punto de vista de Erika. Ella optó enseguida por guardarse para sí lo que pensaba respecto del viaje a la misión. No era de la clase de mujeres a las que les gusta quejarse. Mientras paseaba la mirada lentamente por la embarcación, divisó en la zona del fondo una superestructura de cubierta. De pronto, sintió una atracción casi mágica que le hizo centrar la atención en las personas que estaban reunidas allí. Junto a la baranda había damas ataviadas con refinadas ropas y acomodadas en sillas de verdad. Por un instante, su mirada recayó en una joven mujer que parecía estar a su vez mirando con curiosidad hacia la zona de cubierta en la que se encontraban ellos.

«¿Cómo será viajar en un barco así en una clase superior? —se preguntaba Erika—. ¿Dormirán en camas o también en hamacas?» Seguro que viajaban en camas y les daban de comer algo más que una sopa aguada.

«Piensa en las personas pobres de la India.» Estas palabras de su madre le resonaban en la cabeza. Su madre, a la que Dios tenía en su gloria, siempre había reprimido en Erika todo anhelo de lujo. Ahora, ella hacía lo mismo consigo misma: no estaba bien albergar esos deseos. Estaba bien como estaba y, al fin y al cabo, no le faltaba de nada…, salvo un poco de aire, intimidad y una alimentación algo más saludable.

Rápidamente, Erika agachó de nuevo la cabeza y se concentró en las palabras del hermano Walter.

De ahí en adelante, los pasajeros de la entrecubierta tendrían permiso para pasar unas horas en la cubierta. Erika aguardaba con ansiedad el momento en que el marinero abría la escotilla. Solo les estaba permitido reunirse en la parte delantera del barco, el capitán no quería que nadie se acercase a la popa, ya que podrían molestar a los pasajeros de categoría superior, le aclaró el pequeño mozo a Erika con expresión de gravedad en el rostro cuando ella le había preguntado por qué habían dividido la cubierta con una cuerda. Erika no se lo reprochaba al capitán. El comportamiento de los leñadores estaba lejos de ser ejemplar y, cuantos más días pasaran, mayor sería su descontento y su impertinencia. Bajo cubierta se organizaban trifulcas casi todos los días, no solo entre los trabajadores, sino también con el hermano Walter, que veía perturbada su tranquilidad. Reinhard, en cambio, intentaba mantener buenas relaciones con aquellos hombres brutos, aunque para eso tenía que aguantar lo suyo. Aquellos trabajadores no querían tratos con un «párroco». Y, además, Reinhard se resistía a beber y no era muy bueno en los juegos de cartas.

Tras algunos días de travesía tranquila, el mar volvió a encresparse. Cerraron las escotillas porque las olas se elevaban por encima de la cubierta. Josefa tenía el estómago revuelto a todas horas y, con las fuertes sacudidas, los leñadores ya no eran capaces de mantener en el cuerpo el alcohol que habían bebido. Los bacines de los retretes de esa parte del barco volcaron y rodaron por el suelo y, como nadie salvo Reinhard y Erika se ocupaba de limpiar la mezcla pestilente que se extendía bajo sus pies, Erika comenzó a marearse.

—¡Necesito aire fresco! —Con la nítida y urgente necesidad de salir, subió la escalera a todo correr. Le daba igual si ese día tenían o no permiso. Necesitaba alejarse de aquella peste.

CAPÍTULO 12

Julie reunió valor. El paradero de Aiku no la dejaba dormir tranquila. Ahora tenía una buena oportunidad. Se había levantado un viento fuerte y el barco se tambaleaba con fuerza sobre el oleaje. Se oían crujidos y chirridos amenazadores por todas partes. La mayoría de los pasajeros prefería no salir a cubierta. Julie avanzó despacio, agarrada a la barandilla, hacia la zona de proa. Se deslizó rápidamente por debajo de la cuerda que dividía la cubierta y hacía las veces de barrera. Suponía que en esa parte del barco encontraría la bajada a las zonas donde dormían otros pasajeros. El corazón casi se le salía por la boca. Estaba convencida de que tenía prohibida la entrada a esa zona y no sabía si era el miedo o el oleaje lo que le producía el fuerte hormigueo que notaba en el estómago. Unos metros más allá, tras un mástil de madera, vio aparecer a una mujer. Luchaba contra el viento con un mantón mientras se sujetaba el pañuelo que le cubría la cabeza. Cuando el barco, al chocar contra una ola, dio una gran sacudida, la mujer tropezó. Julie se abalanzó rápidamente sobre ella, la agarró del brazo y evitó la caída. Unos ojos marrones enmarcados en una pálida cara la miraron con agradecimiento.

—Gracias, casi… con este bamboleo, no pensé que fuera a ser tan extremo…

Julie acompañó a la mujer hasta la barandilla.

—Mire al horizonte y respire hondo unas cuantas veces. A mí me suele ayudar.

Al cabo de unos minutos, el rostro de la mujer recobró un color algo más rosado. Julie se sintió satisfecha y la soltó. Ambas estaban resguardadas del viento tras una superestructura.

—Gracias otra vez. Normalmente no me afecta, pero hoy…, con estas olas… y en nuestra cubierta…

Hablaba neerlandés pero no podía disimular el marcado acento alemán. Avergonzada, agachó la mirada.

—Disculpe mi falta de cortesía. Ni siquiera me he presentado. Soy Erika Bergmann.

—Juliette Leevken. —Julie le dedicó una sonrisa para animarla y, al examinarla con mayor detenimiento, reparó en que Erika no era mucho mayor que ella. Aquella joven mujer le suscitó curiosidad.

—¿Es usted de Surinam o es la primera vez que viaja al país?

Erika asintió, pero con un gesto de preocupación en el rostro.

—Pertenecemos a los Hermanos Moravos.

—Ah. —Julie no sabía muy bien qué responder. Había oído decir por ahí que los Hermanos Moravos eran una comunidad de la Iglesia evangélica, pero nunca se había interesado demasiado por la fe religiosa y no sabía a qué correspondía cada doctrina.

—¿Y qué va a hacer en Surinam? —prefirió preguntarle.

Ante esa pregunta, una sonrisa se dibujó en el rostro de Erika.

—Mi marido Reinhard va a trabajar en la misión. Y yo me dedicaré a asistir a los enfermos.

Julie averiguó además que Erika venía del estado de Wurtemberg y que antes de emprender la travesía había estado viviendo unas semanas en los Países Bajos para preparar el viaje y aprender el idioma.

—¿Y usted... es de Surinam? —Erika miró a Julie con los ojos cargados de esperanza.

Julie negó con la cabeza.

—No, para mí también es un país completamente nuevo, mi..., mi marido vive allí. —Esperaba que Erika no le hiciera más preguntas. Frente a una mujer devota le habría resultado muy incómodo reconocer que no había contraído matrimonio con Karl por una cuestión de fe religiosa, sino más bien huyendo de esta. Pero Erika se limitó a responder:

—Qué bien. —Y volvió a mirar a Julie con sus inocentes ojos marrones de cordero—. ¿Qué le trae por esta zona de la cubierta? Donde viajan ustedes tiene que ser todo mucho más cómodo.

—Estoy..., quería ver cómo está... nuestro criado.

—Ah. ¿Cómo se llama? A lo mejor lo conozco.

—Aiku.

Erika arrugó la frente.

—No, la verdad es que nunca he oído ese nombre, pero quizás está con los leñadores.

—Eh..., bueno, es que él no...; él es negro.

Al oír a Julie, Erika se mostró muy sorprendida.

—No, en nuestra cubierta no he visto a ningún negro, debe usted de haberse confundido. Seguro que están alojados en la popa..., allí, cerca de donde viajan los señores.

—No, precisamente por eso lo busco.

Definitivamente, el rostro de Erika había recuperado el color. Ahora ofrecía de nuevo un aspecto radiante.

—Venga, acompáñeme, mevrouw Leevken, sé de alguien a quien podríamos preguntarle.

Erika avanzó tambaleándose, pero con buen ánimo, rodeó unas superestructuras hasta llegar a una escalera. Allí había apostado un marinero que luchaba contra el viento para cerrar la trampilla de la puerta. Julie se preguntó si el hombre se encontraba allí por casualidad o si más bien hacía guardia.

—A la buena de Dios, buen hombre. Esta dama... —Erika tenía que gritar para contrarrestar los aullidos del viento—. A esta dama le gustaría encontrar a su sirviente, es un negro, ¿usted podría ayudarnos e indicarnos dónde se encuentra?

El marinero las miró asombrado. Con ese temporal probablemente no esperaba ver a nadie en la cubierta.

—Ah, sí, supongo que viajará en la cubierta baja. Creo que sí —respondió también a gritos.

—¿Y cómo puedo llegar hasta allí? —Julie avanzó hasta colocarse junto a Erika.

—Hmm, mevrouw, no creo que usted deba... —El marinero se resistía claramente a darles una respuesta.

—Conteste de una vez. —A Julie la situación le resultaba de lo más extraña.

—Bueno, primero tendría que atravesar la entrecubierta y allí, en la bodega, encontrarán al marinero Ferger, supongo que él las podrá ayudar.

—Gracias.

Antes de que Julie pudiera reaccionar, Erika echó a andar y se dirigió a las escaleras que conducían bajo la cubierta.

—Venga, ¡yo sé dónde encontrarlo! Y eh… —Erika tenía claro que Julie estaba acostumbrada a un entorno más lujoso—. Aquí no…, las cosas no son como en su cubierta, me temo. Procure tener cuidado y mire por dónde pisa.

Julie vaciló un instante. ¿Le estaba permitido entrar en esta zona del barco? Bah, por qué no, al fin y al cabo, ¡solo estaba buscando a su criado! Se arremangó la falda y siguió a Erika escaleras abajo.

La entrecubierta no estaba compuesta por camarotes, como Julie esperaba, sino que era un inmenso espacio abierto con hileras de hamacas agolpadas a ambos lados del pasillo. Las hamacas se balanceaban con fuerza al ritmo del oleaje. En ellas yacían pasajeros, muchos de ellos con la salud visiblemente afectada por el bamboleo. Algunos hombres, a los que Julie había visto antes jugando a las cartas en la cubierta, bromeaban en susurros. El ambiente era asfixiante y el olor que se respiraba tampoco era especialmente agradable. Julie se dio cuenta de que en su cabina gozaba de un grado de comodidad incomparable.

Un hombre levantó sorprendido la vista de un libro cuando las mujeres pasaron junto a su hamaca.

—¿Erika? ¿Dónde te habías metido?

—Reinhard —Erika se detuvo un momento—. Mevrouw Leevken, mi marido Reinhard. Ahora mismo vuelvo. Quería acompañar a la dama y mostrarle el camino.

Julie saludó al hombre con un leve asentimiento. Con rapidez, Erika siguió avanzando hasta que llegaron a otra escalera que descendía hasta una puerta. En la última hamaca que había junto a la escalera estaba echado un hombre tosco y con expresión pensativa.

—¡Marinero Ferger!

A Julie la sorprendió la resolutiva actitud de Erika. Nunca se habría figurado que la joven mujer poseía un carácter tan atrevido.

—La dama desea ver a su sirviente. Eh…, es un negro. ¿Puede indicarnos dónde encontrarlo?

Ferger frunció el ceño un tanto sorprendido; cuando reparó en la presencia de Julie, se puso en pie con un gesto pesado y se arrastró escaleras abajo. Julie y Erika lo siguieron vacilantes. Descendieron otros dos tramos más de escaleras detrás de Ferger hasta que este se detuvo ante una puerta.

—Por aquí, por favor, señoras. —Abrió la puerta y se sonrió con expresión socarrona como si pretendiera burlarse de los modales exquisitos de las mujeres.

—Gracias. —Julie trató de adoptar un tono de voz firme. Acto seguido, entró en la oscura habitación que se abría tras la puerta. Antes de que sus ojos lograsen acostumbrarse a la penumbra, oyó un tintineo y se asustó al vislumbrar dos siluetas negras junto a la pared, al parecer atadas con cadenas.

Erika pegó un respingo y se volvió hacia Julie con expresión de perplejidad.

Julie estaba horrorizada.

A Aiku los ojos le brillaron con sorpresa al reconocer a Julie; a continuación, bajó rápidamente la mirada. Su rostro mostraba un grado importante de deterioro. En la habitación se respiraba un nauseabundo olor a excrementos humanos y a Julie le pareció ver pasar una alimaña pequeña y peluda. Se acercó de un salto hacia el negro, como si buscara protección, pero este se estremeció avergonzado.

—Aiku, ¿estás bien?

El negro asintió con un gesto casi imperceptible. En ese instante, Julie se dio cuenta de que los dos esclavos estaban desnudos. Apartó la vista. Lo último que quería era someter a más apuros a aquellos hombres negros.

—¿Por qué no están vestidos? —le preguntó a Ferger.

—Bueno, es que aquí abajo suele hacer calor, mevrouw. Aquí están de maravilla. —La sonrisa del fornido marinero se hizo más amplia.

Julie ni siquiera sabía qué habría esperado encontrar. Pero eso excedía con mucho los límites de lo imaginable. Hizo un último esfuerzo por mantener la serenidad.

—Llévenos de vuelta arriba.

Subió las escaleras impulsada por la rabia. Tenía que hablar con Karl. ¿Cómo era posible que esas personas fueran a pasar semanas allí abajo amarradas con cadenas como…, como si fueran criminales? Erika subió tambaleándose por el aturdimiento detrás de Julie. También a ella le causó un gran impacto la primera muestra del trato que dispensaban a los esclavos en el país donde iba a vivir.

CAPÍTULO 13

Surinam, 1859, plantación Heegenhut

Al oír los gritos, Kiri se despertó sobrecogida.

—¿Tía Grena?

A través de la penumbra de la pequeña cabaña, Kiri adivinó que el colchón de su tía estaba vacío. Se levantó sin hacer ruido y abrió la cortina que cubría la abertura de la puerta corriéndola ligeramente a un lado. En la oscuridad de la noche, alcanzó a ver antorchas entre las cabañas, los gritos se oían cada vez más cerca, la gente pasaba corriendo. De pronto, alguien la agarró del brazo y la empujó fuera de la cabaña.

—¿Tía Grena?

—¡Corre! ¡Están quemando la aldea! ¡Corre! ¡Escóndete! —Grena iba empujando a Kiri por detrás casi sin aliento.

Kiri se adentró en el bosque, las ramas le golpeaban el rostro y las hojas más duras le arañaban dolorosamente las piernas. A su alrededor oía los crujidos que provocaban otras personas al huir. Cuanto más corría, más se alejaban los ruidos; había perdido incluso a tía Grena.

En un momento dado se detuvo, no podía más, sentía que los pulmones le iban a estallar. Escuchó el silencio de la noche, pero, salvo su propia respiración jadeante y sofocada, no oía nada. Dando un inmenso rodeo, regresó de nuevo al lugar donde el bosque lindaba con los terrenos labrados de la aldea de los esclavos de la plantación. Se respiraba un olor intenso. Las cabañas ardían. Kiri se acurrucó horrorizada entre las altas raíces de un árbol. Había sucedido de verdad. Los rumores corrían desde hacía ya unas semanas, y los demás esclavos estaban visiblemente inquietos.

—Si lo hace saldremos perjudicados todos nosotros —había susurrado el viejo Fura—. Todos nosotros. Somos su propiedad más valiosa.

Tía Grena había mirado a su alrededor con preocupación y había rodeado a Kiri con el brazo para protegerla.

Unas semanas atrás, el masra blanco de la plantación había disparado a un negro cimarrón en la cacería. En realidad, su intención era matar al jaguar que llevaba meses merodeando por la plantación y sembrando el pánico entre los habitantes. Nadie sabía si lo había hecho a propósito o no, pero nunca debió mancillar al muerto.

—Ese grupo de negros no debería andar merodeando por ahí —había sido el único comentario del masra.

A los esclavos que lo acompañaron a cazar los envió de regreso a la aldea. Rápidamente, cundió el miedo. Allí, fuera de las tierras de la plantación Heegenhut, lejos de los grandes asentamientos de colonos, reinaba la ley de la selva. Y, por tanto, la autoridad indiscutible la ostentaban los negros cimarrones. En realidad, los esclavos de la plantación mantenían una buena relación con los cimarrones. Además, tenían permiso para comerciar e intercambiar existencias con ellos; los cimarrones cogían frutos de los terrenos de cultivo y a cambio les proporcionaban madera para las cabañas. Oficialmente, convivían desde hacía tiempo en paz con los colonos, pero siempre existía un odio latente hacia los blancos, ya que al fin y al cabo los cimarrones no eran más que esclavos fugados o descendientes de estos. Si el dueño de una plantación se sublevaba contra los cimarrones, adiós a la paz. Los esclavos de la plantación pasaban automáticamente a estar en el punto de mira de los cimarrones. Y los esclavos eran la propiedad más valiosa que tenían los señores de las plantaciones, sin ellos la plantación no funcionaba. Por tanto, ¿cuál era el principal punto flaco del propietario de una plantación? Sus esclavos.

Esa noche, los rumores se hicieron realidad. Los cimarrones devastaron la pequeña aldea de los esclavos, prendieron fuego a las cabañas, apalearon a los hombres y secuestraron a las mujeres. Kiri suponía que esa noche no habría deparado un buen final al masra blanco. «Seguro que lo han matado», pensó con tristeza mientras temblaba agazapada en su escondite. Él había sido un buen masra. Trataba a sus esclavos mucho mejor que otros y con Kiri siempre se había portado bien. Era cierto que alguna vez los capataces negros, los *basyas*, la habían castigado, pero no podía quejarse. En verdad, ella ni siquiera pertenecía del todo a la plantación. El auténtico esclavo de la plantación era aquel que había nacido allí, cuya familia vivía allí y cuyo cordón umbilical yacía enterrado allí. Kiri, en cambio, no sabía dónde había nacido. Cerró los ojos y pensó con enorme añoranza en su tía Grena.

Grena en realidad no era su verdadera tía, pero había criado a Kiri en los últimos años y se había ocupado de ella. Nadie sabía a ciencia cierta cuál era la procedencia real de Kiri; Grena siempre decía que el dios del río se la había entregado cuando era un bebé. Eso había ocurrido quince años atrás.

Cuando sucedió, Grena fue a suplicarle a su masra que le dejase quedarse a la pequeña. No fue hasta muchos años después, al descubrir que Grena no era su verdadera tía y al ser consciente de que era diferente de los demás niños, cuando Kiri empezó a sentir de vez en cuando el deseo de saber de dónde venía en realidad. Su tez era algo más clara que la de los esclavos de la plantación, tenía el cabello menos rizado y unos rasgos faciales algo más delicados. En una ocasión, había oído a dos mujeres charlatanas comentar sobre ella: «La pequeña Kiri es una niña bastarda». Kiri le había preguntado a Grena qué significaba «bastarda», pero su tía se había limitado a decirle que no tenía que hacer caso de las habladurías. Tiempo más tarde, descubrió por sí sola la respuesta cuando Linu, una de las trabajadoras, dio a luz un niño de color mucho más claro que su madre. El masra de la plantación montó en cólera al verlo, ya que a los mestizos no se les permitía trabajar en las plantaciones y eso significaba que Linu había echado a perder la posibilidad de aportar un futuro trabajador. Quién era el padre es algo que Kiri jamás supo. Pero con el paso de los años fue dándose cuenta de la frecuencia con que las mujeres esclavas engendraban hijos mestizos sin que nadie mencionase al padre. En algunas ocasiones, esos niños sencillamente desaparecían sin que nadie hiciese un solo comentario al respecto.

Kiri, debido al color de su piel, tampoco podía trabajar en los campos. Por eso servía como moza de cocina en casa del masra.

En ese instante, Kiri rompió a sollozar. Tenía que marcharse de allí. Intentó pensar rápidamente adónde ir. ¡Las barcas! Podía esconderse en una de las barcas. Se puso en pie y, rodeando los campos, se deslizó hacia el río. Por las sombras del bosque corrió en cuclillas hasta la orilla y de allí al lugar donde flotaban las barcas. Silenciosamente, subió a una de ellas y se acurrucó bajo las lonas que había amontonadas dentro. Intentó controlar los movimientos espasmódicos de su cuerpo tembloroso. De pronto, oyó unos pasos acercándose a toda velocidad y el pánico la paralizó por completo. ¿Y si los cimarrones se dirigían también a las barcas? Oyó que dos voces masculinas susurraban, después la barca se inclinó ligeramente y Kiri notó que se alejaba de la orilla flotando por el río. Se acurrucó contra los fríos tablones de madera de la popa de la embarcación e intentó no hacer ningún ruido bajo las pesadas lonas. Al cabo de un rato, volvió a oír las mismas voces y las reconoció. Eran las de dos jóvenes esclavos. Los hombres parecían sentirse más a salvo y empezaron a hablar más alto. Kiri oyó palabras como «asalto», «muerte» y «suerte». Todo parecía indicar que se sentían aliviados por haber logrado escapar. Hablaban de llegar a la ciudad navegando. Kiri permaneció escondida bajo las lonas. Le daba miedo que la descubrieran. A saber lo que aquellos hombres serían capaces de hacer con ella.

CAPÍTULO 14

Karl se colocó frente a Julie y la fulminó con una mirada de reproche; después elevó el tono de voz.

—¿Es que no puedes hacer por una vez lo que se te dice? ¿Cómo se te ocurre irte por ahí a recorrer el barco? La cubierta no está dividida porque sí. ¡Y ya te dije que a ti no tenía que importarte! Es un negro, un esclavo, es lo normal. Tiene agua y comida y cada dos días lo dejan salir para estirar las piernas. Siempre ha sido así.

Eso de que los dejaban salir era mentira, pensó Julie. De ser así, Erika habría visto a los esclavos en algún momento. El cuarto donde estaban encerrados solo tenía una puerta.

—Pero esas no son maneras —se atrevió a replicar Julie en voz baja. Se le quebró la voz, aquella súbita reprimenda la había dejado aturdida. Karl jamás le había gritado de ese modo.

Karl se llevó las manos a las caderas y se inclinó hacia ella con gesto amenazador.

—Esos negros son estúpidos, Juliette. Hay veces que incluso intentan saltar del barco. Es por su propia seguridad. —Acto seguido, dio media vuelta y se colocó bien la chaqueta—. Y, por cierto…, ¡no deberías sentir demasiada simpatía por los negros!

En sus ojos volvió a aflorar ese brillo amenazador que hizo callar a Julie de inmediato. No podía seguir negándolo: en las semanas que llevaban de travesía, Karl había cambiado.

Ella no pensaba abandonar a Aiku a su suerte allí abajo, encerrado en el interior del casco del barco. Al día siguiente, acudió en busca de Erika para pedirle ayuda. Corría un gran riesgo volviéndose a colar en la zona prohibida de la cubierta, pero tenía que hablar con Erika. No podía dejar a Aiku durante semanas a merced del tal Ferger.

—¿Usted podría…? Es que mi marido no quiere… —Julie no sabía muy bien cómo explicar a Erika que ella no podía encargarse sola de velar por el bienestar de Aiku.

—Su marido no quiere verla rodeada de malas compañías. —Erika comprendió el tormento de la joven y expresó lo que esta trataba de decir. Julie asintió con agradecimiento y le ofreció la mano por encima de la barrera.

—No se preocupe, yo me encargaré. —Los ojos de Erika se iluminaron como si en realidad la complaciese asumir esa tarea.

—Pero ese marinero, ese tal Ferger…

Erika la interrumpió levantando un brazo.

—Le digo que no tiene que preocuparse, él nos tiene un gran respeto; piensa que tendrá que responder ante Dios nuestro Señor si no se muestra amable con nosotros —dijo Erika entre risas–. Y llámeme Erika, ¿de acuerdo?

Julie miró a su nueva aliada y amiga con agradecimiento.

—Por supuesto, Erika. Juliette.

Erika tomó el pequeño envoltorio que Julie le tendía. Durante el desayuno, esta había cogido algo de pan y queso mientras Karl conversaba con el hombre de la mesa de al lado. Se lo había llevado a Erika para que esta se lo diera a Aiku.

Ese fue el proceder en los días siguientes. A última hora de la mañana, se encontraban junto a la cuerda que dividía la cubierta.

—Si usted quiere, me refiero a que…, no sé cómo se alimentan ustedes, pero si desea… Hay más que suficiente ahí dentro.

A Julie le daba la impresión de que tal vez a los religiosos, en lo concerniente a la alimentación, no les dispensaban un trato del todo generoso.

—Gracias Juliette, pero lo que el Señor nos ofrece es suficiente para nosotros. Creo que la necesidad de Aiku es mayor.

Un día, Erika le confesó a Julie su sospecha de que Ferger se quedaba para sí parte de la ración que preparaba en la otra zona del barco. A partir de entonces, se quedaba esperando junto al marinero y seguía atentamente sus movimientos hasta que este entregaba el paquete a los negros. En presencia de estos, Ferger no se atrevía a tocar el paquete. Erika advirtió que, aunque el marinero era un bravucón, solía mantenerse a una distancia prudencial de los esclavos. A Julie la tranquilizaba que ahora alguien se encargase de cuidar a Aiku.

La fuerte bofetada pilló a Julie completamente por sorpresa. Se llevó la mano a la mejilla, perpleja, y trató de reprimir las lágrimas.

—Pero… ¿qué?

Karl había irrumpido furibundo en el camarote, había agarrado bruscamente a Julie del brazo y entonces le había asestado un manotazo.

—¡Te advertí que no te entrometieras en los asuntos de los negros! ¿Crees que no me entero de lo que andas haciendo por ahí? El capitán ha venido a preguntarme hoy si no estoy conforme con el trato que se dispensa a los esclavos. Dice que ha llegado a sus oídos que nuestro esclavo recibe una ración extra de comida. ¡Eso se acabó! Y… —agregó fulminando a Julie con una mirada fuera de sí— ¡más vale que a partir de ahora te mantengas alejada de esos beatos!

A la mañana siguiente, Julie amaneció con un gran moratón junto al ojo izquierdo. No se atrevió a salir a la cubierta. ¿Qué iban a pensar las otras mujeres cuando le vieran esa marca en el rostro?

Cuando Wilma, preocupada, llamó a la puerta para interesarse por el bienestar de Julie, esta intentó que su amiga se marchara.

—No me encuentro muy bien, Wilma, es mejor que no entre. Así, así no se lo contagio.

Pero no iba a ser tan fácil convencer a Wilma.

—Venga, pequeña, no puede ser tan grave.

Cuando irrumpió en el camarote, Julie, avergonzada, se cubrió el rostro con la colcha para esconder el moratón.

A Wilma le resultó sospechosa la postura y, tras descubrir el rostro de Julie, chasqueó la lengua.

—Pero, chiquilla, ¿qué te ha pasado? ¡Eso no es contagioso!

—Me he golpeado con… una mesa. —Julie se dio cuenta enseguida de lo poco convincente que resultaba su explicación. Sintió una gran vergüenza.

—Una mesa, ¿eh? —Wilma se sentó en el borde de la cama y adoptó un tono maternal—. Pobre jovencita, resulta que su marido Karl de vez en cuando es… complicado, ¿no es así?

Julie rompió a llorar. El afecto de Wilma la conmovió de tal forma que el miedo, la tensión y la tristeza de las últimas semanas estallaron de golpe. Wilma rodeó a Julie con el brazo para consolarla y esperó pacientemente hasta que las lágrimas comenzaron a extinguirse.

—Mire, tal vez está tan raro sencillamente… porque, claro, como los hombres beben tanto…, algunos acaban por perder la cabeza durante el viaje. ¿Se enfadó con usted?

Julie asintió con la cabeza.

—¿Por celos, tal vez?

Julie se limitó a encoger los hombros entre sollozos. Wilma no comprendería su preocupación por el esclavo, así que prefirió callar.

—Ay, cielo, algunos hombres, a veces, son muy complicados… y tal vez Karl esté…, esté preocupado por usted. Después de lo sucedido en su día con su primera esposa…, ahora que acaba de contraer matrimonio con usted…

Julie aguzó el oído. Hasta ese momento, Karl jamás le había hablado de su primera esposa.

—Wilma, ¿qué ocurrió con la primera esposa de Karl?

Wilma la miró con estupor.

—¿No se lo ha contado?

Julie negó con la cabeza.

—Lo único que me ha contado es que falleció hace tiempo y… hasta que no estuvimos casados no me habló de que tenía una hija.

A Wilma se le ensombreció la mirada.

—Vaya, eso no es muy amable. De todos modos, no sé si es buena idea que sea yo quien se lo cuente, pero creo que debería saberlo. En su día dio mucho que hablar en la colonia... Felice, la primera esposa de Karl Leevken, era la hija de un alto funcionario y por tanto era muy conocida en la ciudad. A todo el mundo lo sorprendió que quisiera cambiar la vida en la ciudad por la vida en la plantación. —Wilma se rio por lo bajo—. Ya sabe lo que pasa con los jóvenes. Bueno, el caso es que durante un tiempo les funcionó. Cuando tuvieron a su primera hija, el padre de Felice organizó un gran festín. Después, se sospecha que Felice se volvió a quedar embarazada. Apenas se la volvió a ver en la ciudad ni volvió a visitar a su familia. —Wilma bajó el tono de voz y la mirada se le ensombreció—. Una conocida me contó entonces que Felice había cambiado mucho. Al parecer no levantaba cabeza..., la pobre muchacha.

Julie escuchaba con atención el relato de Wilma. De nuevo fue consciente de que no sabía absolutamente nada sobre su esposo.

—Cuando llegó el momento en que el niño debía nacer... Bueno..., sucedió algo espantoso. —Wilma bajó la vista con expresión consternada—. Se dice que Felice no consiguió superar la soledad en la plantación. Se sumió en un estado de gran confusión mental. Sí, a veces ese país nos somete a pruebas muy duras...

—¿Qué le sucedió, Wilma? —exclamó Julie con impaciencia, aunque ni siquiera estaba convencida de querer conocer la historia completa.

Wilma se hizo rogar hasta que al fin anunció:

—Felice acabó con su propia vida en el río. ¡Fue espantoso! La encontraron unos días más tarde y...

—... ¿y qué fue del niño? —Julie se sintió desfallecer. ¿Qué clase de tragedia había sucedido?

—El bebé desapareció sin dejar rastro. No se sabe si lo trajo al mundo antes de morir o se lo llevó a la tumba consigo... Nadie sabe qué fue lo que sucedió en realidad aquella noche en Rozenburg. —Wilma suspiró—. A partir de ahí el padre de Felice no le ha puesto las cosas fáciles a Karl Leevken. Albergaba la sospecha de que Leevken había tenido algo que ver con la muerte de Felice. Desde entonces, su marido Karl vive bastante apartado de la sociedad.

Julie se quedó perpleja. Qué horror. Tal vez ahí residía el motivo del extraño comportamiento de Karl, quizás en realidad él no había conseguido superar esa pérdida. A lo mejor en los Países Bajos había logrado liberarse de esa carga, pero ahora que tenía que regresar a casa tal vez volvían a atormentarlo los recuerdos. Julie decidió mostrarse más paciente con Karl. Posiblemente, su pasado explicaba aquellos bruscos cambios de humor.

Julie estrechó a Wilma con afecto.

—Le agradezco muchísimo que me haya contado todo esto, Wilma. Creo que me ayudará en el empeño de comprender mejor a Karl.

Wilma acarició a Julie en el brazo para animarla.

—Y mañana, cielo, tiene que volver a salir a la cubierta. No se quede aquí abajo escondida, no creo que sea bueno para usted. —Y con esas palabras, Wilma se despidió.

Lo cierto era que sí, que Julie quería quedarse allí escondida, escondida para siempre, a ser posible, al calor de la colcha. A pesar de todas las explicaciones y las buenas intenciones, Julie tenía miedo. Miedo de Karl. Nunca le habían pegado.

CAPÍTULO 15

Kiri estaba muerta de sed. Notaba los labios estropajosos, y los rugidos de su estómago eran tan fuertes que casi eclipsaban el tenue chapoteo del agua. La noche se iba extinguiendo a medida que la barca avanzaba sobre el oscuro río y, al poco, el sol comenzó a brillar sobre las lomas. Los dos hombres seguían sin reparar en Kiri. Continuaban remando río abajo, de vez en cuando tomaban alguno de los canales que unían las vías fluviales de todo el país y hablaban sobre el futuro que, con su recién adquirida libertad, los aguardaba en la ciudad. Ya entrada la tarde, comenzaron a acercarse a su destino. A Kiri la sorprendía que aquellos hombres navegasen por aguas tan transitadas, pero al parecer sabían lo que se hacían. Y, por lo visto, a la gente tampoco les extrañaba verlos allí, ya que de lo contrario ya los habrían parado. En un momento dado, la marcha de la barca comenzó a ralentizarse hasta que se detuvo, con un traqueteo, en un embarcadero. Los hombres se apearon. Kiri aguardó un rato, hasta que todo quedó en silencio, y entonces levantó con cuidado las lonas y miró a su alrededor. Más allá del muelle divisó casas, multitud de casas. ¿Habían ido a parar directamente a Paramaribo, la capital? Ella no había estado allí jamás, pero era la única ciudad grande del país. Con el cuerpo agarrotado después de tantas horas inmóvil en la misma postura, Kiri abandonó su escondite, estudió detenidamente el embarcadero y la calle situada detrás. No se veía a nadie. Tan rápido como le permitieron las piernas, se deslizó por la oscuridad hasta hallar refugio entre las casas. Los pensamientos se le agolpaban en la cabeza. ¿Qué iba a hacer a continuación? ¿Era ahora una esclava huida? Sabía los peligros que acechaban a los esclavos que huían. ¿O acaso era libre, dado que en realidad no pertenecía del todo a la plantación? Ella no había nacido allí y tampoco había sido comprada. No estaba segura. Pero tenía tanta sed que decidió desterrar esos problemas de su mente. En el patio trasero de una de las casas, encontró un barril donde se había acumulado agua de lluvia del tejado. Se llevó el valioso líquido a la boca con las dos manos y bebió. Después siguió caminando en silencio. En uno de los jardines encontró un mango repleto de frutos. Sabía que robar no era correcto, pero tenía tanta hambre y el árbol estaba rebosante... Con extrema precaución y mala conciencia arrancó uno de los frutos y prosiguió su camino.

Las casas de aquel lugar eran muy distintas al inmenso caserón donde vivía el masra en Heegenhut. Estaban todas apiñadas, contaban con unos estrechos pasajes laterales para los esclavos y unas puertas de la altura de un hombre para los carruajes. A Kiri le daba la impresión de que estaban dispuestas de manera circular. Se sintió algo agobiada por la estrechez. Los patios traseros parecían servir como vivienda y lugar de faenas de los esclavos. Junto a las vallas y los establos, se amontonaban pequeñas cabañas; algún que otro perro suelto por ahí que gruñía a su paso.

Detrás de las casas, no todo estaba tan limpio y ordenado como cabía imaginar al contemplar las fachadas delanteras.

Kiri volvió a refugiarse en el lado de la calle donde se encontraban las casas. Bajo la protección de los altos árboles que bordeaban las calles se sentía algo más segura. Los blancos estarían durmiendo, pero con los negros nunca se sabía… y antes de que la atacase un perro… Cuando el día comenzó a despuntar, se dio cuenta de que volvía a estar en las proximidades del puerto. En un primer momento, permaneció escondida detrás de una pila de cajas grandes y, al cabo de un tiempo, al ver que por la calle circulaba cada vez más gente se sintió un poco más segura y se atrevió a abandonar el escondite. Se dedicó a dar vueltas y a estudiarlo todo a su alrededor con curiosidad, abstraída por las innumerables sensaciones nuevas que le producía todo cuanto veía. La gente que pasaba no le prestaba atención. Al llegar junto a un carro lleno de frutas, volvió a notar un rugido en el estómago. Se acercó con sigilo al coche intentando fingir actitud de normalidad. Por el suelo había repartidas algunas naranjas, algunas de ellas golpeadas. Si uno recogía algo del suelo, ¿también estaba robando? Si se llevaba una sola de las naranjas del suelo… Como le pareció que no había nadie mirándola, cogió una naranja de gran tamaño y echó a andar a toda prisa en dirección a un callejón adyacente, donde chocó con un soldado blanco. Este la empujó con brusquedad.

—Eh, muchacha, ¿por qué no miras por dónde vas?

Kiri se llevó un susto tremendo y, al retroceder, tropezó y la naranja se le cayó de entre las ropas.

—Pero, bueno, ¿qué tenemos aquí? —El soldado la agarró del brazo con una mano y recogió la naranja con la otra.

Kiri intentó librarse de la mano del soldado, pero este reaccionó aprisionándola con más fuerza. Después, la condujo a empujones hacia la calle principal, miró a su alrededor y localizó el carro de las frutas. En ese momento, había un corpulento mulato al lado que se disponía a marcharse.

—¡Eh! ¿No será por casualidad esta una de sus frutas? —El soldado alzó la naranja en el aire con actitud triunfante. El mulato se encogió de hombros y comenzó a arrastrar el carro.

—¡Yo no he hecho nada! La naranja estaba en el suelo —farfulló Kiri por lo bajo en el lenguaje de los esclavos.

A los esclavos no se les permitía hablar neerlandés, aunque todos tenían obligación de comprender la lengua porque evidentemente ningún blanco se dignaba utilizar su idioma salvo para dar órdenes.

—¡Calla! —Al soldado lo enojaba considerablemente no poder demostrar que Kiri había cometido un delito—. Espera un momento —gruñó—, no creas que te vas a librar tan fácilmente… Está claro que eres una ladronzuela. ¡Chusma negra, maldita sea! Veamos qué opina el comandante al respecto… —El hombre iba arrastrando a Kiri del brazo con brusquedad. Kiri miraba a su alrededor buscando ayuda, pero nadie reparaba ni en ella ni en el soldado.

Cuando estaban recorriendo la calle del puerto, se toparon con un hombre blanco. Era un hombre tosco y de dimensiones hercúleas, con los ojos vidriosos y una enorme nariz roja.

—¡Michels! ¿Adónde vas tan deprisa? —El hombre se plantó con las piernas abiertas frente al soldado—. ¿Qué es eso que llevas ahí?

El captor de Kiri se sobrecogió y en su rostro apareció lo que a todas luces parecía miedo.

Kiri escudriñó con intriga al hombre blanco.

—¿Ahora te dedicas a los más pequeños, Michels?

—No, la he sorprendido robando. Apártate de mi camino, Bakker.

—No, no tan deprisa… Creo que todavía tenemos alguna que otra cuenta pendiente. Puedo ir a hablar con tu comandante. Tal vez esté dispuesto a saldar tus deudas de juego. —El hombre soltó una carcajada ronca y bravucona.

El soldado empezó a sentirse incómodo y las gotas de sudor le cubrieron la frente.

—Ahora mismo no llevo dinero encima, así que tendrás que esperar —dijo intentando reanudar su camino y dejar atrás al hombre blanco.

—¡Michels! No me gusta que nadie me dé largas —volvió a gruñirle al soldado y, acto seguido, se fijó de nuevo en Kiri—. Tal vez con un trueque podría contentarme… Dices que la has sorprendido robando… Así que esta pequeña no tiene amo…

El soldado evaluó las posibilidades sobre la marcha y se encogió de hombros.

—Ten, quédatela —respondió desprendiéndose de Kiri—. No me preguntes a quién pertenece. Y, si alguien me pregunta, yo no sé nada. —Tras pronunciar esas palabras empujó a Kiri en dirección al otro hombre.

—¿Eh…? —Antes de que Bakker pudiera replicar, el soldado puso pies en polvorosa.

Por un momento, Kiri pensó en intentar escapar, pero antes

de que sus pies obedecieran, Bakker la agarró bruscamente por la nuca.

—Bueno, bueno, qué maravilla…, ven conmigo, vamos. —El hombre parecía satisfecho con el trueque, algo que por alguna razón a Kiri le daba muy mala espina.

El hombre la arrastró hasta un patio trasero mugriento y, cuando se disponía a hacerla entrar por la puerta de un cobertizo de madera, Kiri se resistió con un veloz movimiento y echó a correr todo lo rápido que pudo. Sin embargo, a los pocos pasos el hombre consiguió atraparla y la agarró con violencia por el pelo.

—Tú te quedas aquí conmigo, con lo joven que eres puedo sacar un buena suma. —Mientras la agarraba con una mano, con la otra se quitó el cinturón de los pantalones—. Y para que aprendas desde el principio a quién tienes que obedecer… —La punzada del primer latigazo en la espalda hizo caer a Kiri de rodillas. Después de varios golpes, ya apenas notaba el dolor. Acabó hecha un ovillo sobre el suelo mugriento del patio trasero. En un momento dado, los golpes cesaron por fin. El hombre la levantó del suelo con brusquedad y la empujó al interior de la construcción de madera. La puerta se cerró de un golpe tras la muchacha, que llegó tambaleándose a un rincón, donde se desplomó de rodillas entre gemidos ahogados.

—Mira, Bakker ha vuelto a encontrar carne fresca —oyó que susurraba una profunda voz masculina en la oscuridad.

Otra voz, en esa ocasión de mujer, agregó.

—¡Pero si es casi una niña! ¡Pobre criatura! ¡Mira cómo la ha apaleado!

Unas manos negras afloraron de la oscuridad y le tendieron

algo a Kiri. Era una calabaza de la que salía un hilo de agua. Kiri quiso dar las gracias, pero no fue capaz de articular una sola palabra. Exhausta y con todo el cuerpo dolorido, se dejó caer de nuevo al suelo bocabajo.

No sabía cuánto tiempo había permanecido allí, pero en un momento recobró los sentidos. Abrió los ojos y paseó la mirada alrededor con el rabillo del ojo. No se atrevía a moverse. La cabaña de madera era pequeña y oscura, olía a orina y… Kiri tuvo que reprimir las náuseas.

—¿Estás mejor? —Ante sus ojos apareció el rostro de una mujer negra mayor. Su aliento olía a podrido, pero en su expresión se dibujó una leve sonrisa cuando Kiri la miró. Kiri se enderezó con cuidado, procurando que su dolorida espalda no chocase con nada. Las llagas le ardían con cada movimiento y debía procurar que no le entrase suciedad en las heridas.

—¿Dónde estoy? —preguntó con un hilo de voz.

Desde el otro rincón de la cabaña, se oyó un gruñido cargado de desprecio:

—En el basurero de la ciudad.

—No metas miedo a la muchacha —repuso la anciana lanzando una mirada de reproche hacia el rincón oscuro.

—¡Es cierto! Además le conviene tenerle miedo a Bakker. A saber qué piensa hacer con ella.

La anciana posó la mano sobre el brazo de Kiri para tranquilizarla. Kiri advirtió que la mujer tenía las manos terriblemente deformadas. Cada dedo estaba retorcido en una dirección y no parecía que gozase de mucha movilidad.

—¿Quién es ese Bakker? —La voz de Kiri había recobrado algo de vigor. Agradecida, dio otro trago a la calabaza que le estaba tendiendo la mujer.

—Bakker —le explicó la anciana en susurros— es un comerciante de esclavos. Un comerciante que, como puedes ver, no tiene demasiado éxito. —La mujer le enseñó las manos y señaló al hombre del rincón que, como Kiri pudo observar en ese momento, parecía encorvado y achacoso.

—No sé de dónde vienes, muchacha, pero tal vez el lugar del que has escapado sea mejor… No creo que fuese mucho peor que esto. Tal vez él te deje regresar.

Kiri sacudió la cabeza con gesto melancólico.

—Habría acabado en manos de un comerciante de todos modos. Nuestra plantación…, el masra… —Les relató brevemente la historia del asalto a la aldea.

La mujer respiró hondo y resopló.

—Cimarrones, ¿verdad? No me gusta decirlo…, pero igual da que te capture Bakker o cualquier otro. A lo mejor tienes suerte y no te lleva a uno de esos… burdeles.

Entre gemidos, la mujer se sentó en el suelo junto a Kiri.

—¿Y ahora? ¿Qué nos pasará ahora? —Kiri miró a la mujer esperanzada.

—Ahora, pequeña, solo nos queda esperar. Esperar hasta que Bakker encuentre a alguien que nos quiera comprar a ti, a mí o a él —dijo señalando al hombre del rincón.

CAPÍTULO 16

—¡Es inhumano! —exclamó Erika dando rienda suelta a su indignación.

Reinhard la miraba perplejo.

—El hermano Lutz me contó que no trataban especialmente bien a los esclavos…

Erika resopló y lanzó una mirada de reproche a Ferger, que pasaba la mayor parte del tiempo meciéndose en la hamaca.

—Animales… Y yo pensando que viajaban ahí dentro unos cuantos cerdos, o que…, ¡pero resulta que ahí abajo tienen personas encadenadas! —Erika se alegraba de haber conocido a Juliette Leevken en la cubierta y en su fuero interno agradecía que eso le hubiese brindado la oportunidad de hacerse una idea de lo que le esperaba al llegar a Surinam. Juliette se había quedado horrorizada al ver a los esclavos encadenados en la bodega del barco. Aunque, en ese momento, a Erika la había sorprendido que Juliette no supiera nada acerca de cómo transportaban a los esclavos en el barco, no quiso preguntar más. Después, accedió de buen grado a hacerse cargo de los esclavos. No era una labor muy agradable, pero, a la postre, esa sería la realidad a la que tendría que enfrentarse en su futuro trabajo de enfermera, de modo que ¿por qué no empezar a acostumbrarse ya a bordo?

Al principio, Reinhard se mostró un tanto receloso. No se fiaba de los colonos, el hermano Lutz le había advertido de las maneras presuntuosas y de la rivalidad con que los nativos solían tratar a los misioneros que llegaban a Surinam. Erika le aseguró que no era el caso de Juliette y que ella estaba más que dispuesta a ayudar a aquella mujer a mejorar el trato a los esclavos. Así que, finalmente, Reinhard le dio permiso para hacerlo. En realidad, él estaba contento de que a su mujer se le hubiera despertado el lado altruista y de que afrontase su nueva tarea con entusiasmo y dedicación. No solo conseguía llevarles los paquetes de comida a los esclavos sin dar a Ferger la menor oportunidad de echarles mano, sino que además introducía agua fresca y, con ayuda del mozo del barco, les procuraba unos paños a los hombres negros para que pudieran lavarse al menos por encima. En una ocasión, se llevó consigo a la hermana Josefa, pero esta se pegó un susto tan grande al ver a los negros encadenados que salió corriendo. Erika pensó que Josefa no iba a tenerlo fácil en el nuevo país.

Tampoco la joven Juliette Leevken parecía tener las cosas fáciles. Erika se volvió a encontrar con ella en cubierta, pero Juliette se limitó a mirarla con expresión de angustia intentando esconder el moratón del ojo bajo un sombrero de ala muy ancha. Su marido se había enfadado y ya no podía seguir llevándole comida para los esclavos.

Erika percibió la urgencia interior en la voz de la joven.

—No se preocupe, ya encontraré el modo de hacerlo yo —le prometió.

A fuerza de insistir, Erika logró convencer al sombrío Ferger de que llevase una ración más generosa a los esclavos.

Hacia el final del viaje, Erika comenzó a languidecer, aquejada por mareos cada vez más fuertes. Pronto se dio cuenta de que su malestar no guardaba ninguna relación con la mala mar; además, al comienzo del viaje ella no había sufrido las consecuencias de la mala mar y hacía ya tiempo que esta estaba en calma. Parecía que lo que tanto había deseado antes de zarpar era ahora la causa de su malestar: ¡estaba esperando un niño!

Su primer hijo. En un primer momento decidió no decirle nada a Reinhard. Quería sorprenderlo con la buena noticia cuando hubieran llegado a su nueva casa. Además, ni siquiera ella sabía con certeza si tenía razones para alegrarse. De nuevo, la invadieron las dudas. Pesaba sobre su conciencia el temor de que no fuera a poder cuidarlo como era debido.

En Europa, al abrigo de la comunidad, junto a sus hermanos y hermanas de fe, habría sido sin duda una feliz noticia. Los niños eran una bendición. Pero ahora, en un país extranjero donde les aguardaban situaciones nuevas y en el que ni siquiera sabía cómo serían las cosas, la idea de verse con un niño en unos meses le causaba grandes preocupaciones. La inquietaba pensar en la multitud de espantosas enfermedades que afectaban a la población del trópico. ¿Conseguiría mantenerse sana? Y ¿lo conseguiría Reinhard? Y, sobre todo, ¿conseguirían que no le pasara nada al niño? Ni siquiera sabía dónde y cómo saldrían adelante durante los próximos meses. La alegría que le producía el embarazo se veía enturbiada por esa incertidumbre. Por otra parte, el caos que reinaba en su cubierta hacía que Erika se sintiese cada vez más incómoda. El prolongado encierro intensificaba la actitud hosca y agresiva de los leñadores, que provocaban al hermano Walter y a Reinhard cada vez con más frecuencia. Mientras que el marido de Erika trataba de calmarlos, el hermano Walter respondía a las bravuconadas de los hombres con citas de la Biblia, lo cual no hacía más que empeorar las cosas. Tampoco esto aliviaba la intranquilidad que Erika sentía cuando pensaba en el futuro. Si el hermano Walter continuaba demostrando la misma falta de compromiso que hasta ahora, no podría llevar a cabo una labor fructífera en la colonia. Se respiraba una gran tensión y todos vivían con los nervios a flor de piel. Ojalá llegaran pronto a tierra firme.

CAPÍTULO 17

Julie escudriñaba el horizonte con ansiedad. Pronto tendría que empezar a divisarse tierra. A pesar de la agradable brisa marina, notaba que el clima estaba cambiando claramente. Durante el viaje, habían pasado del frío invierno neerlandés a un tiempo intermedio más bien primaveral y, ahora, a un calor que en los Países Bajos habría sido insólito, incluso para la época de verano. Entre risas, las otras mujeres le dieron consejos a Julie sobre cómo lograr que la vida en el calor tropical fuese un poco más llevadera. Julie se sonrojó al comprender que la mayor parte de los consejos tenían que ver con la ropa interior. No, ella no podía… ¡Ni hablar! ¡Como alguien se diera cuenta…!

Tenía tantas ganas de notar tierra firme bajo los pies. Ahora ya no le apetecía seguir aguantando el comadreo de las demás mujeres de la cubierta superior. Empezaba a resultarle monótono oírlas hablar siempre de los mismos temas: la casa, los niños, los esclavos. Wilma tampoco se mostraba tan parlanchina como antes. Y Erika…, pero es que desde que Karl… Solo había tenido ocasión de hablar con ella apresuradamente y de saludarla de vez en cuando desde su zona de la cubierta. Desde el enfado de Karl, Julie había preferido no llamar la atención y permanecer alejada de la zona de proa.

—No se preocupe, Juliette, yo me encargaré de Aiku de ahora en adelante —le había prometido Erika y, dirigiendo una disimulada mirada de consternación al ojo todavía amoratado de Julie, agregó—: Es mejor que no dé a su marido más motivos de..., de preocupación.

Y, desde luego, después de cómo se había portado Karl con ella, lo que había pasado con Aiku, la bofetada..., Julie procuraba mantenerse apartada de su camino, lo que en la estrecha cabina era una empresa casi imposible. Se veía obligada a reconocer con tristeza que el enamoramiento inicial se había disipado por completo y a cambio se había instalado en ella un miedo aterrador hacia aquel hombre. Ahora Julie se andaba con mil ojos y procuraba prever el estado de ánimo de Karl. Si en el barco la trataba así, ¿cómo serían las cosas cuando llegasen a la plantación? Julie intentaba desterrar esa clase de pensamientos. «Algunos acaban por perder la cabeza...» Tal vez el viaje la había afectado más de lo que ella imaginaba. Julie suspiró por lo bajo y depositó todas sus esperanzas en la pronta llegada a Surinam.

De cuando en cuando se divisaban pájaros que surcaban el cielo. Unos pájaros enormes de un llamativo color rojo rosado y con unas patas largas y graciosas. Supuestamente, las aves volaban en dirección a tierra, pero Julie todavía no vislumbraba nada que se le pareciese.

Decepcionada, regresó con las otras mujeres que, con la misma serenidad de todos los días, estaban dedicadas a sus labores.

—Todavía queda un poco —comentó Wilma al advertir la impaciencia en el rostro de Julie—. Disfrute de los últimos días que le quedan de brisa marina, que luego la echará de menos. —Una vez más las mujeres se echaron a reír.

En los últimos días, los hombres empezaron a dejarse ver por la cubierta. El propio Karl aparecía de cuando en cuando para pasear al aire libre del brazo de Julie. Ella se dejaba llevar sin rechistar. Daba la impresión de que, a medida que se acercaban a la costa, el humor de Karl mejoraba. Julie se atrevía incluso a entablar breves conversaciones con él. Aunque continuaba con pies de plomo para no incomodarlo.

—La ciudad de Paramaribo se encuentra a varias horas de Rozenburg —le explicó Karl cuando Julie le preguntó si volvería a ver a las demás mujeres del barco.

—Bueno, quizá de vez en cuando pueda coger un coche y...

Karl se echó a reír.

—Para eso los caballos tendrían que saber nadar.

—¿Nadar?

—En Rozenburg no hay coches. No hay una carretera que conduzca a la ciudad. El único camino es el río. Y yo no puedo andar enviando negros constantemente en barca... Pero ya encontrarás el modo de mantenerte ocupada en la plantación. Además, Martina también estará allí.

Al oírle mencionar de nuevo a su hijastra, a Julie se le revolvió el estómago. ¿Cómo iba a reaccionar la muchacha al verla?

—Al llegar nos quedaremos dos días en la ciudad, tengo unos asuntos que arreglar. Cuando acabe, reanudaremos el viaje a Rozenburg.

En la proa del barco había un marinero sondeando el fondo del mar con un calón. Las aguas eran traicioneras en aquella zona, la proximidad de la desembocadura del río Surinam y los bancos de arena provocaban cambios constantes de profundidad. Cuando al fin se avistó tierra, Julie se sintió decepcionada. De alguna forma ella imaginaba una costa distinta, con extensas playas de arena y palmeras. Desde el barco, sin embargo, parecía que el azul del mar se fundiese sin solución de continuidad con la verde y frondosa espesura. No obstante, cuando se acercaron un poco más a la costa, podía distinguirse una clara frontera entre el agua y la selva.

Al poco, comenzaron a divisarse otros barcos.

—Los barcos tienen que esperar a que haya marea alta, solo así pueden seguir la corriente del río hasta la ciudad —le explicó un marinero.

Cuando, al fin, tras varias horas que parecieron interminables, se adentraron en el río, Julie observaba desde la cubierta intentando absorber todo lo que podía del nuevo país. Ya en ese momento empezó a percibir un olor distinto al del mar y al de los Países Bajos, más plomizo y cargado de aromas. Oía sonidos de animales desconocidos provenientes de la orilla. Por lo que había deducido de las conversaciones de las mujeres, debía de haber monos y papagayos. Julie intentó distinguir alguna cosa entre la masa verde de vegetación, pero su esfuerzo resultó inútil. Pronto empezaron a divisarse las primeras plantaciones entre la espesura de la selva. Julie veía grandes casas señoriales con la fachada hacia el río, rodeadas de numerosas construcciones mucho más pequeñas pintadas de un blanco que, bajo el sol, resultaba cegador. La primera impresión de las plantaciones causó un gran impacto a Julie. ¿También ella iba a vivir en una de esas lujosas residencias?

A media tarde del 13 de marzo del año 1859, el Zeelust se aproximó lentamente a la costa de Surinam. El ambiente de indiferencia y de cierta crispación que había reinado en el barco durante las últimas semanas se convirtió en una alborotada excitación.

Cuando el puerto quedó a la vista, Julie volvió a sorprenderse. Esperaba encontrar un puerto en toda regla, como el de Ámsterdam. Sin embargo, el de la capital de Surinam era poco más que una ensenada natural. Había algunos grandes barcos atracados en el centro del río y una gran masa de barcas flotando en medio. Eran *korjale*, así había llamado Karl a esos pequeños botes. En las pequeñas embarcaciones, había hombres negros haciéndolas avanzar a golpe de remo. Julie estaba contemplando el colorido ajetreo que había alrededor del barco cuando Karl apareció a su lado.

—Bienvenida a Surinam. —Cruzó los brazos y se apoyó en la baranda de madera. Su aspecto era el de un buen hombre.

De pronto, Julie supo que aquel era el momento oportuno. Desde que zarparon, las palabras de Wim no habían dejado de retumbarle en la cabeza y la pregunta de por qué Karl se había casado con ella la estaba martirizando. Por amor, desde luego, no. A esas alturas Julie lo tenía claro. Durante el viaje había albergado el deseo de que Wim estuviera equivocado, pero el comportamiento de Karl no contribuía sino a confirmar las peores sospechas. De pronto, Julie sintió que no debía pisar Surinam sin antes conocer la respuesta a una pregunta tan crucial como esa.

—¿Karl? —Julie titubeó. Pese a que ese día Karl parecía estar de mejor humor, eso podía cambiar en cualquier momento, tal como Julie había podido comprobar. Aunque, estando rodeados de tantos pasajeros, él no se atrevería a… —¿Te casaste conmigo para quedarte con mi herencia?

Ya lo había dicho. Instintivamente, Julie se alejó un poco de él.

Karl se limitó a soltar una risotada prepotente y respondió sin mirarla a los ojos.

—Juliette, habría sido una auténtica lástima permitir que encerraran a una belleza como tú en un convento. Sé una buena esposa y tendrás todo cuanto necesites. —A continuación la miró un instante y en los ojos de él, que traslucían la frialdad de su mente calculadora, Julie halló la respuesta. Había caído en la trampa. El suelo se tambaleó bajo sus pies, pero logró mantenerse en pie.

Costas lejanas

Surinam, 1859
Paramaribo, plantación Rozenburg

CAPÍTULO I

Los primeros pasos de Julie en el nuevo país fueron vacilantes e inseguros. Cuando, a última hora de la tarde, pisó por fin tierra firme, a su cuerpo no le resultó fácil acostumbrarse a la nueva situación. Seguía bamboleándose, como hacía sobre el mar, de forma que tenía que concentrar toda su atención en mantener los pies más o menos juntos. Karl, que en apariencia no tenía ese problema, avanzaba por el embarcadero con paso presuroso.

Julie se sintió aliviada cuando, de pronto, vio aparecer a Aiku a su lado. El esclavo parecía haber sobrevivido al viaje sin mayores consecuencias, iba vestido, aunque ligero de ropa, y le lanzó una fugaz mirada a Julie al inclinarse para llevarle su pequeña bolsa de viaje. En sus ojos podía apreciarse el agradecimiento.

Pero fue un instante muy breve y enseguida se situó un par de pasos por detrás de ella.

—Muchacha, le deseo toda la suerte del mundo —exclamó Wilma antes de acercarse un instante a darle un abrazo—. Si algún día viene a la ciudad, avíseme, ¿de acuerdo?

—Wilma…, ¡muchas gracias por todo! —A Julie le dolía tener que despedirse de Wilma. Le había tomado mucho cariño. La sincera preocupación de aquella mujer por su bienestar durante la travesía la había conmovido.

También Erika se acercó a despedirse. En su rostro podía leerse cómo se sentía.

—No sé si nos quedaremos en la ciudad, pero tal vez volvamos a vernos... en mejores circunstancias. ¡Le deseo mucha suerte en su nueva vida! Aiku, ¡cuide bien de Juliette!

El esclavo asintió con un elocuente gesto de cabeza y posó la mano derecha sobre el corazón, al tiempo que se inclinaba ligeramente hacia delante. Erika sonrió antes de abrazar a Julie y salir corriendo tras su grupo, que ya se alejaba del puerto. Julie estaba al borde de las lágrimas. ¿Qué perspectiva tenía ahora en un país extranjero y con un hombre que la había comprado como..., como...?

Julie siguió a Aiku con gran desaliento. Mucho más adelante, en medio de la multitud, distinguió a Karl. ¿No podía esperarla, al menos?

Cuando al fin logró alcanzarlo, él estaba indicándoles a dos corpulentos mozos negros que fuesen a recoger el equipaje.

—Mi nueva esposa —anunció Karl señalando a Julie.

—Misi.

Julie creyó advertir por un instante cierta curiosidad en los ojos de los muchachos, que rápidamente agacharon la mirada y se marcharon al barco a buscar el equipaje. Karl llamó uno de los coches que aguardaban en un lado de la calle y ayudó a Julie a subir.

Al cabo de largo rato, el coche emprendió lentamente la marcha por la calle Waterkant del puerto. Los dos mozos negros y

Aiku lo seguían a pie, cargados con parte del pesado equipaje. Julie se preguntó por qué no podían cargar las maletas en el coche, pero prefirió callarse el comentario. A lo lejos, vislumbró una gran plaza tras la cual, rodeado de un arreglado parque, se elevaba un imponente edificio. Karl le explicó que aquella era la residencia del gobernador.

A pesar de todo, Julie sentía curiosidad por el país. Miró a su alrededor fascinada. Las casas se levantaban apiñadas y esa colorida aglomeración recordaba un poco a las pequeñas ciudades neerlandesas. El motivo de esa remembranza no residía únicamente en los canales y arroyuelos que recorrían toda la ciudad. De vez en cuando, el coche atravesaba un puente. Las grandes palmeras tropicales que, con sus largas palmas, proporcionaban algo de sombra a la avenida no encajaban con el paisaje y confirmaban que se encontraban en otro continente. Igual que el calor abrasador. Julie enseguida comprobó en su propia piel que había que tomarse en serio los consejos de las mujeres del barco.

Incluso los nombres de las calles recordaban a los Países Bajos. Existía la Ornaje Straat, la Watermolenstraat y la Keizerstraat, que se adentraba hacia el interior de la ciudad.

En la calle se respiraba un animado ajetreo. Los pequeños negocios tenían los mostradores abiertos a la calle. Había un constante vaivén de personas atareadas en diversas actividades y cuyo color de piel abarcaba desde el moreno claro al negro azabache. Las mujeres, ataviadas con vestidos de colores y cubiertas con velo, cargaban sobre la cabeza enormes cestos llenos de fruta; los hombres empujaban carros de mano cargados de sacos. Otros carros más grandes, a los que iban amarrados burros desgreñados de largas orejas o animales de carga, aguardaban al final de la calle. Los niños correteaban por doquier. Y todos se apartaban con respeto para dejar paso al coche de los blancos, quienes, por lo visto, en ese país nunca iban a pie. Al poco tiempo, el coche se detuvo frente a una casa.

—Ya hemos llegado. —Karl ayudó a Julie a apearse del coche.

Ella estudió la casa con los ojos llenos de ilusión. Era un edificio de dos pisos con las paredes blancas y los postigos de las ventanas verdes. La entrada a la vivienda se abría en un estrecho porche techado al que se llegaba por una escalera lateral. Encima del porche, y sostenido por postes de madera, había un balcón igualmente estrecho. A la izquierda, junto a la casa, se abría un inmenso portón de madera que debía de conducir al patio trasero. Los esclavos desparecieron con el equipaje por una portezuela recortada en el portón.

Karl se adelantó y se detuvo arriba, frente a la puerta de entrada.

—¿Qué pasa? ¿No vienes? —preguntó impaciente. Al darse cuenta de que Julie se había quedado mirando a los mozos negros, gruñó—: Esa es la puerta de los negros. Vamos.

Julie se apresuró a subir los escalones del porche y traspuso la puerta abierta de la casa.

—Masra Leevken. —Una esclava pequeña y regordeta, con el cabello cubierto por un pañuelo blanco impoluto y un uniforme igual de impecable, salió al pequeño vestíbulo a saludar a Karl.

—Foni. —Karl entregó la chaqueta a la esclava y, señalando a Julie con un leve gesto de cabeza, agregó—: Esta es mi nueva esposa, Juliette.

—Misi. —Foni bajó la mirada de inmediato.

Julie la saludó amablemente inclinando la cabeza.

En ese instante, Aiku apareció por una puerta de la parte trasera de la casa. En las manos sostenía una bandeja con una frasca y un vaso que llenó y tendió a Karl.

Julie volvió a sentir compasión del esclavo. ¿Es que Karl no pensaba darle la oportunidad de recuperarse de la agotadora travesía?

Karl, en cambio, vació el vaso de un trago y volvió a depositarlo en la bandeja.

—Foni, sirve la comida, después del viaje tenemos hambre.

Foni asintió y, con paso presuroso, desapareció por una puerta que conducía a la zona trasera de la casa.

—Juliette… —Karl acompañó a Julie a una estancia adyacente donde había un pequeño y acogedor salón. A Julie la sorprendió la exquisita decoración de la habitación: muebles elegantes y tejidos de lo más refinados. Karl se sentó en uno de los sillones de piel y volvió a coger el vaso que Aiku le alcanzó enseguida.

—Tráele algo de beber a la misi —ordenó Karl.

El esclavo abandonó rápidamente la habitación.

—Toma asiento, Juliette —dijo señalando el segundo sillón—. Mi primera esposa decoró esta casa. Lo cierto es que yo no la utilizo mucho. Martina viene de vez en cuando, pero por lo demás…

Julie se sintió un poco incómoda. Aunque se suponía que ahora también era su casa, todo le resultaba ajeno y extraño. Y aquel lugar, tal como Julie advirtió nada más entrar, llevaba la firma de otra mujer. La firma de Felice, quienquiera que fuese. ¿Sería capaz de averiguar más cosas sobre aquella mujer?

—Es bonita —dijo por lo bajo y agachó la mirada.

Cuando Aiku regresó con el refresco de Julie, esta cogió el vaso y le dio las gracias con cortesía. Por un momento, Aiku se quedó desconcertado, pero enseguida recuperó su habitual expresión de impasibilidad. Con un movimiento del brazo, Karl mandó a Aiku fuera de la habitación.

—Juliette, a los esclavos no se les dan las gracias. Su misión es servirnos. Puede que en los Países Bajos se trate al servicio de otra manera, pero aquí no es así —sentenció tajantemente.

Julie hizo ademán de replicar algo, pero Karl levantó la mano para interrumpirla.

—Ahora tendrás que adaptarte a las costumbres de aquí —insistió con gravedad— y a mis negros no puedes tratarlos así. Insisto: a los negros nada de «por favor» ni de «gracias».

Julie se asustó, así que se limitó a asentir brevemente.

Foni apareció por la puerta y anunció que la cena estaba lista. Al entrar en el comedor situado al otro lado del vestíbulo, a Julie le impresionó la exuberancia y la abundancia de viandas. Después de haber pasado las últimas semanas alimentándose con la monótona comida del barco, tenía bastante apetito. Foni arrastró una silla situada frente a Karl y le ofreció el sitio a Julie. Julie tuvo que reprimir un «gracias» y se limitó a asentir.

Foni era buena en su trabajo, la comida estaba muy bien presentada, aunque a Julie muchos de los platos que había en las bandejas y cuencos le resultaban completamente desconocidos. Lo que en un primer momento parecían patatas en realidad eran dulces y una verdura que desprendía un olor dulce resultó ser tan picante que a Julie se le saltaron las lágrimas. Por lo visto aquello hizo gracia a Karl.

—A eso también te acostumbrarás —dijo con una sonrisa socarrona.

Después de cenar, Karl la acompañó a la planta de arriba, donde había varios dormitorios aunque a Julie solo le mostró uno. Julie se alegró para sus adentros al ver que se trataba del dormitorio del balcón.

—Ve con cuidado. Como verás, hay una mosquitera colgada sobre la cama. Ahora procura descansar. —Y, con esas palabras, salió de la habitación.

Julie reparó en que su equipaje ya estaba allí. No merecía la pena deshacerlo, pensó para sí. Al cabo de dos días reanudarían el viaje rumbo a la plantación. Julie se acercó a la ventana. ¡No tenía cristales! Con la punta de los dedos rozó la fina gasa que los marcos sostenían a modo de red. La puesta de sol bañaba la calle de una luz crepuscular cálida y rojiza y las palmeras arrojaban largas sombras. De vez en cuando, se veían personas que pasaban por la calle, sobre todo, negras. Abrió la puerta de salida al balcón, que tampoco disponía de cristales. Julie se apoyó en el marco de la puerta, cerró los ojos y aspiró profundamente el perfumado aire del atardecer. El ambiente era cálido y húmedo, de vez en cuando una ráfaga fresca cortaba el aire de la tarde mortecina.

Un cosquilleo en el brazo la arrancó de sus pensamientos.

Unos pequeños mosquitos que parecían dispuestos a acribillarla se posaron a su alrededor. Julie los espantó con la mano, volvió a meterse en casa y cerró rápidamente la puerta. Después, ajustó bien la mosquitera que tenía sobre la cama.

Llamaron a la puerta. Foni entró a la habitación llevando en la mano un cuenco humeante que colocó sobre la repisa de la ventana. Julie la miró con asombro.

—*Smokopatu*, ¡contra los mosquitos! —Inclinó la cabeza con un gesto de subordinación y volvió a abandonar el cuarto.

Julie recordó las insistentes palabras de Karl y se forzó a no pensar más en ello. En un primer momento, el penetrante humo la hizo llorar, pero, cuando la esclava volvió a cerrar la puerta, el humo comenzó a irse por la ventana antes de extenderse por la habitación. Entonces lo comprendió: el humo del cuenco espantaba a los pesados insectos.

Julie suspiró por lo bajo y se tendió en la cama. Ya estaba allí, aquel era su nuevo país. ¿Cómo le irían las cosas a partir de ahora?

Julie tenía la firme determinación de aprovechar al máximo la situación. En el fondo, ese país era un lugar verdaderamente hermoso. Tan exótico. En una ocasión, Julie había ido con la escuela a una *orangerie*, un invernáculo lleno de palmeras y aromas frutales. Ahora se encontraba en un país donde toda esa exuberancia se daba de forma natural. ¿Encontraría un gran jardín al llegar a la plantación? La plantación… ¿Qué clase de personas vivirían allí? Seguramente muchos esclavos. Julie imaginaba la convivencia con ellos como algo completamente distinto, más parecido a la relación que se mantenía con los sirvientes, pero estaba claro que los esclavos eran diferentes, era como si se los considerase más bien animales de trabajo. Julie se hizo el firme propósito de ser amable con los esclavos con los que iba a convivir.

Lo que más nervios le producía era el primer encuentro con su hijastra. ¿Serían capaces de entenderse bien? Esperaba que sí. Ahora ella dependía de Karl y eso solo saldría bien si se llevaba bien con su hija. Por lo demás, no sabía prácticamente nada de la familia de Karl. ¿Vivirían todavía sus padres? ¿Residirían ellos también en la plantación? Ese pensamiento le evocó el doloroso recuerdo de sus propios padres. ¿Qué habrían pensado sobre la decisión de Julie de marcharse a Surinam? Probablemente, aquello nunca habría llegado a pasar. Karl solo se había casado con ella por dinero. Julie sintió una penetrante punzada de dolor al pensarlo. Tal vez..., si se esforzaba, conseguiría llegar a gustarle, y así las cosas no serían tan terribles.

A la mañana siguiente, Julie se despertó más o menos descansada, el calor durante la noche había sido bastante agobiante y eso la había obligado a levantarse varias veces para cambiarse el camisón empapado en sudor. Además, a causa de las cavilaciones y de la preocupación de no saber si Karl iba a dormir también allí, tardó mucho en conciliar el sueño hasta que por fin se sumió en un sueño inquieto. Karl no apareció, pero a cambio algunos mosquitos que consiguieron colarse en la habitación y en la mosquitera la despertaron varias veces.

Después de refrescarse, rebuscó en su maleta el vestido más ligero de todos que todavía estuviera decente. Al peinarse, Julie se dio cuenta de cómo se le encrespaba el cabello con la humedad. Ya desde primera hora de la mañana, el clima le recordó al ambiente húmedo de la gran lavandería del internado. Cuando hubo conseguido, en cierto modo, tener un aspecto decente y aseado, bajó a la planta inferior. Karl estaba ya sentado a la mesa desayunando y leyendo el periódico. Foni lo tenía todo dispuesto y ofreció a Julie una gran taza de café solo. A Julie le apetecía más tomar una bebida fría, pero no se atrevió a pedirla. Hubo otro impulso, sin embargo, que no logró reprimir, aun sabiendo que probablemente no era educado, estando a la mesa…, pero disimuladamente se rascó el brazo. Por la noche le habían picado los mosquitos. Karl bajó un momento el pliego del diario.

—A eso también te acostumbrarás —dijo lacónicamente antes de volver a levantar el papel.

Y después ya no dijo mucho más. A Julie le habría gustado preguntarle qué iban a hacer ese día. Quizás él pensaba enseñarle la ciudad. Sus esperanzas se desvanecieron cuando Karl se levantó de la mesa y se despidió.

—Tengo que ocuparme de unos negocios.

Julie se quedó sentada a la mesa, decepcionada y sin saber muy bien qué hacer. Cuando vio aparecer a Foni a su lado estuvo en un tris de asustarse. La esclava le tendió una pequeña cacerola y señaló los habones que se le habían formado a Julie en el brazo.

—Gracias, Foni —dijo Julie, a pesar de las advertencias de Karl. Foni le respondió con una sonrisa que descubrió su reluciente dentadura blanca y se retiró de nuevo a la parte trasera de la casa.

¿La habría entendido Foni? Aunque le hubiese sonreído, tal vez eso no era más que una señal de cortesía.

A Julie el asunto del idioma le parecía muy complicado. En el barco, las mujeres le habían contado que a los esclavos no se les permitía hablar neerlandés. Lo comprendían, pero solo les permitían responder en su lengua. A la lengua de los esclavos las mujeres la denominaban con desprecio *taki-taki,* que era más o menos como decir «blablablá». Oficialmente, el idioma se llamaba *sranan tongo* y, a oídos de Julie, sonaba como una variante del neerlandés en la que, sencillamente, se cambiaban sílabas, se omitían o añadían letras o se sustituían algunas palabras por otras en inglés. Los blancos, en cambio, no hablaban esta lengua, aunque la entendían. Julie también tendría que aprender *sranan tongo.* El inglés lo había estudiado en el internado y nunca le resultó difícil. En este caso, esperaba poder decir pronto las primeras palabras.

Después de desayunar, Julie permaneció sentada a la mesa con cierta indecisión. ¿Qué iba a hacer ahora? Karl se había marchado y ella estaba sola en la casa. ¿Tenía permiso para echar un vistazo? Aunque sentía curiosidad por ver cómo era el resto de la casa, al final optó por irse a su dormitorio. Se sentía extraña, como si en lugar de la señora de la casa fuese una invitada, y los invitados no debían curiosear las casas ajenas. Al entrar en la habitación, se oyó un estruendo sordo. Se acercó a la ventana y vio que el cielo se había cerrado y que unos oscuros nubarrones se cernían sobre los tejados de las casas. Acto seguido vio un relámpago, al que siguió, inmediatamente, otro trueno ensordecedor. Soplaba un viento frío, fuerte y racheado que mecía las hojas de las palmeras de un lado a otro. En ese instante, rompió a llover. Julie retrocedió un paso y cerró la puerta. La lluvia golpeaba la fina gasa. ¿Debía cerrar los postigos? Contempló fascinada la cortina de agua que caía del cielo. No era lluvia, era un auténtico diluvio. Karl le había hablado de las dos estaciones de lluvia que había al año y trató de recordar los meses. Le vino a la mente abril, y creía que duraba más o menos hasta agosto. El segundo periodo iba de diciembre a febrero, le parecía recordar, es decir, en invierno, si es que allí podía hablarse de invierno. En ese momento, se dio cuenta de que ocho meses de lluvia no era un pronóstico demasiado halagüeño en cuanto al clima. Y en ese momento estaban cayendo chuzos de punta y ni siquiera era la estación de las lluvias. Julie tenía curiosidad por saber las sorpresas que le depararía el tiempo.

Pero la tormenta se marchó con la misma rapidez con que había llegado. Las nubes avanzaron y volvió a brillar el sol. Las calles húmedas desprendían vapor y, al cabo de poco tiempo, la sensación de frescor se había disipado por completo.

De pronto, una terrible sensación de soledad se apoderó de Julie. Echaba de menos a Sofia y el internado, incluso echaba de menos la estrechez de su angosta habitación. Cómo le gustaría poder salir a pasear junto a la muralla con Sofia y ver los patos del estanque mientras hablaba con su amiga. También echaba de menos a Wim, que seguro que sabría qué hacer. Por un instante hasta echó de menos el barco y la charla con las demás mujeres. ¿Qué estarían haciendo en ese momento Erika y Wilma?

Intentó contener las lágrimas que le anegaban los ojos. Tenía que ser fuerte, mirar hacia el futuro. Ojalá supiera qué le esperaba. La siguiente noche la pasó también sola e inquieta en su habitación.

Contra todos los planes, al día siguiente, Karl anunció que tendrían que prolongar la estancia en la ciudad algunos días más.

—Ya hemos recibido una invitación —le explicó con una expresión de alegría poco habitual en él.

Julie no sabía muy bien si ella debía alegrarse. Evidentemente, sería agradable entablar relación con otras personas en la colonia. Pero también en eso ella no debía de ser para Karl más que un medio para alcanzar un fin.

Además, el clima era atroz. Es cierto que Julie contaba con que en Surinam haría calor, pero ¿tanto? Durante el día, era asfixiante y Julie tenía la impresión de que no podía respirar, lo que le producía una sensación permanente de mareo. Las gotas de sudor le recorrían la espalda. Aunque Foni le iba ofreciendo bebidas refrescantes y paños húmedos, Julie no conseguía calmar su sufrimiento. Por la tarde, le suponía un auténtico alivio ver cómo se escondía el sol y el aire se enfriaba. Pero, con aquel calor, la idea de un sueño reparador era del todo impensable. Julie daba vueltas y vueltas entre las sábanas empapadas en sudor y de vez en cuando se levantaba para ponerse ropa seca. ¿Cómo iba a hacer para soportar aquello mucho tiempo?

Al día siguiente, Julie se sentó frente al espejo para arreglarse con sus mejores galas. Quería evitar como fuera ponerse un vestido grueso y, además, tenía el cabello tan encrespado que resultaba ingobernable. De nuevo, fue Foni quien acudió en su ayuda. Le llevó un aceite muy aromático y extendió una pequeña cantidad en el cabello de Julie.

—Foni, ¡huele de maravilla! —Julie tuvo que contener el «gracias» que estaba a punto de pronunciar.

—Misi tiene cabello como el oro, para su esclava será un placer peinarla. —A Julie la sorprendió la actitud habladora de Foni. Imaginaba que era porque Karl no estaba cerca. Por otro lado, Julie se alegró de ver que la esclava comprendía perfectamente el idioma.

—Pero yo no tengo esclava —comentó Julie por lo bajo mientras Foni la ayudaba a enfundarse el vestido de noche.

—El masra buscará una esclava para la misi. Todas las misis tienen una esclava, vivir sin esclava es imposible —le explicó Foni con voz grave.

Cuando Julie estaba comprobando el resultado en el espejo, de pronto oyó en el piso de abajo una voz femenina.

—¿Padre?... ¿Padre?

—Oh —exclamó Foni con expresión de pánico y salió corriendo de la habitación.

Julie se quedó sorprendida. ¡Tenía que ser Martina! Un hormigueo nervioso le recorrió todo el cuerpo. ¿Por qué no la había avisado Karl de que conocería a su hija en la ciudad?

Pero, desde que habían llegado, Karl dedicaba prácticamente todo el tiempo a los negocios, se marchaba de casa temprano y regresaba tarde por la noche. En los pocos momentos que pasaban juntos, apenas le prestaba atención a Julie.

Rápidamente, Julie se arregló el vestido, se lo alisó y se dirigió al piso de abajo.

Foni estaba en el pequeño vestíbulo y en ese momento sujetaba la chaqueta de verano de una mujer joven. Julie se detuvo en las escaleras y aprovechó ese instante para estudiar con detenimiento a la hija de Karl. Martina era un poco más pequeña que ella y llevaba el oscuro cabello recogido en una nutrida trenza. Tenía unos rasgos faciales angulosos, aunque armoniosos; el parecido con su padre era inconfundible. Cuando la joven reparó en la presencia de Julie, entrecerró sus enormes ojos castaños hasta reducirlos a dos estrechas ranuras con un brillo felino que clavó en Julie.

—¿Quién es usted? ¿Qué está haciendo en nuestra casa?

Como Martina se volvió hacia Foni con expresión de reproche, esta se sintió obligada a darle una explicación:

—Mejuffrouw Vandenberg…

—Martina —Julie interrumpió a la esclava y se apresuró a bajar las escaleras.

La anciana mujer agachó la mirada y guardó silencio. Julie prefería presentarse a Martina personalmente. Pero ¿qué debía decirle? La breve y agresiva pregunta de la muchacha indicaba que su padre no le había hablado de su nueva mujer. ¿Cómo, por todos los santos, iba a aclararle ella que en realidad era su madrastra? Respiró hondo, compuso su sonrisa más amable y le tendió la mano a Martina.

—Es un placer poder conocerla por fin —dijo con amabilidad.

Martina se quedó mirándola con desprecio y rechazó el gesto de cortesía. Después, compuso una expresión de superioridad y levantó la nariz con prepotencia.

—Bah, ¿es que padre ha vuelto a contratar a una institutriz nueva? Ya le he dicho que no quiero institutrices. Por cierto, ¿dónde está mi padre?

—Masra Karl está a punto de regresar. ¿Querría la misi tomar algo fresco en el salón? —Foni parecía estar aliviada de poder retirarse.

Martina se encogió de hombros y le entregó a la esclava su sombrero.

—Sí, pero rápido, tengo que lavarme y cambiarme de ropa. Esta noche nos han invitado a su casa los Van Beckers. Ayer padre mandó que me fueran a buscar. —Y luego, dirigiéndose a Julie, agregó—: Venga conmigo.

Martina le hizo una señal a Julie para que la siguiera. Julie siguió a su hijastra hasta el salón sin mediar palabra. Allí, Martina se acomodó entre suspiros en un sillón y estudió a Julie con una mirada vacilante antes de indicarle que tomase asiento frente a ella.

—No la ha traído expresamente desde Europa, ¿verdad? Ya le he dicho que no quiero ni institutrices ni maestras internas. Hemos tenido ya varias experiencias horribles. —La voz de Martina adoptó un tono petulante—. Pero no se preocupe, no tendrá problemas para colocarse en algún sitio. Hay multitud de familias que buscan desesperadamente institutrices educadas. Los negros para eso tienen grandes carencias.

Foni volvió con una bandeja y dos vasos que posó sobre una mesa baja antes de salir presurosamente de la estancia.

Julie no sabía si los modales de Martina debían provocarle rabia o risa. El parecido con su padre no era solo físico; su conducta era la de una pequeña déspota. Julie se armó de valor para afrontar la conversación con la soberbia muchacha. Seguramente, Martina no se le iba a lanzar a los brazos cuando le aclarase la situación. Aunque Julie no contaba con eso, hasta ese día sí que había albergado la esperanza de encontrar algo de afecto en su nueva hijastra. O al menos no todo lo contrario.

—Verá, Martina… Su padre no me ha contratado para que sea su institutriz, su padre…

¿Cómo iba a explicárselo? Julie seguía buscando las palabras adecuadas cuando oyó la voz de Karl en el vestíbulo. Al instante, irrumpió en el salón.

—Martina, ¿ya has llegado?

Martina se levantó de un salto y se arrojó a sus brazos.

—¡Padre, qué ilusión!

Por un instante, Karl paseó la mirada entre Martina y Julie varias veces.

—Por lo que veo, Juliette y tú ya os habéis conocido.

—Eh, no. Padre, ya te lo he dicho —insistió Martina volviéndose hacia Julie—, y ya le he dicho también a mejuffrouw… Juliette que no quiero contratar a ninguna institutriz, pero no le resultará difícil colocarse…

—¿Institutriz? —preguntó Karl arrugando la frente—. Martina, no es lo que piensas. —Karl acompañó a su hija hasta el sillón y tomó también asiento—. Martina, verás…, esta es Juliette. Nos hemos casado en Europa. Así que eso la convierte en mi esposa y en tu madrastra.

Julie se dio cuenta de la absoluta frialdad con que Karl le daba la información a su hija. Pese a todo, Julie no perdió la esperanza y le dedicó una sonrisa. Esperaba, a pesar de las extrañas circunstancias, que aquella joven le abriese mínimamente su corazón. Al fin y al cabo, ella iba a ser la única compañía que Julie iba a tener en la plantación. La gélida mirada de Martina hizo que se desvaneciera cualquier atisbo de esperanza.

—¿Madrastra? —masculló Martina por lo bajo y acto seguido le espetó a Karl—: ¿Cómo has podido…? ¿Es que no has pensado…? —El rostro de Martina se fue tornando rojo de pura rabia hasta que de pronto se levantó y salió corriendo de la habitación.

—Martina, ¡vuelve aquí ahora mismo! —gritó Karl con un atronador tono de amenaza.

Pero Martina no obedeció.

Sacudiendo la cabeza, Karl cruzó las manos.

—Ya se le pasará.

Karl había reservado un coche de plaza que los llevó por las calles de la ciudad tras la puesta del sol. Martina iba sentada frente a Julie, sin dirigirle la palabra ni la mirada. Ella habría deseado que el encuentro con Martina hubiese sido diferente. Pero de ese modo…, claro, la noticia la había cogido desprevenida.

Tras un trayecto que pareció eterno a causa del elocuente y tenso silencio, por fin el coche se detuvo. Karl ayudó a Julie a bajar y la cogió del brazo. Martina caminaba malhumorada detrás de ellos hacia el imponente ayuntamiento. Las ventanas estaban iluminadas y la música llegaba hasta la calle. Hasta ese momento, Julie había estado tan preocupada por la actitud de Martina que no era consciente de que estaba a punto de realizar su primera aparición pública junto a Karl. De pronto, se sintió muy nerviosa. ¿A quién iban a presentarle? ¿Sería capaz de estar a la altura de las circunstancias? ¿Habría reglas de comportamiento especiales en ese país que ella no conocía? Karl se enfadaría si lo dejaba en evidencia. ¿Cómo se llamaba la anfitriona? Julie lo había olvidado. Pero ahora ya era demasiado tarde. Un esclavo vestido con librea, aunque descalzo, salió a recibirlos a la puerta.

En cuanto el matrimonio Leevken entró en el salón, la atención de gran parte de los invitados de la sala se desvió hacia ellos. Karl saludó con aplomo a algunos de los presentes. Julie acaparó de inmediato la dedicación de la anfitriona, Charlotte van Beckers, una mujer rubia y lozana de sonrosadas mejillas.

—Oh, cuánto me alegro de conocerla al fin. He oído hablar mucho de usted. ¿Le gustaría acompañarme? Las damas se alegrarán de gozar de su compañía.

Resistirse habría sido inútil, así que Julie soltó el brazo de Karl y siguió a Charlotte van Beckers hacia un corro de mujeres. La anfitriona no la había engañado; las mujeres recibieron a Julie con un aluvión de preguntas: qué noticias traía sobre la Casa Real de los Países Bajos, qué estaba de moda en esos momentos, cómo había pasado de casarse a venirse a Surinam…

Julie las miró aturdida. ¡Tantos nombres y caras nuevos! Intentó responder a todas las preguntas con amabilidad, aunque la cuestión del matrimonio trató de pasarla por alto. Cuando de tanto en tanto se volvía a mirar fugazmente a Karl, él alzaba su copa de champán alegremente como si brindase con ella y reanudaba la conversación con el grupo de hombres.

Charlotte van Beckers llevó a otra mujer diferente junto a Juliette.

—Ah, Juliette, mira, esta es Marie Marwijk… Marie, permíteme que te presente a Juliette Leevken… Ahora vais a ser vecinas, como quien dice…

—Me alegro mucho de conocerla. —Marie Marwijk tendió la mano a Julie y le dio unas palmaditas sin interrumpir en ningún momento su discurso—. Vivimos en la plantación Watervreede, que está muy cerca de Rozenburg.

Marie Marwijk debía de tener unos cincuenta años. Era de pequeña estatura, nervuda, y su rostro reflejaba que había tenido siempre una vida fácil. Su cabello originalmente castaño estaba surcado por mechones canosos.

—Ah, mevrouw Leevken, o debería llamarla Juliette… —no

esperó a que Julie respondiera—, ¡estoy emocionada! A partir de ahora espero que venga a visitarme a menudo.

Marie Marwijk continuó charlando animadamente junto a Julie. Esta no sabía si le iba a ser posible visitarla. ¿Qué significaba ser «vecinas» en un país así? ¿Acaso Julie debía emprender un viaje por el río cada vez que quisiera visitar a Marie? ¿O «vecinas» significaba que había un camino por tierra desde Rozenburg hasta allí? La verdad es que aquella mujer parecía simpática. ¿Cómo se llevaría con Martina? Tal vez ella también tenía hijas…

A medida que transcurría la velada e iban presentándole a más personas, estas le generaban más preguntas que respuestas. Al cabo de unas horas, a Julie le daba vueltas la cabeza, así que a partir de ese momento esbozó una amable sonrisa y se limitó a asentir e intervenir con breves comentarios corteses. Estaba agotada, aunque en el fondo se alegraba de que aquellas mujeres la hubieran acogido con los brazos abiertos. Todas mostraron un gran interés por ella y a esas alturas de la noche Julie había recibido varias invitaciones para tomar café. No sabía si podría acudir a todas, pero habría sido maleducado rechazarlas. Los nombres nuevos se le agolpaban a Julie en la cabeza y no estaba segura de que fuera a ser capaz de acordarse de todos. Ella les entretenía diciendo que antes de nada quería conocer la plantación e instalarse en su nueva casa. A eso sus nuevas conocidas respondieron con un aluvión de consejos sobre la mejor manera de sobrellevar la vida en la plantación. La noche parecía no querer acabar nunca.

Martina permaneció alejada de Julie durante toda la velada y, en el instante en que Julie la buscó con la mirada, ella se volvió torpemente a susurrarle algo a la mujer que tenía al lado. A Julie le habría gustado saber quién era aquella mujer. ¿Pertenecía a la familia? ¿Era una amiga de Martina? No parecía muy interesada en Julie o, mejor dicho, no la asedió como las demás mujeres, aunque de vez en cuando la miraba con gesto de curiosidad.

Julie apenas tuvo tiempo de respirar. A la mañana siguiente, Karl le ordenó que dedicara la tarde a prepararse. Tenían que ocuparse de algún asunto y ella debía hacer el equipaje, ya que al día siguiente emprenderían el viaje a la plantación.

—¿Y dónde está Martina? —preguntó Julie temerosa.

Esa mañana no había visto a la muchacha, no parecía que hubiese pasado la noche allí y, a la hora del desayuno, solo había dos platos en la mesa. Karl resopló con desprecio.

—Martina prefiere quedarse en casa de su tía. Estará unos días más en la ciudad.

¿Tía? ¿Sería la mujer con la que estaba hablando la noche anterior? ¿Acaso era la hermana de Karl? No, Julie no había percibido ningún parecido entre ellos. ¿Se trataría entonces de la hermana de Felice, la difunta madre de Martina? Julie no se atrevió a formular más preguntas. Obedeciendo a las órdenes de Karl, se ocupó de que a lo largo del día todo quedase preparado para abandonar la ciudad. A decir verdad, no había mucho que hacer. Foni guardó con primor todas las pertenencias de Julie en la maleta. Karl llegó a primera hora de la tarde.

—¿Estás lista?

Julie asintió y lo siguió hasta la calle. Allí los esperaba nuevamente un coche de plaza.

Julie aprovechó el recorrido por las calles de Paramaribo para ver el aspecto que presentaba la ciudad. Todo le recordaba a lo que conocía de Europa, aunque al mismo tiempo todo le resultaba extraño. El coche avanzaba por grandes paseos, como en su país natal, pero los árboles tenían hojas y frutos diferentes. Alrededor de las copas de los árboles, revoloteaban unas grandes aves de colores que emitían fuertes graznidos. Las mujeres de color que caminaban por las calles vestían coloridos vestidos y pañuelos con artísticos estampados. Todo aquello hizo pensar a Julie en las pequeñas ilustraciones de sus libros de la escuela. ¡Qué emocionante le había parecido siempre aprender y leer sobre pueblos y culturas diferentes! Para su gran asombro no solo había personas de color, sino también algún que otro asiático. ¿Cómo habrían ido a parar allí? Le habría encantado poder preguntárselo a Karl, pero en ese momento estaba indicándole algo al cochero con gesto arisco. No debía de estar de muy buen humor, así que Julie optó por guardar silencio. El barrio donde se encontraban parecía menos limpio y ordenado. Julie tuvo un mal presentimiento. ¿Qué había ido Karl a hacer allí?

El coche se detuvo. Karl bajó y Julie lo siguió después de que él, impaciente, la instase a hacerlo. En esas ocasiones se sentía como un perrito faldero que persigue a su dueño a todas partes. Karl se desvió de la calle ancha y se adentró en un oscuro vecindario. Al llegar a una casa desvencijada, llamó a la puerta. El hombre que la abrió presentaba un aspecto tan descuidado como el entorno.

—Ah, Leevken, ¿vienes a saldar tus deudas? —preguntó con una amplia sonrisa que dejó a la vista su dentadura podrida y carcomida.

—También, a eso también. Déjanos entrar, Bakker. —Karl empujó al hombre a un lado para entrar en la casa. A Julie le dio la impresión de que no quería que nadie lo viera allí. Ella lo siguió hacia el interior. Se respiraba un olor nauseabundo y, a pesar de que apenas estaba iluminado, era evidente que nadie limpiaba aquel lugar. Los moscardones que revoloteaban alrededor de los platos sucios que había apilados en la mesa comenzaron a volar con un molesto zumbido alrededor de los invitados.

—Permíteme que te presente a mi esposa. —Karl señaló a Julie con la cabeza—. Necesita una esclava.

La mirada de avidez del hombre se tornó en entusiasmo.

—Oh, claro, sí, por supuesto, acabo de recibir mercancía fresca. —El hombre salió de la sala y volvió al cabo de poco rato arrastrando consigo a una muchacha negra a quien las ropas escasas y andrajosas que llevaba puestas le conferían un aspecto terrible. La muchacha, con actitud sumisa, no levantó la mirada en ningún momento.

«Pero si es una niña», pensó Julie horrorizada y con enorme compasión.

Karl, en cambio, se acercó a la muchacha, la agarró bruscamente por los hombros, la estudió y le hizo dar una vuelta completa. Al ver las brutales heridas que tenía la muchacha en la espalda, Julie lanzó un grito ahogado y cerró los ojos. Karl también advirtió los latigazos, pero no dio la menor muestra de compasión.

—¿Qué pretendes endilgarme, Bakker? —espetó con desprecio—. Esta mercancía no creo que esté en condiciones.

—Eso no se lo he hecho yo. —El hombre sacudió la mano con displicencia—. No debió de portarse como debía con su dueño anterior —explicó entre repugnantes risotadas.

—¿No tienes algo con más edad, con un poco de experiencia? —Karl agarró a la muchacha por el mentón y le miró la boca. A Julie le vinieron a la cabeza las imágenes del día que había acompañado a su padre a un mercado ecuestre. Su padre quería encontrar unos buenos animales para el carruaje y les había mirado la dentadura del mismo modo que Karl se la estaba mirando ahora a aquella muchacha.

Los hombres continuaron negociando impasibles sobre la «mercancía».

—Leevken, ahora mismo el buen género dura tan poco como las naranjas dulces. Ya sabes cómo funciona esto..., pero sinceramente no creo que esta sea mala, tal vez algo joven, pero a cambio no tiene ningún desgaste...

—Venga, vamos, no creo que sepa hacer nada. —Karl se volvió hacia la muchacha—: ¿Sabes hacer algo? ¡Contesta!

Sin apartar la vista de sus sucios pies descalzos, la muchacha susurró la respuesta con un hilo de voz:

—Masra, sé cocinar, he trabajado en la cocina.

—¿Lo ves, Bakker? Es una muchacha de cocina. No..., no necesitamos eso. Bueno, si no tienes otra cosa... —Karl se dio media vuelta para dirigirse a la puerta.

Bakker, que estaba detrás de la muchacha como un gigante colosal y amenazador, torció el gesto.

—Espera, Leevken. —Bakker salió de nuevo por la puerta trasera y volvió con una mujer negra de cabello cano. Avergonzada, la mujer intentó ocultar sus manos retorcidas y deformadas, al tiempo que lanzaba a Karl y Julie una desgarradora mirada cargada de esperanza.

—Bakker, esto es una broma, estoy buscando una esclava

eficiente, no... esto. —Karl sacudió la cabeza y se dirigió hacia la puerta.

—Te vendo la pequeña a buen precio, pero si no la quieres... Carmen seguro que se la llevará a su casa. A los soldados y los marineros les gustan así de jovencitas.

Julie no sabía quién sería esa tal Carmen, pero por la forma en que Bakker había pronunciado la palabra «casa» intuyó que no debía de tratarse de una casa normal.

Karl se quedó pensativo.

—¿Cuánto quieres por la pequeña?

Bakker se puso serio y respondió:

—Te la puedes llevar por doscientos.

Karl se volvió hacia Julie:

—Vamos, Juliette, nos marchamos, iremos a buscar a otro sitio.

—Leevken, ¡te estoy ofreciendo un buen precio! Yo también tengo que vivir.

—Bah. —Karl agarró a Julie del brazo y la empujó hacia la puerta.

Julie vio la decepción en el rostro de las dos esclavas, lo cual casi le rompe el corazón. Con un brusco movimiento se soltó de Karl y se detuvo.

—¡Quiero quedarme con la joven!

Karl se detuvo y miró a Julie con estupor y cierto enojo.

—No, ni hablar, he dicho que no —replicó.

Bakker no desaprovechó la ocasión.

—¿Lo ves, Leevken? Tu esposa tiene buen ojo... Sabe que la joven será una esclava fiel. Venga, puedes llevártela por ciento ochenta.

—Ciento treinta.

—Está bien, ciento cincuenta es mi última oferta. —Bakker cruzó los brazos a la altura del pecho.

—¿Papeles?

—Claro que te daré los papeles, ¡soy un comerciante de palabra! —Bakker sonrió y aceptó el fajo de billetes que Karl le entregó en mano. Acto seguido, empujó a la muchacha hacia Julie y le hizo una señal a la anciana para que regresara a la parte trasera.

Julie siguió a la anciana mujer con una mirada triste. Le habría gustado llevarse a las dos, pero Karl jamás lo habría permitido. Al menos, podía ayudar a la joven.

—Estupendo, Leevken. ¿Un trago por los buenos negocios?

Julie respiró hondo y, mientras los hombres se reunían en torno a la mesa y levantaban los vasos, ella estudió a la muchacha con mayor detenimiento. La pequeña se había quedado allí acobardada y con la mirada clavada en el suelo, lo único que permitía adivinar su incomodidad era el jugueteo nervioso de sus manos.

—¿Cómo te llamas? —le preguntó Julie en voz baja.

—Kiri —respondió tímidamente la niña.

CAPÍTULO 2

Erika se llevó una grata sorpresa. Su alojamiento, en una de las casas de la comunidad de Paramaribo, era considerablemente más cómodo que el del barco. A Reinhard y a ella les asignaron una pequeña vivienda que disponía de un dormitorio y de una sala de estar. Mucho más de lo que ella esperaba. Erika se había imaginado que acabaría viviendo en una cabaña de barro, no sabía casi nada sobre el nivel de vida en la colonia y las condiciones de la travesía habían desatado en su cabeza las conjeturas más disparatadas. Pero en aquel espacio y con los pocos enseres que tenían se organizaban muy bien.

Lo que a ella le resultaba muy extraño era la relación con los esclavos. En contra de lo que suponía, los Hermanos Moravos contaban con un gran número de esclavos para tareas domésticas y otros trabajos.

—Son pobres gentes a las que nadie quiere. —Así lo justificaba el superior de la pequeña comunidad.

Al entender de Erika, sin embargo, no era apropiado que los hermanos tuvieran sirvientes.

Al principio, cuando intentaron adjudicarle a Dodo, Erika se negó a aceptar una esclava. Dodo tenía una edad indefinible, los dientes torcidos como un caballo y estaba tuerta. Pero, con el tiempo, Erika tuvo que acabar aceptando su ayuda. El motivo fue que había una sola cocina, la dirigían los esclavos y Erika desconocía gran parte de los alimentos y la forma de prepararlos, de modo que no le quedó otro remedio que delegar esas tareas en Dodo. La anciana esclava se mostró visiblemente contenta de que por fin la dejasen trabajar. A Erika la incomodaba la idea de la esclavitud, pero no era capaz de apañárselas sola.

El dominio que Dodo tenía de las artes culinarias pronto la convenció de que lo mejor era dejar la preparación de la comida en manos de un nativo. Lo único que Erika había conseguido preparar eran unas gachas insípidas con unos cuantos plátanos cocinados, ya que, con los otros alimentos, no sabía qué hacer. Dodo, en cambio, sorprendía a su nueva dueña con sabrosas sopas, pescado asado y toda clase de dulces.

Aparte de eso, Dodo poseía unas extraordinarias dotes de observación.

—Misi tiene que comer bien, misi tiene que comer para dos —comentó al cabo de unos días mientras ponía los cubiertos y el servicio en la mesa donde se sentaban a comer Erika y Reinhard.

En un primer momento, Reinhard miró a la esclava con expresión inquisitiva, pero luego se volvió hacia Erika con los ojos abiertos como platos.

—¿Es eso cierto? —Erika se sonrojó. La incomodaba no haberle dicho nada sobre el embarazo a su esposo, pero los primeros días en Surinam habían sido muy ajetreados.

Reinhard se puso de pie con tanta alegría que estuvo a punto de tirar al suelo la silla y estrechó a Erika en sus brazos.

—¡Cuánto me alegro! ¿Para cuándo será? Qué emocionante, Erika, ¡voy a ser padre! —exclamó sin dejar hablar a Erika.

—Reinhard, me estás aplastando. —Con decisión, Erika se apartó un poco de él, pero, al ver la expresión de gozo en su rostro, no pudo evitar contagiarse de su alegría—. Tendrás que esperar hasta octubre.

A Erika y a Josefa les asignaron la enfermería de la comunidad. Hasta ese momento, Erika no tenía ninguna experiencia en ese campo, ya que su formación se había limitado más bien a la teoría. Josefa, en cambio, sabía arreglárselas muy bien con los pacientes porque había trabajado de enfermera. No obstante, las enfermedades y las condiciones de los enfermos eran una novedad también para ella. En su mayoría, los pacientes eran esclavos y mestizos. Los colonos blancos contrataban a sus propios médicos y estos no trataban a la gente de color. Para los negros y los mulatos había también un médico, pero cobraba por sus servicios y solo dedicaba una hora a la semana a los pobres. Sobre todo porque, probablemente, a los colonos no les gustaba ver que sus esclavos acudían al supuesto «médico de los negros».

Los Hermanos Moravos, por tanto, ofrecían con su pequeña enfermería el único servicio de atención en la ciudad abierto a todas las personas. No obstante, con ello no se había conseguido impedir que algunos esclavos siguieran recurriendo en primer lugar a curanderos de dudosa solvencia y que únicamente acudiesen a los Hermanos Moravos en los casos de urgente necesidad.

Josefa perdió enseguida el miedo y la reserva hacia esas personas, aunque echaba pestes sin cesar. Les curaba las heridas con maestría, aunque para ello la mayoría de las veces tenía que extraerles antes larvas de mosca y pus. A los niños les quitaba los huevos de las niguas de las plantas de los pies, que les supuraban, pero mientras tanto protestaba diciendo que de eso podrían encargarse las madres. Y así, sobre la marcha, Erika iba aprendiendo a resolver sola las situaciones más comunes.

No tardó en extenderse la noticia de que había dos hermanas al frente de la enfermería. Sus antecesores no solo parecían contentos de haber quedado liberados, sino que en muchos aspectos aquella labor los había desbordado por completo. Josefa, que nunca dejaba de refunfuñar, mantenía una pugna permanente con los hermanos.

—Hermano Weinert, ¿cómo trataban estas heridas hasta ahora?

Con mirada crítica, contemplaba la herida de un joven esclavo de diez años que se había golpeado el pie con un hacha. La herida tenía ya unos días y parecía que tuviera vida propia. El niño gimió y lloró cuando Josefa retiró la roñosa venda.

El hermano Weinert retrocedió un paso y apartó la vista, asqueado.

—Bueno, le echamos un poco de alcohol y se la cubrimos con una tela, como mucho —gruñó mientras una de las esclavas de la enfermería preparaba ya una jarra.

—Entonces no me extraña que tenga este aspecto. ¡A partir de ahora esto se acabó! Erika, necesito agua fresca y unos paños limpios.

—Si pretende tratar así a todos los que vienen, necesitará dedicar mucho tiempo —comentó el hermano Weinert en un tono desafiante y a la vez sorprendido al ver que la hermana Josefa estaba dispuesta a emplearse a fondo en la cura.

—Es lo mínimo que Dios nos exige. Además, no creo que el uso abusivo que se hace del alcohol en la misión sea beneficioso —respondió Josefa con aspereza.

Normalmente, no hablaba mal de los miembros de la comunidad, pero en esta ocasión estaba claro que llevaban mucho tiempo trabajando mal y no estaba dispuesta a tolerarlo. Se esmeró con toda su energía en poner orden en la enfermería de manera que todo el material disponible se sometiera a una limpieza a fondo y se guardara bajo llave. Y para que se realizara un pedido de indumentaria esencial por barco que ya estaba camino de Europa. Pese a lo mucho que Josefa había sufrido en la travesía, ahora desplegaba una energía asombrosa en todo lo que hacía.

De eso se quejaban también los hermanos que llevaban mucho tiempo instalados allí.

—Si vosotros acudís a la enfermería y no puedo trataros es por culpa vuestra —respondía Josefa sin reparos cuando los oía protestar.

—En realidad, en esos casos acudimos en busca del médico colonial —le explicó el hermano Weinert con la mirada baja.

Josefa resopló escandalizada.

—Ah, ¿de modo que con los esclavos recurrís a vuestros propios medios, pero no hacéis lo mismos con vuestros iguales? Ahora empezaremos a ahorrar dinero, Dios nos ayudará a hacer frente a la enfermedad.

Erika tenía claro que ninguno de los hermanos se dejaría curar voluntariamente por Josefa. Pero a partir de ese momento Josefa logró gozar de libertad absoluta para dirigir la enfermería.

CAPÍTULO 3

A Julie se le revolvió el estómago. Con el alivio que le había supuesto dejar atrás el balanceo permanente de la travesía del Atlántico, y ahora, por la mañana, Karl la hacía subir de nuevo a una barca. Y no es solo que el bote fuera pequeño, sino que además se mecía en el río de forma mucho más peligrosa que un barco grande en el mar. Julie observó con cierto pesar cómo se iba alejando la ciudad.

El viaje duraría varias horas. Con la marea alta, según pudo saber, porque el mejor momento para navegar era cuando la marea impulsaba los barcos hacia el río. Sobre la popa del barco se elevaba una especie de lona que servía de refugio para protegerse del sol y la lluvia y donde uno podía sentarse en unos colchones y cojines. Esos botes con toldo de lona llamados *Tentboote* eran el único medio de transporte que existía fuera de la ciudad.

Julie enseguida empezó a echar de menos poder levantarse para estirar las piernas, pero con el balanceo de la embarcación se hacía imposible. Intentaba cambiar las piernas de posición cada poco tiempo, pero pronto empezó a dolerle todo el cuerpo. Karl se había tendido a su lado y llevaba ya un buen rato roncando. En las márgenes crecía la frondosa selva tropical, de vez en cuando se divisaba alguna plantación. El río era tan ancho que, aparte de los edificios, no llegaba a distinguirse nada.

En el centro de la embarcación, viajaban Aiku y los dos muchachos negros que remaban sin descanso. De vez en cuando, murmuraban entre sí por lo bajo. Julie observaba cómo sus fuertes músculos pugnaban contra el agua y, sin embargo, en su piel brillante y negra como el azabache no se atisbaba el menor asomo de sudor. Julie, en cambio, se sentía todo el tiempo empapada. La ropa se le pegaba al cuerpo y el cabello le caía sobre la nuca como una asfixiante bufanda de lana.

En un momento dado, Julie hizo ademán de meter la mano en el agua para refrescarse un poco, pero Aiku se volvió hacia ella enseguida y sacudió la cabeza para indicarle que no lo hiciera.

Asustada, Julie apartó la mano del agua. ¿Acaso había animales peligrosos en el río?

Paseó la mirada por el equipaje, que se hallaba situado entre los bancos de remo de los muchachos y ella, y se detuvo en la proa, donde viajaba Kiri acurrucada.

«Mi esclava…», pensó Julie para sí, a quien la palabra «esclava» todavía la incomodaba. Le parecía que poseía una resonancia desagradable, violenta. Y, después de lo que había visto en ese país hasta ese momento, lo cierto era que los blancos no se portaban demasiado bien con sus esclavos.

Con lo que había visto en la ciudad le había parecido suficiente. Los negros no eran más que animales de carga de dos patas que debían seguir a su dueño como perros y estar dispuestos a servirle en cualquier circunstancia posible. Julie se preguntó con asombro por qué había esclavos en una colonia de los Países Bajos si allí la esclavitud llevaba cuarenta y cinco años abolida. Suponía que tendría algo que ver con la mano de obra y el estilo de vida que predominaba allí. Además…, ¿quién iba a interesarse en Europa por unos cuantos negros que habitaban en el fin del mundo? Mientras las damas refinadas dispusieran de su café, su azúcar y su fino algodón, lo demás les importaba bien poco.

Karl se había expresado en más de una ocasión con aspereza y, desde luego, en ningún caso había mostrado compasión alguna por aquella gente.

—Los negros en general son vagos, estúpidos e insidiosos. Hay que mantenerlos siempre a raya, si no, se te suben a las barbas.

Julie le había replicado indignada que los negros también eran personas, a lo que Karl le había respondido irritado:

—¿Eso lo has aprendido del descarado de tu primo?

De ahí en adelante, Julie evitó el tema para no discutir.

Desde su llegada a Surinam, Karl se había entregado a la cómoda vida colonial, lo que significaba que evitaba cualquier tarea que no fuese imprescindible hacer, para eso estaban los esclavos.

—Tu Kiri aprenderá todo eso rápidamente en la plantación, allí hay mujeres con experiencia que la guiarán —había dicho Karl.

Julie, en cambio, no estaba segura de que fuera eso lo que quería. Hasta ahora se las había arreglado bien sola. Por supuesto, la vida con personal de servicio era agradable, pero ¿tal y como lo hacían allí?

Ya en el barco había oído comentar a las otras mujeres que lo normal era que las esclavas ayudaran a sus dueñas a lavarse y vestirse. Pedirle a una esclava que le cerrase el vestido y que la ayudara a peinarse entraba dentro de lo que a Julie le parecía lógico, pero ¿traspasarle a una esclava las tareas de su aseo íntimo?

En ese instante, miró a Kiri con preocupación. ¿Y si no le había hecho ningún favor a la muchacha al elegirla? ¿Qué significaría ahora para Julie ser simplemente «una misi»? ¿Qué tareas le asignarían? En un momento dado, los muchachos elevaron el tono y Karl se revolvió. Estaban llegando a la plantación. En un principio, Julie no distinguía gran cosa, ya que la verde espesura tapaba la vista. Pero un poco más tarde, ya junto a la orilla, la vegetación reveló una llanura. Y allí había un jardín. No, un pequeño parque con setos bajos, arbustos floridos y altos árboles. Por desgracia, la vista no duró mucho, ya que el terraplén de la orilla era cada vez más elevado. Julie estaba impaciente. ¿Era Rozenburg? ¿Habían llegado ya a su futura casa?

Julie bajó emocionada del barco, con los músculos agarrotados, y siguió a Karl por un estrecho sendero que discurría por el terraplén. El panorama que se divisaba desde lo más alto compensó de inmediato la incómoda travesía.

—Bienvenida a Rozenburg. —El rostro de Karl traslucía orgullo y satisfacción.

Julie estaba verdaderamente impresionada. Al final de aquel jardín cercado por árboles en el que crecían grupos de arbustos bajos y exuberantes plantas con flores, se elevaba la casa de la plantación. La señorial mansión era una construcción blanca con entramado de madera y postigos verdes en las ventanas. Se elevaba sobre una base de piedra que tal vez servía para proteger la casa de las crecidas del río. En la fachada delantera, había un gran porche al que se accedía por una escalera central. Sobre el porche sobresalía un balcón considerablemente más grande que el de la casa de la ciudad. Julie no salía de su asombro. Allí la palabra «señorial» adquiría pleno sentido. Un sendero flanqueado por naranjos y limoneros surcaba el jardín hasta la casa.

Su llegada no había pasado inadvertida. Apenas habían dado los primeros pasos en dirección a la entrada cuando salieron los primeros esclavos a recibirlos. Para dar la bienvenida al masra, entonaron una canción. Karl saludó con un breve asentimiento al grupo de negros y prosiguió el camino hacia la casa antes de que ellos acabaran la canción. A Julie le decepcionó que Karl despreciase de ese modo el esfuerzo de aquellas personas. Ella permaneció unos instantes frente al comité de bienvenida hasta que el canto concluyó. Inclinó la cabeza sonriendo hacia los cantantes, pero hubo de apresurarse para alcanzar a Karl, que ya se encontraba frente a la casa.

Al acercarse a la puerta, Julie se llevó un susto tremendo cuando, con un gran revoloteo, le salió al paso un inmenso papagayo verde que se posó a su lado en el suelo. El animal comenzó a caminar con la cabeza torcida alrededor de las piernas de Julie y alzó la vista para mirarla.

Karl se volvió y miró al pájaro con gesto de desconcierto. Luego se acercó a él y lo apartó con el pie, ante lo cual el pájaro reaccionó con un cacareo nervioso y abriendo las alas y el pico en una actitud amenazante.

—No le hagas caso, no hace nada —murmuró Karl antes de dirigirse a la puerta y desaparecer en el interior de la casa.

Julie intentó poner las piernas fuera del alcance del animal y dio un rodeo para evitarlo. Cuando Karl se alejó, el pájaro se tranquilizó y siguió a Julie hacia la casa cabeceando con un gracioso contoneo.

Frente al porche se habían reunido algunos esclavos curiosos. De pronto, con gran estruendo, se abrió una puerta del porche y una negra fornida se asomó a la balaustrada gritando:

—¿Es que no tenéis nada mejor que hacer? ¡Aiku! Mete el equipaje en la casa —gritó con aspereza en dirección a los esclavos, que inmediatamente abandonaron el vestíbulo.

La mujer se quedó un instante mirando a Kiri, que estaba de pie frente a la casa sin saber qué hacer, y le indicó que siguiera a los demás esclavos. Después se dirigió a Julie, que se había detenido en la puerta.

—Misi —dijo en tono servicial mientras le abría la puerta.

De nuevo, Julie se encontraba en un pequeño vestíbulo del que salían puertas a izquierda y derecha. De frente, arrancaba una escalera hacia el piso de arriba. Julie estaba desbordada. Nunca había imaginado que viviría en una casa de estilo casi europeo. En las paredes lucían espejos con marcos dorados y sobre los aparadores de madera oscura colgaban numerosos cuadros.

—Juliette, ¿vienes? —Karl apareció por una de las puertas de la izquierda. Ella desvió la mirada de las paredes y lo siguió hacia un acogedor salón.

—Siéntate, Juliette. —Karl se acomodó en uno de los sillones. Atendiendo a su llamada, de inmediato apareció en la puerta la misma esclava que antes se había asomado al porche. Era una mujer mayor, tenía un rostro ancho con la nariz aplastada, unas formas redondeadas y femeninas, la piel muy oscura y un brillo despierto en los ojos. Julie sintió enseguida un enorme respeto hacia esa imponente mujer.

—Amru, esta es misi Juliette, mi nueva esposa. Disponlo todo para la cena, tenemos hambre. Mañana le enseñarás la casa y la plantación. —La esclava asintió.

Después de cenar, Karl se disculpó alegando que todavía tenía que ocuparse de unos asuntos en su despacho. Antes de retirarse, ordenó a Amru que preparase el dormitorio de Julie.

—Mientras tanto, puedes esperar en el porche, Juliette. Amru te llevará a tu habitación en cuanto esté todo listo.

Julie se desplomó sobre una de las sillas del porche delantero absolutamente agotada. Desde allí tenía una fantástica vista del río, que, bajo la luz crepuscular, parecía de un negro muy oscuro. El aire era algo mejor que en la ciudad, aunque también el bochorno caía lentamente con el declinar del día. Sobre los arbustos que crecían frente a la casa revoloteaban unas mariposas. Julie no daba crédito a lo grandes que eran. Todo en aquel país parecía más próspero, exuberante y grande que en Europa.

De pronto, Julie pegó un respingo: el papagayo verde había vuelto a aparecer con un gran revuelo. Se posó sobre la barandilla del porche, compuso una elegante postura y escudriñó a Julie desde todos los ángulos.

Julie le tenía cierto miedo al animal, pero se sintió aliviada al ver que el pájaro no hacía ningún ademán de atacarla. Lo examinó con detenimiento. Las plumas mostraban irisaciones y brillos verdes y sus ojos despiertos y descarados parecían escudriñarla con avidez. De cuando en cuando, abría el pico, pero no emitía ningún ruido. Era un animal hermoso.

—Eh, ¿qué te pasa? —dijo Julie por lo bajo. El pájaro se quedó inmóvil y después empezó a menear la cabeza como si asintiera. Julie sonrió. Al menos los animales la recibían amigablemente.

Por una puerta lateral apareció Amru y asomó la cabeza.

—Misi, su habitación está lista.

La mujer negra también miró al pájaro con desconcierto.

—¡Nico! —gritó escandalizada, luego sacudió la cabeza, murmuró algo incomprensible y le indicó a Julie que entrase en la casa.

Julie se levantó para seguir a la mujer, pero esta le impidió que entrase por la puerta por la que ella había salido.

—¡No! —le dijo sacudiendo la cabeza y sonriendo a medias—. Esclavos aquí —indicó señalando la puerta de la derecha—, misi por esa puerta —y le abrió a Julie la de la derecha.

Aquello irritó a Julie. De modo que había dos entradas a la casa, y una de ellas estaba reservada a los blancos. Todo ese asunto se le antojaba demasiado complicado.

Amru la guio al piso de arriba. En el pasillo que había a la izquierda de las escaleras se abrían cuatro puertas. Amru pasó por delante de la primera y dijo brevemente señalando la puerta de la izquierda:

—Masra Karl. —Después se detuvo delante de la segunda y añadió—: Misi Juliette, por favor…

Julie entró en la habitación. Era una estancia luminosa, la mitad del espacio estaba ocupado por una cama inmensa, situada a la derecha. En la pared izquierda, Julie advirtió una puerta que probablemente condujera al dormitorio adyacente donde dormía «el masra Karl». Rápidamente, intentó desterrar el desagradable pensamiento que le vino a la cabeza al ver esa puerta.

Seguro que Karl… Julie se acercó al ventanal. Desde allí, la vista del río era mejor aún que desde el porche. Julie hizo un leve gesto con la cabeza para despedir a la esclava.

—Amru, ya me las arreglaré yo sola.

Julie estaba totalmente exhausta, el viaje había sido agotador. No obstante, no pudo dedicarse a descansar hasta pasado un rato. Primero, Amru le llevó una jarra de agua fresca a la habitación; luego, apareció un poco más tarde con el pequeño cuenco humeante contra los mosquitos.

Después de eso, Amru se quedó de pie junto a Julie. Esta no sabía muy bien qué esperaba la esclava que hiciera, hasta que al fin le señaló el vestido. Rápidamente, Julie le dijo que no con la cabeza.

—No, ya me desvisto yo sola. Puedes irte, Amru.

La esclava se encogió de hombros y abandonó la habitación. Julie respiró hondo, aliviada. Aunque en aquel país fuese normal, ella habría pasado un apuro tremendo si hubiese tenido que desvestirse delante de una mujer desconocida.

Mientras se quitaba la ropa y se lavaba, no podía dejar de echar miradas de reojo a la puerta lateral. En la ciudad, Karl no la había buscado ninguna noche. Pero ¿y si allí volvía a querer…? Le recorrió un escalofrío por la espalda.

A pesar de sus temores, aquella noche Karl no fue a visitarla, cosa que para Julie supuso un alivio enorme. Cuando, a la mañana siguiente, bajó a la planta, él ya se había marchado.

—Masra Karl se ha ido a los campos —anunció Amru mientras le servía el café.

Después del desayuno, Amru le enseñó la plantación a Julie. Delante de la casa estaba Kiri, junto al papagayo de la noche anterior, esperando a su nueva dueña. La pequeña esclava tenía ropa nueva, pero seguía ofreciendo un aspecto desmejorado de cansancio. A Julie le remordió la conciencia por no haberse ocupado de ella la noche anterior. ¿Dónde habría dormido la criatura? La muchacha avanzaba en silencio, aunque atenta y vigilante, detrás de las dos mujeres adultas. Ella también tenía que familiarizarse con su nuevo hogar.

De la parte delantera de la casa arrancaba un paseo de naranjos que rodeaba el edificio. Los árboles estaban cargados de frutas exuberantes y despedían un olor dulce. En la parte posterior de la casa también había un porche y, sobre él, una galería abierta a la que se accedía por una escalera de madera; probablemente, se trataba del acceso de los esclavos a la planta superior. Al ver la multitud de objetos de uso cotidiano que llenaban el porche, Julie concluyó que últimamente se le había dado un uso más doméstico. Sobre los colchones que se encontraban tendidos en el suelo, había dos muchachas sentadas que removían unos calderos. Ambas saludaron a la misi con cortesía. Julie les devolvió amablemente el saludo.

Julie se asombró al ver la gigantesca extensión de terreno que se encontraba tras la casa principal. Donde en Europa habría habido unos simples parterres, allí se extendía una vasta explotación. De la escalera del porche arrancaba un camino recto entre parterres florecidos que a Julie casi le recordaban al jardín de un monasterio. Allí había toda suerte de plantas y árboles repletos de frutos. Amru señaló algunas plantas concretas y las llamó por su nombre: «piña, mango, platanero y naranjo». A Julie no le sirvió de gran cosa esa información. Salvo las naranjas, no conocía ninguna de las frutas. ¿Lograría acordarse de todo? La elección era más que abundante.

A la izquierda había una casa que parecía una copia en miniatura de la construcción principal. Amru le explicó que allí había más habitaciones de invitados. En el edificio de enfrente se encontraba la cocina, pero cuando hacía buen tiempo se utilizaban los fogones del porche trasero. Justo frente a la cocina había un almacén grande donde la temperatura era fresca y agradable; sobre su tejado caía la sombra de un árbol enorme. Cuando a Julie se le acostumbraron los ojos a la penumbra del interior, advirtió que los estantes de la despensa estaban bien surtidos.

Junto a la cocina había unas cuadras; en uno de sus laterales se hallaba el corral, donde merodeaban varios animales. Julie vio unos cuantos cerdos, gallinas y algunas aves parecidas a estas. Pegado al corral, se hallaba el establo donde Karl guardaba los caballos. Dos yeguas marrones pastaban a la sombra de unos arbustos. A través del cercado, Julie acarició con delicadeza los suaves ollares de una de ellas. Tiempo atrás, cuando iba con Sofia a visitar a su familia, había montado a caballo. Sofia, que tenía mucha experiencia como amazona, solía hacerle correcciones —«Juliette, el tronco más recto, deja las manos quietas»—, pero pese a eso Julie disfrutaba a lo loco. ¿Podría montar a alguno de esos caballos algún día? La voluminosa panza de las yeguas permitía presagiar que estaban preñadas. No había ningún semental a la vista. Seguramente, Karl se lo habría llevado a pasear. Frente al establo había un negro puliendo una cabezada de cuero. Al ver a las mujeres, se levantó de un salto y se quitó el sombrero.

Amru, que había mantenido una expresión seria durante todo el recorrido, en ese momento esbozó una sonrisa.

—Misi Juliette, ese es mi marido, Jenk. Él se encarga de cuidar de los caballos y los otros animales.

Jenk era una cabeza más bajo que Amru y la fugaz mirada de complicidad que lanzó a su mujer reflejaba verdadero amor. Las acompañó durante un trecho.

En el establo de al lado, entre algunos bueyes vigorosos, había seis mulos. Julie había oído decir que esos animales eran humildes y muy eficientes para trabajar. No obstante, a ella le pareció que, con aquellas orejas inmensas, tenían un aspecto un tanto ridículo.

—Esos son buenos animales, animales fuertes —confirmó Jenk.

Más allá de las cuadras, a ambos lados del camino, se elevaban más edificaciones domésticas. Julie vio que una de ellas acogía una carpintería y otra un espacio donde fabricaban toneles; no consiguió averiguar la función que cumplían los otros talleres. Detrás de esas construcciones tomaron otro camino que las condujo hasta un molino de azúcar. Aunque en ese momento estaba parado, Amru le explicó que no quedaba mucho para la siguiente cosecha. La época de la cosecha venía marcada por los ciclos de la luna y por las mareas vivas del río. Julie no conseguía seguir del todo las explicaciones de Amru, no tanto porque le resultara difícil comprender el lenguaje de los esclavos, sino porque no tenía conocimiento alguno sobre el cultivo del azúcar.

Julie se asomó con curiosidad a la espaciosa y sombría construcción. Dentro había diversas máquinas, barriles y cubas enormes, y se respiraba un ligero y dulce olor a quemado.

De detrás del molino salía un arroyo que procedía directamente del río. El molino funcionaba gracias a él, le explicó Amru. El agua era turbia y verdosa. Cuando Julie se acercó a la orilla, algunos pajarillos echaron a volar asustados, lo cual provocó el fuerte aleteo y el consiguiente chillido del papagayo, que las seguía caminando con un torpe contoneo. Julie y Kiri se sobresaltaron al mismo tiempo, lo que llevó de nuevo a Amru a soltar una carcajada. Julie se quedó mirando a la esclava con intriga. Empezaba a sentirse cómoda en su presencia; fuera de la casa Amru parecía menos rígida y sus maneras traslucían serenidad y afecto. Julie empezaba a tomarle cariño.

Regresaron por el camino hasta el corral y se dirigieron desde allí a unas cabañas de madera. Amru le explicó que allí vivían los guardas. Julie se asustó al oír el feroz ladrido de un perro procedente de una de las cabañas y, por un momento, Amru y Kiri se sobrecogieron también. Rápidamente, Amru condujo a Julie de puntillas hasta un edificio más grande compuesto solo de un techado y unos postes. Se trataba de la casa comunitaria de los esclavos.

Julie no vio que hubiese bancos ni sillas, pero por el suelo había repartidos varios colchones. No se hacía una idea de cuántos esclavos trabajaban y vivían en la plantación, pero cuando atravesaron el seto que había tras la casa comunitaria le quedó claro que el número debía de ser elevado. Tras esa valla natural, apareció una auténtica aldea. Infinidad de cabañas se levantaban a ambos lados del camino; las gallinas merodeaban por allí; a las puertas de las cabañas, había perros esqueléticos amarrados a postes. Todas las casas eran construcciones sencillas con las paredes hechas de madera trenzada y cubierta con grandes palmas. Los tejados parecían estar fabricados también a base de palmas. En la parte frontal, había una zona abierta con una hoguera. En todo el pueblo se respiraba un enorme ajetreo. Se oían voces aquí y allá, alguien cantaba, una mujer llamaba a un niño, un niño lloraba, otros reían. Delante de algunas cabañas, había mujeres limpiando calderos o entretejiendo grandes cestos. La mayoría llevaba un bebé sujeto a la cadera o a la espalda con un pañuelo, algunos niños correteaban medio desnudos en torno a sus madres.

Al ver a Julie, toda la aldea enmudeció. Julie se sobrecogió ante el repentino silencio y le dio la sensación de que molestaba. Las mujeres se pusieron de pie enseguida con actitud servicial y saludaron a la misi mirando al suelo, aunque observándola por el rabillo del ojo. Julie saludó a las mujeres con amabilidad, ya que definitivamente se había propuesto mostrarse simpática con los esclavos. Eso hizo sonreír a Amru y Julie por un momento tuvo la impresión de que tal vez había hecho algo mal. Con una señal, indicó a las mujeres que continuaran con su trabajo o reanudaran las tareas que habían emprendido.

Julie se dirigió a Kiri, que hasta ese momento las había seguido en silencio durante el recorrido.

—Kiri, ¿a ti también te han dado una cabaña?

La muchacha asintió tímidamente.

—¿Me la enseñas? —Julie esperaba poder romper pronto el hielo entre ella y su esclava, porque al fin y al cabo… iban a pasar juntas mucho tiempo.

Kiri se adelantó unos metros y se detuvo frente a la puerta de una vieja cabaña agujereada y desvencijada.

—¡Oh! —exclamó Julie—. El tejado es…, bueno…, ¿es fiable?

Amru rodeó a Kiri con el brazo y estrechó a la muchacha contra sí. Luego, dirigiéndose a Julie, le aclaró:

—Misi, los hombres ayudarán a Kiri a reparar la cabaña. No había ninguna otra libre, misi.

Julie asintió y se propuso estar atenta durante los días siguientes para cerciorarse de que el refugio de Kiri estuviera en condiciones. En el fondo, ella era, en parte, responsable del bienestar de la muchacha.

Todo aquello sorprendía mucho a Julie. No advertía por ningún sitio señal alguna de que esas personas fueran sucias, holgazanas o salvajes. Todo allí era sencillo, pero estaba limpio y ordenado.

Detrás de las cabañas había una gran extensión de campos de cultivo. Prosiguieron el camino junto a un arroyo que, en esta ocasión, se cruzaba por un ancho puente de madera.

Amru se detuvo y señaló hacia el horizonte.

—Los campos de caña de azúcar.

Julie no tenía ninguna idea sobre la extensión exacta de la plantación, pero al intentar seguir con la vista el camino que surcaba los campos no vio el final. Hasta ese momento, Julie tenía una idea muy vaga de lo que era un campo de caña, en ese momento le habría gustado entrar en las plantaciones y tal vez incluso ver cómo se trabajaba allí. Pero Amru la condujo de vuelta a la casa, donde continuó con el recorrido.

En esta ocasión, accedieron a la casa por la escalera del porche posterior. Las dos muchachas que continuaban ocupadas con los calderos enmudecieron y Nico, el papagayo, se posó sobre la barandilla de madera y meneó unas cuantas veces la cabeza.

—Nico Zucker —dijo de pronto alto y claro.

Julie se volvió hacia el pájaro con estupor.

—¡El pájaro habla!

Había oído hablar sobre los pájaros parlantes, pero tenerlo

ahí delante y ver con sus propios ojos que se expresaba igual que una persona le pareció fascinante.

Las muchachas negras se echaron a reír.

—No habla con cualquiera, misi —respondió Amru entre risas. Después, la esclava se quedó mirando al animal con gesto pensativo.

—Hacía mucho tiempo que no veíamos a Nico —dijo por lo bajo. Parecía ensimismada en sus pensamientos.

También en el porche trasero había dos puertas. Julie entró en un pequeño pasillo y Amru, seguida de Kiri, atravesó la puerta de la izquierda después de señalarle a Julie la de la derecha. Al otro lado, Julie encontró otro salón.

—La habitación de la misi —le explicó Amru.

Era un salón de peluquería. Julie miró a su alrededor abrumada. Los muebles estaban tapizados con delicados tejidos estampados de flores; la mesa y la cómoda, cubiertas con unas mantas de ganchillo con filigranas y, en una de las paredes, había un anaquel con unos cuantos libros. De nuevo, tuvo esa sensación de ser una invitada en casa de otra mujer. Una mujer que acabara de salir de aquella habitación. Intentó hacer de tripas corazón. ¡Ahora era ella la mujer de la casa!

En el salón femenino había una puerta que conducía de nuevo al vestíbulo. Amru señaló otra puerta que se abría a la derecha.

—El despacho de trabajo del masra Karl —dijo, aunque no hizo ademán de abrirla.

La siguiente habitación Julie ya la conocía. Era el «salón de los invitados», como lo había llamado Amru.

En el lado opuesto se encontraba el comedor. Las habitaciones de atrás debían de pertenecer a la parte de las cocinas y el servicio. Amru se encaminó hacia las escaleras y empezó a subir hacia el ala derecha. También allí había un pasillo con cuatro puertas. Amru señaló a la izquierda:

—Las habitaciones de misi Martina. —Y después hacia la derecha—: Y las de invitados.

Por encima de la galería, a mano izquierda, las escaleras conducían a un pasillo donde se hallaba el dormitorio de Julie. Amru se dirigió hacia la segunda puerta de la derecha y llevó a Julie hasta un cuarto de aseo con ¡una tina de baño! Julie se llevó una gran alegría. Hasta ese instante había echado de menos tener un lugar en el que lavarse. Otra de las puertas conducía del cuarto de baño a la escalera exterior, por la que se descendía al porche trasero.

—Cuando misi Juliette quiera tomar un baño, le subiremos el agua por aquí. —En ese momento Amru lanzó a Kiri, que todavía la seguía como si fuese su sombra, una elocuente mirada a la que la muchacha asintió con obediencia.

Al desandar el camino, Julie se detuvo ante la puerta del pasillo que todavía no habían abierto. Amru miró a Julie y a Kiri con expresión misteriosa y le dijo:

—Misi, la entrada a esa habitación está prohibida para todos. Lo ha dicho el masra Karl.

Julie arrugó la frente. ¿Prohibida? ¿Y eso por qué?

Antes de que tuviera oportunidad de preguntárselo a Amru, la esclava se apresuró a cambiar de tema:

—¿Le apetece a la misi tomar un refresco en el porche principal? Y acto seguido, dirigiéndose a Kiri, agregó—: Kiri, ve y llena de agua la palangana de la habitación de la misi.

Al parecer, el recorrido había concluido.

Esa visita guiada pronto se reveló como el momento álgido de la primera semana de Julie en Rozenburg.

Para Julie, los días en la plantación transcurrían rápido a causa de la monótona regularidad. Por las mañanas, Karl se marchaba a la plantación antes de desayunar. Iba acompañado siempre de Aiku. Todas las mañanas, el esclavo se deslizaba silenciosamente por el pasillo para que, cuando el señor se levantara, todo estuviera a su gusto. Al cabo de pocos días, Julie aprendió a distinguir los pasos de los distintos esclavos. Era siempre un ligero bisbiseo de los pies descalzos: Aiku tenía una zancada grande, Amru daba pasos más bien cortos y Kiri tenía un caminar liviano y rápido.

Después de la ronda de vigilancia a caballo por los campos, Karl solía regresar a casa y desayunar con Julie, aunque mientras tanto leía el periódico. La prensa nunca era del día, ya que solía llevársela una vez a la semana un comerciante que llegaba hasta allí en bote, pero Karl la hojeaba con gran interés y cada día escogía una edición.

Después de desayunar, se sentaba en el despacho. Los guardas y los capataces, los *basyas,* que por lo general eran mestizos, pasaban por allí a informarlo y darle el parte de los trabajos que aún quedaban por hacer hasta el pequeño almuerzo de mediodía. A esa hora las temperaturas alcanzaban unas cotas absolutamente insoportables. El descanso duraba hasta primera hora de la tarde. Antes del receso, Karl acostumbraba a tomarse un *dram,* un fuerte licor de azúcar de caña quemado, y comenzaba la jornada de la tarde con otra copa de esta misma bebida, antes de hacer la comida fuerte del día. Aiku sabía de las preferencias de su dueño y siempre lo esperaba con la bandeja preparada.

De Julie no se ocupaba nadie. Día tras día se sentaba a la mesa con la esperanza de que Karl se dignase intercambiar algunas palabras con ella.

De algún modo, se había imaginado que su futuro sería diferente. Más emocionante, más activo. Había soñado con que Karl la integrase en la vida de la plantación o le atribuyese algunas tareas de la casa. Pero no sucedió nada similar.

Un día, Julie advirtió que en la casa había mucho ajetreo y que en el ambiente se respiraba cierta tensión, así que, intrigada, le preguntó a la esclava qué ocurría.

—Hoy comienza la cosecha, misi —le explicó Amru.

Julie se alegró de que por fin se produjera algún cambio. Rápidamente, fue a cambiarse de ropa. En casa solía llevar un vestido ligero, pero en teoría esa no era una vestimenta adecuada para salir a la calle. Justo cuando iba a salir de casa para ir al molino a ver la zafra por primera vez, Karl se interpuso en su camino.

—¿Adónde quieres ir?

—Pensaba que… tal vez podía ir al molino —dijo Julie por lo bajo.

En un instante, Karl le arrebató todas sus ilusiones.

—¡Allí no hay nada que ver! Durante la cosecha, te quedarás en casa. Allí lo único que harías es molestar. Además, es peligroso.

—Pero si yo solo quería ver —insistió Julie con cierta inseguridad.

—¡He dicho que a casa, Juliette! —La orden de Karl no daba pie a oponer resistencia alguna. Julie volvió a entrar en la mansión de mala gana.

Se aburría. ¿En qué ocupaban el día las mujeres que vivían en las plantaciones? Al cabo de pocos días ya estaba más que descansada e incluso se había acostumbrado bastante al clima. Salvo por los esclavos, apenas había movimiento en todo el día. En casa, Julie no tenía nada que hacer. A menudo se preguntaba si verdaderamente la habían aceptado como misi y no acababa de saber qué era lo que se esperaba de ella. Si al menos Karl le hubiera explicado qué tareas debía asumir... Aquella casa llevaba años funcionando sin una misi, Amru lo tenía todo bajo control y no había razón alguna para que Julie interfiriese en las labores de la esclava.

El aburrimiento de Julie era tal que incluso estaba deseosa de que Martina regresara de la ciudad. Aunque el primer encuentro con ella no había resultado del todo prometedor, Julie esperaba que, tal vez, en la plantación las cosas serían más fáciles. Además, allí Martina también tenía que aburrirse.

Por pura necesidad, a los pocos días, Julie empezó a hablar con Nico. El animal parecía encantado. Cada vez que Julie salía de la casa, aparecía y la seguía allá donde fuera.

Igual que Kiri. Con el tiempo, a la muchacha se la veía más descansada, tenía una expresión más alegre y seguía con atención todos los movimientos de Julie por la casa. Amru le había dado órdenes de estar siempre a disposición de Julie por si la misi necesitaba alguna cosa. Sin embargo, Kiri acababa pasándose las horas sin nada que hacer mientras su misi trataba de distraerse de la monótona rutina. Al cabo de unos días, Kiri ya sabía cómo le gustaba llevar el pelo a Julie, qué ropa prefería y cuándo deseaba beber alguna cosa. Poco a poco, Julie había empezado a asignarle pequeñas tareas porque le daba lástima que la muchacha estuviera todo el día a su disposición. Para Julie era extraño sentirse tan sola sin llegar a estarlo nunca del todo.

CAPÍTULO 4

—Juliette. ¡Ha llegado Martina!

La voz de Karl, que gritaba desde el vestíbulo, resonó por toda la casa. Cuando Julie se unió a él en el porche, vio que Martina venía del río acompañada por un joven y seguida de dos mozos negros.

—¿Quién es ese? —preguntó sorprendida. Nadie le había dicho que esperaban un segundo visitante.

En los últimos días, Julie había reflexionado mucho sobre cómo sería la convivencia con Martina. Con lo aburrida que estaba, sería interesante contar al menos con una aliada. En su fuero interno, Julie abrigaba la duda de que Martina fuera a ser esa persona, pero tenía la firme determinación de, como mínimo, intentar acercarse a la muchacha. Su primer encuentro había sido más bien desafortunado para ambas partes. Quería decirle algo como: «Martina, lamento mucho que te cogiéramos desprevenida» y «Toda esta situación es tan nueva para mí como para ti».

En ese momento ambos habían llegado ya al porche. Martina saludó a su padre, pero ignoró a Julie por completo. Ella no se sorprendió, aunque se esperaba un recibimiento un poco diferente. El hecho de que, además, Martina se hubiese presentado con un invitado en la plantación la dejó desconcertada. Examinó al hombre con la mirada.

Julie calculó que pasaba de los veinticinco años, incluso era posible que rondase los treinta. Llevaba el pelo rapado con una precisión casi militar. Era un poco más bajo que Karl y de complexión más fuerte. Al subir los escalones del porche, miró a Julie de arriba abajo. En sus ojos había un brillo tosco y subrepticio de malicia que a Julie no le gustó nada; tuvo que hacer un esfuerzo para no desviar la mirada.

—Pieter, es un placer verte de nuevo. —Karl le tendió una mano al hombre y con la otra le dio unas palmadas amistosas en el hombro—. Permíteme que te presente a Juliette, mi nueva esposa.

Martina resopló por lo bajo, disimuladamente, aunque con evidente desprecio.

Karl no concedió mayor importancia al gesto descortés de Martina y, dirigiéndose a Julie, prosiguió:

—Pieter Brick, el prometido de Martina. Pieter es el médico del distrito.

¿Prometido? Julie se quedó mirándolo con estupor. No solo había pasado a ser esposa y madrastra de la noche a la mañana, sino que además iba a ser suegra.

El hombre saludó a Julie brevemente antes de volverse de nuevo hacia Karl.

—Qué bien, ya me había enterado de que, durante tu viaje a Europa, no habías resuelto solo asuntos de negocios. —Al pronunciar esas palabras, Pieter señaló a Julie con una mirada que hizo que a ella se le helase la sangre. De no haber sido por el brillo hostil en sus ojos, tal vez Julie lo habría tomado por un joven normal, incluso apuesto. Pero, en ese instante, una sensación de intensa antipatía se apoderó de Julie.

Karl, en cambio, no parecía prestar especial atención a la reunión familiar.

—Vamos adentro. Aiku: ¡bebidas! Amru: ¡prepara la comida!

De camino al salón de los invitados, Martina se agarró del brazo de Pieter con un gesto posesivo y le susurró al oído. Pieter mantuvo la cabeza erguida mientras la escuchaba, pero Julie se dio cuenta de que con el rabillo del ojo seguía estudiándola. Una vez en el salón, todos tomaron asiento. Julie se sentó muy rígida, con las manos entrelazadas sobre el regazo. Y la frágil sensación de hogar que había ido logrando adquirir poco a poco en los últimos días se desvaneció de golpe. La llegada de Martina era una señal inconfundible de que aquella no era su casa; Julie no era más que una invitada, y una invitada nada bien recibida.

—¿Y qué le parece Surinam, Juliette?

Julie se planteó por un momento si responder con sarcasmo que hiciera el favor de dirigirse a ella como «mevrouw Leevken». Sin embargo, como Karl parecía mantener una relación amistosa con el joven, prefirió abstenerse.

—Me gusta mucho, gracias —respondió lacónicamente.

—Como posiblemente ya sabrá, hay europeos a los que este clima tan caluroso no les sienta muy bien. Si en alguna ocasión tuviera algún problema de salud…

—Gracias, por ahora gozo de un estado de salud formidable.

Julie sintió un escalofrío al pensar en que, si caía enferma, tendría que ponerse en manos de aquel hombre. Sin saberlo, Karl le hizo un favor al distraer la atención de Pieter preguntándole por las noticias de la ciudad.

Julie siguió la conversación con cierto desinterés. No conocía los nombres ni las personas y no sabía muy bien de qué hablaban. Por un momento, se preguntó qué tal les irían las cosas a Wilma y Erika. Esperaba poder ir a visitarlas pronto a la ciudad, si es que Karl le daba permiso... Julie observó en silencio cómo Martina se pegaba literalmente a los labios de Pieter, cómo dejaba caer de vez en cuando algún que otro comentario provocador y cómo se le sonrojaban las mejillas. Julie se preguntó qué tendría aquel hombre para atraer a una muchacha tan joven. Ella era justo un año mayor que Martina, pero, ahora, al ver así a la muchacha, se sintió tremendamente mayor. Martina tenía también el aspecto de una muchacha joven y seguramente atractiva para un joven de su misma edad. En cambio, Pieter era... un hombre adulto.

Durante la comida, Karl y Pieter continuaron manteniendo una apasionada conversación. Antes de que los hombres se retirasen al despacho de Karl, este anunció a las mujeres:

—Mañana nos han invitado a ir a Watervreede a casa de los Marwijk. Os ruego que estéis preparadas a la hora.

Martina se marchó a su habitación sin despedirse. Julie salió a la calle, necesitaba que le diera el aire. Dentro de la casa, el ambiente era tan tenso que apenas le llegaba el aire para respirar. Como no le apetecía estar sola, en lugar de dar un paseo por el jardín delantero decidió rodear la casa.

En el porche trasero se encontró con Amru, que estaba fregando los platos. Al ver que Julie subía la escalera, la esclava se asustó:

—¿Misi Juliette? ¿Ocurre algo? ¿Nos ha llamado la misi…?

—No, Amru, está todo bien, no te preocupes. —Julie se sentó en una silla vieja junto a Amru. Esta la miró con un gesto medio sorprendido medio divertido—. Misi, este sitio no es lugar adecuado para la misi.

—Bah, Amru, ya sé que no debería estar aquí —dijo tratando de contener las lágrimas—. Pero siempre estoy sola. Martina no me habla y Karl está con ese tal Pieter…

Al oír el nombre de Pieter, el rostro de Amru se ensombreció. Julie dedujo que allí tampoco era muy querido. De manera que su intuición no la engañaba. Amru estaba a punto de decir algo cuando, de pronto, se oyó a lo lejos un alboroto y un gran griterío. Julie se puso de pie y miró a su alrededor, y hasta Nico comenzó a batir las alas nervioso. Amru se puso de pie también. Al contrario que Julie, no dudó un momento en averiguar de dónde venía el jaleo. Farfullando algo entre dientes, se remangó la falda y se encaminó a todo correr hacia la aldea de los esclavos. Julie vaciló un instante y acto seguido decidió ir tras ella.

Amru se dirigió con paso seguro a una de las cabañas de atrás, que era de donde procedían los gritos. ¡La cabaña de Kiri! Sin dudarlo, Amru abrió la puerta y entró gritando y a los pocos instantes sacó a empujones de la cabaña a dos muchachos negros. Detrás de ellos salió Kiri. Asustada y tratando de colocarse bien el vestido desgarrado, buscó refugio detrás de Amru. En un primer momento, los mozos negros parecían estar divirtiéndose con la situación. No solo intentaban atrapar a Kiri, sino que, al hacerlo, además, le daban empujones a Amru sin ningún respeto, y gritaban y se reían.

—¿Qué está pasando aquí? —En cuanto los muchachos vieron que Julie aparecía junto al grupo, casi sin aliento, se apartaron a un lado y bajaron la mirada. Kiri corrió a refugiarse detrás de su misi.

—¡Dejad a la niña en paz! —Julie intentó, a pesar del sofocón, conferir a su voz un tono de firmeza. Y, por lo visto, lo consiguió, porque los tipos se echaron atrás rápidamente.

Amru le soltó a los muchachos una fuerte reprimenda cuyas palabras Julie no comprendió y, a continuación, se volvió de nuevo hacia Julie y Kiri. Amru le colocó el vestido a Kiri, la rodeó con el brazo para consolarla y la condujo con delicadeza hacia la casa.

—¿Misi? Vamos, mi chica.

Julie todavía no había recuperado la respiración, pero ahora era más a causa de la excitación y los nervios de haber tenido que dar órdenes por primera vez a unos esclavos.

—¿Qué querían hacerle esos muchachos a Kiri? —Julie albergaba la esperanza de que sus sospechas fueran erróneas.

La mirada de Amru no presagiaba nada bueno. A aquella mujer por lo general serena parecía hervirle la sangre, tenía los ojos entrecerrados de tal manera que eran como dos pequeñas ranuras.

—Los hombres del masra Pieter siempre vienen a buscar problemas. Pero tienen permiso, obedecen órdenes del masra Karl… —En ese instante, Julie cayó en la cuenta de que los dos muchachos eran los esclavos que habían llegado con Pieter. Amru prosiguió, furibunda—: Vienen a eso… Vienen a encargarse de las jóvenes.

Amru pronunció la palabra «encargarse» con cierto retintín y mientras tanto volvió a colocarle el vestido bien a Kiri.

—¿Cómo a… encargarse de las jóvenes? —preguntó vacilante, aunque ya sabía la respuesta. Julie se llevó la mano a la boca, horrorizada, y miró sobrecogida a Kiri—. ¿Quieres decir que ellos y…, las jóvenes…, pero las muchachas…? ¿Ellos lo que quieren es…?

Amru meneó la cabeza y bajó la mirada. Estaba realizando un esfuerzo ímprobo por no expresar su desacuerdo con la voluntad de su masra.

—Son órdenes del masra Karl porque hay pocos hombres jóvenes en nuestra aldea y todos son de la misma familia, así que hay pocos niños y eso significa pocos esclavos.

Julie se quedó sin palabras. ¿Karl había contratado a aquellos muchachos como…, como… sementales? No supo qué decir, pero notó que una oleada de rabia se iba apoderando de ella.

Julie irrumpió en la casa llevada por la cólera y se fue directamente al despacho de Karl.

Karl la recibió con gesto de irritación.

—Juliette, ¿a qué viene eso? Ya sabes que estoy aquí con Pieter…

—Tengo que hablar contigo, Karl. ¡Ahora!

—¿No puede esperar? —No, no podía. Julie sabía que era un error no esperar a hablar ese asunto con Karl en privado, pero él no hizo ningún ademán de pedirle a Pieter que saliera de la habitación.

—Esos muchachos del señor Brick han intentado… —se interrumpió para buscar el modo adecuado de formularlo—, han intentado violar a Kiri. —Julie fulminó a Pieter con la mirada. No le pasó por alto la sonrisa taimada que cruzó fugazmente el rostro del aludido.

La mirada de Karl se oscureció de forma ostensible.

—Juliette, cuando viene, Pieter trae a esos muchachos con ese propósito. La tasa de natalidad entre los negros... Déjalo estar y ¡no te entrometas! Lo mejor que puedes hacer es no volver a entrar en la aldea de los esclavos. ¡No tienes nada que hacer allí! Con el tiempo tendrás que acostumbrarte a los permisivos métodos de procreación de los esclavos.

—Karl, no es más que una niña y no está ni mucho menos preparada para...

Karl se recostó en la silla. En ese instante, daba la impresión de que el pudor y la vergüenza de Julie lo divertían.

—No vas a poder protegerla mucho tiempo. Esos negros son como las ratas. Si pudieran, se abalanzarían los unos sobre los otros a todas horas y serían capaces de hacerlo a la vista de todos. Más vale que te vayas acostumbrando. Y... —sus ojos se tornaron negros como la noche— ¡haz el favor de mantenerte alejada de los hombres que han alcanzado la madurez sexual!

Julie se ruborizó de pura rabia. ¿Era necesario que mantuviera con Karl conversaciones de tan bajo nivel y, además, delante de Pieter?

—... y ahora, por favor, márchate. Tenemos que tratar algunos asuntos. —El tono de voz de Karl no daba pie a réplica alguna.

Julie abandonó la habitación iracunda, aunque al mismo tiempo temía haber cometido un error. Con un poco de suerte, Karl ya no volvería a..., pero tendría que enfrentarse a su marido. La preocupación por Kiri pesó más que el miedo y Julie tomó una determinación. Julie llamó a Amru.

—No pienso permitir que Kiri esté expuesta a esos... De

momento, se quedará conmigo. Encárgate de ponerle un colchón en mi dormitorio.

Amru reaccionó con desconcierto.

—Masra Karl se va a enfadar. Los esclavos no tienen derecho a dormir en la casa…

—Me da igual, Amru —respondió Julie con terquedad.

Precisamente, a Karl se le ocurrió hacerle una visita a Julie esa noche. Achispado por la abundante cantidad de alcohol que había ingerido y dando tumbos, irrumpió a altas horas de la noche en la habitación de Julie a través de la puerta que comunicaba las dos estancias y estuvo a punto de caerse encima de Kiri, que había colocado su colchón a los pies de la cama de Julie.

—Pero ¿qué demonios…?

Kiri reaccionó más rápido que Julie y salió corriendo por la puerta del pasillo, bajó las escaleras a toda velocidad y abandonó la casa.

—Juliette, maldita sea, ¿se puede saber qué demonios hacía aquí esa muchacha negra?

Julie se sentó en la cama rígida como una vara y se cubrió asustada con la colcha de la cama.

—Kiri ha tenido que quedarse a dormir aquí porque…

No pudo terminar la frase. Karl la sacó de la cama de un tirón y se la llevó agarrada del brazo.

—Yo me encargaré de quitarte esa idea de la cabeza… para que no provoques la insumisión entre mis esclavos. —Karl le estaba haciendo daño—. Ven aquí, te voy a enseñar lo que los hombres tienen que hacer con las muchachas…

Julie decidió resignarse y no ofrecer ninguna resistencia. Sabía que cualquier negativa no haría sino desatar aún más su furia.

A la mañana siguiente, Julie preguntó a Amru por Kiri con gran preocupación.

—Está bien, esta noche se ha quedado a dormir conmigo, yo soy mayor y tengo a mi esposo, así que los mozos no entran ahí —la tranquilizó Amru.

Julie sintió un gran alivio al ver que al menos Kiri estaba a salvo.

En cómo se sentía ella prefería no pensar. Karl se había comportado con enorme brutalidad y ella tenía todo el cuerpo dolorido y magullado. Karl se había despojado de toda clase de reparos, allí se sentía en casa, era el dueño y señor y hacía lo que le venía en gana. Julie abrigaba la esperanza de que, en ese sentido, Karl hubiera perdido el interés por ella, ya que desde que habían bajado del barco no se le había vuelto a acercar. Pero esa última noche, Julie había podido constatar que Karl…, que los hombres… Sentía náuseas solo de pensarlo.

Por la tarde, de mala gana, se arregló para acudir a la cita con los vecinos. Marie Marwijk había cumplido su palabra y los había invitado a cenar.

—¡Kiri, hay que ver lo habilidosa que eres! —Julie se esforzó por adoptar un tono animado. Kiri le inspiraba mucha lástima, pero al margen de eso la muchacha no tenía la culpa de su mal humor y acababa de hacerle un recogido en el cabello casi perfecto. Kiri acogió el elogio con satisfacción y le acercó a Julie el estuche de maquillaje.

Julie se quedó mirándose en el espejo, pensativa. En otras circunstancias, le habría hecho ilusión arreglarse, pero ese día se limitó a empolvarse el rostro con desgana.

De la cena en casa de los Marwijk no podía librarse, eso lo tenía claro. Se encogió de hombros y se volvió hacia Kiri:

—¿Crees que tu misi puede salir de casa así?

Kiri asintió con vehemencia.

Karl parecía haber olvidado la discusión del día anterior y lo acontecido por la noche o, como mínimo, no mencionó nada al respecto y tampoco castigó a Julie con su indiferencia. Cuando Julie apareció en el porche lista para marcharse, Karl le ofreció su brazo con un gesto galante.

—Qué hermosa estás.

Julie enarcó las cejas. Ya no se fiaba de la amabilidad fingida de Karl.

—¡Aiku, el pájaro!

Atendiendo a la orden de Karl, Aiku atrapó a Nico, que se dirigía hacia los pies de Julie. El pájaro protestó con un estridente graznido e intentó morder a Aiku en los dedos. Este lo cogió con destreza y le ató una cuerda a la pata. El otro extremo de la cuerda estaba amarrado a un poste del porche.

—Pero ¿a qué viene eso? —exclamó Julie indignada—. ¡Deja al pájaro tranquilo!

—Julie —respondió Karl señalando al papagayo, que se había agazapado a regañadientes bajo el porche—, no querrás que el animal aparezca en casa de los Marwijk, ¿verdad?

Julie tuvo que admitir que verdaderamente no era una buena idea y que, teniendo en cuenta que Nico la seguía a todas partes, no habría dudado en acompañarlos volando a la embarcación; por eso debían retenerlo en Rozenburg.

A Julie no le quedó otro remedio y, con un hondo suspiro, abandonó al animal a su suerte. Siguió a Karl hasta el río, donde los estaba esperando la barca.

Martina y Pieter estaban acomodándose bajo el pabellón.

Julie trató de sentarse a cierta distancia de Karl, Pieter y Martina. La cercanía forzosa la hacía sentirse a disgusto y, como pudo comprobar, allí vecindad significaba casi una hora de viaje en barca.

La llegada a casa de los Marwijk deparó a Julie otra sorpresa más. No solo porque estos residían en una ostentosa residencia, sino también porque Karl, en cuanto puso un pie en el suelo, sufrió una asombrosa transformación. De pronto, volvía a ser ese hombre encantador y elocuente que Julie había conocido en Ámsterdam y que había quedado oculto tras el malhumorado esposo de las últimas semanas. Julie no sabía si alegrarse o preocuparse por su estado mental. De todos modos, no se fiaba de esa tranquilidad.

—¡Juliette, qué alegría volver a verla! —Marie Marwijk abordó a Julie nada más verla como si quisiera acapararla—. ¿Conoce ya a mi marido Davis? —Julie no se sentía capaz de recordar si le habían presentado antes a ese hombre alto y enjuto. Su aspecto le recordó enseguida al pastor que solía dar la misa de los domingos en el internado.

Marie Marwijk agarró la mano de Julie y se la estrechó a modo de saludo.

—¿Sabe? A veces una se siente tan sola en estas plantaciones que es una alegría tremenda saber que vuelve a haber una mujer en la zona.

Julie no pasó por alto que Marie, al pronunciar estas palabras, lanzaba una mirada de reojo a Martina. Eso debía significar que hasta ese momento esta no había desempeñado el papel de vecina de manera brillante. Por otro lado, ¿qué iban a tener en común una señora entrada en años y una muchacha joven como Martina? Pero ¿acaso Julie iba a poder hacerlo?

Los Marwijk condujeron a los invitados al comedor. La mesa estaba puesta con una exquisita cubertería de plata, y una esclava vestida de punta en blanco les sirvió las bebidas y unos entrantes. A Julie casi le da risa al ver el fuerte contraste entre el blanco delantal y la cofia sobre el cabello rizado y los pies descalzos y callosos de la sirvienta.

En Rozenburg lo habitual era que la esclava que servía en casa vistiera ropas sencillas y normales. Esas ropas, según había aprendido Julie, se componían del *pangi* —una falda cruzada— y la *angisa* —un pañuelo en la cabeza en el caso de las mujeres—. Los hombres llevaban también un *pangi* o unos pantalones normales. Las blusas y camisas eran prendas que los esclavos solo vestían en las zonas de los blancos. En sus aldeas y en los campos, solían prescindir de ellas. Las mujeres debían ir siempre cubiertas en presencia de los guardas y los blancos. En la ciudad, llevaban incluso lujosos vestidos. En cambio, en las visitas que hacía a la aldea de los esclavos, Julie había tenido que acostumbrarse a encontrarse a las mujeres con el pecho descubierto.

Julie no sabía si en Rozenburg disponían también de ropa de gala para las ocasiones especiales, pero no se imaginaba a Amru o a Kiri vestidas así.

—Y dígame, Juliette, ¿qué opina de Rozenburg?

Marie Marwijk se situó más cerca de Julie. Los hombres se habían embarcado ya en una conversación especializada sobre la explotación de la plantación y Martina se limitaba a admirar a Pieter.

—La verdad es que Rozenburg me gusta mucho. —Julie trató de sonreír para que al responder no se notase demasiado que mentía.

—Es un lugar precioso —agregó Marie—, aunque desde hace unos años se nota que falta la mano de una mujer. Se rumorea que allí las esclavas hacen lo que quieren —apostilló por lo bajo, lanzando de nuevo una mirada a Martina.

Julie arrugó la frente. No sabía muy bien si debía responder. Hasta ese momento le había parecido que la casa se llevaba correctamente.

Marie Marwijk se percató de las dudas de Julie, aunque no las interpretó bien.

—No es conveniente que sea el ama de cría quien se haga cargo de una niña —añadió a modo de aclaración.

Julie no tenía la menor idea de qué hablaba, pero supuso que debía de referirse a Amru.

En ese momento, estuvo a punto de salir en defensa de la mujer que llevaba la casa y la organización de Rozenburg, de cuya bondad estaba convencida, pero Marie cambió de tema.

—¿Vendrá al baile del gobernador? Ay, no sabe cuánto me alegraría que no tuviera que hacer yo sola todas las horas de travesía porque, desde luego, esa celebración no se la puede perder. Bueno…, comprendo que todavía necesite un tiempo para adaptarse al clima, pero no debería perderse ese acontecimiento bajo ningún concepto.

Julie se volvió hacia Karl con expresión interrogante, pero él no le prestó atención.

—Supongo que será Karl quien tome una decisión al respecto...

Julie se quedó pensando. «El baile del gobernador.» Probablemente Karl querría aprovechar la ocasión para presentarla.

Marie continuó parloteando mientras les servían el plato principal y no paró hasta que les trajeron el postre. Julie la escuchaba solo a medias. Le llamaban la atención los nombres con los que denominaban a los esclavos en casa de los Marwijk. Davis Marwijk los llamaba a todos sin excepción por nombres de dioses griegos. Atenea les trajo la sopa, Dionisos sirvió el vino y la pequeña Perséfone les llevó la carne. Julie se figuró que no había sido idea de los esclavos bautizar así a sus hijos, pero no se atrevió a preguntar. Cuándo iba a hacerlo, además. Marie Marwijk hablaba sin cesar. Las reacciones de Julie se reducían a asentir atentamente con la cabeza y a intercalar breves comentarios por pura cortesía. Hasta que... Marie Marwijk decidió cambiar de nuevo de tema.

—Tal vez usted por fin le dé a Karl su tan ansiado heredero. Una plantación tan próspera sin un sucesor masculino... sería una verdadera lástima —comentó en un tono de voz un tanto elevado.

Julie no pudo evitar toser y rápidamente se llevó la servilleta a la boca.

De pronto, todos los comensales enmudecieron.

—¡Marie! —Davis censuró la actitud de su mujer con la mirada y Karl clavó los ojos en Julie con una ambigua sonrisa. Marie se encogió de hombros y se concentró de nuevo en el plato.

Julie se quedó desconcertada. Hasta ese momento no se lo había planteado, pero era probable que las noches en las que Karl la había poseído hubieran traído sus consecuencias. Hasta ahora... creía que no. Pero de todos modos no sabía muy bien cómo...

¿Cabía la posibilidad de que Karl la hubiera escogido por esa razón? Como una yegua de vientre joven y sana...

Julie respiró hondo y dio un gran trago a la bebida. Se recompuso como pudo y trató de adoptar un rostro neutro. Al mirar a su alrededor se topó con la sombría expresión de Pieter y la mirada no menos horrorizada de Martina. Julie, abochornada, procuró centrar toda la atención en el plato.

Marie no pareció percatarse de la tensión que se respiraba en el aire y volvió a cambiar de tema. Julie sintió un gran alivio al comprobar que la anfitriona había encontrado una nueva víctima y que desviaba su atención a otra parte.

—Pieter, ¿cómo marchan los negocios en la consulta?

—Muy bien, gracias a la gran demanda.

—¿Es cierto que la consulta de ese médico negro de la ciudad está muy concurrida?

Pieter torció el gesto.

—Bueno, tengo que decir que desde que está él allí ya no tengo que tratar con esa chusma negra.

—Pues a mí me parece increíble que le hayan concedido permiso para ejercer. —Marie resopló con desprecio—. Además, ese hombre ni siquiera habla nuestro idioma. ¿Qué será lo siguiente? ¿Darles permiso para aprender a leer y escribir?

El rostro de Davis adquirió un aire más serio que antes.

—Se rumorea que tal vez el gobierno está pensando en abolir

definitivamente la esclavitud. Menudo disparate. Ya han visto lo que ha sucedido en la colonia francesa.

—Inconcebible…, inconcebible… —convino Karl con él.

—Según cuentan, allí incluso hay algunas plantaciones en manos de los negros. ¿Qué cultivan allí, bananas?

Los hombres estallaron en carcajadas.

—Juliette, ¿se ha preocupado Karl al menos de comprarte una esclava? —preguntó Marie con gran interés.

Julie logró asentir aunque no sin esfuerzo.

Cuando emprendieron el camino de regreso era bastante tarde. A Julie le inspiraba cierto miedo el trayecto nocturno en barca, pero los esclavos habrían podido recorrer el camino de vuelta a Rozenburg con los ojos cerrados. Durante todo el viaje, reinó un silencio sepulcral. Martina se sentó acurrucada junto a Pieter, que a su vez parecía enfrascado en sus propios pensamientos. Karl iba medio dormido. Como despedida, no había querido renunciar a brindar una o más veces por las buenas relaciones de vecindad. Con un poco de suerte esa noche no tendría fuerzas para…

Julie estaba agotada y le dolía la cabeza. Aguantar el discurso interminable de Marie la había dejado exhausta. Cuando llegaron a Rozenburg, Aiku tuvo que ayudar a su señor a bajar de la barca. Sin embargo, después de la siestecita y a pesar del alcohol, Karl parecía encontrarse de buen humor.

—Síííí, un sucesor… —aunque farfulló esto de un modo casi ininteligible, la mirada y el brazo tendido hacia Julie no dejaban lugar a dudas—. Eso sí que estaría bien…

Como no alcanzó a Julie, se abalanzó sobre Martina.

—Ahora que mi pequeña pronto me dejará…

Pieter lo miró, molesto.

—Karl, estás borracho. Aiku, lleva al masra a su habitación.

Aiku condujo a Karl, que caminaba del brazo de Martina, en dirección a la casa.

Julie respiró aliviada. Ya había tenido suficiente por esa noche. Justo cuando se dirigía a la casa para acostarse, Pieter se interpuso en su camino. Julie se asustó.

—Escúcheme, Juliette —dijo por lo bajo en un tono amenazador—, no sé qué es lo que la ha llevado a contraer matrimonio con Karl, pero espero que tenga claro por qué se ha casado él con usted.

—Apártese de mi camino, Pieter —le espetó Julie tratando de conferir un tono firme a su voz.

Él no hizo ningún ademán de dejarla marchar; más bien al contrario, se acercó un paso más y al hacerlo oscureció el cielo nocturno con una sombra amenazadora.

—No la considera más que un buen negocio, ¡no lo olvide! Y no cuente con establecer aquí a su familia. A Martina le corresponde la plantación, y eso seguirá siendo así.

—Escuche, Pieter, no sé de qué me habla. Y ahora, por favor, si fuera tan amable de apartarse del camino… —replicó Julie con toda la serenidad de que fue capaz.

Finalmente, Pieter la dejó pasar. Julie se apresuró a entrar en casa. Le temblaba todo el cuerpo.

CAPÍTULO 5

Erika ya no podía seguir compartiendo la emoción de Reinhard. Tras los dos primeros meses en Surinam, su marido había perdido parte del entusiasmo, pues se había dado cuenta de la cantidad de cosas que ocurrían allí; sobre todo, de cómo era la relación entre los blancos y los negros. Pero él seguía manteniendo la fe en que todo mejoraría cuando los negros se convirtieran en buenos cristianos. Una idea que Erika ya no compartía con él. Ella, por su trabajo en la enfermería, vivía mucho más cerca de los negros que su marido, que hasta ese momento solo había desempeñado tareas administrativas, y estaba convencida de que aquellas personas eran fieles a sus creencias. No es que no creyeran, como solían sostener los blancos, sino que profesaban una fe basada en la creencia en varias deidades. Esas divinidades tenían atribuciones como el agua, la tierra, el trabajo o la salud. Erika no conocía a fondo esa cuestión, pero se había dado cuenta de que su fe los ayudaba a vivir, especialmente en momentos de enfermedad. Naturalmente, eso dificultaba las cosas, ya que las medidas que sugerían los curanderos eran contrarias a algunos remedios occidentales muy útiles. En la mayor parte de los casos, Erika encontraba una solución de compromiso que permitía al enfermo seguir el consejo del curandero y las recomendaciones de las enfermeras. ¿Cuál de las dos cosas servía para curarlos? Daba igual. Lo importante era que recuperasen la salud. Y, desde luego, los conocimientos de los curanderos no eran en absoluto desdeñables. Derama, una anciana curandera a la que Erika había conocido a través de sus pacientes, se reveló como una valiosa fuente de sabiduría.

Una joven esclava había acudido a la enfermería para dar a luz. La muchacha era bastante delgada y el niño apenas tenía espacio para salir. Como el alumbramiento no se producía y Erika y Josefa comenzaron a temer que, además, el niño estaba mal colocado, la madre de la parturienta ordenó llamar a Derama. Josefa protestó, pero como, a decir verdad, las oraciones que la curandera rezaría junto a la parturienta que se retorcía de dolor eran su única esperanza, Erika accedió. Toda ayuda que contribuyese a salvar la vida de la madre y del bebé les vendría bien. En cuanto llegó, Derama, que apareció cubierta por un sinfín de medallones, se puso manos a la obra sin prestar ninguna atención a las enfermeras blancas. Quemó un manojo de hierbas y pronunció algunos conjuros. Josefa observó el proceso desde un rincón sacudiendo la cabeza con una mirada crítica. Después, la curandera se inclinó sobre la parturienta, le susurró unas palabras para calmarla y le vertió parte del contenido de un frasco en la boca. Al instante, la muchacha se había tranquilizado y su respiración era más lenta.

Derama le pidió a Erika que extendiera un paño limpio en el suelo. Con ayuda de la madre, la curandera puso a la muchacha en pie y la colocó sobre el paño. Lo que ocurrió después Josefa lo consideró una obra del diablo contra la naturaleza. Erika, en cambio, quedó fascinada. La curandera logró, mediante unos curiosos movimientos, poner al bebé dentro del vientre materno en la posición adecuada. Gracias al efecto de las misteriosas gotas, la muchacha reunió fuerzas suficientes para colaborar sin notar el dolor. Al cabo de poco tiempo, la orgullosa abuela sostenía a su nieto entre los brazos.

Erika, asombrada por el exitoso proceso, rogó a la curandera que pasara de vez en cuando por la enfermería. Ya había oído su nombre muchas veces y sabía que las mujeres negras tenían una enorme confianza en ella. Además, le pareció que sería una buena ocasión para aprender algo de la curandera. Los medios de la enfermería eran bastante escasos y a muchas de las enfermedades se les ponía tan solo un remedio provisional porque resultaba imposible curarlas de verdad. Para alegría de Erika, la curandera enseguida se mostró dispuesta. Josefa se opuso enérgicamente y los demás miembros de la comunidad tampoco acogieron la idea de Erika con los brazos abiertos, pero Erika se comprometió a vigilar a Derama.

Desde hacía algunas semanas, la curandera asistía con frecuencia a la enfermería. Erika y ella empezaron a trabar una estrecha amistad basada en el propósito común de ayudar a los demás.

Ahora Erika debía enfrentarse a un nuevo problema: Reinhard anunció su intención de emprender un viaje al interior del país para visitar algunas plantaciones. Daba por sentado que Erika compartiría con él esa ilusión y querría acompañarlo. Pero ella, cuyo vientre había comenzado a redondearse y cuya movilidad se iría viendo limitada con el paso del tiempo, no lo veía claro.

—Reinhard, no creo que sea bueno ni para mí ni para el bebé que emprendiésemos ese viaje —comentó.

La expresión de decepción de Reinhard hablaba por sí sola.

—Pero ¡ese era nuestro objetivo! Viajar a esas regiones y…

Erika le posó la mano sobre el brazo para consolarlo. En cierto modo, a ella le dolía que Reinhard no pareciese conceder importancia al proceso del embarazo.

—Mira, deberíamos esperar hasta que el niño venga al mundo, y entonces podré acompañarte. —En su fuero interno, Erika abrigaba la esperanza de que, cuando naciese el niño, Reinhard renunciase a viajar al interior del país o a la jungla. Las noticias que les llegaban de esas regiones no eran buenas. Y las que venían de las plantaciones tampoco. La ley que permitía a los misioneros visitar a los esclavos acababa de aprobarse y la idea no convencía a la mayor parte de los propietarios y señores de las plantaciones. Algunos ni siquiera dejaban entrar a los misioneros en sus propiedades. Era un viaje a la incertidumbre.

En el rostro de Reinhard, Erika leyó cuán inmensa era su ilusión. Se sentía llamado, ella lo sabía, y temía que ni ella como esposa ni el hijo que todavía no tenían lograran hacerle cambiar de opinión.

—Bien, Erika, en ese caso quédate tú aquí, en la misión. Yo iré de todos modos…

Erika recibió sus palabras con espanto.

—¡Reinhard! ¿De verdad quieres…? Yo me quedaré aquí tan sola…

—Aquí no te faltará de nada. Josefa y los demás se ocuparán de ti cuando llegue el momento —repuso con un suspiro—. Yo debo ir, aunque me pese. Espero que lo comprendas.

Erika se estremeció en la silla. Además del temor al nacimiento que se produciría en otoño —porque para entonces era difícil que Reinhard estuviera de regreso—, tendría que sobrellevar la preocupación por el bienestar de su marido. A Erika le pareció que la decisión de Reinhard era egoísta, pero no dijo nada, porque al fin y al cabo ella no era quién para criticar el modo en que Dios repartía las tareas entre los hombres.

—Cuídate mucho —murmuró mientras unas lágrimas calientes le surcaban las mejillas.

Reinhard, en cambio, tenía sus pensamientos completamente centrados en el futuro inmediato.

—Solo me ausentaré algunos meses, aunque tal vez se alargue un poco más… Y, cuando regrese, tú ya habrás recobrado las fuerzas y, si Dios quiere, nuestro hijo estará lo bastante fuerte y sano como para venir conmigo. Veremos si hay suerte y encuentro un lugar hermoso donde tal vez algún día podamos trabajar.

Cuando el 6 de junio, finalmente, la barca partió de Paramaribo con Reinhard a bordo, Erika lo despidió desde la orilla. Una extraña sensación de vacío le inundó el corazón.

CAPÍTULO 6

Julie estaba furiosa. Durante las primeras semanas en Surinam, había realizado varias visitas a los vecinos para conocerlos mejor. Karl la había obligado a pasarse horas río arriba y abajo a pesar de la estación de las lluvias, que había comenzado ya, y a pesar del calor, los mosquitos y los permanentes aguaceros, que a decir verdad no hacían los trayectos especialmente agradables.

Ya solo el concepto «vecinos» era en sí mismo una exageración. Aparte de los Marwijk, que estaban aproximadamente a una hora de trayecto, el resto de las plantaciones se hallaban incluso a ocho horas de distancia en barca, de modo que no eran vecinos con los que uno pudiera quedar para tomar café o a los que acercarse a pedirles una pizca de sal. En su recién estrenada función de marido, Karl parecía haberle tomado el gusto a ir exhibiendo a Julie por ahí como si fuera una muñeca. Una y otra vez, le pedía que se pusiera de punta en blanco para visitar a los vecinos. «Ponte algo elegante, hazte un recogido vistoso en el cabello…» A Julie, cada vez que lo oía, le hervía la sangre. También el concepto de «conocer a los vecinos» se empleaba con excesiva generosidad. Bajo la mirada vigilante de Karl, Julie jamás se atrevía a expresar su parecer. A decir verdad, ella se limitaba únicamente a confirmar con gestos las palabras que Karl le ponía en la boca.

Además, las noches en que salían de visita, eran precisamente aquellas en las que Karl mostraba mayor tendencia a ir a buscarla después. Julie detestaba aquellas incursiones. Que Karl apareciera en su habitación, completamente borracho, había acabado provocándole auténtica repugnancia. Ella solía yacer inmóvil con la esperanza de que él se apartase y se marchase cuanto antes.

No obstante, las visitas a los vecinos tenían su lado bueno: le brindaban a Julie la posibilidad de salir de la plantación y hablar con otras personas. En muchas ocasiones, en casa se sentía como un mueble, ni Karl ni Martina le prestaban ninguna atención, por no hablar de Pieter. Sin embargo, en cuanto recibían una invitación para cenar, Karl se acordaba de ella, de su hermosa mujer, tan educada y cortés.

Julie se había dado cuenta de que esas visitas a los vecinos habían contribuido a la adquisición de algunos terrenos. La situación económica de las plantaciones era bastante precaria, ya que la época dorada de la colonia había quedado atrás. Muchos colonos se rendían o bien libraban duras batallas para conservar sus tierras. Por tanto, a muchos de esos vecinos les venía de perlas invitar a cenar a Karl Leevken y a su joven y hermosa mujer: en gran parte de esas cenas acababan firmándose contratos, de forma que al poco tiempo la plantación de Rozenburg había duplicado su tamaño. Julie se preguntaba para sus adentros si Karl no estaría utilizándola como medio para alcanzar sus propios fines. Si lo que quería era comprar tierras, ¿por qué no se limitaba a realizar una oferta? En este sentido, Julie aprendió pronto que en la colonia nadie acostumbraba a reconocer que las cosas marchaban mal. Cualquier dueño o patrón de una plantación habría preferido que le cortasen la lengua antes de reconocer su situación diciendo: «Las cosas no me van bien, voy a tener que vender». De manera que lo habitual era citarse para comer y conversar, y, mientras las damas llevaban a Julie a pasear por los jardines, los hombres le vendían a Karl unos territorios que «no les hacían falta en su propia plantación» y que con «mucho gusto accedían a traspasar al vecino».

Todo ello, por supuesto, de manera desinteresada. Porque... ¡todo iba bien! Julie prefería no pensar en que probablemente era su dote lo que permitía a Karl realizar aquellas operaciones.

A pesar de la cantidad de visitas que habían realizado ya, las invitaciones continuaban acumulándose sobre la cómoda del vestíbulo. Julie comprendía la curiosidad, probablemente al cabo de unos años, o incluso de unos meses, ella se sentiría igual de ansiosa por recibir invitados en casa o por encontrarse con otras personas fuera de la plantación.

El afán de Karl por atender todas las invitaciones empezó a decaer al cabo de unas semanas y, por fortuna, su esposo comenzó a rechazar el ofrecimiento en la mayoría de los casos. Todo indicaba que ya había logrado su objetivo y que no quería comprar más tierras. Envió esclavos a los nuevos campos y volvió a entregarse a la ociosa vida colonial.

También era parte de su rutina marcharse todos los martes de la plantación para resolver asuntos de negocios en Paramaribo. Viajaba a la ciudad y regresaba el jueves. A Julie la sorprendía porque él mismo le había dicho al principio que apenas utilizaba la casa de la ciudad. Por otro lado, en ningún momento hizo ademán de preguntarle a Julie si le apetecía acompañarlo. Aiku era el único que iba con él. ¡A Julie le habría encantado ir de vez en cuando a la ciudad! Aunque, seguramente, los viajes tenían que ver con las adquisiciones de terrenos de las últimas semanas y Julie no quería volver a oír hablar de ese asunto.

A Martina tampoco la dejaba que lo acompañase.

—Padre, por favor, ¡hace ya semanas que no veo a la tía Valerie!

Karl siempre respondía con aspereza:

—Martina, ahora tienes una nueva madrastra. Es mejor que te quedes aquí y os vayáis acostumbrando una a la otra.

De lo que él no se daba cuenta era de que, forzando aquella relación, lo único que conseguía era empeorar las cosas.

De vez en cuando, por suerte, llegaba a Rozenburg gente que estaba de paso y realizaba una breve visita a la plantación. Como norma de cortesía, se acogía con gentileza a aquellos viajeros que navegaban río arriba o río abajo y deseaban hacer una pausa o no podían proseguir el viaje. Para ello disponían de la pequeña casa de invitados situada detrás de la casa principal. En los últimos años, al parecer, Karl no había sido un buen anfitrión, pero pasadas unas semanas de la llegada de Julie y tras los encuentros con los vecinos, de nuevo comenzaron a aparecer viajeros por Rozenburg.

Karl se limitaba a refunfuñar entre dientes cuando los veía llegar, aunque al final siempre acababa encontrando en ellos algún compañero de bebida con el que entretenerse. Martina solía retirarse casi siempre. En más de una ocasión, a Julie llegó a irritarle la actitud maleducada e insolente de su hijastra.

Julie, en cambio, disfrutaba mucho de ese contacto con el mundo exterior. Era un modo de conocer a multitud de personas interesantes, entre ellas, por ejemplo, a un joven botánico, que en dos días le explicó más cosas sobre la flora y la fauna del país de las que Karl le había contado en todas aquellas semanas. También conoció a una pareja de judíos que se hallaban de camino a Jodensavanne, un asentamiento judío que, aunque había quedado deshabitado tras el incendio del año 1832, muchas personas visitaban a menudo para rendir tributo y cuidar los monumentos y lugares conmemorativos. Cuando estaban solos Julie, Karl, Pieter y Martina, caía sobre la casa una especie de losa que a Julie apenas le permitía respirar.

Julie advirtió que los negros se relacionaban con los viajeros de forma menos complicada que los blancos. En el fondo, los negros trataban bien a cualquiera y cuando los esclavos remeros llevaban a los visitantes a la aldea, los recibían y los agasajaban con entusiasmo. El único momento en que se imponía un silencio tenso en las cabañas era cuando aparecían los esclavos de Pieter. Por fortuna, de momento no sucedía muy a menudo. El distrito de Pieter era relativamente grande y, cuando viajaba a las regiones más remotas, se ausentaba de Rozenburg durante varias semanas. Cada vez que eso ocurría, para Martina era el fin del mundo. Siempre que él anunciaba su marcha, ella se lamentaba y plañía sin cesar y se acaramelaba en su regazo de un modo que para Julie rayaba en el ridículo. Al final, acabó sospechando que para Pieter era una liberación mantenerse alejado de su prometida una temporada, aunque solía permanecer en la plantación mucho más tiempo del que Julie habría deseado. Ella siempre procuraba mantenerse alejada. La noche en que la había abordado junto al río había conseguido asustarla. Julie estaba convencida de que Pieter actuaba movido por la conveniencia. Martina era un buen partido para él, ni más ni menos. Y ahora Julie era el único elemento que se interponía en su camino.

En su fuero interno, Julie esperaba que Martina se replantease su elección. A ella la repugnaba la idea de tener que aceptar a Pieter como yerno. Aunque, a decir verdad, los hombres casaderos, y más con una buena posición, abundaban allí tan poco como los días fríos. Si..., claro, si ella se entendiera mejor con Martina, podría advertirle sobre las intenciones de Pieter.

Pero esa era una posibilidad bastante remota.

Una tarde en que Pieter se encontraba de viaje y a Karl no lo esperaban hasta última hora del día, Julie se atrevió a intentar de nuevo un acercamiento. Martina ya había tenido tiempo más que suficiente para lamentarse y acostumbrarse a la presencia de Julie, y tal vez ahora reaccionaría un poco mejor. Julie la encontró en el salón femenino dedicada a sus labores manuales.

Aunque Martina entrecerró los ojos con desprecio y le lanzó una mirada sombría, Julie tomó asiento en el sillón de enfrente y se colocó las agujas de punto en el regazo como si nada. Por unos instantes, se impuso un tenso silencio. Hasta que Julie se decidió a hablar.

—Es muy bonito el mantel que estás haciendo, Martina

—comentó Julie señalando el trabajo de filigrana que Martina sostenía entre las manos.

Martina no respondió y clavó una mirada obstinada en el tejido.

—Martina, ¿no crees que ya es hora de que mantengamos una conversación?

—No sé de qué íbamos a hablar —replicó Martina por lo bajo sin levantar la mirada.

Aquella no era exactamente la respuesta que Julie habría deseado escuchar, pero al menos era un comienzo.

—Bueno —prosiguió Julie en un tono calmado—, ahora yo también vivo aquí. ¿No crees que todo resultaría más sencillo para las dos si nos conociéramos un poco mejor?

Resoplando, Martina dejó los utensilios de labor a un lado. Se levantó y le lanzó una mirada hostil a Julie. Frunció sus grandes ojos infantiles hasta convertir los párpados en dos estrechas ranuras y apretó los labios. Luego se dirigió a Julie:

—No sé por qué habríamos de hacer algo así. No entiendo para qué te ha traído aquí mi padre. Él no necesita una esposa y tampoco necesita descendencia, y yo, bien lo sabe Dios, no necesito una madrastra. Estábamos bien como estábamos. Y no creo que yo ni nadie de aquí vaya a permitir que nos digas lo que tenemos que hacer. Puede que al pájaro seas capaz de engañarlo, ¡pero a mí no! —Tras pronunciar esas palabras, salió por la puerta, iracunda, y estuvo a punto de chocar con Amru, que en ese momento entraba a servirles unas bebidas.

Amru se volvió hacia Martina con perplejidad. Después se dirigió a Julie.

—Misi Juliette debe dar tiempo a misi Martina. Misi Martina ha vivido muchos años aquí sola con su padre.

Julie estaba confusa.

—Ay, Amru, ¿qué voy a hacer? —Miró a la esclava en busca de ayuda—. Me gustaría que las cosas fueran de otra manera. Yo creía que... tal vez..., ¿y qué tiene que ver el pájaro en todo esto? —Julie se desplomó en el sillón con gran desánimo.

Amru depositó la bandeja sobre la mesa y le alcanzó un vaso a Julie.

—Misi Martina se ha criado aquí sin una madre —dijo Amru despacio—. Las demás esclavas y yo somos las únicas que nos hemos encargado de cuidarla. Y, de vez en cuando, su padre le daba permiso para visitar a su tía en la ciudad. Misi Martina no sabe lo que es vivir con una mujer blanca en casa. Masra Karl ha intentado algunas veces traerle señoritas, pero todas acababan marchándose al cabo de pocas semanas. —Y, casi en susurros, agregó—: Y misi Martina echa mucho de menos a su madre.

Julie se quedó pensando en las palabras de Amru. Cuando su madre murió, Martina no era más que una niña pequeña. Y para un niño no había nada más doloroso —eso Julie lo sabía muy bien— que perder a un ser querido.

A ella incluso ahora había días en que le costaba mucho asumir el hondo dolor que la pérdida de sus padres le provocaba. ¿Cómo iba a reprochárselo a Martina?

—Tienes toda la razón, Amru, debería darle tiempo —anunció al fin.

Martina continuó reaccionando con rabia y hostilidad hacia Julie. Hacía como si no existiese o intentaba poner a su padre en contra lanzando pequeñas indirectas.

Y en ocasiones, para sufrimiento de Julie, lo conseguía.

—Padre, Juliette ha vuelto a olvidarse de darle la plata a Kiri para que la limpie. Padre, Juliette ha vuelto a llamar a Amru cuando estaba conmigo…

A Julie la irritaba profundamente, pero hacía el esfuerzo de reprimir cualquier comentario para no agravar su sufrimiento. Naturalmente, Kiri, como esclava personal, debía cumplir diversas tareas en la casa. A Julie, sin embargo, le parecía que limpiar a todas horas la plata era una labor tan estúpida como inútil y por eso no le gustaba encomendar a su esclava esa clase de labores. Además, aparte de Amru y Kiri, había otras cinco mujeres encargadas de las tareas domésticas. Y Aiku, por supuesto. Ocho sirvientes negros para atender a tres personas blancas. A Julie se le antojaba un auténtico despilfarro.

La actitud que tenía Martina hacia Amru también sulfuraba a Julie. Amru tenía que estar a disposición de Martina día y noche. Por la noche, la sustituía una muchacha que dormía en el porche trasero y, en caso de necesidad, «si misi Martina la llamaba», salía corriendo a buscar a Amru a su cabaña. Incluso si lo único que Martina quería era cambiarse el camisón de noche porque estaba empapada de sudor. Durante el día, Amru tenía que ayudar a Martina a asearse, vestirse y a cualquier otra tarea que se le ocurriese, aunque no fuera más que tensar la tela de un bastidor o llevarle un pañuelo. Con el paso del tiempo, Julie fue dándose cuenta de que aquello era normal porque Amru, que por lo demás solía adoptar un comportamiento resolutivo y era la jefa indiscutible del personal doméstico, trataba de complacer a la joven misi en todo lo que podía.

Cuando Julie le preguntaba al respecto, Amru se limitaba a encogerse de hombros.

—Es normal, misi Juliette, en otras casas es igual. Cada blanco tiene un esclavo personal y yo soy la esclava de misi Martina.

Amru parecía resignada a cumplir esa función, aunque Julie detectaba claramente que la mujer negra no se sentía cómoda desempeñando esa labor. De vez en cuando, Julie corría el riesgo y le encomendaba alguna otra tarea a Amru. Eso solía divertir a la esclava e irritar terriblemente a Martina, que enrojecía de rabia cuando no obtenía inmediatamente lo que esperaba o cuando tenía que recurrir a alguna otra esclava para satisfacer sus deseos.

Julie se propuso el firme propósito de liberar a Amru de esa carga. Martina ya no era ninguna niña y era perfectamente capaz de ponerse sola las calzas o de llamar a cualquier otro miembro del personal para que la ayudase. Aunque Amru fuese la esclava personal de Martina, no había ninguna necesidad de que precisamente ella tuviese que estar a su disposición a todas horas, pues ya tenía bastantes cosas que hacer. Amru se encargaba de la cocina y de los campos de cultivo de la casa, del huerto y de las gallinas, y además dirigía el servicio de la casa; se ocupaba del masra Karl cuando Aiku no estaba disponible y estaba enseñando con gran empeño a Kiri para convertirla en una ayudante de utilidad para Julie.

Julie estaba decidida a tratar ese asunto con Karl, aunque por lo general evitaba inmiscuirse en los asuntos de la casa o pedirle favores. Pero ahora… En algún momento tenía que empezar a desempeñar la función de señora de la casa. Al menos Karl alardeaba de eso ante los vecinos, así que ya era hora de que empezase. ¿O en realidad solo estaba buscando pelea para distraerse de la monotonía? Cuando, una noche, Julie advirtió que su marido se encontraba de buen humor y le pareció que, además, todavía no estaba demasiado borracho, decidió sacar el tema:

—Escúchame, Karl, Martina pronto se casará y además ya va siendo mayor… —Él levantó la vista con gesto interrogante, aunque no pareció sentirse importunado—. Por eso creo que ha llegado el momento de asignarle a alguna de las mujeres jóvenes como esclava personal, porque Amru ya está bastante atareada con la casa —prosiguió Julie en un arranque de valor.

Karl apartó el periódico a un lado y se quedó pensativo unos instantes.

—Bien, escoge tú una muchacha. —Y con eso dio el asunto por zanjado.

Julie se quedó perpleja al ver que Karl la había escuchado y más que satisfecha con la respuesta que obtuvo. Sin embargo, jamás habría podido imaginarse las dimensiones de la tormenta que aquello iba a desencadenar en Martina.

CAPÍTULO 7

Kiri estaba sentada frente a su pequeña cabaña cosiéndose uno de los vestidos. ¡Al fin y al cabo había tenido mucha suerte! Si bien era cierto que el masra Karl no le inspiraba la menor confianza y que tanto misi Martina como masra Pieter le daban un poco de miedo…, misi Juliette no era como los demás blancos que Kiri había conocido hasta ese momento. Tal vez era porque ella tampoco llevaba mucho tiempo en el país. Y Amru, Amru también era amable y le recordaba un poquito a su tía Grena. Kiri suspiró por lo bajo.

Unos gritos agitados procedentes de unas cabañas más allá la arrancaron de sus pensamientos.

—¡Pero no puede hacer eso! —Era la joven Liv, que protestaba ante su madre a voz en grito—. Madre, ¡ve a hablar con Amru!

Kiri se levantó e, igual que otras mujeres y muchachas jóvenes, se acercó intrigada a la cabaña. Al ver el gesto interrogante en el rostro de Kiri, una de las mujeres le susurró:

—Liv no quiere convertirse en la nueva esclava personal de misi Martina.

Kiri ya le había oído comentar a Juliette que era preciso liberar a Amru. A Kiri le había parecido muy buena idea, aunque también se figuraba que la nueva esclava de misi Martina no iba a tenerlo fácil. Misi Martina era sencillamente difícil.

En ese momento, Liv sollozaba en el hombro de su madre.

—Yo no puedo hacerlo. ¿Por qué tengo que ser yo?

Cuando Kiri asomó el rostro entre las demás mujeres, Liv la fulminó con una mirada de odio:

—Tu misi tiene la culpa, ella lo ha puesto todo patas arriba. Si no hubiera venido, todo habría seguido igual que hasta ahora.

La madre de Liv abrazó a su hija para consolarla.

—Venga, mi niña, Kiri no tiene culpa de nada, la decisión ha sido cosa de misi Juliette y tiene todo el derecho de hacerlo. Y el hecho de que te haya escogido a ti... Eso no significa nada malo.

A Kiri aquella situación le resultaba incómoda así que volvió a acuclillarse frente a su cabaña. Poco después, se dispersó también el grupo de mujeres, y Orla, una esclava vieja y casi ciega que vivía en la cabaña contigua a la de Kiri, se dirigió hacia ella dando tumbos sobre su bastón. Aquella anciana con los ojos de un gris enturbiado que parecían mirar siempre al infinito le daba un poco de miedo.

En ese instante, la mujer caminó hasta donde se encontraba Kiri y se detuvo a su lado. Kiri se asustó: ¿qué quería aquella anciana?

La mujer inclinó la cabeza y le dijo con ternura.

—Eres una buena muchacha. —Asintió con expresión benévola y sonrió dejando a la vista su boca desdentada—. No tienes por qué preocuparte, tu misi ha tomado la decisión correcta. Liv tiene miedo de que algún día misi Martina se la lleve a otro lugar con masra Pieter…, pero se quedará.

Kiri miró a la anciana Orla con expresión pensativa. Aunque las demás esclavas de la aldea la habían acogido bien, nadie se había preocupado nunca directamente por ella. Y como Kiri no tenía familia allí, en ocasiones se sentía muy sola.

—Mi hijo también trabaja en la casa —agregó la anciana pensativa—. Esa casa ya ha vivido muchos sobresaltos…

Kiri sintió un escalofrío. En ese momento la anciana volvió a darle miedo. ¿Estaba loca?

Cuando Orla se dio cuenta de que Kiri se apartaba un poco de ella, clavó su mirada velada en la muchacha.

—Tu misi es una buena persona, sabrá ahuyentar las sombras oscuras, pero tendrás que ayudarla. Sé valiente, muchacha… —Tras ese consejo, la vieja se enderezó y prosiguió su camino renqueando. Kiri la siguió con la mirada. No sabía qué pensar de aquella mujer.

Más tarde, Kiri se encontró con Amru en el porche trasero. Se sentó en uno de los colchones y observó en silencio cómo la mujer mayor preparaba la comida. Por la tarde, hasta la hora de la cena, Kiri solía tener tiempo libre y podía dedicarse a sus cosas. Eran las horas en las que su misi acostumbraba a retirarse a su dormitorio para leer o descansar un rato.

—¿Amru? —Kiri quería averiguar qué era lo que Orla se traía entre manos—. ¿Orla siempre ha estado aquí?

Amru se volvió hacia Kiri con gesto de sorpresa.

—¿Ha ido Orla a hablar contigo?

Kiri asintió.

—Qué raro. En realidad no habla mucho, no desde que… —Amru se volvió de nuevo hacia los calderos que tenía puestos al fuego con la cena de ese día.

Pero Kiri no se dio por vencida.

—¿Por qué? ¿Qué ha pasado?

Amru meneó la cabeza, pero, en esta ocasión, no se volvió hacia Kiri.

—Ay, Kiri, a veces lo mejor es no remover el pasado.

En ese momento Kiri vio con claridad que no pasaría de ese punto.

—Orla habló de su hijo —decidió decirle a Amru. En ese momento comprendió de quién se trataba—. ¿Aiku es el hijo de Orla, Amru?

—¡Te he dicho que no remuevas el pasado, Kiri! —Amru elevó la voz y su tono indicaba que no tenía ningunas ganas de hablar de ese asunto.

Sin embargo, la curiosidad de Kiri no hacía sino aumentar. Tendría que averiguar qué había ocurrido. De algún modo, todo aquello parecía tener algo que ver con su misi.

Con un gesto malhumorado, Amru ordenó a la muchacha que fuese a limpiar la habitación de la misi, que se encontraba leyendo en el porche principal. Kiri obedeció sin rechistar y se dirigió al piso de arriba. Aireó la cama con primor y fregó el suelo, primero con agua y luego con media naranja hasta que la madera quedó brillante y los tablones despidieron un aroma a limpieza y a frescor. No debía hacer nada que enojase a su misi. Kiri había advertido con preocupación que con el paso de las semanas misi Juliette estaba cada vez más callada. Probablemente, la monotonía de la plantación comenzaba a pesarle en el ánimo y tal vez la afectaba que el masra Karl y misi Martina no se mostrasen muy amables con ella. ¿Por qué habría traído el masra Karl a misi Juliette de un lejano país si luego ni siquiera se interesaba por ella?

Kiri se sentía orgullosa de tener su propia misi. Antes siempre había profesado una gran admiración por las esclavas personales de las misis blancas. Ellas tenían permitido lucir hermosos vestidos y además gozaban de pequeños privilegios. Ahora era una de ellas. Aún no reunía todas las destrezas necesarias, pero se estaba esforzando mucho. La misi tenía que saber que Kiri era una muchacha valiente y servicial. Bajo ningún concepto debía plantearse jamás la posibilidad de devolver a Kiri a la ciudad con aquel Bakker. Solo acordarse de aquel inmundo cobertizo de madera hizo que se le revolviera el estómago.

El comportamiento de su misi era muy distinto al de las otras damas refinadas. Seguramente cualquiera de las otras damas se desmayaría si supiera que su misi hablaba casi siempre con ella en neerlandés. Se decía que lo apropiado era dirigirse a los esclavos en *taki-taki,* la lengua de los negros. Gracias a Dios, Kiri y su misi pasaban la mayor parte del tiempo solas. Además, la misi no hablaba muy bien la lengua de los negros, aunque Kiri se enorgullecía de haberle enseñado ya muchas cosas.

Naturalmente, la mayoría de los esclavos comprendía el neerlandés, pero no tenían permiso para hablarlo. Cuando Kiri era niña, su tía Grena solía introducirle hojas amargas de mostaza parda en la boca cada vez que osaba pronunciar una frase en neerlandés. Siempre era mejor eso que recibir una bofetada del *basya.* Pronto Kiri comprendió que era mejor hacerse la tonta y fingir que no dominaba la lengua.

Al principio, cada ciertos meses venía a la plantación un «hermano». En aquel entonces a Kiri le parecía divertido: ella no tenía hermanos, pero ¿cómo podía ser que un solo hombre fuese hermano de todas las personas a la vez? Aquel hermano les leía en voz alta fragmentos de un libro y además lo leía en la lengua de los esclavos. Aunque Kiri no comprendía muy bien las historias que contaba, lo agradecía porque aquellos días ayudaban a romper la monotonía de la plantación. El libro trataba de un dios y de otras muchas cosas, y había por ejemplo algunas personas a las que perseguían y torturaban. A Kiri le recordaba un poco la historia de su propio pueblo, pero Grena le decía siempre que eso era diferente. A muchos esclavos que habían adoptado las creencias de aquel hermano les habían vertido agua en la cabeza. Eso, ante todo, tenía ventajas para los esclavos. Parecía que a algunos blancos les gustaba que otros creyeran en su mismo dios y el hermano solo tenía palabras de alabanza al respecto. Pero Kiri también había oído que a ese mismo hermano lo habían echado de otras plantaciones.

En ocasiones, también había llegado a enfadarse porque, al regresar a una plantación, se había encontrado con que los esclavos veneraban a su dios junto a otros dioses. Los esclavos entendían que aquel dios de los blancos no podía estar atento a todo y creían que, por lo tanto, era mejor pedir ayuda o protección también a los otros dioses, según las circunstancias.

A Kiri todo aquello le resultaba demasiado complicado. En ocasiones habría deseado saber leer porque de ese modo tal vez habría podido encontrar respuestas en el libro. Pero los esclavos no podían aprender a leer. Los blancos los tenían por personas necias y holgazanas.

¿Permitiría también su nuevo masra que un hermano fuese a la plantación?

A Kiri le daba miedo el masra Karl. Nada más llegar a la aldea de la plantación Rozenburg, advirtió que allí los esclavos no se alegraban mucho de que el masra hubiera regresado de su viaje. La canción que entonaron a su llegada era un canto fúnebre. Menos mal que el masra no comprendía la letra cantada en una antigua lengua. El mismo día que regresó, cuando apenas había levantado el día, ordenó ya algunos castigos. Sus *basyas,* que se habían quedado al mando durante su ausencia, quisieron demostrarle su lealtad y sumisión y, por tanto, tras la salida del sol, amarraron a unos cuantos esclavos a un árbol destinado a ese fin y los golpearon. En todas las plantaciones había un árbol semejante. En Rozenburg había incluso un «hoyo», Kiri lo había visto al pasear por la plantación. Se trataba de un agujero en la tierra donde hacían tumbar boca abajo a las mujeres embarazadas; y allí les asestaban latigazos. El masra, satisfecho, había elogiado a los *basyas,* que por lo general eran mestizos. Por norma los mulatos solían inspirar más simpatía en los blancos que los negros. En el fondo todo se reducía al color de la piel, y cualquier mulato, por el mero hecho de tener la tez un poco más clara que los demás, se sentía superior. Hasta aquel entonces, Kiri —aunque sabía que había algunas incógnitas respecto a su procedencia— siempre se había sentido negra.

La esclava anciana que Kiri había conocido en el cobertizo de Bakker le había explicado que en la ciudad había muchos más mulatos que en las plantaciones. Y que incluso había muchos esclavos libres, los llamados manumisos, quienes, o bien habían sido liberados por sus amos, o bien habían logrado la libertad por sus propios medios. Kiri se acordó de los cimarrones. Nunca había entendido cómo habían logrado la libertad. La anciana le explicó que un masra podía comprar esclavos, pero también podía comprarles la libertad. Y, aunque era muy caro, los hijos de esclavos ya nacían libres, y así sucesivamente. Kiri se había quedado pensando. ¿Cómo se vivía siendo un esclavo libre, quién te mantenía, dónde vivías? La mujer se echó a reír al oír las preguntas de Kiri, aunque a continuación respondió en serio. Le contó que muchos blancos regalaban la libertad a sus amigas negras y después las mantenían, que era lo que se llamaba un «matrimonio surinamés». Así que, si Kiri se esmeraba en convertirse en una mujer linda, tal vez…, le había dicho la vieja con una expresión pícara en el rostro.

A Kiri le costaba imaginar que hubiese mujeres negras que contrajeran matrimonio con un blanco por voluntad propia. Por lo que ella había oído, los blancos sencillamente tomaban todo aquello que se les antojaba. Pero si de ese modo uno podía conseguir la libertad…

Enfrascada en esos pensamientos, Kiri arrastró el cubo de fregar hasta el pasillo. El suelo del dormitorio tenía que secarse y pasaría un rato largo hasta que pudiera continuar limpiando. Decidió ir a echarle una mano a Amru y bajó por la escalera trasera. El cubo quedó olvidado.

CAPÍTULO 8

—¡No puede hacer eso! —Martina lanzó una mirada furibunda primero a Julie y luego a su padre—. Padre, sin Amru… no puedo…, ¡yo no quiero a Liv!

Ante ese arrebato de ira, Julie no pudo evitar sonreírse para sus adentros, aunque se cuidó mucho de que su expresión exterior fuese de total seriedad. Al sentarse a la mesa, le había anunciado a Martina que Amru ya no estaría a su disposición como esclava personal.

—Martina, Liv puede desempeñar las tareas que le encomiendes tan bien como Amru. —Julie se esforzó por adoptar un tono resolutivo.

Martina rompió a llorar, aunque Julie no supo distinguir si eran lágrimas de rabia o de tristeza. Sollozando, Martina se volvió a su padre, que hasta ese momento se había limitado a escuchar la escena refugiado tras el periódico. En ese momento, dobló el diario con un gesto de enfado.

—Martina, ya no eres una niña pequeña y Juliette tiene razón. Ha llegado la hora de que tengas una esclava joven, una que esté en disposición de acompañarte durante unos cuantos años, y Amru…

—Pero esa Liv es una cría torpe que no será capaz de…

Karl alzó la mano para mandar callar a Martina.

—Ya basta. Puedes quedarte con Liv o quedarte sin ninguna.

Martina se levantó de la mesa hecha un basilisco y salió corriendo de la habitación. Preocupada, Julie la siguió con la mirada. Ella contaba con que la propuesta no iba a gustar a Martina, pero jamás pensó que fuese a organizar semejante número…

Karl, en cambio, no le concedió mayor importancia. Le hizo una señal a Aiku, que al cabo de un instante apareció con una copa de *dram,* y continuó comiendo como si nada hubiese ocurrido.

—Dile a Amru, por favor, que vendrá el contable la próxima semana y que tenga lista una habitación en la casa de invitados.

Ni siquiera advirtió el gesto de asentimiento de Julie.

Por la tarde, un agitado griterío arrancó a Julie de la lectura. Intrigada, bajó las escaleras para ver qué pasaba. Cuando salió de la casa por la puerta trasera y alcanzó el camino, se quedó sin respiración. Apenas podía creer lo que veían sus ojos.

Kiri estaba amarrada a un árbol con la parte superior del cuerpo desnuda y uno de los *basyas* de Karl se hallaba apostado a su lado con un palo. Junto a él se encontraba Martina, que con el rostro desencajado por la cólera le apremiaba:

—¡Cinco azotes he dicho, Gustav! ¡Cinco!

Cuando el mulato se disponía a asestar el primer golpe, apareció Julie y se interpuso entre los dos.

—¿Qué está pasando aquí? —preguntó y se colocó justo entre Gustav y Kiri.

Martina la miró con hostilidad.

—Quítate de en medio. Tu esclava Kiri merece un castigo.

Julie apoyó las manos sobre las caderas y devolvió a Martina una mirada llena de rabia.

—Ah, ¿sí? ¿Y se puede saber qué ha hecho?

—Ha dejado el cubo de fregar en el pasillo y he estado a punto de tropezar con él —replicó Martina con cierto retintín.

—Gustav, ¡suéltala! —ordenó con el tono más imperativo que fue capaz de adoptar—. ¡Ahora mismo! —De ser por ella le habría arrancado el palo de las manos al guarda y le habría dado a Martina una buena lección.

—Gustav, harás lo que yo te diga —lo amenazó Martina. No parecía dispuesta a ceder ni un ápice en su posición. El hombre no se movió, estaba visiblemente irritado.

—¿Se puede saber qué es todo este jaleo? —Karl apareció en el porche.

—¡Padre! —Martina comenzó a sollozar y echó a correr en dirección a él—. Kiri se ha comportado mal porque ha dejado el cubo de fregar en el pasillo y ahora Juliette no quiere que la castigue como se merece. —Martina se agarró al brazo de su padre suplicando apoyo.

Karl no parecía tener ningunas ganas de lidiar con aquella situación.

—¿El cubo de fregar, eh? —Se quedó unos instantes pensativo—. Juliette, apártate. Gustav, un azote —sentenció.

Julie no daba crédito.

—¡Karl! ¡No puedes hacer...!

—Apártate de ahí, Juliette. —Ahora Karl estaba visiblemente furioso—. Si Kiri ha cometido un error, debe ser castigada. Si eres tan permisiva con ella...

Gustav, sobrecogido por la presencia de su amo, avanzó un paso hacia Julie y Kiri. Julie lo fulminó con la mirada.

—No te atrevas…

En ese instante Karl estalló. Se dirigió hacia Julie a grandes zancadas y la agarró por el brazo. En cuanto la hubo apartado de en medio, Gustav enarboló el palo y asestó un fuerte golpe sobre la espalda desnuda de Kiri. Julie se estremeció. Martina, en cambio, sonrió satisfecha, levantó el mentón, se dio media vuelta y entró en la casa.

Karl arrastró a Julie también hacia dentro, la empujó por el pasillo, la condujo hasta su despacho y una vez allí cerró la puerta de un portazo.

—¡Juliette, ya está bien! ¡Tienes que acostumbrarte de una vez para siempre al trato que se da aquí a los esclavos! Y los castigos merecidos también forman parte de eso.

—Pero Karl…

—¡Silencio! ¡No quiero oír ni una palabra más! Y no te atrevas nunca más a llevarme la contraria ni a mí ni a ninguno de los guardas. Hasta ahí podíamos llegar… A partir de hoy, espero que comiences a comportarte como es debido.

Julie echó a correr por el sendero que conducía a la aldea de los esclavos. Las lágrimas de rabia le abrasaban los ojos. Al llegar a la cabaña de Kiri, se cruzó con Amru en la puerta. Sin mediar palabra, Julie entró en busca de la muchacha.

—¿Kiri?

La muchacha se encontraba hecha un ovillo en un colchón.

—¿Misi Juliette?

Juliette se arrodilló junto a ella.

—Kiri, lo siento mucho.

Una inmensa marca roja surcaba de arriba abajo la espalda de Kiri. En los puntos donde la roncha coincidía con las cicatrices antiguas, se le había levantado ligeramente la piel. A Julie le llegó el olor de un ungüento. Al parecer, Amru ya se había ocupado de curarle la herida.

—Misi Juliette no tiene que sentirlo, yo debería haber quitado el cubo de allí…

—¡Ay, Kiri, no digas eso, eso no es motivo para hacer algo así!

Julie posó la mano sobre el brazo de Kiri con ternura. Le remordía la conciencia por lo que le había sucedido a la muchacha.

Kiri se limitó a encogerse de hombros.

—Ya le he dicho, misi, que es normal. Todos los blancos azotan a los esclavos…

A partir de ese momento Julie se propuso cuidar mejor de Kiri. A los demás esclavos tal vez no podía ayudarlos, pero al menos a Kiri podría ahorrarle aquello. Se le revolvía el estómago solo de ver la prepotencia con que Gustav y los demás *basyas* sostenían el palo. Con el tiempo, además, se había dado cuenta de que por las mañanas, cuando Karl regresaba de hacer la ronda a caballo y los hombres daban los correspondientes informes, aquel o estos iban a buscar a algunos esclavos adultos. Los castigos se ejecutaban detrás del molino de azúcar, por eso hasta entonces Julie no se había enterado.

—¿Qué es lo que hacen? —le preguntó a Amru. Amru se encogió de hombros:

—Algunos dicen que están enfermos y no pueden trabajar, los guardas van a comprobar si es verdad y cuando creen que el esclavo no trabaja por vagancia, entonces…

—Pero ninguno de esos hombres está capacitado para saber si una persona está enferma o no.

—No, lo ven después de los azotes. Si uno sale de allí caminando es que estaba sano...

Julie meneó la cabeza con indignación. Todo en su interior se rebelaba contra esa clase de trato y esa forma de pensar. No obstante, no tenía la menor idea de qué podía hacer para proteger a los esclavos. Pero algo tenía que hacer. Se lo prometió a sí misma.

A causa de la discusión, Julie había olvidado por completo la visita del contable. Una mañana, cuando iba de camino al salón femenino, se encontró por el pasillo con un hombre joven que salía del despacho de Karl con un montón de papeles bajo el brazo.

—¡Oh, disculpe! —Unos ojos azules la miraron con sorpresa—. Riard, me llamo... Jean Riard. Yo soy... —Con expresión abochornada, se colocó un mechón rubio detrás de la oreja.

—... debe de ser el contable. —Julie le dedicó una amable sonrisa—. Mi marido mencionó que vendría —señaló mientras lo estudiaba.

Era un hombre de gran estatura, aunque, lejos de ser espigado, su complexión era más bien corpulenta. Lo cierto era que no respondía a la imagen que se esperaría de un contable. Más bien parecía una persona acostumbrada a realizar trabajos físicos.

—Sí, he llegado esta mañana muy temprano, la marea era favorable. Disculpe que todavía no me haya presentado. Usted debe de ser...

—Juliette Leevken, la nueva esposa de la casa. —La risa de Juliette traslucía cierto desprecio; el joven arrugó el entrecejo.

—Es un placer, un inmenso placer —dijo muy solícito—. Quería... Ahora mismo me dirigía al porche, allí se puede trabajar muy bien al aire libre a estas horas de la mañana —aclaró señalando el taco de documentos.

—En ese caso no quiero entretenerlo más —dijo Julie mirándolo con una sonrisa antes de apartarse a un lado.

Julie dejó caer el bastidor sobre su regazo y suspiró. ¿Por qué tenía que quedarse ella allí sola en el salón habiendo un invitado en la casa? Bueno, en realidad aquel contable no era un invitado porque estaba allí para trabajar, pero... Karl estaba en los campos y Martina... no sabía dónde estaba..., probablemente martirizando a la pobre Liv con tareas innecesarias. Julie cogió con decisión los utensilios de sus labores y se encaminó hacia el porche. El señor Riard estaba sentado a la mesa con la mirada sumergida en los documentos y se sobresaltó al ver aparecer a Julie.

—Supongo que no tendrá nada en contra de un poco de compañía, ¿verdad? Prometo no distraerle de su trabajo. —Julie señaló una de las sillas libres.

—¡No, no! Encantado, claro. Siéntese, por favor. —El hombre parecía algo apurado.

Julie aceptó el ofrecimiento y, una vez acomodada en la silla, intentó concentrarse en sus labores manuales. Sin embargo, al cabo de pocos minutos Nico se percató de su presencia en el porche. El pájaro se desplazó hasta allí revoloteando y con actitud altiva comenzó a recorrer la barandilla que estaba detrás de Julie.

—Bueno, parece que le gusta usted a alguien, mevrouw Leevken —comentó Riard señalando al papagayo, que en ese momento comenzó a picotearle el cuello a Julie.

A esas alturas, Julie ya le había perdido el miedo por completo al acompañante alado, de modo que lo apartó suavemente con un gesto.

—Sí —admitió riendo—, creo que me quiere comer.

Al apartarlo, Nico se limitó a picotearse las plumas.

—¿Cómo es posible que haya logrado domesticarlo tan rápido? Quiero decir… Usted lleva muy poco tiempo en el país. —El hombre seguía contemplando el pájaro con fascinación. Mientras parpadeaba, intrigado, murmuró por lo bajo—: *Amazona ochrocephala ochrocephala*.

—¿Cómo dice?

—Oh, es un loro amazónico de Surinam —aclaró. Su voz denotaba un entusiasmo inconfundible.

—¿Es usted ornitólogo? —preguntó Julie entre risas.

El hombre se encogió de hombros.

—No, pero cuando era niño no había muchas diversiones, así que…

Julie acarició suavemente con el dedo índice el plumaje del pecho de Nico.

—No lo he amaestrado, él se me acercó el día que llegué aquí y desde entonces…

—Ah, ¿pero sabe usted que eso es algo muy poco habitual?

Julie miró al contable con sorpresa.

—No, no lo sabía. ¿Por qué?

El hombre dejó el lapicero a un lado y se recostó en la silla.

—Verá, estos pájaros... Esta clase de papagayos, en la naturaleza, suelen unirse a una pareja y ambos pájaros viven juntos hasta que uno de los dos muere. Cuando alguien amaestra a uno de estos pájaros, él pasa a considerar a esa persona... Bueno, digamos que esa persona ejerce la función de pareja.

Julie arrugó la frente primero y a continuación enarcó las cejas.

—¿De veras? ¿Me está usted diciendo que yo ahora soy... la pareja de Nico? —Al formular esa disparatada idea no pudo evitar sonreírse.

—Eso parece —repuso Riard también entre risas señalando a Nico, que en ese instante observaba a Julie con la cabeza inclinada y una expresión soñadora.

—Sabe usted muchas cosas. ¿Es usted de Surinam?

—Sí, nací aquí —asintió—, aunque he pasado algunas temporadas en Europa, en concreto en los Países Bajos y en Francia. De hecho, mi madre era francesa, así que en realidad mi familia procede de allí. Mi padre era natural de los Países Bajos.

—¡Oh! De modo que puede decirse que se ha criado usted... en un ambiente internacional.

Riard soltó una carcajada.

—Sí, a veces no lo tenía fácil con mis padres. Cada cual quería ponerme el sello de su país. Aunque, en realidad, ambos nacieron aquí y solo conocieron sus respectivos países durante algún breve viaje. Pero aquí en Surinam se mantienen las tradiciones, vengan del rincón de Europa del que vengan.

Julie lo escuchaba, admirada por la franqueza con que se dirigía a ella. No se conocían de nada y él había empezado a hablarle sin ningún tipo de reparo de su familia. A Julie no le resultaba nada incómoda la compañía de aquel hombre. Al menos, era completamente distinto de los numerosos invitados que hacían un alto en la plantación.

—Por desgracia, todavía no he tenido ocasión de vivir de cerca la cultura de aquí. No he salido mucho de la plantación. Aunque lo cierto es que teniendo una casa en la ciudad debería ser posible hacerlo con frecuencia. Mi marido viaja a la ciudad una vez a la semana. ¿Vive usted en Paramaribo?

Jean asintió.

—Sí, por ahora sí. Antes mis padres tenían también una plantación, arriba en el río Para, pero con el tiempo se quedó demasiado pequeña para la explotación. —Se quedó mirando en dirección al río con gesto pensativo—. A mi padre le habría gustado que alguno de sus hijos siguiera sus pasos, pero el tiempo fue en su contra.

—¿Tiene más hermanos?

—Sí, una hermana, está casada y ahora vive en Norteamérica. Mi hermano, por desgracia, murió hace unos años.

—Oh, lo siento mucho —apuntó Julie consternada.

El hombre sacudió la cabeza.

—Era mucho mayor que yo; yo fui un hijo tardío, apenas lo conocía.

—¿Y sus padres? ¿Siguen viviendo en Surinam?

El hombre meneó la cabeza de nuevo, pero en esa ocasión agachó la mirada.

—No, los dos han fallecido —anunció con la voz entrecortada—. Se trasladaron a la ciudad después de dejar la plantación, pero creo que nunca lograron superar esa pérdida. La plantación llevaba varias generaciones en manos de la familia de mi padre. —Exhaló un ligero suspiro—. Este país está cambiando… y a muchas personas mayores les resulta muy difícil adaptarse a los nuevos tiempos. —Al levantar de nuevo la cabeza, se encontró con la mirada de Julie y por un instante le pareció que el tiempo se había detenido.

En ese momento, Nico rompió el hechizo con un graznido.

El contable, abochornado, volvió a concentrarse en sus papeles. Precisamente en ese instante, mientras estaba sentado frente a la joven y encantadora mujer de Leevken, debía abordar la tarea de liquidar la segunda casa de la ciudad. Disimuladamente, intentó tapar aquellos documentos con otros. ¿Sabría ella que su marido tenía desde hacía tiempo un «matrimonio surinamés»?

CAPÍTULO 9

En las últimas semanas, la vida de Julie en la plantación había transcurrido en una monotonía ininterrumpida salvo por la visita del señor Riard, que le había supuesto una agradable distracción. Ahora, sin embargo, se cernía la sombra de nuevos acontecimientos. Julie creía que hasta finales del mes de julio, como era la estación de las lluvias y por lo menos una vez al día caía un aguacero torrencial sobre la tierra, la vida en la plantación iba a ser más aburrida todavía. Pero se equivocaba. Por un lado, Karl se llevó a los esclavos de labor a sembrar los campos, ya que la caña de azúcar se planta mucho mejor cuando el terreno está húmedo y blando, según le explicó Amru. Pero había algo en el ambiente, y Julie percibía desde hacía unos días una cierta sensación de inquietud en la casa. Karl parecía tenso y estaba aún menos hablador de lo normal. Además, renunció a su visita semanal a la ciudad y se marchaba a hacer la ronda de control por los campos más temprano de lo que acostumbraba.

—Habrá luna llena —respondió Amru cuando Julie preguntó qué ocurría y se encogió de hombros—. Pronto comenzará de nuevo la zafra.

Cuál era exactamente la relación entre la luna y la cosecha era algo que Julie no sabía. Hasta ese momento, no había aprendido gran cosa sobre el cultivo de la caña de azúcar. Karl siempre respondía con sequedad que ella no tenía ninguna necesidad de saber cómo funcionaba y que no era una ocupación propia de mujeres. Hasta ese momento, Julie había obedecido la orden de quedarse en casa en la época de recolección. Y en sus pocas visitas a la aldea de los esclavos, no había podido averiguar mucho más. En ese sentido, los esclavos mantenían las distancias con ella. «Sí, misi; no, misi; todo bien, misi.» En cuanto Julie aparecía por la aldea de esclavos, todos adoptaban una postura rígida y agarrotada. A ella le daba la impresión de que los esclavos se encontraban cómodos en su presencia y no sentían hostilidad hacia ella, pero pese a eso tenía la nítida sensación de que la excluían de la comunidad. ¡Con lo que a Julie le habría gustado aprender algo más sobre su cultura y su modo de vida! Aunque Kiri le contaba cosas de vez en cuando, para Julie todavía quedaban muchas preguntas sin responder y en parte eso también se debía a que su esclava era nueva en la plantación.

Tras una mañana extraordinariamente aburrida, cuando por fin había dejado de llover y todo hacía pensar que durante unas horas no caería ningún aguacero, Julie decidió que quería hacerse una idea de cómo era el trabajo en los campos de cultivo de caña. Solo pretendía echar un vistazo desde lejos, pensaba mantenerse a una distancia de seguridad. Seguro que a Karl no le parecía mal. Julie estaba ansiosa por salir un rato de casa.

En la zona del molino había un gran ajetreo. Carros tirados por animales y cargados hasta arriba de caña avanzaban por los caminos empantanados hacia el molino, allí descargaban y, en fila, reemprendían el camino de regreso a los campos. Las mulas estaban empapadas hasta los huesos. A causa del sudor, se les formaba una especie de espuma debajo de los aparejos. Por uno de los caminos, Karl volvía de los campos a lomos de su semental. La expresión de su rostro era de malhumor, en la mano blandía un látigo muy largo de los que solían llevar los *basyas*.

—¡Moveos!

Sacudió el látigo, que aterrizó sobre un esclavo que en ese momento conducía una de las carretas hacia los campos para cargarla de nuevo. El fugaz restallido llegó a oídos de Julie. Pero ni el animal de carga ni el esclavo se inmutaron. En ese mismo instante, ambos aceleraron el ritmo, y Julie se preguntó a cuál de los dos habría golpeado el látigo. En principio, sería mejor que Karl no la viese allí. Seguramente, sería de la opinión de que en ese lugar una mujer no hacía sino molestar. Julie se refugió a la sombra de un gran árbol y observó el movimiento. En el cauce del arroyo que pasaba por detrás del trapiche discurría abundante agua. En ese momento, comprobó que, en efecto, tal como Amru le había explicado el día que salieron a hacer un recorrido por toda la plantación, el molino funcionaba con agua. Y ahora, como la luna llena provocaba una marea viva, era la época de cosechar y prensar la caña.

Desde donde estaba, Julie no lograba distinguir lo que pasaba en el interior del molino. Solo veía unos cuantos esclavos que, bajo la vigilancia de los *basyas*, que estaban apostados en la puerta, descargaban las cañas de las carretas. Con gran horror, se dio cuenta de que algunos de ellos tenían marcas recientes de latigazos en la espalda. No parecía que, durante esos días, ni los vigilantes ni Karl se estuvieran mostrando demasiado compasivos con los esclavos.

Julie observó que Karl daba media vuelta y, a caballo, regresaba de nuevo a los campos. Cuando lo perdió de vista, se acercó un poco más al molino. Con un pañuelo se enjugó el sudor de la frente, era primera hora de la tarde y el sol abrasaba. En la estación de las lluvias, en los momentos en que no llovía, el aire húmedo era tan sofocante que casi se echaba de menos la estación seca. Por no hablar de los mosquitos, que en esa época lo acribillaban a uno de día y de noche.

De pronto en el interior del molino se formó un tremendo revuelo. Los dos *basyas* abandonaron los puestos de vigilancia de la puerta y entraron corriendo. Julie contuvo la respiración.

Al poco, los guardas volvieron a salir. Entre los dos arrastraban a un esclavo que emitía lamentos y gemidos de dolor. Cuando lo soltaron y lo arrojaron al suelo, Julie vio que el hombre estaba herido. Se acurrucó y, enseguida, en la tierra mojada a su alrededor se formaron unas manchas rojas. Julie no daba crédito a lo que estaba viendo. ¿Acaso pensaban los vigilantes dejar allí a aquel hombre? Sin dudarlo un instante, Julie se dirigió hacia ellos con paso resuelto, lo que provocó de inmediato una gran perplejidad en los *basyas*. Estaba claro que nadie contaba con la presencia de la misi.

Horrorizada, Julie comprobó que el hombre tenía el brazo derecho aplastado hasta el codo. La sangre le brotaba a borbotones por diversas heridas.

—¡Id a pedir ayuda! ¡Llamad a Amru! —Julie se arrodilló junto al hombre herido, pero no supo qué debía hacer. De entrada, dirigió al herido palabras tranquilizadoras. Por el rabillo del ojo se percató de que ninguno de los *basyas* se movía de su posición. Tenían toda su atención puesta en vigilar a los demás esclavos. Julie se puso de pie y se plantó delante de los guardas.

—¡Este hombre está gravemente herido! ¡Moveos ahora mismo e id a buscar ayuda!

—Misi, no podemos ir, tenemos que quedarnos vigilando. Son órdenes del masra.

Uno de ellos señaló con una mirada de indiferencia hacia la carreta. Julie se dio cuenta de que ella no podía hacer nada contra las órdenes del señor. Se volvió con desesperación hacia el herido que gimoteaba, se arremangó la falda y echó a correr hacia la casa.

—Amru —dijo cuando, sin aliento, llegó al porche trasero, donde Amru estaba ocupada con sus tareas, como de costumbre—. Un herido... Tienes que venir. —A Julie se le salía el corazón por la boca y con el calor que hacía y el esfuerzo de la carrera, apenas le llegaba el aire.

Por fortuna, Amru comprendió enseguida que sucedía algo grave. A paso ligero, siguió a Julie de vuelta hacia el molino. Al ver al hombre tendido en el suelo, comprendió la urgencia. Antes de llegar al lugar, se arrancó un pedazo de tela de la falda, se arrodilló junto al herido y, con gran habilidad, le vendó la herida del brazo para detener la hemorragia. El hombre había perdido el conocimiento. En un primer momento, Julie pensó que había muerto desangrado, pero enseguida comprobó con alivio que su pecho se llenaba y se vaciaba de aire, aunque no se hundía mucho.

—Tenemos que ayudarlo, Amru... Un médico, tenemos que llamar a un médico.

En ese momento oyeron acercarse los cascos de un caballo.

—¿Qué pasa aquí? ¡Juliette! —Karl detuvo el caballo junto a las dos mujeres. El animal jadeaba y le goteaba espuma de la boca.

Julie se puso de pie. Se le había manchado el vestido.

—Juliette, ¿qué estás haciendo aquí? ¿No te había dicho que...? Y mira el aspecto que tienes —le recriminó mirándola desde lo alto del caballo sin prestarle ninguna atención al herido.

—Karl, ¡este hombre necesita un médico!

—¿Un médico? —espetó con una risotada; luego adoptó una expresión seria y fulminó a Julie con una mirada cargada de enojo.

—Juliette, ve a la casa, aquí no se te ha perdido nada, lo único que haces es molestar a los trabajadores —le ordenó.

Julie lo miró estupefacta. Una persona se estaba desangrando y a Karl solo se le ocurría mandarla a casa.

—Pero...

Karl sacudió la cabeza, sulfurado.

—¡No hay pero que valga! Desaparece de mi vista ahora mismo, no quiero verte aquí ni un minuto más. —Tras formular esa amenaza, azuzó a su caballo y se marchó al galope de nuevo en dirección a los campos.

A Julie ni se le pasó por la cabeza la idea de marcharse.

—Amru, ¿qué podemos hacer?

Amru había logrado detener la hemorragia y en ese momento se estaba incorporando con cierta dificultad.

—Verá, misi, con frecuencia los trabajadores se lastiman con los rodillos del molino. En esos casos, los *basyas* y el masra dicen que la culpa es de los esclavos, que no tienen cuidado. Como castigo…

—¿… los dejan morir? —preguntó Julie boquiabierta—. ¿Cómo puede uno disponer a su antojo de la vida de una persona?

Julie había aprendido que para el patrón de una plantación no había nada más importante que los esclavos. A pesar de la severidad con que los trataban, ellos aportaban la fuerza sin la cual nada funcionaba. No se hablaba de personas, se hablaba de «valor de la fuerza esclava».

—Con el brazo así ya no podrá trabajar, por eso…

—¡Amru! ¡Todavía está vivo! —exclamó Julie escandalizada—. Así que deberíamos ayudarlo.

Julie no estaba dispuesta a dejar morir allí a aquel esclavo, que, para espanto suyo, era lo que al parecer acostumbraban a hacer. A Julie se le ocurrió una idea.

—¿No tenéis en vuestra aldea un… curandero o algo así? —Miró a la esclava doméstica con ojos de súplica—. Por favor, se tiene que poder hacer algo.

Amru estaba confundida. Si hacía algo contravendría una orden expresa del masra. Pero, por otro lado, si la misi lo deseaba… Naturalmente, ella también opinaba que no podían abandonar a aquel hombre herido a su suerte, aunque para ello fuera preciso buscarse problemas.

—Kebo. —Con un tono resuelto, llamó a un muchacho de unos diez años que estaba frente al molino recogiendo las cañas de azúcar que caían de las carretas—. Corre, ve a buscar a Jenk.

Julie miró a Amru con cara de asombro.

—¿Has ordenado llamar a tu marido?

Amru agachó la mirada un tanto atemorizada.

—Jenk es el… médico de los esclavos de la aldea.

Julie recibió la noticia con sorpresa. No sabía que en la aldea tuvieran un médico.

Kebo apareció al poco tiempo acompañado de Jenk. Parecía que el marido de Amru venía del campo. Julie esperaba no ponerlo en apuros también a él. Jenk intercambió una mirada fugaz con Amru y, acto seguido, se agachó a examinar al herido, pasó el brazo sano del hombre por detrás de su cuello y se lo cargó a la espalda. Así lo arrastró desde el molino en dirección a la aldea. Julie quiso seguirlos, pero Amru la detuvo.

—Misi Juliette, ahora ya no puede hacer nada. Misi debería regresar a casa.

Julie iba a protestar, pero siguió la recomendación de Amru y se fue a casa. En ese instante, se dio cuenta de lo mucho que la había afectado lo ocurrido, estaba empapada de sudor y cubierta de barro, le dolía la cabeza y las piernas le flojeaban. Con paso tembloroso, logró llegar al porche trasero y entonces se desmayó.

Cuando recobró el conocimiento, se vio tumbada en la cama. Kiri se encontraba a su lado y le había cubierto la frente con un paño húmedo. Julie hizo ademán de incorporarse, pero nada más levantar la cabeza volvió a marearse. Rápidamente, apoyó de nuevo la cabeza y la hundió en la suave almohada.

—Kiri, ¿qué ha pasado? —preguntó abatida.

—Misi Juliette debe quedarse en la cama, misi Juliette tiene fiebre.

—¿Fiebre? —Julie sentía frío—. ¿Cómo está el hombre del molino?

Kiri se encogió de hombros.

—No lo sé. Amru ha dicho que debo quedarme con la misi.

—Ve a la aldea y pregunta por él. Y luego vuelves y me lo cuentas. —Julie le quitó a Kiri el paño de la mano. No necesitaba un pañuelo frío en la frente. Lo que necesitaba era otra manta. Estaba muerta de frío.

Kiri parecía indecisa.

—¡Vamos! ¡Ve!

—Sí, misi. —Kiri hizo una torpe reverencia y salió apresuradamente de la habitación.

¿Fiebre? Julie trató de escuchar a su cuerpo. A decir verdad, se encontraba bastante bien. Salvo por el mareo y el frío. Y eso que todavía hacía mucho calor. ¿Acaso se habría contagiado de esa fiebre que afectaba con tanta frecuencia a los blancos en aquel país? Lo cierto era que no llevaba tanto tiempo allí y no había visitado ninguna de las regiones donde supuestamente estaba más extendida la enfermedad.

De pronto, se abrió la puerta con gran estrépito y Amru empujó a Kiri hacia el interior del dormitorio.

—¡Te he dicho que te quedes con la misi! —ordenó la esclava a la muchacha con severidad antes de dirigirse a Julie en un tono más suave—: Misi Juliette debe descansar, ¿desea alguna cosa?

Su mirada no admitía ningún tipo de réplica y Julie no se atrevió a preguntarle por el herido. Meneó la cabeza con gratitud y respondió:

—No, gracias, Amru.

Al día siguiente, Julie ya se encontraba mucho mejor. Amru seguía sin dejar que se levantase de la cama porque insistía en que, teniendo fiebre, le convenía descansar. Julie lo entendía, pero sentía una necesidad imperiosa de ir a la aldea a visitar al herido para averiguar cómo se encontraba. No se le iba de la cabeza.

La luna llena acabó y con ella acabaron los días de cosecha. Entre unas cosas y otras, la vida en la plantación había vuelto a la tranquilidad. Karl se había marchado a la ciudad por la mañana. Había visto un momento a Julie, aunque no le había prestado especial atención.

—Hazle caso a Amru y enseguida te encontrarás mejor —había farfullado.

No había mencionado nada sobre lo sucedido en el molino.

A la mañana siguiente, Amru le permitió al menos desplazarse de la cama a uno de los sillones del porche delantero. Julie estaba deseosa de tomar un poco el aire. Se sentía recuperada, no había sido más que un desfallecimiento. En la posibilidad de que pudiera haber contraído la malaria no quería ni pensar.

—Amru, ¿qué ha pasado con el esclavo herido? —preguntó de nuevo.

La esclava acababa de llevarle un poco de fruta y estaba sacudiendo las almohadas mientras Julie comía.

—Ya está bastante mejor. Jenk se ha… ocupado de la herida.

Sin embargo, a Amru la delataba la mirada. Julie estaba preocupada.

—¿Qué pasa, Amru? ¿Ha habido algún problema? Tal vez…, tal vez podamos pedirle a Pieter que vaya a verlo la próxima vez que venga.

Amru contestó enseguida meneando la cabeza.

—No, masra Pieter no está para cuidar de los esclavos. Masra Karl…

—... no lo permitiría —concluyó Julie la frase con un suspiro. Poco a poco empezaba a comprender cómo funcionaban las cosas allí.

—¿Ha tenido tu marido... algún inconveniente... por prestar ayuda al herido? —Julie esperaba que Karl permitiese como mínimo que los esclavos se ayudasen entre sí. Y Jenk, al ser el jefe de cuadras que cuidaba los caballos de Karl, parecía gozar de algunos privilegios más que los esclavos del campo.

Amru se limitó a murmurar por lo bajo:

—Misi no tiene que dedicarse a pensar tanto en los esclavos. —Y desapareció en el interior de la casa.

Julie se recostó pensativa sobre el respaldo de la silla. Se le habían quitado las ganas de comer fruta fresca.

Fue de lo más inesperado que, un poco más tarde, Martina se sentara a hacerle compañía. Normalmente, la joven procuraba mantenerse alejada de Julie y, desde luego, nunca le dirigía la palabra. Pero, en ese momento, Martina apareció en el porche y tomó asiento en una silla frente a Julie.

—Sí... —comenzó titubeante y sin mirar a Julie a los ojos, sino con la vista puesta en el río—. Esa fiebre es espantosa. Se extiende por toda la colonia como una plaga.

Julie enarcó las cejas. En esa frase había más palabras de las que Martina había dirigido a Julie en todo el tiempo que llevaba viviendo allí. De todos modos, Julie no presagiaba nada bueno después de los antecedentes de su relación.

Enseguida Martina adoptó un tono un tanto arrogante.

—Pues Pieter dice que no deberían dejar entrar en el país a ningún viajero. Mueren como moscas a causa de la fiebre. En su última carta me contaba que precisamente algunos de los misioneros que llegaron hace poco a Paramaribo murieron de eso a las pocas semanas de desembarcar. —Martina lanzó una mirada de fingida compasión—. ¿No eran los que viajaban en el mismo barco que vosotros?

Por lo visto, Karl debía de haberle hablado a Martina sobre la amistad que Julie había trabado con Erika.

Para gran enojo de Julie, las palabras de Martina comenzaron a surtir efecto. ¡Erika! ¡Ojalá ella no se hubiera contagiado! ¿Cómo estaría? Ay, si pudiera viajar a la ciudad aunque solo fuera una vez para hablar con ella... A Julie se le encogió el corazón. De pronto sintió con crudeza lo mucho que echaba de menos una persona con la que poder hablar, en la que confiar..., una amiga.

En cuanto Karl regresó de la ciudad, Julie le preguntó si sabía algo sobre el paradero de los hermanos del barco.

—Bah, espero que los hayan enviado a todos a la jungla, lo único que hacen es conseguir que los esclavos se subleven —le espetó.

Julie sabía que Karl compartía la misma opinión negativa de aquellas personas que tenían todos los amos de plantaciones. Pero a ella no le interesaba tanto la postura de su marido respecto a los misioneros, tras la que en el fondo se escondía el miedo a una sublevación, como obtener información actual sobre el paradero de aquellas personas. En una de las cenas, Julie se había atrevido a mencionarle a los Hermanos Moravos a la anfitriona y esta había reaccionado con un arrebato de cólera.

—Ah, esos misioneros no volverán a pisar la plantación jamás. Y, jovencita, si usted fuera lista, tomaría la misma decisión en sus tierras.

Pero no había relatado ninguna historia sobre el problema concreto.

Julie tenía demasiadas preguntas y nadie con quien hablar. Kiri tampoco sabía mucho al respecto.

—Antes, los hermanos solían venir siempre a nuestra plantación, el masra no tenía nada en contra —explicó mientras peinaba los cabellos de Julie—. Pero he oído que otros masras no permiten que los hermanos entren en sus tierras. —La muchacha parecía albergar tantas dudas como Julie respecto a muchos temas.

—Pero los esclavos ¿creen? —Julie no sabía muy bien cómo formularle la pregunta a Kiri—. Quiero decir que si tenéis… un dios.

Kiri se limitó a encoger los hombros.

—Tenemos muchos dioses y también el dios que tienen los blancos. Pero muchos blancos no quieren que creamos en su dios, y luego hay otros, como los hermanos, que dicen que solo existe ese dios y que también es nuestro dios.

Julie intuía más o menos de qué estaba hablando.

CAPÍTULO 10

Absolutamente exhausta, Erika acababa de sentarse en una silla. Hacía algunos días que ya no trabajaba en la enfermería. Josefa le había dicho que, ahora que faltaba tan poco para el alumbramiento, no le convenía hacer esfuerzos. Era final de septiembre. Erika se sentía como un enorme saco hinchado. Le pesaban las piernas y con el pegajoso calor de mediodía apenas le llegaba el aire. Por la mañana, se había dedicado a ordenar un poco, pero tampoco es que hubiera mucho que hacer en su pequeño habitáculo. De Reinhard no había recibido noticias desde su partida. Erika se consolaba pensando que no debía de ser fácil enviar cartas desde el interior del país. En aquel momento, estaba medio adormilada cuando de pronto Dodo, una esclava, irrumpió en la estancia casi sin aliento.

—Misi… —exclamó y, tartamudeando, dijo—: en el puerto, barco…

—¡Reinhard!

Erika se puso en pie de un salto y echó a correr. Frente a la misión, estuvo a punto de chocar con Josefa.

—¿Erika? ¿Qué ocurre? En tu estado no deberías…

Pero Erika siguió corriendo sin contestar.

Josefa intuyó que no sucedía nada bueno y la siguió, aunque a paso más lento. Poco antes de llegar al lugar donde estaba atracada la pequeña embarcación, Erika se detuvo y Dodo apareció a su lado jadeando.

—¿Reinhard? —Erika quería llamarlo, pero solo consiguió emitir un gemido.

—Misi, el barco, el hombre de la misi... ¡Misi no tiene que ponerse nerviosa!

—¡Habla de una vez! —exhortó Erika a la esclava con impaciencia. La excitación le había provocado un mareo terrible, pero ahora Reinhard había regresado—. ¿Dónde está?

La esclava clavó los ojos en sus pies descalzos y callosos.

—¡Habla!

Con un movimiento de cabeza, señaló hacia uno de los almacenes.

Erika parpadeó, deslumbrada por el sol, y entonces vislumbró la puerta de entrada que se abría en el redondo casco del barco.

—¿Reinhard? —gritó, vacilante.

En la penumbra del almacén, Erika trató de vislumbrar alguna figura, pero allí no había nadie. Cuando se disponía a salir de allí para reprender a la esclava, su mirada recayó sobre unas cuantas cajas de madera. No, no eran cajas de madera... Eran ¡ataúdes! Erika perdió el conocimiento.

Cuando volvió en sí, se encontraba en una pequeña casa. ¿Lo había soñado todo? Un agudo dolor en el vientre la hizo estremecerse. Fuera oyó unas voces agitadas. Josefa estaba recriminándole algo a alguien con irritación.

—¿Cómo se te ha ocurrido? ¿No ves que está a punto de dar a luz? ¡Habría que haberle dado la noticia de otra manera!

Erika giró la cabeza hacia la pared y estalló en silenciosos sollozos. Así que no había sido un sueño. Reinhard estaba muerto. MUERTO. ¿Cómo? ¿Por qué?

La puerta se abrió y Josefa se arrodilló junto a la cama de Erika.

—Ay, cielo, no sabes cuánto lo siento, qué bruta ha sido esa esclava... Yo...

—¿Cómo ha muerto? —preguntó Erika con un hilo quebrado de voz.

Josefa la cogió de la mano.

—Cariño, ¡el cadáver de Reinhard no estaba ahí! La esclava, que no ha podido ser más estúpida, quería decírtelo, pero tú fuiste más rápida.

—¿Entonces él no...?

—No, aunque tampoco tenemos noticias suyas. El esclavo que ha traído los..., los restos mortales de los otros hermanos solo sabe que el tercer hermano continuó viaje para adentrarse en el interior del país antes de que los otros... muriesen a causa de la fiebre. —Para animarla, Josefa acarició los hombros de Erika con ternura—. Así que cálmate, Erika, probablemente estará bien. —De todos modos, las palabras de Josefa tampoco sonaban demasiado convincentes.

—¡Ojalá no hubiéramos venido a este país! —se lamentó Erika con amargura. La preocupación por Reinhard la estaba matando. ¿Dónde estaba? ¿Estaba solo? ¿Estaba sano?

—No digas eso, muchacha —exclamó Josefa horrorizada—. Vinisteis obedeciendo la llamada del Señor.

¡El Señor! ¿Y qué pensaba depararles ahora el Señor? Antes de que Erika pudiera responder, volvió a invadirla un dolor punzante en el vientre que la hizo retorcerse.

Josefa se incorporó de golpe.

—¡El niño, Erika, es el niño!

«Ahora no», fue el primer pensamiento de Erika. Intentó oponer resistencia, pero el niño se abría camino hacia el mundo con todas sus fuerzas.

Tras catorce horas de contracciones, Erika ya no era capaz de pensar con claridad y, aunque continuaba aferrada a su instinto de conservación, que le impedía perder la conciencia, el alumbramiento no llegaba. Josefa y Dodo estaban sentadas junto al lecho de Erika y le iban enjugando la frente con paños fríos mientras Josefa rezaba para velar y suplicar por la buena marcha del acontecimiento.

Pero Erika tenía la sensación de que iba a necesitar algo más que la ayuda de Dios. Entre dos contracciones le pidió a Josefa:

—Manda llamar a Derama, ¡por favor!

Josefa la miró escandalizada.

—Erika, no me estarás diciendo que pretendes que esa…, esa… No, tu hijo no puede nacer en manos de una negra —dijo, aterrada.

Pero Erika tenía el presentimiento de que aquella era su única oportunidad. La única salida para ella y para el niño. No le dio otra opción a Josefa.

—¡Llámala! —Erika agarró a Josefa del brazo, que gritó asustada—. ¡Ve a buscarla ahora mismo!

Antes de que Josefa pudiera reaccionar, Dodo ya estaba en camino.

Derama examinó el cuerpo debilitado de Erika. En un par de ocasiones meneó la cabeza con gesto de reproche como dándole a entender a Josefa que Erika no habría sufrido tanto si hubieran ido a llamarla antes. Le dio a Erika un té de sabor dulce y al poco tiempo, por fin, comenzó el parto.

Poco más tarde, Erika contemplaba orgullosa al pequeño bebé de piel rosada que sostenía entre los brazos. No cabía en sí de felicidad. El dolor de las últimas horas cayó en el olvido casi de inmediato. Era su hijo. El hijo de Reinhard. Una ola de ternura lo invadió todo. Su marido regresaría y podría sostener en brazos a su hijo.

—Se llamará Reiner —susurró mientras una mano diminuta le agarraba un dedo.

CAPÍTULO II

En un primer momento, Kiri no fue consciente de qué era lo que la había despertado. Medio atontada por el sueño, se dio media vuelta en la hamaca y miró hacia la oscuridad de su cabaña. El fuego que tenía junto a la hamaca casi se había extinguido. Ahora, después de la estación de lluvias, era mejor dormir en una hamaca que en el suelo. Los largos meses de lluvia traían a la vida a toda suerte de bichos y la cantidad de mosquitos se multiplicaba con el comienzo de la estación seca. De ahí que en las cabañas se encendieran pequeñas fogatas, ya que el humo era un remedio para mantener alejados a los irritantes insectos que chupaban la sangre.

Kiri no se encontraba muy cómoda junto al fuego. Tiempo atrás, en su antigua plantación, una noche un bebé se había caído de la hamaca y había sufrido unas quemaduras terribles. Aunque Kiri ya había procurado buscarse una hamaca bien tupida, en esa época nunca dormía del todo tranquila.

Pero no la habían despertado los mosquitos. Aguzó el oído de nuevo en la oscuridad. Muy a lo lejos oyó el profundo retumbar de unos tambores. En el acto, ese ruido le removió algo en el interior, como si los tambores la estuvieran llamando.

«¡Un *dansi*!» Kiri no estaba todavía lo bastante arraigada en la aldea como para que la avisaran cuando se celebraba una danza. No podía culpar a los demás esclavos. Al fin y al cabo, ella pasaba mucho tiempo en la casa con el masra y la misi blanca. Las danzas y los rituales de los esclavos estaban penados con el castigo, salvo en caso de que el masra los hubiera autorizado expresamente. En todo el país era así. Naturalmente, Kiri sabía que, pese a eso, se celebraban danzas y ya había asistido a algunas antes. De pronto un hormigueo le recorrió todo el cuerpo. ¿Debía ir? ¿Y si los otros la echaban? La llamada de los tambores hablaba por sí sola. No dejaba lugar a dudas.

Rápidamente, se ató un pañuelo a la cadera y salió de la cabaña. La aldea estaba en silencio, el fragor sordo de los tambores venía de los campos. ¿Acaso la danza tendría algo que ver con la visita de los vendedores ambulantes que habían llegado esa tarde en barca?

Cimarrones. En realidad, era responsabilidad del director de la plantación proporcionar a los esclavos todo lo necesario, pero los cimarrones habían acabado organizando un próspero negocio con toda clase de objetos. La mayor parte de estos no los fabricaban los propios cimarrones, sino que los intercambiaban con los indígenas, pero los esclavos de las plantaciones siempre podían necesitar alguna cosa y ofrecer a cambio algo que interesara a los cimarrones: agujas o anzuelos, tejidos o cacerolas. Los amos de las plantaciones solían permitir esos trueques porque cuantas más cosas consiguieran los esclavos por su cuenta, menos dinero tenían que gastar ellos. Los *basyas* tenían órdenes de controlar los salvoconductos que los maestros de postas blancos concedían a los cimarrones, pero desde los tratados de paz que se habían firmado cien años atrás, tales maestros de postas convivían con los cimarrones. Había reglas que debían respetarse y una cierta burocracia que, aunque a aquellos hombres les resultaba ajena, era importante para los colonos. Los *basyas* aprovechaban la ocasión, sobre todo, para aprovisionarse de licor. Por eso, la visita de los cimarrones nunca les resultaba inoportuna. Esto es lo que había ocurrido ese día. Kiri había visto a los guardas con los barriles por la tarde, y de momento no acechaba ningún peligro. El masra se encontraba en la ciudad, por tanto era una oportunidad perfecta para los esclavos.

—¿Kiri?

—¿Amru? —Kiri agachó la mirada. Estaba convencida de que ahora Amru iba a enviarla de vuelta a su cabaña. Se preparó a recibir una reprimenda para sus adentros. Pero Amru se quedó pensando unos instantes. Y a continuación le dio a Kiri un empujoncito.

—Venga, vamos, antes o después tendrán que empezar a aceptarte los demás —le dijo con dulzura.

Kiri no daba crédito a lo que estaba oyendo y siguió encantada a Amru por un camino que se dirigía a los campos. Después de la estación de lluvias, la rutina de los esclavos también había vuelto a la tranquilidad. Durante la época húmeda, los esclavos de campo, además del trabajo diario y la labor de recolección, tenían que encargarse del mantenimiento de los canales de desagüe y de comenzar a plantar de nuevo. Eso significaba que el volumen de trabajo se duplicaba a pesar del mal tiempo. Además, en septiembre, bajaba la temperatura durante algunas semanas y quedaba bastante tiempo hasta la fatigosa labor de la siguiente cosecha.

Kiri tenía todos los sentidos puestos en no perder ni el equilibrio ni la orientación por el suelo resbaladizo de los campos de caña. No sabía calcular cuánto se habían adentrado en los campos, pero desde luego lo suficiente como para que ningún blanco pudiera percatarse de lo que estaba ocurriendo.

De pronto, Amru penetró por un muro de caña de azúcar de la altura de un hombre. Kiri estuvo a punto de perderla de vista. Los tallos le golpeaban la piel desnuda de los brazos y las piernas. Pero, al cabo de pocos pasos, volvían a encontrarse en un campo segado, posiblemente uno de los campos que ya habían recolectado. La caña de azúcar estaba cortada casi al ras y tardaría varias semanas en recuperar la altura habitual. El terreno del campo estaba considerablemente más seco que el del camino. En el centro, había un gran fuego en torno al cual se habían reunido los esclavos. Bajo el resplandor del fuego, algunos se volvieron a observar a Kiri, pero nadie hizo ademán de expulsarla de allí. Acudir a la celebración bajo la protección de Amru era poco menos que sinónimo de aceptación. Los tambores sonaban más rápido. A Kiri se le aceleró el corazón. Jenk, el marido de Amru, entró en el círculo interior, rodeó el fuego y formuló unos conjuros para apaciguar a los espíritus. Kiri no comprendía exactamente lo que sucedía; conocía algunos rituales, pero aquel no lo había visto nunca, lo cual tampoco era sorprendente, ya que el número de rituales era incalculable. Y, además, estos variaban de unas plantaciones a otras. Su tía le había explicado que los primeros esclavos que llegaron a Surinam, muchas generaciones atrás, habían traído consigo unas costumbres completamente distintas. Estas se mezclaron con las tradiciones de los llamados esclavos de agua salada, que, no mucho tiempo atrás, todavía llegaban de África. Agitada, su tía le había contado que, aunque la entrada de esclavos llevaba mucho tiempo prohibida, aún llegaban barcos cargados de personas.

Los blancos llamaban *winti* a la cultura que había evolucionado a partir de las costumbres tradicionales, aunque no definían el concepto del todo. La tía Grena había advertido a Kiri que los blancos empleaban esa palabra para todo lo que les resultaba ajeno, los inquietaba o les parecía que atentaba contra sus creencias. La práctica del culto *winti* había quedado, por supuesto, oficialmente prohibida.

Kiri contempló el fuego expectante. ¿Se trataba tal vez de un hechizo de amor? ¿O acaso alguien había invocado a los espíritus para que lo protegiera de las enfermedades? Daba igual, sobraban los motivos para celebrar un *dansi*. Por lo general, a los esclavos les gustaba acudir a los *dansi* porque era una forma de alejarse de la rutina diaria. Sin embargo, corrían un gran riesgo, ya que, en caso de que un blanco se enterara, el castigo consistía en unos azotes para el chamán —el doctor de los esclavos— y un fuerte racionamiento de los alimentos para el resto de la aldea. Pero el deseo de entrar en contacto con los espíritus solía ser más fuerte y toda la comunidad estaba dispuesta a correr el riesgo.

Cuando el chamán hubo terminado de dar la vuelta a la fogata, los esclavos entonaron un canto. Todos los que estaban sentados empezaron a moverse al ritmo de los tambores y las voces elevaron el volumen. A continuación, entraron tres danzadores en el círculo que habían formado alrededor del fuego.

Los tres hombres iban ataviados con ropajes de gala y pintados con tierra del canal Pimba de color claro. Su piel oscura brillaba bajo el resplandor del fuego mientras se movían rítmicamente al son de la música. Kiri contemplaba los cuerpos musculosos como en trance. En los últimos meses nada había estado más lejos de su intención que gustarles a los hombres jóvenes. La pérdida de su hogar, el tiempo en manos de Bakker y luego su nueva vida al servicio de la nueva misi casi la habían hecho olvidar que era una jovencita que, poco a poco, empezaba a convertirse en mujer. Esa noche, al sentarse frente al fuego y contemplar a aquellos hombres danzando, Kiri sintió una especie de deseo que no era capaz de definir. Sobre todo uno de los muchachos, que debía de tener dos o tres años más que ella, ejercía en ella un efecto de fascinación casi mágico. Tenía las espaldas anchas y los brazos fuertes y, en su pecho, Kiri pudo adivinar bajo el resplandor de las llamas unos tatuajes rituales y unas cicatrices con forma de perlas que, a la luz fantasmagórica del fuego y con el suave movimiento de los músculos del danzador, parecían cobrar vida y deslizarse por su cuerpo como serpientes.

Por un instante, la mirada de Kiri se cruzó con la del danzante, aunque ella no supo si en realidad él había llegado a verla o sencillamente, en el delirio de la danza, había mirado en esa dirección por casualidad. Fuera como fuese, a ella se le paró el corazón.

El baile concluyó con un grito gutural y en ese mismo instante cesó también el canto. Jenk, en su función de chamán, roció a los danzadores con un líquido que, con la cercanía del fuego, pareció evaporarse antes de tocarles la piel. Después se oyeron tres toques de tambor y entonces acabó el ritual. Los esclavos se pusieron en pie y se encaminaron hacia la aldea; algunos hombres arrojaron tierra sobre la fogata para extinguir el fuego por completo. Al día siguiente, ya no se recordaría lo que había sucedido aquella noche en el campo.

Kiri se apresuró a seguir a Amru. En el interior de su mente seguía viendo las llamas del fuego y el cuerpo ágil del danzador.

A la mañana siguiente, al despertarse en la hamaca de su cabaña, creyó por un momento que todo había sido un sueño. Pero los pequeños moratones de las piernas la hicieron revivir el doloroso camino a través de los campos de cañas. No lo había soñado. ¿Quién era el danzador que la noche anterior consiguió quitarle la respiración?

CAPÍTULO 12

Julie se había recuperado sin problemas del acceso de fiebre. Amru la había tranquilizado diciéndole que, al principio, muchos forasteros tenían que luchar contra la calentura.

—Es culpa del calor —comentó y le indicó a Julie que siguiera cuidándose unos días más.

Karl y Martina se hallaban de viaje en la ciudad. Su marido tenía previsto regresar al cabo de dos días y Martina debía —o mejor dicho quería— quedarse un tiempo en casa de su tía. A Julie le pareció muy oportuno. Martina le había dicho varias veces que en los últimos tiempos habían muerto varios recién llegados al país a causa de la fiebre. Se lo había dicho con cierto retintín en la voz y a Julie le había parecido reconocer en su mirada la esperanza velada de que ella acabase corriendo la misma suerte. No cabía la menor duda de que Martina era una persona sin escrúpulos. Julie sabía que la joven no podía soportarla, pero de ahí a que la muchacha le deseara la muerte… A Julie la sulfuraba que Martina no hubiera sido capaz de demostrar ni siquiera un poco de buena voluntad para entablar una relación con ella. Por otro lado, se consolaba pensando que probablemente Martina estaba celosa de que su padre volviera a tener una mujer a su lado.

Sin Karl y sin Martina, Julie se sentía mucho más cómoda en la plantación. Le daba la impresión de que podía respirar con libertad y de que no tenía que estar todo el tiempo a la defensiva. Desde el incidente en el molino, Karl no había vuelto a permitir que ella pasara demasiado tiempo cerca de los esclavos. Si se detenía a hablar con ellos más de lo necesario, o si Karl la sorprendía conversando con alguno, le ordenaba que se marchase de allí. Julie solía obedecer con un asentimiento, murmuraba alguna disculpaba y se iba. Era mejor no embarcarse en ninguna discusión con Karl.

Sin embargo, por lo visto, Karl había dado a sus guardas la orden de que, en su ausencia, mantuvieran a Julie vigilada. Un día en que estaba con Amru en el porche trasero escuchando las diferentes formas de preparar la mandioca (a Julie todavía le daba miedo porque en realidad se trataba de un tubérculo venenoso, pero al parecer si se trataba como era debido era completamente aprovechable), Amru lanzó una elocuente mirada en dirección a uno de los *basyas,* que de camino a la aldea de los esclavos aminoró la marcha para espiar a Julie. Esta resopló indignada. ¿Es que ya no tenía libertad para dar ni un solo paso? ¿Qué pretendía Karl? ¿Que se sentara en una silla como una muñeca de cera y se moviera únicamente cuando alguien la llamara? Probablemente eso era lo que a él le habría gustado. Pero Julie no pensaba permitir de ninguna manera que él limitase su libertad. Ella se alegraba de que al fin hubiera terminado la estación de las lluvias y de poder salir de nuevo al aire libre. Los meses que en Europa correspondían al otoño eran en Surinam los más agradables y recordaban un poco a la primavera, aunque a una primavera muy cálida. Pero la naturaleza estaba tan embriagada de agua que estallaba y florecía con exuberancia y la explosión de olores intensos y dulces hacía que para Julie el mero hecho de sentarse en el jardín fuese fascinante. A veces incluso le parecía apreciar cómo crecían las plantas. Con gran desazón, Julie pensó en su próximo cumpleaños. ¿Se acordaría Karl?

Julie intentaba darle una cierta estructura a los días. Para orientarse, trataba de seguir el ritmo de Amru, que no paraba en ningún momento y siempre encontraba algo que hacer. De esa forma, Julie no se sentía tan sola y al menos tenía la sensación de que participaba un poco en la vida de la plantación.

—¿Tenéis aquí algo parecido a una escuela? —le preguntó a Amru con curiosidad una mañana, según la acompañaba a la aldea de los esclavos. Los hombres se habían marchado al campo a trabajar y con ellos, los guardas.

—¿Escuela? —Amru soltó una risotada de desprecio y miró a Julie como si bromease con aquella pregunta—. ¿Qué íbamos a enseñarles a nuestros hijos allí? No tienen permitido aprender nada. —Amru meneó la cabeza y continuó andando.

Julie se quedó inmóvil un instante y observó al pequeño grupo de niños con el cabello encrespado que, frente a una cabaña, estaban reunidos alrededor de una mujer.

Amru comprendió enseguida.

—Mura cuida de los niños mientras los demás trabajan —le explicó y con la mirada dirigió la atención de Julie hacia el brazo de Mura. Julie se estremeció al darse cuenta de que a la mujer le faltaba una mano—. No puede trabajar. Un accidente. Por eso cuida de los niños.

Mura estaba enseñando a los niños a trenzar una estera que estaba a medio hacer. Con gran destreza, sujetaba un extremo con las rodillas para poder entretejer las fibras con la mano que tenía. Algunos de los niños la observaban con gran atención, otros en cambio estaban jugando con algún palo o tendidos por allí medio adormilados. Por lo general, todos los niños presentaban un aspecto bueno y saludable. Parecían aseados y bien alimentados.

—Pues sería bonito que aprendieran algunas cosas —señaló Julie pensando en alto al observar a los pequeños.

—Pero ¿qué iban a aprender, misi? —preguntó Amru con displicencia—. No podemos aprender a escribir y tampoco a leer. A los niños les enseñamos a ser buenos esclavos, que es lo que los blancos quieren que hagamos.

Julie percibió la amargura en el tono de la vieja esclava. Ella comprendía a la perfección ese sentimiento, los esclavos llevaban demasiado tiempo sufriendo el dominio de los blancos. En cambio, eso no quería decir que fuera a ser así para siempre. En los últimos tiempos, Julie había oído muchas discusiones sobre las rebeliones de los esclavos y había leído artículos sobre ello en los periódicos de Karl.

—Por lo que dicen, es posible que en unos años la esclavitud quede abolida. Y en ese caso sería bueno que los niños hubieran aprendido a leer y a escribir —respondió con ingenuidad.

Amru esbozó una sonrisa amarga.

—Ay, misi, ojalá llegue el día en que yo vea eso con mis ojos…

Julie estaba convencida de que Amru y todos los que vivían allí verían aquello con sus propios ojos. Inglaterra y Francia habían abolido la esclavitud hacía mucho tiempo y habían elaborado leyes. Los Países Bajos estaban resistiéndose a dar ese paso en sus colonias, pero era cuestión de tiempo que llegara el día en que cedieran a la presión de los demás países. Incluso en la madre patria se había formado ya un gran movimiento contra la esclavitud. Karl y los demás patrones intentaban restar importancia al tema, pero Julie estaba segura de que no podrían esquivarlo para siempre. La abolición de la esclavitud supondría un gran giro para el país. Y a Julie, al contrario que a los colonos que llevaban allí instalados mucho tiempo, no le daba ningún miedo. Más bien a la inversa. Lo que la horrorizaba era pensar que tendría que vivir el resto de su vida como dueña de esclavos, de forma que tenía todas sus esperanzas depositadas en ese gran giro. Tal vez cuando llegase comenzaría a sentirse cómoda al fin. Entre personas libres.

A partir de ese momento, ya no consiguió quitarse a los niños de la cabeza. Incluso varias horas más tarde, cuando decidió sentarse en el porche mientras Nico se comía un pedazo de banana a sus pies y Kiri le servía algo frío de beber, siguió pensando en los hijos de los esclavos.

Además, el tema de los niños había ido adquiriendo importancia para ella. Hacía tiempo que Karl le había dado a entender que la culpaba por no haberse quedado todavía encinta. Una noche en que el alcohol le había soltado la lengua, ni corto ni perezoso, le espetó:

—Me busqué una muchacha hermosa, me la traje a casa y ni siquiera es capaz de cumplir con sus obligaciones como mujer.

Julie se sobrecogió al oírlo. Por supuesto, ella era consciente de que las visitas nocturnas de Karl no tenían como propósito procurarle ningún tipo de placer. Todo giraba en torno a él, de eso no le cabía la menor duda, y Julie naturalmente sabía que lo que él se proponía era engendrar un sucesor. Sin embargo, en los últimos tiempos las visitas nocturnas se habían vuelto mucho menos frecuentes y tal vez esa fuera la razón por la que no se había producido la concepción.

Solo de pensarlo a Julie se le formó un nudo en la garganta. No comprendía nada. Si un hombre y una mujer se unían, eso llevaba inevitablemente a tener niños, ¿o no? Hasta ese momento ella siempre había creído que era así. Por qué y cómo podía ser que en su caso no ocurriera era lo que no sabía. ¿Era efectivamente culpa suya? Hasta ese día jamás había dudado de su feminidad, todo en ella parecía normal, pero ¿y si no lo era? Por otro lado, no estaba del todo segura de cómo podía saber si había quedado encinta. Unos años atrás, Sofia le había explicado que la señal inequívoca era la ausencia del periodo menstrual. A ese respecto, Julie no había percibido ningún cambio. De pronto, la asaltaban un sinfín de preguntas y no tenía a nadie a quien confiárselas. Se sentía tremendamente sola.

Trató de desterrar aquellos pensamientos y se concentró en los niños de los esclavos. Mientras no tuviera que hacerse cargo de un hijo propio, estaba dispuesta a hacer todo cuanto estuviera a su alcance por los niños de los esclavos. Y tal vez de esa forma también conseguiría entablar relación con las demás mujeres esclavas.

Al día siguiente, se dirigió de nuevo a la aldea de los esclavos. Ya le daba igual que los guardas la vieran. Llegado el momento, encontraría la forma de explicarle a Karl su interés por los hijos de los esclavos.

Kiri siguió a su misi con preocupación. Con el transcurso del tiempo, se había dado cuenta de que todo lo que hacía su misi, en caso de duda, recaía también en ella. El hecho de que la misi se interesase tanto últimamente por los niños de los esclavos no la dejaba tranquila. Sabía que eso desagradaría al masra Karl.

Ya en la aldea, Julie se dirigió hacia Mura. La esclava la miró con gran sorpresa, aunque no se opuso a su presencia; los deseos de la misi eran órdenes para ella.

Julie percibió el asombro de la mujer y le lanzó una amable sonrisa. Quiso ahorrarse explicaciones y centró toda su atención directamente en los niños. Sabía que antes de nada debía ganarse la confianza de los pequeños porque ellos habían heredado de sus padres el miedo a los blancos. Cualquier niño esclavo, antes incluso de aprender a andar, aprendía a agachar la mirada al cruzarse con un blanco.

Todo el corro de niños quedó en silencio cuando Julie se sentó junto a Mura y le hizo una señal para que continuase con lo que estaba haciendo. Mura prosiguió un tanto indecisa. La lección de ese día versaba todavía sobre la elaboración del trenzado para confeccionar esteras. Cuando Julie cogió los útiles con la mano e intentó por primera vez imitar el mañoso juego de entretejidos, se rompió el hielo. Los niños estallaron en risitas y carcajadas y con sus pequeños deditos trataron de señalar la dirección adecuada a las torpes manos de Julie. Mura no era capaz de decidir si debía contener a los niños o Julie estaba dispuesta a tolerar sus impertinentes correcciones. En un primer momento reprendía a los niños cuando estos se acercaban demasiado a Julie. Ella, sin embargo, sonreía a la esclava constantemente con gesto amable e incluso, en un momento, se colocó en el regazo a una de las pequeñas. No tenía ningún temor al contacto físico con los niños y esperaba que tanto ellos como Mura acabaran perdiéndole el miedo a ella a su vez.

Pasaron un buen rato sentados todos juntos y siguieron trenzando al tiempo que la estera iba creciendo centímetro a centímetro. Cuando, por la tarde, los primeros esclavos regresaron del campo y los niños comenzaron a desaparecer poco a poco en las cabañas de sus padres, Julie se levantó y se despidió de Mura.

—¿Te parecería bien si volviera a venir? —le preguntó sonriente.

—Misi puede venir cuando desee —respondió Mura radiante de alegría y, al decir esas palabras, olvidó agachar la mirada al suelo.

—¿Estás loca? ¿Te sientas con los esclavos? —le reprochó Karl hecho una furia cuando, a su regreso de la ciudad, se enteró de las ocupaciones de su esposa durante su ausencia.

Estaban sentados a la mesa y Karl, con un gesto rabioso, se bebió de un trago la tercera o la cuarta copa de *dram.* Aiku no se cansaba nunca de rellenarle la copa al masra.

—Que sea la última vez. No quiero volver a verte en la aldea de los esclavos, porque como se te ocurra… —comenzó a amenazarla.

—¿Qué? —lo interrumpió Julie con gran firmeza. Se temía una reacción así por parte de Karl, pero ya estaba harta de que la tratasen como a una prisionera en la plantación—. ¿Piensas atarme al árbol y ordenar que me azoten? —Julie arrojó la servilleta contra la mesa en un arrebato de cólera, le habían vuelto a quitar el apetito.

El rostro de Karl enrojeció de furia.

Pero de pronto su expresión dibujó una sonrisa complaciente y con gesto amenazador se volvió hacia Julie.

—Que tu Kiri tendrá que pagar por ello. Para ti es importante que nadie la lastime, ¿no es así? Pues entonces será mejor que no me hagas enfadar. —En ese instante, se levantó de la mesa—. ¿No es cierto, muchachita? —le dijo a Kiri, que se encontraba junto a la puerta, donde solía esperar a Julie mientras esta comía, al tiempo que la fulminaba con la mirada—. Tú te encargarás de que tu misi no cometa ninguna estupidez —dijo con sarcasmo antes de abandonar la habitación.

Julie se quedó sentada, perpleja. Kiri permaneció con la mirada clavada en el suelo, sollozando.

Julie, por supuesto, no quería que Kiri se sintiera en peligro. Ella se había comprometido a proporcionarle protección y hasta ese momento lo había conseguido. Su esclava personal no había tenido que ir ni un solo día al árbol. Pero no sabía qué pasaría si Karl decidía interrogarla. Probablemente, Kiri no mentiría al masra.

Fue el propio Karl quien le dio la solución a Julie. Su ausencia de martes a jueves le procuraba un cierto espacio de libertad. Así que los miércoles, bien temprano por la mañana, mandaba a Kiri a buscar a Amru, que a su vez avisaba a Mura para que, a media mañana, llevara a los niños al jardín que había junto a la casa. A la sombra del gran mango, se reunían con Julie. Allí, además, estaban a salvo de los vigilantes, que durante las horas de trabajo rara vez se alejaban de los campos o se acercaban a la casa. De Amru y las demás sirvientas de la casa Julie no tenía nada que temer. Amru se encargaba de que ninguno de los esclavos viera exactamente qué hacían allí. Kiri también estaba a salvo, ya que Amru le asignaba tareas suficientes para mantenerla ocupada. Julie estaba satisfecha con esa solución y procuraba no pensar demasiado en la posibilidad de que Karl pudiera descubrirla. El miedo que tenía intentaba tragárselo porque, si no se esforzaba un poco por hacer su propia vida, ¿qué iba a ser de ella?

Sin embargo, no había tenido en cuenta que antes o después Martina también regresaría a la plantación.

Kiri no se sentía a gusto los días en que el masra se ausentaba de la plantación. Le daba demasiado miedo que el masra descubriera lo que hacía la misi en su ausencia. Amru trataba de tranquilizar a la muchacha.

—Si tú estás aquí, es imposible que sepas lo que está haciendo la misi —le decía con una sonrisa burlona—. Y la propia misi te ha ordenado que permanezcas conmigo.

Kiri abrigaba la esperanza de que, si algún día el masra se enteraba de lo que sucedía, lo viera de la misma manera.

A Amru todo aquello la divertía. El hecho de que la misi se rebelase contra las órdenes del masra despertaba una gran simpatía en los esclavos. Las reuniones semanales de los miércoles de Julie con Mura y los niños habían supuesto un gran alivio para los habitantes de la aldea, aunque a algunas madres las preocupaba que sus hijos pudieran recibir un castigo si el masra los descubría. Amru las tranquilizaba: la misi se encargaría de que a los niños no les sucediera nada.

El que se reveló como un maravilloso ayudante fue el papagayo. Nico sentía una gran aversión hacia los hombres y en especial hacia los guardas. Si avistaba a alguno de ellos en la lejanía, advertía a Julie batiendo las alas con vehemencia. En las ramas del mango donde solía posarse mientras Julie trabajaba con los niños, se oía entonces un tremendo revuelo y los niños se levantaban de un salto y se escondían en algún matorral frondoso del jardín. Si, en efecto, el guarda pasaba junto al jardín, lo único que veía era a Julie sentada a la sombra del mango.

Mura tampoco estaba demasiado cómoda con aquel juego del escondite. Tal vez a los niños no los castigaran, pero ella sin duda recibiría su merecido. Aunque, por otro lado, sabía que las visitas de la misi eran buenas para los niños, le habían cogido un enorme cariño en poco tiempo y, por más que ella quisiera, tampoco podía oponerse a los deseos de la misi.

—Amru, ¿por qué los blancos no quieren que los esclavos aprendan a leer y a escribir? —Kiri se lo había preguntado en multitud de ocasiones. No podía ser algo tan malo.

Amru se encogió de hombros y siguió fregando el enorme caldero de cobre que sostenía sobre el regazo.

—Supongo que tienen miedo de que en el fondo no seamos tan estúpidos como ellos creen.

—Pero hay esclavos a los que sí les dejan, ¿verdad?

En la ciudad, Kiri había visto a algunos negros caminar apresuradamente por la calle con una carpeta debajo del brazo.

Amru suspiró.

—Pero esos no son negros puros, Kiri. En cuanto alguien de

color lleva la sangre de un blanco, el blanco se muestra más dispuesto a aceptarlo. Y cuanto más clara tenga la piel, mayor es la predisposición a que se lo considere semejante a un blanco. Y si no, mira los *basyas*.

Sí, Kiri sabía que los mulatos tendían a sentirse superiores a los esclavos negros. Aunque su procedencia era más que dudosa. Lo que automáticamente hizo pensar a Kiri en otra cosa. Ahora que Amru estaba sola quería hacerle una pregunta que llevaba rondándole la cabeza varios días.

—¿Amru?

Amru dejó un momento el paño que sostenía en la mano. Algunas veces las andanadas de preguntas de Kiri podían con ella.

Kiri dudó un instante, pero necesitaba averiguarlo.

—Últimamente…, la otra noche…, ya sabes…

Amru enarcó las cejas.

Kiri agachó la mirada avergonzada, sabía que nadie, bajo ningún concepto, debía hablar de aquellas celebraciones. El riesgo de que los oyera alguien que no debía era demasiado grande. Pero Kiri necesitaba saber quién era el muchacho, el danzador. Se había pasado días buscándolo en la aldea para, al menos, identificarlo. A esas alturas conocía ya a todos los habitantes de la plantación y tenía claro que aquel misterioso joven no era de allí, de eso estaba segura.

Además, los llamativos tatuajes eran una marca inconfundible.

—El danzador que llevaba los tatuajes… ¿Sabes cuál? —susurró al fin.

En ese momento, se dibujó una amplia sonrisa en el rostro de Amru.

—Ah, a la pequeña Kiri le interesan los hombres; ya era hora, parece que ha llegado el momento de que te quites el disfraz de niña.

A Kiri la situación le resultaba bochornosa.

Amru sonrió con una especie de ternura.

—Pero a ese quítatelo de la cabeza, Kiri —le dijo con suavidad antes de volver a centrarse en el caldero.

Pero aquello no bastaba para satisfacer la curiosidad de Kiri.

—¿Por qué?

Esperaba conseguir que Amru le diese alguna explicación más.

Amru dejó el caldero en el suelo y se inclinó sobre Kiri casi como si estuviera formulando un conjuro.

—Ni siquiera tendrías que haber visto al muchacho, ¿me oyes?

—¿Cuál es el problema? —se atrevió a preguntar Kiri justo antes de que ella misma cayera en la cuenta—. No es de esta plantación, ¿no es eso?

—Eso es, sí. —Amru hablaba todavía más bajo que antes—. Dany es un esclavo libre, ¡un cimarrón! Los blancos y los guardas lo matarían si se enterasen de que anoche entró en el territorio de la plantación sin permiso.

¿Un cimarrón? A Kiri comenzaron a venirle a la mente imágenes de cabañas ardiendo y, por un instante, incluso creyó oír los gritos de los habitantes de la aldea. Desde que había sucedido aquello en Heegenhut..., los cimarrones le daban miedo. Se quedó pensando. Ahora estaba lejos, muy lejos de la región donde los cimarrones habían arrasado la plantación. Seguro que ese tal Dany procedía de una rama pacífica.

CAPÍTULO 13

Julie aprendió a aplacar con su actitud el temperamento agitado de Karl. Cuando él estaba en la plantación, ella desempeñaba el papel de esposa intachable y trataba de dar la imagen de que se había hecho cargo por completo de la administración de la casa. Mantenía conversaciones amigables y cortas con él y no rechistaba cuando él decidía realizar alguna de sus visitas nocturnas. En su fuero interno, en cambio, Julie agradecía cada hora que no pasaba junto a Karl, y sus escapadas a la ciudad le suponían cada vez mayor alivio. Así podía estar a solas por un tiempo. Con el comienzo de la estación seca y cálida, Martina regresó de la ciudad y, con ella, llegó también Pieter.

Durante los primeros días, Martina aprovechó las comidas para contarle a su padre cómo iban las cosas en casa de su tía. Por lo visto, Karl jamás pasaba por allí, cosa que a Julie la sorprendía. Parecía que no quisiera mantener ningún tipo de contacto con la familia de su difunta esposa. ¿O era la tía la que no quería? Julie no lo sabía. En cualquier caso, parecía que Martina siempre era bien recibida en aquella casa. Además, le gustaba la vida de la ciudad y Julie suponía que había sido Karl quien le había pedido que volviese a la plantación. Allí podía mantenerla controlada, a ella y a Pieter.

Un día, Julie oyó por casualidad que Pieter y Karl hablaban de que el siguiente noviembre Martina cumpliría dieciocho años. Julie tuvo que contener la rabia. ¡Martina, Martina! Karl no solo había olvidado su cumpleaños, sino que además aquel día se quedó a dormir en la ciudad. A su hija, sin embargo, seguro que le haría un generoso regalo. En un momento, la conversación dio un giro repentino: qué le parecía si en marzo, cuando hiciera un tiempo más agradable, justo entre la estación corta y la estación larga de lluvias, celebraban la boda de Pieter y Martina. Karl no pareció oponerse y, al cabo de pocos días, anunció el enlace de manera oficial. A Pieter se le dibujó una expresión de satisfacción y Julie, para no enfadar a Karl, manifestó a regañadientes su alegría ante la noticia. Martina estaba entusiasmada.

—Oh, padre, ¡organizaremos una gran fiesta, tía Valerie se encargará de todo!

De pronto, Karl replicó en tono malhumorado:

—Lo que me faltaba. ¡La celebración tendrá lugar aquí!

El rostro de Martina comenzó a enrojecerse de rabia.

—¡Pero aquí en la plantación no podemos celebrarlo, no tenemos un salón! Y además obligar a todos los invitados a viajar…

Karl la interrumpió con aspereza.

—Se acabó la discusión. Eres mi hija y si quieres casarte lo harás en mi territorio. ¡No necesitamos a Valerie! —Acto seguido, señaló a Julie y agregó—: Julie es tu madrastra, ella también puede ayudarte a organizarlo.

Con esas palabras, Karl dio el asunto por zanjado. Martina, como era ya costumbre, salió corriendo hecha una furia hacia su habitación. Pieter ignoró la escena y brindó con Karl por el trato que acababan de cerrar; Julie se quedó allí sin saber muy bien cómo reaccionar. Organizar la boda de su hijastra era lo último que deseaba.

Solo quedaban cinco meses hasta marzo.

Julie se estrujó la cabeza pensando en cómo podría arreglárselas para organizar una boda como la que todos esperaban. Todavía no conocía muy bien las costumbres del país y de bodas no sabía absolutamente nada. La suya tampoco podía tomarla como referencia. Por otro lado… Le gustara o no, aquella era la oportunidad ideal para demostrarle a Karl lo mucho que valía. De un modo u otro, tenía que conseguirlo. Y cuando Martina y Pieter se hubieran casado, Pieter se llevaría a su esposa a la ciudad. Eso era al menos lo que Julie esperaba. Al fin y al cabo, él trabajaba allí. Así pues, Julie iba a tener que mantener una estrecha relación con Martina durante unos meses, pero después…

—Pues sí que le ha caído a usted una buena —exclamó el señor Riard entre risas al enterarse de que Julie era la encargada de los preparativos.

Como siempre que Riard acudía a Rozenburg por trabajo, Julie se instalaba en el porche delantero para hacerle compañía.

—Bah —dijo Julie restándole importancia al asunto—. Tenemos una casa grande, una cocina grande, personal más que suficiente y a Amru, que es la mejor jefa de servicio que cualquiera podría desear. Yo creo que podremos organizar una gran celebración con unos cuantos invitados.

—¿Unos cuantos? —Riard dejó el lapicero a un lado y se recostó sobre la silla. Aquello parecía divertirlo—. Espero que tenga claro que no será cosa de unos cuantos invitados —agregó con una amplia sonrisa—. Una boda de esa naturaleza es un gran acontecimiento, tendrán que invitar a la mitad de la colonia, por no hablar de que se casa ni más ni menos que la nieta de la familia Fiamond... ¿Está al corriente? Quiero decir que... no les gustará saber que se los ha dejado al margen de todos los preparativos.

—¿Fiamond? —preguntó Julie sorprendida con gesto interrogante.

Riard suspiró.

—La madre de Felice Fiamond procedía de una de las familias más importantes e influyentes de Surinam. No me diga que no lo sabía...

Julie tragó saliva.

—Pues verá... Martina pasa muchas temporadas en la ciudad con su tía... Yo pensaba... No, no lo sabía.

Julie ni siquiera sabía muy bien qué pensaba al respecto. Hasta ese momento, cada vez que alguien mencionaba a la primera mujer de Karl —la madre de Martina—, todo el mundo guardaba silencio.

En ese momento, Riard se inclinó sobre la mesa y, bajando el tono de voz, dijo:

—No quiero que usted caiga en la trampa, mevrouw Leevken. Ellos deberían informarla exactamente de cómo están las cosas entre la familia Fiamond y mijnheer Leevken. Usted todavía es nueva en la colonia y el entramado de las relaciones sociales aquí es bastante intrincado y complejo. Yo tampoco sé qué fue lo que sucedió en el pasado, por aquel entonces todavía no había llegado a la ciudad. Pero de vez en cuando circulan habladurías, de modo que... sí le puedo decir que los Fiamond tendrán que asistir a la boda aunque ni a usted ni a su marido les guste la idea. Lo único que pretendo es advertirla de que no será tan sencillo.

Julie lo miraba con perplejidad. ¡Lo que la esperaba! Una vez más carecía de la información más importante. Menos mal que Riard había tenido a bien avisarla. Julie lo miró con expresión de agradecimiento y se excusó antes de retirarse a su habitación. De nuevo, volvía a sentirse terriblemente sola.

Martina, por supuesto, hizo el resto para acabar de agravar la situación. Sobre los planes de la boda tampoco quiso cruzar ni una sola palabra con Julie. Pasados unos días, Julie comenzó a dudar de que realmente fuera a lograr organizar el enlace según el deseo expreso de Karl, pero contra la voluntad de Martina. El día que Martina le comunicó que su tía Valerie se iba a instalar en casa de los Marwijk, en Watervreede, y que desde ese momento se iba a encargar de todo, Julie respiró aliviada. Pero en ese amaño no había contado con Karl. Cuando este se enteró de que su excuñada pretendía llevar la voz cantante en los preparativos de la boda, en casa de los Leevken se desencadenó la tormenta. Karl insistió en que aquella mujer no pondría un pie en la plantación antes de la boda. Y, además, ordenó a Martina que rompiera el contacto con ella hasta entonces. De lo contrario, estaba dispuesto a cancelar la boda. En Rozenburg se respiraba un ambiente cargado y explosivo.

Martina, que había heredado de su padre no solo el orgullo,

sino también la terquedad, no estaba dispuesta a ceder un ápice. De ese modo, cuando su padre se marchaba a la ciudad, ella aprovechaba para subirse a una barca e ir a casa de los Marwijk, donde, en efecto, debía de haberse instalado su tía. Desde allí, a espaldas de Karl, planificaban la celebración. Y seguro que también hablaban mucho —Julie no quería saber de qué— y que gastaban torrentes de saliva cuchicheando sobre Julie. Pero a ella le daba igual. Aprovechaba los días en que no estaban ni Karl ni Martina para dedicarse de nuevo a los hijos pequeños de los esclavos, de enormes ojos oscuros y cabellos encrespados. Los niños la animaban enseguida y le permitían olvidarse de la boda durante un par de horas. Sin embargo, desde que Martina había regresado a Rozenburg, Pieter se había trasladado también a la plantación. Aunque iba y venía permanentemente para visitar otras plantaciones y prestar los servicios médicos correspondientes, Julie se sentía siempre observada porque Pieter tenía la extraña costumbre de aparecer cuando menos se lo esperaba. La presencia de aquel hombre irritaba a Julie, aunque ella ni siquiera sabía explicar exactamente por qué. Sus modales y el tono amenazador que adoptaba cada vez que se dirigía a ella le provocaban rechazo.

Pieter había adoptado la costumbre de supervisar personalmente las labores del campo cuando Karl se encontraba en la ciudad. Partía por las mañanas a caballo, pero regresaba de la ronda más temprano que Karl. Julie había observado que Pieter hablaba con los guardas. Estos lo trataban con el mismo respeto que a Karl. Julie no sabía en qué medida Karl le había traspasado el mando a Pieter, pero el ambiente en la aldea de los esclavos no mejoraba con su presencia.

Una tarde (el regreso de Karl se esperaba para unas horas más tarde), Julie se deslizó hasta el porche trasero con la esperanza de encontrar allí a Amru y a Kiri. Sin embargo, la sorprendió ver que Kiri estaba sola preparando las verduras para la cena.

—¿Dónde está Amru? —Julie miró a su alrededor extrañada porque Amru no solía delegar las tareas de la cocina en nadie, y menos si ella no estaba presente para supervisar.

Kiri se encogió de hombros y miró avergonzada hacia el suelo.

—¡Haz el favor de hablar, Kiri!

—Misi, Amru ha vuelto a la aldea porque allí... Yo tampoco sé qué pasa.

—Hum. —Julie se quedó pensativa unos instantes y se encaminó hacia la aldea. Si Amru creía que sucedía algo importante, es que sucedía algo importante.

Para su sorpresa, a Julie ni siquiera le hizo falta llegar hasta las cabañas. En la casa comunitaria que había de camino se hallaban reunidos muchos esclavos. Algunos alzaban la voz en tono de protesta, pero Julie no consiguió entender de qué hablaban. Frente a la alborotada multitud se encontraban Pieter, el guarda y Amru, que parecía asustada. Justo cuando Julie entró en la casa, uno de los guardas levantó a uno de los esclavos que estaban sentados, lo arrojó al suelo de un empujón y levantó el látigo.

—¡No! —Julie se remangó la falda y echó a correr—. ¿Qué pasa aquí? —preguntó con aplomo.

—Juliette, no deberías estar aquí. —La rabia podía leerse en el rostro de Pieter—. ¡Márchate!

—¡Esta también es mi plantación, Pieter! ¿Qué ha hecho ese para merecerse los azotes? ¿Qué está pasando aquí? ¿Amru? —Julie miró a la esclava en busca de ayuda.

Amru vaciló un momento. ¿Era mejor encomendarse a la misi o escuchar al masra Pieter? Amru se decidió por la misi.

—Misi Juliette, masra Pieter ha reducido hoy las raciones de los esclavos. La gente está furiosa. Además…

—¡Al menos así esta gente trabajará mejor! —espetó Pieter a gritos—. Están demasiado bien alimentados, y eso no conviene, los hace más vagos. —Y en un tono sarcástico, agregó—: Esto lo hemos acordado Karl y yo.

Julie resopló con desdén.

—Ah, sí, muy bien. Pero eso no es motivo para castigar a ese hombre —replicó señalando al esclavo que continuaba tendido en el suelo a los pies del guarda.

—Él era el cabecilla, se ha sublevado —arguyó Pieter.

Julie se acercó al esclavo.

—¡Levántate!

El hombre permaneció en el suelo, con las manos en la cabeza a la espera del latigazo.

—Levántate, no te pasará nada —repitió Julie con voz tranquilizadora, ante la mirada furibunda del guarda, que incluso dio un paso atrás—. Di lo que tengas que decir —instó al esclavo.

Este estaba tan amedrentado que parecía desear que se lo tragase la tierra.

—Misi no enfade, misi no enfade —fue todo cuanto consiguió decir. Lo cual era bastante, teniendo en cuenta que era la primera vez en esa plantación que un esclavo podía expresar una opinión. A Julie le costaba creer que ese esclavo que estaba allí gimoteando como un niño quisiera encabezar una revuelta. Tuvo que acercarse Amru y susurrarle unas palabras al oído para que el hombre se atreviera a dirigirse a Julie.

—Misi tiene que entender que nuestros pequeños terrenos no producen mucho en esta época, si nos reducen las raciones, los niños... No sé si...

—No se reducirá nada. —Julie adoptó una expresión de firme determinación y clavó la mirada en Pieter—. Amru, que todo el mundo vuelva al trabajo; Pieter, ven conmigo. —Pieter hizo un gesto de burla ante la actitud de mando de Julie, pero la siguió en dirección a la casa.

No era bueno mantener esa clase de discusiones delante de los esclavos, Julie también era consciente de eso. Si los trabajadores percibían inestabilidad en casa del dueño de la plantación, cundía la incertidumbre entre ellos. Pero Julie no podía consentir ese comportamiento por parte de Pieter. En cuanto entraron en el salón, Julie se volvió hacia él.

—¿A qué vienen esas libertades? Por lo que sé, nunca te has hecho cargo de los asuntos de los esclavos, así que ¿a qué viene ahora ese repentino interés, Pieter?

Pieter adoptó una sonrisa fija en el rostro y se acercó a Julie.

—Juliette, será mejor que vayas acostumbrándote. Después de la boda, Martina desempeñará una importante función aquí, supongo que lo tendrás claro. Y, por cierto, no deberías preocuparte por los negros, no es propio de una dama de tu categoría. —Pieter extendió el brazo para cogerle a Julie un mechón de pelo y comenzó a juguetear con él. Julie notó un escalofrío por todo el cuerpo—. Tú tendrás que limitarte a seguir siendo la hacendosa mujercita de Karl. Sin descendencia solo eres una mujer más de la casa. —Su voz traslucía la misma frialdad que la mirada con la que la estudiaba mientras hablaba—. Y si me fío de la experiencia médica que poseo, todavía tardarás en darle un hijo. Y cabe la posibilidad de que con el tiempo acabe perdiendo el interés en ti. —Con un resoplido desdeñoso soltó el mechón de pelo de Julie y se sentó en uno de los sillones—. Además, como llegue a oídos de Karl cuánta atención has estado dedicándoles a los negros en su ausencia..., no se va a alegrar demasiado. Por el momento no ocupas una posición de fuerza, Juliette, espero que seas consciente de ello.

Juliette lo miró con rabia. No estaba dispuesta a permitir que la acorralaran.

—Y como yo le cuente a Karl que Martina se reúne a escondidas con su tía, ¡ya os podéis ir olvidando de vuestros planes en Rozenburg! Porque en ese caso no creo que llegara a celebrarse ninguna boda...

Julie advirtió que Pieter se revolvía en el asiento. ¡Le había dado donde le dolía! Dio media vuelta sobre sus propios pies y se marchó de la habitación dejando allí a Pieter con un palmo de narices. El punto era para ella, no cabía duda. Pese a los nervios y el valor que había tenido que reunir para vencer a Pieter, pese a que creía que el corazón se le iba a salir por la boca de lo rápido que le latía, no pudo evitar sonreír.

En esta ocasión, Julie fingió un acceso de fiebre para librarse de la compañía de Karl, de Martina y, sobre todo, de Pieter. Le pidió a Amru que se excusara en su nombre porque prefería que la dejaran sola en su dormitorio. Kiri se preocupó en cuanto Julie expresó su malestar. La muchacha tardó en comprender que en realidad su misi no estaba enferma. Una expresión de alivio se apoderó de su rostro cuando, en el dormitorio, Julie le explicó que solo quería estar sola, que no le pasaba nada. Aunque, para sus adentros, Julie se alegraba de que Kiri se preocupase sinceramente por ella y de que no se limitara a cumplir con sus obligaciones, Julie le mandó irse con unas cuantas buenas palabras. Necesitaba estar sola, necesitaba pensar.

Pese a que había salido vencedora del enfrentamiento, las palabras de Pieter no dejaban lugar a dudas sobre el papel que ella desempeñaba en la plantación. ¿Y qué haría si las predicciones de Pieter se hacían realidad? En el caso de que no pudiera darle hijos a Karl, ¿quedaría reducida a un simple adorno de la casa y la plantación pasaría a estar en manos de Pieter y Martina? La idea le resultaba del todo insufrible. Pero no improbable, ya que Karl tampoco era ya ningún jovencito y en aquel país eran incontables las enfermedades que podían cercenarle a uno la vida. Aunque como esposa de Karl ella heredase de pleno derecho la plantación —Julie sabía que era así—, también era consciente de que mientras él tuviera las riendas jamás le confiaría la dirección de Rozenburg. A ese respecto, Pieter sería la primera elección de Karl, puede que este incluso lo hubiera dispuesto por escrito. Julie no lo sabía. Lo único que sabía era que debía tener cuidado con Pieter. Nadie se hacía una idea de lo mucho que era capaz de manipular a Karl. Julie decidió que mientras Pieter estuviera en la plantación, ella intentaría tener menos contacto con los hijos de los esclavos. Le rompía el corazón, pero el riesgo de que Karl lo descubriera era demasiado grande.

En torno a mediodía, la casa estaba en silencio y Julie cayó rendida en un ligero sueño. El crujido de los tablones del pasillo la sobresaltó. Ni Amru ni Kiri solían estar a esas horas en la casa y los demás esclavos domésticos tenían prohibido molestar a las horas de descanso. Julie se deslizó de la cama y se acercó descalza hasta la puerta. La entreabrió un poco con extremo cuidado y miró por la rendija. Justo en ese instante vio desaparecer el brazo de Karl tras la puerta de la habitación que Amru no había querido enseñarle el primer día. ¿Qué hacía Karl a esas horas en aquella habitación? Julie cerró de nuevo la puerta con precaución y volvió a tenderse en la cama.

Era una habitación «prohibida», había dicho Amru el día en que le enseñó la casa. En aquel momento, Julie no se había tomado demasiado en serio el gesto de gravedad de Amru. En la planta de abajo también había dependencias del servicio que los esclavos utilizaban y donde los blancos apenas entraban. Julie había dado por sentado que se trataba de una habitación de invitados que nadie utilizaba o tal vez de un vestidor, pero no le había dado mayor importancia cuando, al bajar la manija de la puerta para asomarse, había comprobado que la habitación estaba cerrada con llave. Ahora, sin embargo, le picaba la curiosidad.

Al declinar el día, cuando un manto de oscuridad cubrió la plantación y el ensordecedor concierto vespertino de los habitantes del bosque hubo cesado, Julie se encontraba tendida en la cama escuchando los sonidos amortiguados de la noche. Kiri le había llevado una bebida soporífera hacía más de dos horas y le había rellenado la jarra con agua fresca. Julie se preguntó si todos los demás se habrían retirado ya a sus habitaciones a descansar.

—Misi Martina ha vuelto a discutir con el masra Karl por la

boda. Se ha retirado temprano a su habitación. Masra Karl y masra Pieter se han quedado tomando *dram.* Luego, masra Pieter se ha retirado también. Masra Karl se ha bebido un par de copas más él solo y, después, Aiku lo ha llevado a la cama —informó detalladamente Kiri.

—Gracias, Kiri. Tú también puedes retirarte.

Era lo que Julie se imaginaba. Antes de que se hiciera el silencio, había oído cómo Karl le gritaba órdenes a Aiku en la habitación contigua. En ese instante, decidió que era el momento de averiguar qué se escondía tras aquella puerta. Julie se puso en pie y se enfundó la ligera y vaporosa bata de seda. Antes de nada, se acercó de puntillas hasta la puerta intermedia que conectaba su dormitorio con el de Karl. Tal como suponía, al otro lado se oyeron unos fuertes ronquidos. Cuando Karl bebía, solía caer en un profundo sueño. Incluso los días en que antes de acostarse se le ocurría ir a importunar a Julie, enseguida se quedaba dormido como un tronco. Luego, Julie podía levantarse a lavarse y él no se enteraba. Julie se estremeció por un instante, prefería no pensar en esas noches y siempre procuraba desterrar esos recuerdos de su mente.

Con extremo cuidado, salió de su cuarto y recorrió los pocos pasos que la separaban de la habitación misteriosa. Al girar la manija de la puerta, esta, para sorpresa de Julie, se abrió. Julie se coló a través de una estrecha abertura y volvió a cerrar la puerta tratando de evitar cualquier ruido. Tenía el corazón acelerado, respiró hondo unas cuantas veces y dio media vuelta para examinar la habitación. Cuando sus ojos se acostumbraron a la penumbra, comenzó a vislumbrar las fantasmagóricas siluetas de algunos muebles. Luego avanzó titubeante hacia el centro de la estancia procurando no chocar con nada, hasta que se detuvo ante un mueble. Ante ella tenía ¡una cuna con un baldaquín de gasa! Era el dormitorio de un bebé. Julie se quedó sin respiración por unos instantes. ¿Acaso Karl había ordenado montar una habitación infantil con la feliz esperanza de tener un niño con ella? Al examinarla con detenimiento, Julie se dio cuenta de que se respiraba un aire lúgubre en la habitación. Olía a polvo y a cerrado y, cuando Julie acarició con suavidad la gasa de la cuna, se oyó un leve crujido. Nadie había tocado nada en la habitación durante años. Julie se estremeció y se ciñó la bata contra el cuerpo. Con cuidado, se dirigió de nuevo a la puerta, salió de la habitación y se acurrucó bajo las sábanas de su cama. ¿Qué significaba todo aquello? En el barco, Wilma le había contado que Felice, la primera esposa de Karl, había vuelto a quedarse embarazada cuando se…, se…

Para Julie era inconcebible que una mujer embarazada se quitase la vida. ¿Qué había llevado a Felice hasta ese extremo? Ahora ya no podía pensar en dormir. Julie empezó a dar vueltas en su cama. ¿Era realmente su cama? ¿Habría dormido allí Felice antes que ella y se habría pasado también las noches en vela reflexionando hasta que un día todo la llevó a…? Solo de pensarlo la invadió un profundo malestar. Bruscamente, se levantó, se envolvió con la fina sábana y se sentó en el diván que había junto a la ventana. De pronto, la habitación, bañada por la pálida luz de la luna, se le antojó extraña y fantasmal.

Al día siguiente, Nico no tardó en percatarse del ánimo turbado de Julie. En cuanto esta se sentó en el porche, él comenzó a dar unos curiosos brincos sobre la barandilla como si quisiera confortarla.

Amru le llevó una taza de chocolate caliente. Había reparado en las profundas ojeras de la misi, aunque entendió que eran la consecuencia del malestar que supuestamente aquejaba a Julie en los últimos días.

—El cacao le hará bien, misi. —Amru sacudió la mano para intentar mantener al pájaro lejos de la taza. El animal tenía la costumbre de robar la cucharilla para jugar con ella.

—Ah, déjalo. —Julie cogió la cuchara y se la ofreció a Nico, que huyó contento con el botín al rincón del porche.

Julie se propuso averiguar algunas cosas. No se quitaba el tema de la cabeza y, si alguien estaba en condiciones de revelarle información, esa era Amru.

—¿Amru?

La esclava ya se disponía a marcharse.

—¿Desea alguna otra cosa, misi?

—No, me gustaría preguntarte algo.

Amru se volvió hacia Julie.

—¿Sí?

—La habitación de arriba ¿iba a ser para el hijo de Felice?

A Amru se le congeló la expresión.

—¡El masra ha dicho que nadie puede entrar en esa habitación, misi!

—Ya lo sé, Amru, pero solo me he asomado un momento a mirar. ¡Cuéntame lo que pasó!

—Misi, yo... —Amru se agarró el delantal con un gesto nervioso y comenzó a enredar con la tela—. Creo que es mejor que pregunte al masra Karl.

—Amru, sabes perfectamente que no querrá hablarme de eso… y no tengo a nadie más a quien preguntar…, por favor.

Amru suspiró y se sentó lentamente en las escaleras del porche, junto a los pies de Julie.

—Misi Felice era una mujer muy hermosa y muy buena —comenzó a relatar—. Masra Karl y misi Felice eran una bella pareja por ese entonces. La boda fue un gran acontecimiento aquí en Rozenburg. Mucha gente, muchos invitados. —Amru suspiró de nuevo profundamente y le lanzó una conmovedora mirada de vergüenza a Julie—. Lo lamento, misi, no quiero decir que…

—Está bien, Amru, está bien. Sé que Karl amaba a Felice.

Amru confirmó con la cabeza. Después, permaneció unos instantes pensativa, en silencio, y observó al papagayo que seguía jugueteando con la cuchara.

—Nico era el pájaro de misi Felice. Aiku lo trajo un día de la selva, se lo había encontrado, el animal era pequeño y frágil, debió de caerse del nido. En realidad, lo trajo con la idea de llevárselo a los niños de la aldea, pero cuando misi Felice lo vio… Ella lo alimentó y le puso el nombre de Nico. Desde ese día, Nico no se apartaba nunca de ella. Cuando misi Felice murió…, el pájaro desapareció y ya no volvimos a verlo.

Julie se quedó mirando al animal. Ahora entendía por qué la aparición del pájaro había sorprendido tanto a Karl y a Martina. Deslizó la mirada hasta Amru, que estaba a sus pies enfrascada en sus pensamientos. Se dio cuenta de que los recuerdos conmovían profundamente a la esclava. Julie esperó un rato con la esperanza de averiguar algo más, pero Amru no parecía dispuesta a revelarle nada más. Con un suspiro, dio permiso a la esclava para retirarse y esta se dirigió a la casa con paso moroso.

Al cabo de un tiempo, a Julie no le quedó otro remedio que unirse de nuevo a las comidas familiares. Probablemente, su ausencia había enfadado a Karl y no podía esconderse de Pieter y Martina para siempre. Había recobrado fuerzas y volvía a sentirse capaz de hacer frente a la situación.

Los pensamientos sobre la habitación infantil polvorienta y la creciente rabia que sentía Karl por la ausencia de un embarazo la atribulaban, pero tampoco sabía qué hacer para cambiar la situación.

En la mesa, volvía a predominar el tema de la boda. Martina se quejó de nuevo a su padre.

—Padre, así no puedo organizar la celebración. Tía Valerie... —Al pronunciar el nombre se detuvo, ¡se había delatado!

Pieter lanzó la servilleta sobre el plato con resignación. Karl entrecerró los ojos hasta abrirlos solo una rendija y los clavó en su hija.

—¿Qué te dije que pasaría si seguías viendo a tu tía...?

—Padre, yo...

—Cállate, ¡ya está bien! La boda queda aplazada hasta que estés dispuesta a planificar la celebración con Juliette.

Martina rompió a llorar. En ese momento, también Pieter compuso una expresión compungida. En ningún momento había imaginado que su futuro suegro fuera a cumplir sus amenazas.

—Karl, por favor, encontraremos una solución —dijo para intentar salvar la situación.

Pero en esa ocasión Pieter no consiguió convencer a Karl.

Al cabo de pocos días, Jean Riard se presentó en la plantación para proseguir con su trabajo. Hasta ese momento, Julie se alegraba siempre que venía el joven y procuraba hacerle compañía en la medida en que la situación lo permitía. En esa ocasión, sin embargo, se sentía tan abatida que solo fue capaz de quedarse allí, ensimismada en sus pensamientos, y ni siquiera intentó entablar conversación con él.

El segundo día, el contable, que no tardó en percatarse de la tensión que reinaba en Rozenburg, se aventuró a preguntar a Julie, entre titubeos, qué había sucedido. Ella le abrió su corazón.

—Yo me esmeraría en prepararle a Martina una buena boda, pero... ella se niega en redondo a hablar conmigo. ¿Cómo voy a ayudarla?

Jean Riard era un buen confidente, pero no sabía qué aconsejarle.

Le daba lástima que aquellas personas utilizasen a Julie como arma arrojadiza. Veía cómo las ganas de vivir de esa mujer se iban desvaneciendo poco a poco y cómo ella se iba sumiendo en una depresión. Impulsivamente, le posó la mano en el brazo con la intención de consolarla.

—Mevrouw, yo... —Sus miradas se encontraron y de pronto ya no pudo seguir hablando.

Julie no sabía qué era lo que había sucedido. Cada vez que pensaba en el joven contable, notaba mariposas en el estómago, de pronto le sobrevenía mucho calor, luego mucho frío, después le entraba sed a pesar de que seguía sintiéndose mareada. Tras aquel último encuentro en el porche, al día siguiente, él partió de regreso a la ciudad con las primeras luces. Julie tenía que concentrarse en otras cosas, pero no conseguía dejar de pensar en él. Intentó desterrar la imagen del joven de su cabeza, pero cada vez que recordaba el sutil roce de su mano, sus ojos azules, sus rubios cabellos…

Al cabo de unas semanas, cuando se acercaba el regreso del contable, Julie luchaba día tras día y hora tras hora contra los remordimientos que le provocaba la alegría oculta de volver a verlo. ¿Acaso se habría enamorado? No sabía, jamás había sentido nada igual.

Una noche de diciembre en que estaban todos a la mesa más o menos en silencio, como de costumbre, mientras Julie viajaba con el pensamiento a lugares lejanos, Martina pidió de pronto la palabra. Aquello era algo inusual, ya que desde el aplazamiento de la boda la muchacha ignoraba a su padre. También la buena relación que Pieter solía tener con Karl se había enfriado considerablemente. Julie pegó un respingo y trató de concentrarse en lo que la rodeaba. Aun así, no oyó lo que Martina acababa de decir. Esta se había ruborizado y miraba fijamente el plato de sopa; Pieter también estaba bastante inquieto. Karl clavó la mirada en su hija entrecerrando de nuevo los ojos, un gesto que no presagiaba nada bueno.

—Que estás ¿qué?

—Estoy embarazada.

Julie no estaba segura de haber oído bien las palabras de Martina, pero la reacción de Karl no dejó lugar a dudas. Se levantó hecho una furia de la mesa con tanta brusquedad que la silla cayó hacia atrás y sobresaltó a Aiku, que aguardaba a su lado con actitud servicial.

El rostro de Karl enrojeció de cólera.

—Pieter, a mi despacho, ¡ahora mismo!

Cuando se marchaba de la habitación, agarró a su futuro yerno y lo arrastró del brazo hacia sus aposentos. Luego cerró de un portazo, a pesar de lo cual Julie alcanzó a oír que Karl le reprochaba a voz en grito.

—¿Cómo ha podido…? ¡Pieter!

Martina permaneció hundida en la silla sin moverse. Julie no sabía qué decir. En silencio, removió la comida en el plato aunque sin llegar a probar bocado.

Al cabo de lo que pareció una eternidad, se abrió de golpe la puerta del despacho de Karl. Este irrumpió en el comedor a grandes zancadas, seguido de Pieter, que tenía una mirada sumisa muy poco habitual en él. Karl se colocó junto al extremo de la mesa, no sin antes lanzar una mirada de reproche a Martina, y farfulló:

—Ahora os casaréis, esta misma primavera, es inconcebible que… ¡Un plan excelente, sin duda!

Se dio media vuelta, cogió una copa de *dram* de la bandeja que Aiku le tendía muy oportunamente y se marchó a sus aposentos. Entonces, Pieter se movió. En cuanto Karl hubo salido, se quitó la máscara de hombre arrepentido y esbozó una sarcástica sonrisa de triunfo.

—¿Ves, amor mío? No tenía otro remedio que responder que sí. —Y desviando la mirada hacia Julie, agregó con desprecio—: Lograremos lo que nos corresponde.

CAPÍTULO 14

Kiri estaba muy preocupaba por su misi. Juliette comía como un pajarito, presentaba un aspecto pálido y enfermizo y siempre parecía sumergida en sus pensamientos y atormentada. Kiri se esmeraba mucho en levantarle el ánimo. Le relataba anécdotas de los niños de la aldea de esclavos, que solían procurarle una gran alegría. Pero la misi se había vuelto muy precavida. Kiri se enteró de que Pieter había amenazado a la misi con contarle a Karl lo mucho que ella se preocupaba por los esclavos. Y Kiri no era la única que sabía lo que eso podía significar. Por eso, ahora misi Juliette evitaba el contacto con los esclavos, y tal vez también por eso estaba tan triste. Algo la atormentaba. Ojalá Kiri supiera de qué se trataba.

En caso de necesidad, Kiri siempre le confiaba los secretos a Amru. La esclava mayor arrugó la frente y dobló el paño que acababa de utilizar para desplegarlo de nuevo y volverlo a doblar.

—Amru, ¿qué puedo hacer?, tengo miedo de que la misi caiga enferma. —La preocupación de Kiri era sincera.

Amru se sentó lentamente en una de las viejas sillas del porche trasero y le indicó a Kiri que se acomodase. Kiri se sentó en el suelo de madera junto a Amru. Ocupar una silla era algo que solo se atrevía a hacer cuando la misi le daba permiso expresamente. Aunque aquellas sillas no eran para los amos, los únicos esclavos que se sentaban allí eran Amru y Aiku.

Amru volvió a extender el paño por enésima vez.

—Kiri, creo que la misi es infeliz porque no ha podido darle un hijo al masra —dijo con gravedad.

Kiri se quedó desconcertada. Hasta ese momento no le había dado la impresión de que Julie quisiera darle un hijo al masra. Además, Kiri sabía que el masra ya rara vez visitaba a Juliette por las noches. La misi le pedía siempre a la mañana siguiente que cambiase el juego de sábanas y pusiera ropa limpia en la cama y, mientras tanto, la misi se lavaba y se lavaba como si llevase varios días sin hacerlo. La propia Kiri notaba la peste a tabaco y a alcohol que el masra dejaba en la cama y entonces se imaginaba que la misi había pasado la noche con él, aunque no exactamente por voluntad propia. Pero jamás había dicho nada al respecto.

Alguna vez había oído a otros esclavos decir eso. Que a veces los blancos contraían matrimonios que no se basaban en el amor y que las mujeres blancas no siempre podían elegir al hombre con el que querían casarse.

De ahí que siempre existiera entre las mujeres esclavas el miedo a que el masra de una plantación escogiese a los hombres encargados de procurarles descendencia de esclavos a los amos. Pero las mujeres sabían arreglárselas para escapar de aquellos sementales. Lo mejor era fingir un embarazo o una enfermedad contagiosa, porque de ese modo eran ellos quienes las rehuían a ellas. Cosa bien distinta era cuando un hombre blanco se encaprichaba de una esclava hermosa. En ese caso, las mujeres negras tenían que tomárselo como un mal inevitable. Sí, ahora Kiri ya sabía cuál era el origen de los mestizos.

El masra o los *basyas* rara vez vigilaban las auténticas relaciones entre esclavos siempre y cuando estos fuesen de la misma plantación. Y una mujer esclava tenía libertad absoluta para rechazar a un pretendiente.

En el caso de los blancos, parecía que era distinto.

Ese era el quid de la cuestión. Por qué la misi había escogido precisamente al masra como marido era algo que Kiri no sabía y probablemente jamás se enteraría. Pero por qué la misi no le había dado un hijo si tanto el masra como ella así lo querían encerraba para Kiri un auténtico misterio. Quedar embarazada no era en absoluto difícil, la mayor parte de las esclavas se quejaban precisamente porque era un problema.

Y, en ese sentido, la misi parecía una mujer completamente normal. Al menos nada en ella hacía sospechar que no pudiera engendrar un hijo. Aunque tampoco era un asunto que Kiri conociese tan a fondo como para poder afirmarlo con plena seguridad.

—Amru, ¿tú crees que la misi no puede tener hijos?

Amru soltó una carcajada por lo bajo.

—La misi es joven y fuerte. —Entonces se inclinó hacia Kiri y bajó el tono de voz para agregar—: Pero el masra, quién sabe…

Kiri miró a la esclava con estupor. En eso no había pensado.

—Sí, pero él ya tiene… Entonces, ¿cómo puede ser que…?

—Kiri, algunos árboles sencillamente dejan de dar frutos —dijo Amru guiñándole el ojo.

Kiri se quedó pensando un rato. Claro que el problema podía ser del masra. Pero él, Kiri ponía la mano en el fuego, jamás se culparía a sí mismo.

—Amru, ¿crees que podríamos hacer algo para ayudar a la misi? Quiero decir si…

Amru torció el gesto. En realidad, los esclavos no debían inmiscuirse en los asuntos de los blancos. Pero ella también sentía un profundo cariño por la misi.

—Hablaré con Jenk, a lo mejor podemos rogar a los dioses. No creo que eso le sirva de mucho a un blanco, pero como la misi continúe así acabará cayendo enferma y eso no sería bueno para nadie.

Unos días más tarde, el susurro de la cortina de la puerta de su cabaña despertó a Kiri en plena noche. Por un momento, se estremeció. Desde aquella noche en la otra plantación..., tenía un miedo terrible a los asaltos nocturnos.

—Shhhh... soy yo. —La que se dibujaba contra la oscuridad era la silueta de Amru—. Ven conmigo, ¡rápido! Y no hagas ruido.

Kiri saltó de la hamaca, se ató un pañuelo a la cadera y siguió a Amru.

Cuando hubieron dejado los límites de la aldea tras de sí, Amru le habló.

—He hablado con Jenk, hoy tendrá lugar un encuentro y allí podrás pedir a los dioses que intercedan a favor de tu misi.

Kiri notó un hormigueo por todo el cuerpo, jamás había realizado un ritual. ¿Sería capaz de conseguir que surtiera efecto?

En esa ocasión, en lugar de dirigirse hacia los campos de caña de azúcar, siguieron un pequeño sendero hasta el cerco de árboles que marcaba los límites de la plantación y después se adentraron en el bosque. Allí se encontraban en territorio prohibido. Los esclavos no tenían permiso para abandonar la plantación. Kiri tragó saliva, nerviosa. Si los guardas los descubrían, soltarían a los sanguinarios perros que, en cuanto alcanzaran a los fugados, los atacarían sin dudarlo un instante. Pese a eso, Amru avanzaba con paso firme.

Al cabo de una hora larga, llegaron a un claro donde ardía una pequeña fogata en torno a la cual había varias personas sentadas. Amru se abrió paso en el círculo y le indicó a Kiri que se sentase con ellos. Kiri trató de distinguir los rostros de los presentes, iluminados por el tenue resplandor del fuego. Reconoció a un hombre y a una mujer de la aldea, a Jenk, a un hombre al que no había visto nunca y a... ¡Dany! Por un instante, Kiri se quedó sin respiración.

Al principio, todo parecía girar en torno al hombre y la mujer de la aldea. Jenk pronunció los conjuros con un leve canturreo mientras tocaba alternativamente con un palo adornado los hombros de uno y otro.

Kiri miró a Amru con gesto interrogante. Esta se inclinó hacia ella y le susurró al oído:

—Quieren vivir juntos como marido y mujer y han venido a pedir la protección de los dioses.

Después de rociarlos con un líquido que sacó de una calabaza y que desprendía un fuerte olor, Jenk les dedicó una sonrisa y asintió con la cabeza. La mujer adoptó una expresión de alivio y el hombre le dio las gracias a Jenk. Después, el chamán se dirigió a Kiri y le indicó que se pusiera en pie.

—¿Lo has hecho alguna vez?

Kiri negó con la cabeza.

—Bien, yo pronunciaré las fórmulas por ti, pero la víctima deberás sacrificarla tú y mientras lo haces habrás de compartir interiormente tu deseo con los dioses.

¿Una víctima? Kiri vaciló un instante.

Entonces, se dio cuenta de que Dany la estaba mirando. Kiri se armó de valor y asintió. Ahora ya no había marcha atrás. Estaba colocada en el centro del pequeño círculo; mientras tanto, Jenk caminaba alrededor de ella y del fuego susurrando unos conjuros. Iba elevando el tono de voz cada vez más y los demás respondían con un leve canturreo. Cuando todas las voces alcanzaron un mismo tono, Jenk levantó los brazos, Dany se puso de pie, introdujo la mano en el saco que traía consigo y le alcanzó a Kiri primero un cuchillo y luego una gallina. Kiri no alcanzó a ver si el animal estaba vivo. Por lo bajo, acercando mucho su boca al oído de Kiri, Dany le susurró:

—Tienes que cortarle la cabeza a la gallina y echar la sangre sobre el fuego.

Kiri dudó un instante. Ya había presenciado antes otros sacrificios de animales, pero nunca lo había hecho con sus propias manos. Dany le entregó la gallina. ¿De veras tenía que hacerlo ella? Vaciló un momento, pero ya no estaba a tiempo de echarse atrás. Con valentía, agarró al animal por el cuello. Intentó no mirar para no ver si el animal se retorcía. El canturreo de los demás se elevó de nuevo. Kiri se acercó al fuego, levantó el cuchillo y le rebanó el pescuezo como si desmochara un porongo.

Después, agarró el cuerpo del animal, le dio la vuelta para cogerlo de las patas y arrojó la sangre sobre el fuego. Al hacerlo, cerró los ojos y visualizó a su misi con un bebé vestido de blanco a sus pies.

¿Era eso lo que tenía que hacer? Para cerciorarse del todo, formuló el deseo también en palabras: Por favor, haced que mi misi traiga al mundo un niño sano.

Cuando el canto cesó, Kiri abrió los ojos, Jenk recogió el cuerpo del animal muerto y le posó la mano en el hombro.

—¡Lo has hecho muy bien!

Kiri volvió a incorporarse al corro, las rodillas le temblaban ligeramente. Amru la acogió sonriente y la rodeó con el brazo.

—La próxima vez será mejor que lo hagas con los ojos abiertos o te cortarás un dedo.

Todos rieron. Jenk pasó una calabaza con una bebida de olor fuerte y sabor a alcohol y, cuando todos hubieron bebido, se levantaron. De pronto, Dany apareció a su lado. Por un momento Kiri creyó que no le llegaba el aire.

—Eres una muchacha muy valiente, ¿eh? —Se lo dijo sonriente, y a continuación sus miradas se encontraron—. ¡Nos vemos otro día! —le susurró con alegría y desapareció con el otro hombre hacia el monte, mientras Amru, Jenk y la pareja se encaminaban hacia la plantación.

—Kiri, vamos, tenemos que regresar.

Kiri volvió a la realidad como si estuviera soñando y echó a correr detrás de Amru.

Después de un rato caminando en silencio por el bosque, Kiri recuperó el habla.

—¿Amru? —Intentó acercarse a ella todo lo que pudo porque no quería que los demás la oyeran—. ¿Amru? ¿Por qué estaba Dany allí esta noche?

Amru se echó a reír.

—De algún lugar teníamos que sacar la gallina. No habría estado bien robarla de la plantación.

—Y la gallina… —Kiri adivinó una sonrisa pícara en el rostro de Amru.

—… ahora estás en deuda con Dany, así que probablemente vendrá otro día y querrá volver a verte.

A Kiri se le disparó el corazón.

¡Volver a verla! En un santiamén se le había olvidado el verdadero motivo del ritual.

CAPÍTULO 15

Erika se sentó compungida a la sombra de las soberbias palmeras que rodeaban el puerto. Escuchaba el leve chapoteo del agua y contemplaba a los pájaros que intentaban atrapar un buen botín tras los barcos de los pescadores. Reiner dormía a su lado en un canasto. Era un bebé que se portaba muy bien. Derama le había advertido:

—Cuida bien de tu hijo, ha nacido demasiado pronto, aliméntalo bien y sácalo mucho a la calle. Los blancos protegen demasiado a sus hijos, es mejor que se acostumbren al clima desde el principio, así luego les resulta más fácil. Pero no lo lleves contigo a la enfermería, es peligroso.

Erika siguió el consejo de la sanadora. En cuanto ella volvió a estar en pie, empezó a llevarse al bebé consigo a todas partes.

Lo cierto era que no tenía mucho que hacer. Josefa se encargaba de los pocos pacientes y los hermanos de la misión encomendaban a los esclavos tareas de toda clase. De modo que no podía hacer mucho más que salir por ahí a caminar y ver cómo andaban las cosas. Había tomado por costumbre pasear por el puerto todas las tardes, cuando aflojaba un poco el sofocante calor. Allí, donde siempre reinaba un gran ajetreo, se sentía más cerca de Reinhard y podía pensar.

En el interior de Erika hervía el anhelo de ir en busca de su marido. Lo añoraba tanto. Tenía que volver a verlo. Pero ¿cómo? No contaba con dinero, ni con un medio de vida y además tenía un bebé recién nacido. Pero ¿quedarse allí a esperar? No, esa no era una alternativa real. Después del alumbramiento se recuperó enseguida. Reiner era un bebé sano y fácil de cuidar. Tal vez en unos meses se atrevería. Pero el problema del dinero ¿cómo iba a resolverlo? Tendría que buscar la forma de arreglárselas sola, ya que no podía pedir ayuda a la comunidad. La misión no estaba concebida para enriquecerse. Por el momento, no disponía ni siquiera de dinero para el viaje.

Erika se hallaba tan enfrascada en sus pensamientos que ni siquiera se dio cuenta de que acababa de arribar un barco. Un grupo de niños blancos bajó de la embarcación entre gritos y comenzó a corretear por el malecón. Una oronda y voluminosa mujer, seguida por una esclava que sostenía una sombrilla, cerraba la comitiva. Cerca del banco donde estaba Erika sentada, dos de los muchachos se enzarzaron en una pelea, uno de ellos empujó al otro y, antes de que la mujer pudiera decirles nada, el niño tropezó, resbaló en el borde del muelle y, con un estridente chillido, logró agarrarse a un bolardo en el último momento antes de que sus piernas quedaran balanceándose sobre el agua. Erika fue la primera en reaccionar. Se levantó de un salto, se abalanzó sobre el chico, lo agarró por el cuello y lo colocó de nuevo sobre tierra firme. El muchacho salió corriendo hacia su madre con un gran berrinche, pero no fue a sus faldas a las que se aferró, sino a las de la esclava que caminaba detrás de la mujer, que había contemplado la escena boquiabierta. La esclava continuó sosteniendo la sombrilla con una mano mientras con la otra estrechaba y consolaba al niño.

Finalmente, la mujer blanca salió de su parálisis y se encaminó hacia Erika. Sin advertir que su sombrilla no la seguía, agarró a Erika del brazo con ambas manos y le dio las gracias con grandes aspavientos.

—¡Gracias, gracias! Oh, Dios mío, ¡habría podido ahogarse! —Antes de que Erika pudiera reaccionar, la mujer ya le había soltado la mano, había agarrado al muchacho que le había dado el empujón al otro y le había asestado una tremenda bofetada.

Ese muchacho salió corriendo también hacia el regazo de la esclava y, por tanto, ahora ya eran dos los que lloraban contra la falda deshilachada de la mujer negra.

—Discúlpeme, estos niños me están volviendo... Jette, ¡encárgate de que se tranquilicen!

Jette, la esclava, colocó a los dos niños tras de sí y se apresuró a cubrir de nuevo a su señora con la sombrilla. Otros cuatro niños aguardaban apiñados a su espalda, sin moverse lo más mínimo, y miraban a la mujer blanca, que debía de ser su madre, con gesto de temor.

—Me llamo Frieda van Drag —dijo la mujer dirigiéndose de nuevo a Erika—. Tengo que darle las gracias otra vez. ¿Me permite que la invite a tomar café mañana por la tarde? Es lo mínimo que puedo hacer para agradecerle lo que ha hecho por mí.

Erika desvió la mirada un instante hacia el banco donde descansaba el canasto con el pequeño Reiner, que dormía ajeno a aquel alboroto, y ya se disponía a rechazar el ofrecimiento cuando la mujer reparó en el bebé y soltó un chillido de excitación.

—Oh, pero si tiene usted un bebé… ¿Me permite?

La mujer se inclinó sobre el canasto y contempló el pequeño cuerpecito con un brillo de admiración en los ojos. Erika recapacitó. Hasta entonces, apenas había mantenido contacto con los colonos blancos. Tal vez le resultaría provechoso entablar algunos lazos. No parecía que Frieda van Drag se hubiera percatado de que la modesta vestimenta de Erika revelaba su condición de hermana misionera, o tal vez no le importaba. Eran muchos los colonos que no sentían especial simpatía por los misioneros. Pero ¿cómo iba a visitar a una dama de la alta sociedad con un bebé? Reiner era muy tranquilo, pero ¿y si precisamente ese día se ponía revoltoso?

—Vamos, se lo ruego. —La mujer volvió a dirigirse a Erika después de contemplar a Reiner—. Sería un enorme placer para mí que viniera a visitarme. No estoy mucho en la ciudad y me encantaría gozar de alguna compañía. ¿Mañana a las cinco es una buena hora para usted? La dirección es Forgreeten Straat, 12.

A pesar de todas sus dudas, Erika no se atrevió a rechazar el amable gesto de la mujer.

—¡Y traiga al bebé, me encantan los niños! —exclamó con alegría—. Nos vemos mañana, entonces, mevrouw…

Erika se ruborizó, qué maleducada, ¡ni siquiera se había presentado!

—Bergmann… Erika Bergmann.

—Mevrouw Bergmann…, a las cinco en Forgreeten Straat, 12, no sabe cuánto me alegro —exclamó la mujer antes de volverse hacia la esclava—: Jette, andando, pon a los niños en marcha, aquí hace un calor terrible y el coche está esperando.

La mujer se alejó con paso presuroso seguida de la esclava y del grupo de niños.

Erika se quedó allí de pie un rato más, algo aturdida. Después se sentó junto a su hijo y empezó a acariciarle las suaves mejillas con un dedo.

A la mañana siguiente, volvió a dudar. ¿Debía aceptar esa invitación? No hacerlo sería un acto de descortesía, así que preparó al pequeño Reiner en el canasto, lo cubrió con la colcha buena de ganchillo para disimular las manchas de saliva que había en la que llevaba habitualmente, se engalanó ella también con uno de sus mejores vestidos y se encaminó a casa de la señora Van Drag.

Erika se quedó boquiabierta al encontrarse frente a una imponente mansión. Los Van Drag debían de ser personas adineradas. Abrió la puerta una esclava descalza con un mandil almidonado. La muchacha recibió a Erika con una reverencia y la condujo hasta un elegante salón, donde Frieda van Drag estaba esperándola. Al ver a Erika, la mujer se levantó a saludarla con una amabilidad casi excesiva.

—Es fantástico que al final haya podido venir, no sabe cuánto me alegro. Siéntese, por favor. —Señaló una de las refinadas sillas que había en torno a una mesa de madera noble—. Y qué bien que haya traído al pequeño. —Frieda van Drag se quedó como abstraída frente al canasto de Reiner y después se sentó frente a Erika—. Gracias otra vez por salvar a Geert ayer, no quiero ni pensar qué habría podido ocurrir si llega a caer al agua…

La muchacha esclava con el delantal almidonado apareció de nuevo con una bandeja en la que llevaba unas tazas y una jarra.

Cuando la joven hubo depositado una de las tazas sobre la mesa, Frieda van Drag levantó el brazo de súbito y sacudió los dedos con un ágil movimiento. La muchacha se sobresaltó.

—¡Así no!

—Sí, misi, disculpe, misi.

Por mucho empeño que puso, Erika no logró adivinar dónde residía el error de la muchacha. Esta, sin embargo, lo comprendió de inmediato y giró la taza de tal forma que el asa quedara mirando a la derecha.

—Así mucho mejor. —Frieda le dedicó una dulce sonrisa, la muchacha le hizo una reverencia y acto seguido abandonó la habitación.

Erika enarcó las cejas con expresión pensativa. Frieda van Drag parecía una persona muy correcta.

Enseguida salió en la conversación la pregunta ineludible:

—Erika, cuénteme: ¿qué hace usted aquí, en Surinam? ¿Lleva mucho tiempo en el país?

Erika vaciló un instante. Esperaba que Frieda van Drag no tuviera una opinión tan crítica sobre los misioneros como otros colonos.

Para gran alivio suyo, la mujer se limitó a responder con un amistoso asentimiento.

Erika, en realidad, no se sentía en posición de formularle preguntas a aquella pudiente mujer, pero el tenso silencio que se impuso entre ellas le indicó que era el momento de que ella tomase la iniciativa.

—¿Y usted tiene una plantación? —preguntó titubeante para tratar de dar conversación. Frieda van Drag reaccionó de inmediato ante la palabra clave.

—Oh, sí, tenemos un gran terreno en el canal Weikabo.

Erika no sabía dónde se encontraba ese canal, pero asintió sin demostrarlo.

A partir de ahí, lo que siguió fue una extensa explicación sobre la vida de Frieda van Drag en Bel Avenier, que era el nombre de la plantación y significaba algo así como «futuro prometedor». Erika descubrió que Frieda van Drag había dado a luz a doce hijos, de los cuales había tenido que enterrar a cuatro. Con una sonrisa soñadora, se acarició el vientre.

—En unos pocos meses tendrán un hermanito.

A este le sucedieron varios relatos sobre su marido Ernst y un sinfín de quejas sobre la incompetencia de los esclavos de la plantación, el clima y las enfermedades. La señora Van Drag hablaba sin pausa y al cabo de una hora a Erika empezó a dolerle la cabeza. Fue necesario que Reiner comenzase a moverse dentro del canasto para que Frieda detuviera su verborrea.

—Oh, seguro que el pequeño tiene hambre. Por desgracia, ahora mismo no hay ninguna ama de cría en casa.

Erika se asustó. ¡Jamás habría permitido que una mujer desconocida diera de mamar a su hijo! Con cortesía y al mismo tiempo con cierto alivio, aprovechó la ocasión para despedirse.

—Ha sido muy agradable —dijo Frieda van Drag dándole nuevamente a Erika una suave palmadita en el brazo— y me alegraría mucho que viniese a verme otro día.

Una vez de regreso en la misión, Erika se sentó en una silla y respiró hondo. Rápidamente se puso a Reiner al pecho, que entre unas cosas y otras a esas alturas gritaba en el canasto a causa del hambre. Erika reprodujo el discurso de Frieda van Drag de nuevo en su cabeza. En esas pocas horas, Erika había descubierto más cosas sobre el país y la vida de los colonos que durante todos los últimos meses. La conversación la dejó exhausta, pero al mismo tiempo se alegraba de entablar lazos con otras personas fuera de la enfermería y la misión. Aunque resultase agotador, resolvió que volvería a visitar a Frieda van Drag algún otro día. Sabía que en la misión no conseguiría ganar el dinero necesario para partir en busca de Reinhard. Por tanto, debía esmerarse por encontrar un trabajo más fructífero en la colonia. Y, como iba a necesitar contactos, Frieda van Drag era un buen comienzo.

Así que, dos días más tarde, Erika volvía a encontrarse frente a Frieda van Drag dando sorbos a la fina taza de porcelana en la que le habían servido el té. En esa ocasión, ya no estaba tan hechizada por el entorno, el exquisito mobiliario, los refinados tapetes de encaje y la cuidada vestimenta de las esclavas, y logró concentrarse más en la conversación. Aunque también lo había dudado, al final decidió dejar a Reiner en la misión al cuidado de Dodo, que lo conocía muy bien y sabría atenderlo durante unas horas. La vieja esclava, además, había realizado una interesante observación cuando Erika le contó cómo se había desarrollado la charla con Frieda van Drag.

—Oh, ¿y le ha preguntado a misi Van Drag por su marido, misi Erika? El canal Weikabo está en el camino que él tomó cuando se dirigió hacia el interior del país.

Esa información provocó una gran excitación en Erika, que estaba impaciente por volver a ver a Frieda van Drag y preguntarle.

Finalmente, la conversación tomó el rumbo que Erika esperaba.

—¿Y bien? ¿Permanecerá en la misión o tiene planes de ir a trabajar a algún otro lugar? —La mirada de Frieda van Drag traslucía curiosidad.

Erika, como de costumbre, agachó la mirada.

—No, me gustaría… Mi marido está en el interior del país y me gustaría reunirme con él —admitió con timidez. Y, acto seguido, agregó con gran expectación—: Es posible que incluso haya pasado por su propiedad porque, según me han dicho, el canal Weikabo está en su camino.

Su anfitriona se quedó pensando y meneó la cabeza.

—No, cielo, por desgracia no recuerdo haberlo visto —se lamentó encogiendo los hombros—. Es una decisión muy valiente emprender un viaje así con un niño pequeño. Pero ¿tiene dinero para realizar ese viaje?

Erika respiró hondo. Tenía que aprovechar esta oportunidad. Si no lo hacía ahora, ¿cuándo volvería a tener ocasión de hablar de ello con una dama de la alta sociedad?

—He pensado que tal vez podría comenzar en algún sitio como institutriz, o como niñera.

Erika era consciente de que para el puesto de niñera la gente solía preferir a jóvenes maestras, a ser posible solteras y sin hijos, y que la demanda de institutrices no era demasiado grande porque, al menos en la ciudad, la mayor parte de los niños de las familias acomodadas asistía a la escuela. Y la tarea de llevar a los alumnos una bandeja con una comida frugal tres veces al día, una por cada descanso, no respondía exactamente a lo que Erika se imaginaba. Lo había reflexionado mucho, pero por mucho empeño que puso no consiguió que se le ocurriese ninguna idea mejor, porque al fin y al cabo no gozaba de cualificación alguna.

Frieda van Drag se quedó pensando unos instantes, apartó a un lado la taza y entrechocó suavemente las manos con un visible entusiasmo:

—Mevrouw Bergmann, mevrouw Bergmann, qué oportuno, verá... Ese es precisamente el propósito de mi viaje a la ciudad. Con tantos niños..., la plantación... Bueno, busco desesperadamente a una mujer joven y decente que estuviera interesada en trabajar en la plantación y encargarse de la educación de los niños. Las esclavas con el tiempo... Bueno, no tienen ninguna cultura. Como amas de cría y niñeras sirven, pero cuando llega el momento de instruir a los niños...

Erika no daba crédito a lo que oía. ¿De veras el destino iba a revelarse tan generoso con ella? Lanzó una mirada a Frieda van Drag cargada de esperanza.

—¿Me está diciendo, entonces, que usted estaría dispuesta a...?

—Desde luego que sí, cielo, por lo que la conozco, usted sería la persona perfecta para ese trabajo. Para mí sería un motivo de satisfacción.

Erika todavía no se atrevía a alegrarse.

—Y Reiner, ¿no le importaría a usted que me llevara conmigo al niño?

Erika había contado con que resultaría difícil encontrar un trabajo mientras Reiner llevase pañales.

—Por eso no debe preocuparse. Un niño más en casa ni siquiera se notará y en mi opinión usted es lo bastante responsable como para no descuidar sus obligaciones. Entonces, ¿trato hecho?

Frieda le tendió la mano por encima de la mesa.

Erika estaba algo desconcertada por la oferta de trabajo. En realidad, su único objetivo era hacer contactos. «Pero ¡da igual! ¡Esta es mi oportunidad!», pensó con una alegría desbordante y, con una tímida sonrisa, estrechó la mano de Frieda van Drag.

—¡Perfecto! Dentro de dos días partimos de regreso, ¿cree que tendrá tiempo para disponerlo todo?

Erika asintió. Equipaje no tenía mucho. En su interior estalló de júbilo, ¡pronto estaría más cerca de Reinhard y mucho antes de lo que jamás hubiera podido imaginar!

Todos en el mismo barco

Surinam, 1860
Plantación Rozenburg, plantación Bel Avenier, Paramaribo

CAPÍTULO 1

Julie observaba a un pequeño y gracioso pajarillo que, como si estuviera suspendido en el aire, saboreaba las flores de azahar del jardín. Solo quedaban unas semanas para la boda de Martina. Julie había escrito docenas de invitaciones, por orden de Karl, y se las había entregado a los dos esclavos del campo, que emprendieron un viaje de varios días por el río para hacer llegar las cartas a sus destinatarios.

A su regreso, los esclavos trajeron consigo un buen fajo de respuestas. A Julie se le revolvía el estómago solo de pensar en que pronto tendrían que dar alojamiento en Rozenburg a tantas personas. Martina seguía con la misma mala cara porque Karl no había cedido ni un ápice en su imposición de que fuera Julie quien organizase el festejo. Si bien las invitaciones ya estaban entregadas, todavía quedaban muchas cosas por hacer.

Julie garabateaba con desgana en la hoja de papel donde debía consignar los platos del banquete de la boda. Después de que Amru le hubiese explicado cuáles eran sus planes al respecto, lo cierto es que Julie no tenía mucho que decir. Y, aunque pudiera aportar algo y lo escribiese en aquel papel, tendría que leérselo a Amru en voz alta. Julie no tenía ninguna experiencia en esos menesteres y el silencio de Martina a ese respecto no le servía de gran ayuda.

El agasajo y la atención a los invitados era lo que menos preocupaba a Julie. Amru se hallaba al mando. Y por debajo de ella había multitud de ayudantes centrados en el acontecimiento. Julie se alegraba mucho —y la esclava doméstica estaba muy agradecida— de contar con tantas personas a su disposición. A Amru no parecía afectarla lo más mínimo que su señora no participase en la medida en que cabía esperar. Como intermediaria podía recurrir a Kiri. Esta mantenía a Julie informada de tal manera que pudiera poner a Karl al día o, como mínimo, dar la impresión de que estaba al mando. Karl solía limitarse a asentir con gesto de satisfacción y dejaba hacer a Julie.

Como tantas otras veces, Julie se sentía sola en el porche, ante la hoja de papel, y echaba de menos tener a alguien con quien conversar. Aunque debía confesar que no echaba de menos a una persona cualquiera… ¡Ojalá el señor Riard regresara pronto! El mero hecho de pensar en él le producía alegría, añoraba sentarse con él en el porche, añoraba las profundas conversaciones que mantenían. En su interior, Julie además albergaba la esperanza de que tal vez él pudiera darle algún consejo sobre la complicada situación de la plantación. Ahora sus sentimientos estaban divididos, desde la última visita algo había cambiado. Se acarició una mano con la otra como si pudiera evocar por un momento el calor cosquilleante que el roce de su piel le había provocado. Cerró los ojos y pensó en la dulce mirada del joven.

Pero, durante su última visita, el contable se había excusado alegando que en la gran estación seca no habría mucho que hacer en la plantación y que, por tanto, su visita no era en modo alguno necesaria. Julie esperaba poder verlo tal vez en la ciudad con motivo del Año Nuevo, pero Karl acabó anulando ese viaje porque Martina se encontraba muy débil a causa del embarazo. Se pasaba el día mareada y devolvía a todas horas; con el paso de las semanas parecía un auténtico fantasma.

—En este estado no puedes asistir a ningún baile —gruñó Karl.

Martina, que solía querer aprovechar cualquier ocasión para visitar la ciudad, aceptó la decisión sin rechistar. Pasaba la mayor parte del tiempo encerrada en su habitación, al cuidado de la esmerada Liv, que parecía aliviada en su fuero interno de que durante el embarazo su señora se hubiese calmado un poco. O, mejor dicho, que ya no tuviera fuerzas para desahogar su mal humor contra ella. Si bien era cierto que seguía gritándole con frecuencia y que martirizaba a la joven muchacha con sus incesantes quejas, los azotes de los guardas habían disminuido de forma considerable. Martina ya prácticamente no bajaba al piso inferior y, desde luego, no salía de casa.

Karl, en cambio, mantenía la costumbre de marcharse todas las semanas a la ciudad, lo cual comenzaba a irritar a Julie. Ella llevaba ya casi un año en la plantación y nunca le había preguntado si quería acompañarlo. Y Martina, que antes de quedar en estado solía pasar alguna que otra semana con su tía, no entraba dentro de sus posibles acompañantes. Habría preferido morderse la lengua antes de preguntarle a Martina si podía ir con ella.

Cuánto le habría gustado viajar a la ciudad… o incluso visitar otra plantación en alguna otra región del país. Sin embargo, de momento Julie no conocía mucho más que Rozenburg, la casa de la ciudad y las plantaciones de los vecinos más cercanos. Había oído que el paisaje en otras zonas del país era más variado, que además de la selva había unas extensas sabanas e incluso zonas montañosas. Ella, en cambio, solo conocía la verde frondosidad que se veía desde la plantación y las oscuras aguas del río que discurría a lo largo de la plantación en dirección al mar. Julie suspiró y dejó el lápiz a un lado. Empezaba a declinar el día y un millar de cigarras entonaron al unísono un concierto vespertino, interrumpidas solo por las voces profundas de los habitantes de los árboles del bosque. Nico estaba posado en la barandilla del porche y también parecía escuchar. Julie respiró hondo para aspirar el aire fresco de la noche inminente. En la estación seca, apenas bajaba la temperatura durante el día, por lo que el calor resultaba más asfixiante todavía. Las tardes y las noches, en cambio, eran considerablemente más agradables.

Julie se levantó, se cubrió los hombros con un chal y abandonó el porche en dirección al jardín. Por las noches, algunas plantas desprendían un aroma arrebatador y unas enormes mariposas revoloteaban en torno a las flores de los naranjos. Los pequeños colibríes zumbaban alrededor. Como tantas otras veces, la naturaleza del país compensaba el pesar que el día a día provocaba en Julie. La rica, colorida y dulce exuberancia no era comparable con la flora europea. Julie repasó mentalmente los nombres de las plantas del jardín que conocía. Algunos se los había dicho el señor Riard, otros, en cambio, se los había enseñado Amru en la lengua familiar de los esclavos.

Cómo le habría gustado a Julie averiguar el nombre del resto de las plantas. Le habría gustado buscar un libro en la ciudad donde consultar todas las especies. Pero la posibilidad de viajar hasta allí era más que remota y no se atrevía a hacerle el encargo a Karl. Tal vez pronto vería al joven contable...

Se detuvo y observó el cielo donde se vislumbraban ya las primeras estrellas. Al menos en eso Karl tenía razón: el cielo estrellado sobre Surinam era tan oscuro y las estrellas tan claras que Julie nunca había visto nada igual. El resplandor de los remotos cuerpos la tranquilizó un poco.

En el porche trasero reinaba la calma. Cuando Karl estaba en la ciudad, no se preparaban cenas opulentas. Julie solía conformarse con un tentempié en el porche delantero. Martina prácticamente no cenaba y Pieter, al que desde el anuncio del embarazo Karl había expulsado de la habitación de invitados de la casa y desterrado a un cuarto de la casa de invitados, tampoco se sentaba a la mesa a comer. Julie se sentó en los escalones del porche trasero y sonrió satisfecha. Martina había protestado mucho cuando condenaron a Pieter a abandonar la mansión. Pero Karl se había puesto hecho una furia porque había quedado bien claro que había cometido un error al hospedar a Pieter tan cerca de Martina. A esas alturas, el hecho de cambiar la distribución de los dormitorios no era sino un intento desesperado de preservar en la medida de lo posible la decencia del enlace. Pieter, en cambio, aceptó la medida sin rechistar. Seguramente, le daba miedo estropear sus planes. A Julie le repugnaba ver cómo Pieter le bailaba el agua a su suegro. Aquella actitud era de una hipocresía enorme, pero nadie salvo Julie parecía percatarse. Pieter seguía un plan, nada más.

Unas voces a lo lejos la arrancaron de sus pensamientos. Julie trató de localizar de dónde venían, pero no pudo ver a nadie.

Era extraño porque a esas horas los esclavos de la casa solían estar ya en la aldea, y, cuando abandonaban la casa, tenían que pasar necesariamente por donde ella estaba. Y a esas horas tan intempestivas, los esclavos del campo tampoco solían encontrarse en los edificios de servicio que había junto a la casa. Los animales estaban atendidos, así que ¿quién podía ser? A medida que las voces se acercaron, Julie identificó una profunda voz masculina y una voz de muchacha joven. Parecían discutir, al menos la voz femenina sonaba muy aguda, mientras que la masculina se limitaba a dar órdenes en un tono brusco y seco. En la penumbra, Julie no era capaz de distinguir a nadie, pero creyó reconocer que las voces procedían de la parte trasera del edificio; se dirigían hacia la casa de invitados por la parte de atrás; Julie sabía que allí había una puerta de servicio. Pero dado que por el momento Pieter era el único que ocupaba una de las estancias, Julie no se imaginaba quién podía andar por allí. Se levantó y se agazapó entre unos arbustos junto a la casa de invitados. El estrecho sendero trillado que el jardinero había abierto a fuerza de pasar por allí daba la vuelta alrededor del edificio entre el muro de la casa y los arbustos. Julie se detuvo y dobló la esquina con precaución. Vislumbró una gran figura masculina que estaba de espaldas en la parte trasera de la casa con la mano apoyada sobre la hoja de la puerta abierta. Con la otra mano agarraba el brazo de una persona ostensiblemente más pequeña e intentaba obligarla a atravesar el umbral. Julie se quedó pensando en quién podía tratarse. ¿Estaría la muchacha en apuros? Estaba oscuro, Amru y las demás esclavas se encontraban ya en el poblado y, en cuanto a Pieter…, él no iba a acudir en su ayuda. Julie observó que el hombre arrastraba a la mujer al interior de la casa. Por un momento, ella lanzó unos gemidos de protesta. Después, la puerta se cerró de golpe y la figura del hombre desapareció en la oscuridad en dirección a la aldea de los esclavos. Poco más tarde, Julie oyó sobre su cabeza un ligero alboroto y el ruido de una puerta que golpeaba en el interior. Levantó la vista y advirtió un tenue resplandor en una de las habitaciones.

Avanzó a tientas junto al muro. A poca distancia, vislumbró unos barriles y unas cajas, tal vez, si conseguía subirse encima podría… Por un momento, dudó, pero venció la curiosidad. ¿Quizás era una de las sirvientas de la casa que había ido a la casa de invitados a hacer algo? ¿Quizás Amru le había ordenado al hombre que reprendiese a la muchacha? Se arremangó la falda y se subió encima de las cajas con cuidado. Si se inclinaba hacia delante, alcanzaba a ver el dormitorio por encima del alféizar de la ventana. Solo había una débil lámpara encendida sobre una pequeña mesilla. A Julie le dio un vuelco el corazón al ver pasar de pronto a alguien junto a la ventana. Pieter. Julie se echó hacia atrás. ¿La habría visto?

—¡Desnúdate! —lo oyó gritar. No cabía duda de que no estaba solo en la habitación. Entonces Julie oyó los leves sollozos de la muchacha y se le encogió el alma. Volvió a inclinarse y se asomó por encima del alféizar. Y no daba crédito a lo que sus ojos vieron en ese momento: Pieter estaba en la habitación vestido solo con un pantalón. De la muchacha, Julie solo alcanzaba a ver un hombro y un brazo y, por un instante, cuando la joven obedeció y se quitó la ropa, un pecho incipiente. Julie se dio cuenta entonces de que la muchacha no podía ser muy mayor. Intentó inclinarse más para procurar verle el rostro, pero estuvo a punto de derribar las cajas y, mientras perdía el equilibrio, justo antes de agarrarse a la tosca madera del muro para no caer al suelo, solo alcanzó a ver una gargantilla verde. El corazón se le disparó. Pese a todo, consiguió recuperar la posición y asomarse de nuevo a la ventana. La imagen se le quedó grabada a fuego en las retinas como una aterradora pesadilla. Pieter estaba agarrando a la muchacha bruscamente del pelo, la empujaba contra el suelo con una mano para obligarla a arrodillarse y con la otra se abría la bragueta. Julie quería gritar, pero no le salía la voz y, de puro espanto, solo acertó a taparse la boca con una mano. Notó que las cajas comenzaban a tambalearse de nuevo bajo sus pies e instintivamente saltó hacia un lado para no caer. Ya en el suelo, pegó la espalda a la pared y se limitó a escuchar. Con un poco de suerte, Pieter no habría oído el estrépito. Esperó un momento, pero nadie se asomó a mirar. Rápidamente, empezó a pensar qué podía hacer. No podía abandonar a aquella muchacha a su suerte en esa situación, pero sabía que no tenía mucho sentido entrometerse. A saber lo que Pieter sería capaz de hacer si Julie lo sorprendía *in fraganti*. Julie rodeó la casa corriendo. Su mirada recayó sobre la verja de los animales que gruñían en la oscuridad. ¡Los cerdos! Julie corrió hacia la verja, la abrió de par en par y agitando con rapidez el brazo espantó a los animales, que, sin dudarlo, aprovecharon la puerta a la libertad para salir corriendo entre fuertes chillidos. Después, Julie se dirigió a la casa principal, entró por el porche trasero y recorrió el pasillo hasta el salón de las labores. Desde allí pudo observar lo que sucedió. Con alivio, comprobó que su idea no tardaba en dar sus frutos. Asustados por los berridos de los cerdos, los demás animales se inquietaron también y a los pocos instantes los primeros hombres llegaron corriendo de la aldea con antorchas en la mano para tratar de atrapar a los animales escapados. El alboroto entre los edificios y los fuertes gritos debieron de molestar a Pieter, que tampoco tardó en aparecer con el pantalón abrochado y bramando órdenes por la puerta delantera de la casa de invitados. A la muchacha, Julie no llegó a verla, pero esperaba que hubiera podido ponerse a salvo.

Exhausta, Julie se dirigió a su habitación. Sería mejor que nadie supiera que había estado fuera. Sintió una profunda repugnancia hacia Pieter: ahora que Martina se hallaba indispuesta, se había buscado una niña esclava para hacer con ella lo que quisiera. A Julie se le revolvió el estómago al pensarlo. ¿De qué muchachas…? ¿Y con qué frecuencia tenían que soportar eso? ¿Cómo podía un hombre hecho y derecho hacer algo así? Tenía que pensar en algo para acabar con aquello…, pero ¿qué?

CAPÍTULO 2

La plantación Bel Avenier se encontraba mucho más alejada de la ciudad de lo que Erika jamás imaginó. En ese país, unas cuantas horas en barca equivalían a una gran distancia de la civilización. Durante las primeras semanas de Erika en la casa de los Van Drag, había reinado un caos absoluto. Cada vez que Ernst van Drag se marchaba, cosa que sucedía todos los días muy temprano, cuando salía a supervisar el trabajo de los leñadores, el desorden se apoderaba de la casa. Aquella cuadrilla de niños malcriados y rebeldes no podían ser controlada ni por las esclavas de la casa, que lo intentaban con todo su empeño, ni por Frieda van Drag, que se limitaba a refugiarse en sus habitaciones, donde los niños tenían prohibida la entrada. Erika tampoco les inspiraba ningún respeto y además enseguida descubrieron que esta se distraía cada vez que hacían llorar al pequeño Reiner y de esa forma la manejaban a su antojo. En esa casa, solo había orden y armonía cuando el señor estaba presente. En ese caso, los niños enmudecían bajo la severa mirada del hombre y al menos las horas de la tarde las pasaban más o menos tranquilos. Por las noches, Erika acababa agotada. El alboroto de los niños, cuyo control y vigilancia constituía el centro de su trabajo, y el constante esfuerzo por calmar a Reiner, que con tanto jaleo alrededor se había vuelto mucho más llorón, iban minando los nervios de la mujer. No sabía qué hacer para adquirir el control de la situación y algunos días, en su interior, dudaba que hubiera sido una buena idea aceptar el puesto de trabajo en Bel Avenier.

Geert, Harm, Jan, Ruthger y las niñas Edith y Anka eran los seis niños que vivían en la casa. Los dos hijos varones mayores, Anton y Frits, vivían en la ciudad porque asistían a la escuela. Las niñas eran dos criaturas tímidas que se pasaban la mayor parte del tiempo a lo suyo, jugando con sus muñecas o pegadas a las faldas de su ama de cría negra, mientras que los cuatro varones, que tenían entre seis y diez años, eran unos auténticos tiranos. Cuando no estaban haciendo rabiar a sus hermanas, se dedicaban a dar órdenes a diestro y siniestro a los esclavos, quienes, sin torcer el gesto lo más mínimo, cumplían a rajatabla los deseos de los pequeños masras por infantiles o absurdos que fueran. Erika se estremecía cada vez que comprobaba la escasa atención que les prestaban a aquellos niños. Trataban y manejaban a los esclavos como si fuesen monos de circo. En casa de los Van Drag, existía la costumbre de regalar un pequeño esclavo a cada niño al cumplir los cinco años. Ese esclavo era unos dos o tres años mayor que su señor y tenía la obligación de estar siempre a merced de su amo. Solo así, sentenció el señor de la casa Ernst van Drag cuando Erika mencionó ese hábito, los niños aprendían a establecer la relación adecuada con los subordinados y promovían la formación de un servicio fiable y entregado.

Erika no dejaba de pensar en cómo podía aprender a controlar a ese grupo de niños. El azar fue finalmente lo que la ayudó a encontrar el camino.

Una mañana en que Erika estaba tratando de desempeñar su función de maestra y se esforzaba por reunir a las seis criaturas en la mesa, sorprendió a Harm entrando en la habitación contigua a incordiar a Reiner, supuestamente con el propósito oculto de conseguir librarse de la tediosa lección si hacía chillar al niño. Erika presenció cómo el muchacho de ocho años tiró de los bracitos del pequeño Reiner con tanta fuerza que por unos segundos el bebé se quedó sin respiración y comenzó a ponerse rojo. La rabia acumulada durante las últimas semanas estalló en un explosivo arrebato al contemplar el sufrimiento de su hijo. Agarró a Harm por los hombros, le dio media vuelta y le asestó una fuerte bofetada. Antes de que el muchacho pudiera reaccionar, Erika se inclinó rápidamente hacia él hasta que su rostro quedó a la altura de los ojos atemorizados del chico:

—Como vuelva a sorprenderte aquí otra vez —lo increpó fuera de sí—, ¿me oyes?, una sola vez más, se lo contaré todo a tu padre y que Dios se apiade de vosotros porque a saber qué ocurrirá cuando se entere de que no obedecéis sus órdenes.

De los ojos del chico brotaron grandes lágrimas. De pronto, se apoderó de Erika un gran sentimiento de culpa por haberle pegado. Harm salió de la habitación con la cabeza gacha. Mientras Erika consolaba a Reiner, oyó que Harm se apresuraba a reunir a sus hermanos y acto seguido todos ocuparon su lugar a la mesa. Al parecer, gracias a ese arrebato se había ganado el respeto de los pequeños.

En sus adentros, Erika abrigaba la esperanza de que Harm no le confesase lo ocurrido a ninguno de sus progenitores, no se sentía muy cómoda con la situación y no sabía cómo debía afrontarla. Pero la reacción de Harm ante la amenaza de contárselo todo a su padre abrió una inesperada senda en la relación con los niños. Estos profesaban un profundo respeto a Ernst van Drag y Erika decidió que debía aprovecharse de ello. Naturalmente, habría sido mejor que los niños hubieran mostrado ante Erika el respeto que cualquier menor debe manifestar ante un adulto, pero, como no fue así, a ella no le quedó otro remedio. La mera insinuación de que pudiera llegar algún informe negativo a oídos del padre convirtió a partir de ese día a los niños en un grupo de ejemplares angelitos. Erika por fin tuvo la sensación de que tenía la situación bajo control.

La propia Frieda van Drag dejó caer alguna que otra palabra de elogio cuando, al cabo de unos días, advirtió que el volumen del alboroto de las mañanas había disminuido. La señora de la casa, entretanto, tenía una barriga de lo más abultada ya que solo le quedaban unas semanas para el alumbramiento. Flanqueada noche y día por dos esclavas, Frieda van Drag estaba entregada de lleno al sufrimiento del embarazo y se limitaba a ordenar que la bañasen, la secasen, le dieran de comer y la acomodaran en la cama, desde donde volvía a requerir la presencia del servicio en cuestión de minutos. Erika sospechaba que el embarazo constituía para Frieda van Drag un modo de atraer la atención y eludir la obligación de atender al resto de los niños. Teniendo en cuenta que, en las dos últimas décadas, Frieda van Drag había pasado por doce embarazos, cabía deducir que no había llevado una vida demasiado dura.

A esas alturas, Erika no imaginaba que, en realidad, la causa del elevado número de embarazos era otra bien distinta.

En Bel Avenier había, aparte de los esclavos negros, un grupo de leñadores alemanes que actuaban como capataces y dirigían la labor de los esclavos en la zona de explotación maderera. Si bien los hombres pasaban la mayor parte de la semana en los bosques, desde donde se transportaba la madera directamente por los canales y ríos en dirección a la ciudad, las mujeres permanecían en la plantación, se hacían cargo de las tareas domésticas y cuidaban del jardín y de los niños.

Cuando Erika vio por primera vez las casas de los alemanes, que formaban una especie de poblado agrupado en torno a una explanada central, le costó contener las lágrimas de lo mucho que le recordaron a su país natal. Aunque los leñadores procedían de la Selva Negra y hablaban un dialecto cerrado, las típicas casitas de madera con los postigos de carpintería y las flores en el alféizar despertaron un sinfín de recuerdos en Erika y, por un momento, la dejaron sin habla. Su vida anterior en Alemania, protegida por la comunidad, junto a Reinhard…

Las cinco mujeres de los capataces habían dejado atrás una vida de origen humilde y ahora se esforzaban para forjarse un futuro mejor. Y como sin duda su vida en Surinam era mucho más próspera que en la lejana Europa, rara vez se quejaban. Labraban con gran ahínco los pequeños campos de tierra que el amo de la plantación les había cedido y daban gracias a Dios todos los días por haberlas llevado a ese exuberante país. A fuerza de hablar con ellas, la opinión de Erika fue cambiando. Aunque Surinam había supuesto para ella una dura prueba, antes nunca había pasado dificultades. Esas mujeres, sin embargo, habían sufrido mucho. Ellas le hablaban de las grandes necesidades, del hambre y la pobreza que habían tenido que pasar. En cambio, problemas como la malaria, el calor y las lluvias tropicales para ellas eran pequeñeces más que soportables. Hasta entonces, Erika no lo había contemplado desde ese punto de vista. Al cabo de unas semanas, esperaba haber ganado dinero suficiente para poder seguir buscando a Reinhard en el interior del país. Aunque ¿la dejarían marchar los Van Drag? Eso todavía no se había parado a pensarlo. ¿Y hacia dónde iba a partir?; al fin y al cabo, no sabía dónde podía encontrarse Reinhard. Pero estaba segura de que de algún modo conseguiría averiguarlo. Ya se encontraba muy satisfecha de haber llegado hasta ahí. Hacía mucho tiempo que no se sentía tan cerca de su marido. Sin embargo, tal como Erika intuía, en Bel Avenier la felicidad y la desgracia convivían estrechamente.

CAPÍTULO 3

La pelea que Martina y Karl tuvieron durante la cena quedó interrumpida cuando Aiku irrumpió en el comedor y anunció por señas la llegada de un invitado. A Julie le dio un vuelco el corazón. Dentro de lo posible, trató de evitar que se le notara el cambio de ánimo. ¿El señor Riard? ¿Cuántas semanas había tenido que esperar para volver a verlo?

Se trataba de un giro de lo más afortunado para aquella interminable discusión sobre los preparativos de la boda. Martina había vuelto a verter sus quejas sobre Julie; la criticaba porque los planes de boda no avanzaban lo suficientemente rápido y exigía que su tía pudiese empezar a participar de inmediato en la organización del enlace, cosa que Karl prohibió terminantemente una vez más. Julie no se sentía en absoluto responsable de los retrasos, ya que Martina era quien obstaculizaba una y otra vez cualquier comunicación. A esas alturas había aprendido a oír las incesantes quejas de su hijastra como quien oye llover. Martina era una criatura consentida e infantil. Justo en ese momento, Pieter se había atrevido a tomar partido a favor de su prometida, lo que provocó de inmediato una reacción furiosa en Karl. Julie escuchaba ya esa clase de discusiones algo aburrida. El porqué su marido se resistía con semejante vehemencia a permitir que la familia de su difunta esposa estuviera presente constituía para ella todo un misterio.

Además, era la familia de su primera mujer. Cada vez que Julie había intentado averiguar algo más sobre ella, se había topado con un muro de silencio. La propia Amru se encogía de hombros siempre que Julie trataba de sacar el tema o de sonsacarle alguna información.

Tal vez la tía de Martina estuviera dispuesta a contarle algo más. Aunque, a ese respecto, Julie ni siquiera sabía si aquella señora querría hablar con ella. Si la familia de Felice reaccionaba igual que Karl…

En ese instante, cuando se oyeron voces en el pasillo, Julie se volvió expectante hacia la puerta. Para su decepción, Karl se levantó de la mesa y salió al pasillo a reunirse con el contable, al que acompañó a su despacho. Julie no vio más que la figura corpulenta del joven al pasar por la puerta. En ese preciso momento, un intenso hormigueo de emoción le recorrió todo el cuerpo.

A la mañana siguiente, se sentó en el porche principal con la esperanza de que el contable quisiera desempeñar su tarea al aire libre. No se equivocó. Al poco, el joven apareció en la puerta con una pila de papeles en la mano. Al ver a Julie, vaciló un instante, pero enseguida se decidió a tomar asiento.

—Buenos días, mevrouw —dijo en susurros.

—Buenos días, mijnheer —respondió Julie con cierta timidez. ¡Cielo santo! Julie se reprochó su propia cautela porque no quería que el tan anhelado reencuentro se desarrollase entre tantos titubeos. Quería hablar con él, preguntarle muchas cosas y, sobre todo, quería que él le acariciase la mano. Pero en lugar de ocurrir eso se impuso un tenso silencio entre ellos. Julie intentó concentrarse en sus labores manuales y contener el cosquilleo que sentía en el estómago. Lo último que quería es que él se diese cuenta de lo nerviosa que estaba. El joven hundió la nariz en los libros de cuentas.

Julie buscó desesperadamente una excusa adecuada para entablar conversación, pero no logró que se le ocurriese nada inteligente. En medio de sus cavilaciones, Kiri apareció por la puerta de los esclavos. Julie leyó de inmediato en el rostro de la muchacha que algo no marchaba bien.

—Kiri, ¿pasa algo?

Riard también había levantado la vista de sus papeles.

—Misi Juliette..., estoy buscando a Amru, ¿sabe dónde...?

Julie se levantó y dejó los menesteres de labor a un lado.

—Creo que está arriba con Martina. ¿Qué pasa, Kiri? Pareces asustada. ¿Ha ocurrido algo?

Normalmente, los esclavos no acostumbraban a molestar a Amru por menudencias. Kiri debía de tener una razón de importancia. La muchacha meneó la cabeza y se dio media vuelta con intención de marcharse.

—Un momento —la llamó Julie y tuvo el impulso de seguir a la muchacha por la puerta de los esclavos, pero se lo pensó mejor y traspuso rápidamente la puerta correcta para atrapar a la joven en el comedor. Una vez allí, la agarró por los hombros y la miró fijamente a los ojos—. Haz el favor de decirme ahora mismo qué ha ocurrido.

Kiri agachó la mirada y titubeó.

—Bueno…, tengo que encontrar a Amru. En la aldea…, una muchacha…

De golpe esas palabras hicieron que Julie centrase toda su atención en Kiri.

—¿Qué le ha pasado a esa muchacha? ¿Qué muchacha?

—Necesitan que Amru vaya a verla, la muchacha está…

Julie dio media vuelta y se dirigió rápidamente a la escalera. Sin reparar en las normas habituales de conducta, gritó en dirección al piso de arriba:

—¿Amru?

De inmediato, la esclava se asomó por la baranda del piso superior con un juego de sábanas limpias sobre el brazo. No era habitual que nadie en la casa elevara la voz, de forma que Amru miró sorprendida hacia Julie, que estaba al pie de la escalera.

—Kiri dice que tienes que ir ahora mismo a la aldea porque ha pasado algo con una muchacha.

Amru se puso en movimiento en el acto. Dejó a un lado el juego de sábanas y siguió a paso presuroso a Julie, que había salido ya por la puerta trasera y se hallaba de camino al poblado.

Una vez en la aldea, Kiri señaló hacia una cabaña. Amru vaciló un instante.

—Misi Juliette, será mejor que espere aquí, por favor.

Entró en la cabaña dejando a Julie confundida en la puerta junto a su joven esclava.

—¿Qué ha ocurrido? ¿La muchacha está enferma? —preguntó Julie preocupada, pero Kiri no respondió.

Al poco, Amru asomó la cabeza por la puerta de la cabaña y le ordenó a Kiri:

—Trae agua fresca y paños limpios.

La joven echó a correr.

Julie notaba la tensión que se respiraba en el ambiente. Algo no marchaba bien y, si alguien necesitaba ayuda, ella quería sumar sus fuerzas, ya que estaba allí. Entró con determinación en la cabaña. La luz era tenue, en el aire se respiraba un extraño olor a metal. En una hamaca, Julie logró distinguir una figura, sobre la que Amru y otra mujer estaban inclinadas en ese momento. Julie se acercó. La mujer que estaba con Amru miró a Julie asustada justo antes de bajar la mirada.

—Misi.

Amru levantó la mirada y torció el gesto con expresión de enojo.

—Misi, es mejor que no vea esto —dijo con aplomo.

—¿Qué sucede? —Julie se asomó con curiosidad por encima del hombro de la esclava y acto seguido retrocedió un paso aterrada. En la hamaca yacía una muchacha joven. Julie no pudo reconocer de quién se trataba porque, aunque se esforzaba desde hacía mucho tiempo, no conseguía aprenderse todos los nombres. El estado de la muchacha era absolutamente aterrador. Tenía el rostro magullado, los ojos hinchados, los labios abiertos y ensangrentados. A pesar del oscuro color de su piel, Julie pudo vislumbrar hematomas morados hasta los hombros. De ahí para abajo estaba cubierta con un paño.

—Oh, Dios mío, ¿qué ha ocurrido? —tartamudeó Julie y se llevó la mano a la boca al ver que el paño no solo estaba manchado de sangre en la zona superior.

Kiri entró en la cabaña y le alcanzó a Amru la calabaza con agua y unos paños limpios.

Amru se volvió hacia Julie.

—Misi Juliette, ahora será mejor que se vaya. —Julie asintió con un gesto mudo, pero no podía apartar la mirada de la muchacha. Paralizada por el horror, Julie reparó en ese instante en la gargantilla de la joven: una gargantilla verde. De golpe Julie se sintió desvanecer y se abrió paso junto a Kiri para salir a la calle.

Una vez fuera tomó aire. Cuando se hubo repuesto, el horror se transformó en pura rabia. ¡Pieter!

Tan rápido como le permitieron las piernas, Julie regresó a la casa. Ante el porche trasero se encontró con el señor Riard.

—¿Qué ha pasado? —Su expresión traslucía auténtica preocupación.

Julie hizo ademán de pasar de largo, pero él la agarró del brazo. Entonces ella se detuvo y rompió a llorar. Él la condujo con dulzura hasta la sombra del árbol.

Julie se refugió sin reparos en el pecho del contable y sollozó con amargura.

—Ese cerdo… ha…, ha…

—Cálmese… —la consoló Riard estrechándola con delicadeza entre sus brazos. Durante algunos instantes, ambos permanecieron en silencio a la sombra del árbol. Julie se recompuso enseguida, aceptó con gratitud el pañuelo que el joven le ofreció y se enjugó las lágrimas de los ojos.

—Gracias. Es que… Yo… —Parecía que Julie temblara por dentro.

—¿Qué ha ocurrido? —La preocupación se reflejaba claramente en la voz de Riard.

Julie vaciló. No podía de ninguna manera contarle lo sucedido. Lo que acababa de presenciar era demasiado..., demasiado atroz. Tragó saliva y dijo con el mayor aplomo que fue capaz de conferir a su voz:

—Nada..., está bien, solo ha sido...

El señor Riard no preguntó más, pero le dedicó una sonrisa cargada de complicidad.

Julie intentó mantener la compostura al menos de cara a los demás. Cuando ese mismo día, unas horas más tarde, tuvo que compartir mesa con Pieter, el asco, la repugnancia y la rabia resurgieron de nuevo en su interior. Intentó centrarse en sus pensamientos y rápidamente extrajo una conclusión: tenía que hacer algo. Solo era cuestión de tiempo que Pieter eligiese a otra muchacha como víctima. Por un momento, Julie se planteó si debía hablarlo con Karl, pero enseguida descartó la idea. Karl no tenía en gran estima a sus esclavos y hasta ese momento no había hecho nada por impedir la violencia que los esclavos de Pieter ejercían contra sus esclavas. Por otro lado, si justo antes de la boda se destapaba que su futuro yerno... Probablemente se organizaría un escándalo de órdago. Pero Julie ya empezaba a saber cómo funcionaba el colérico carácter de Karl y le daba miedo que toda aquella historia acabara salpicándola también a ella.

En los siguientes días, Julie realizó frecuentes visitas a los esclavos de la aldea. Las últimas semanas había estado tan ocupada con los dichosos preparativos de la boda que no había podido dedicar mucho tiempo ni esfuerzo a los habitantes del poblado. Julie escudriñaba de arriba abajo a todas las muchachas jóvenes. Salvo la muchacha herida, que poco a poco iba recuperándose, todas las demás se mantenían sanas y salvas. Todos sus intentos por conseguir que Amru hablase de lo sucedido fueron en vano. La esclava se limitaba a encogerse de hombros con un aire amargo en la mirada y le respondía que eran cosas de esclavos. Que el padre de la muchacha la habría castigado…

—A un padre nunca se le ocurriría hacerle algo así a su hija… —respondió Julie furibunda, pero decidió callar al ver la expresión del rostro de la esclava. No iba a conseguir sonsacarle nada.

Kiri tampoco era de gran ayuda. A decir verdad, ella tampoco parecía estar enterada de lo acontecido.

El único que no parecía dispuesto a cerrar los ojos ante toda la maldad que se respiraba en la plantación era el contable.

Riard le preguntó en repetidas ocasiones a Julie qué sucedía. Ella, sin embargo, se resistía a contarle qué era lo que la atormentaba. De esa guisa, se pasaban las horas sentados en silencio en el porche: Julie contemplando a Nico enfrascada en sus pensamientos, y Riard sumergido en la lectura de los documentos. El joven, que parecía ansioso por romper el silencio, se decidió por fin a cambiar de tema.

—¿Qué tal avanza con los preparativos de la boda de mejuffrouw Leevken? Ya quedan pocas semanas para el gran día.

Julie dejó los útiles de sus labores en el regazo.

—No me deja hacer nada —soltó en un impulso de sinceridad—. A mí me encantaría contribuir a que fuese una hermosa celebración, pero en el fondo Karl es quien decide qué pasa y cómo deben hacerse las cosas, Martina refunfuña y yo estoy entre estos dos frentes.

Julie suspiró. De pronto sintió un alivio enorme, nunca le había definido a nadie el conflicto con tanta claridad. ¿A quién iba a contarle nada?

Riard advirtió las turbulencias internas de su interlocutora. Arrugó la frente, dejó el lapicero a un lado y se quedó mirando al horizonte con gesto pensativo.

Luego soltó una breve carcajada.

—Mejuffrouw Leevken insiste en que sea su tía quien le proporcione amparo y patrocinio —dijo al fin. Riard había reparado en las escasas y hostiles palabras que intercambiaba la familia durante las comidas—. Desde mi punto de vista, ahí reside el problema. Por lo que conozco a mijnheer Leevken, imagino que él se resiste a consentirlo. Creo que la desavenencia entre las familias…

Julie se encogió de hombros. Todo eso ya lo sabía.

—¿Qué fue lo que sucedió en el pasado para que ahora tengan esa enemistad?

Riard se inclinó sobre la mesa con actitud conspirativa.

—No debería contarle esto —dijo con un suspiro—, pero como si no lo hago yo parece que no lo hará nadie… Creo que usted tiene todo el derecho a saber lo que ocurrió en el pasado. Verá: en torno a la muerte de mevrouw Leevken circularon toda clase de rumores. No me malinterprete, no pretendo acusar a nadie con lo que digo ni tampoco quiero asustarla, pero en aquel momento se murmuraba que mijnheer Leevken no era del todo inocente. Los padres de la difunta se contaban también entre quienes pensaban así, de forma que hubo una tremenda disputa.

»Finalmente, todo aquello llevó a la tumba al anciano mijnheer Fiamond. Su esposa emprendió entonces una amarga campaña contra mijnheer Leevken para recuperar la cuantiosa dote que entregaron en su día. Y también batalló por la pequeña, por mejuffrouw Leevken. En ese momento, los Fiamond quisieron llevársela con ellos, pero solo obtuvieron el derecho a visitarla. Por eso todavía hoy mejuffrouw Leevken sigue yendo a la ciudad a ver a su tía y a su abuela.

—¡Vaya! —Julie no tenía ni idea de que la muerte de Felice hubiese estado rodeada de tanta tragedia—. De modo que... no tengo la menor posibilidad de conseguir algo —sentenció con desánimo.

—Mevrouw Leekven, pues claro que todavía dispone de oportunidades. Sé que no mantiene con mejuffrouw Leevken la mejor de las relaciones, pero... —Julie soltó una amarga carcajada—; ... pero lo que podría hacer es... Bueno, no sé si estaría dispuesta..., pero...

—Dígalo de una vez. —Julie agradecía cualquier idea o sugerencia para desatascar la situación.

—Bueno, sencillamente haga lo posible por satisfacer los deseos de mejuffrouw Leevken. Llévela con su tía a la ciudad y deje que ella participe también en los preparativos. Mijnheer Leevken no tiene por qué... Bueno, ya me entiende, no conviene que se entere. De esa forma usted se quitaría una enorme carga de encima y tal vez mejuffrouw Leevken se mostraría un poco menos arisca. —Y con un guiño, agregó—: Mevrouw, Valerie Fiamond es una mujer muy amable, no debe tenerle miedo. Usted es la última persona que debe reprocharse lo ocurrido. No olvide que usted no tiene nada que ver con toda esta historia.

Julie reflexionó durante algunos días sobre la propuesta de Riard. En el fondo, la idea no era mala. Martina vería cumplido su deseo, ya que no deseaba nada tanto como una boda propia de su categoría y para ello confiaba plenamente en el criterio de su tía. El riesgo de que Martina le revelase el plan a Karl a Julie le parecía desdeñable. Julie suponía que, a lo largo de aquellos años, Martina habría disfrutado mucho más en la ciudad con la familia de su madre que allí en la plantación, donde una persona joven estaba condenada al tedio más absurdo. Aunque desde el punto de vista material Martina nunca debía de haber pasado necesidad, Julie estaba casi convencida de que Karl jamás había sido un padre cariñoso. Así, todas esas circunstancias explicaban el vínculo de Martina con su tía, que ahora Julie podía, en cierto modo, llegar a comprender. Ella recordaba vagamente la primera época en el internado, sin familia y sin amigas. En ocasiones, lo único que anhelaba era una simple familia, una madre, una hermana o una prima a la que poder confiarle sus pensamientos.

Tal vez de ese modo incluso mejoraría la relación entre Martina y ella. Martina jamás había dejado lugar a dudas sobre la antipatía que Julie le despertaba. Pero, de todos modos, ella seguía siendo su hijastra. Tal vez había llegado la hora de cambiar algunas cosas, ahora que hacía casi un año que Julie había llegado al país. La boda se celebraría dentro de ocho semanas, a finales de marzo. Karl había vuelto a adelantar la fecha sin especial consideración por lo que eso suponía. Julie habría preferido que la celebración hubiera tenido lugar después de la estación de las lluvias, pero en agosto nacería el bebé de Martina y un alumbramiento antes de la boda resultaba impensable. De modo que no tenían más opción que celebrar el enlace enseguida. El tiempo apremiaba. Teóricamente, estaba todo organizado, pero en la práctica faltaban infinidad de detalles por concretar. Además, había algunos otros argumentos que hicieron que Julie se entusiasmase con el plan: Pieter no podría negarse a acompañarlas a la ciudad. Y de esa forma se mantendría bien alejado de las muchachas de la aldea. Ella por fin se alejaría por un tiempo de la plantación y visitaría la ciudad... Y quizás una vez allí podría reunirse con el señor Riard.

En su interior fue creciendo la determinación de llevar a cabo ese plan. Todavía no sabía muy bien cómo planteárselo a Martina y, sobre todo, a Karl, pero esperaba poder convencerlo.

Cuando, poco más tarde, Riard tuvo que partir de nuevo a la ciudad, Julie lo acompañó hasta la orilla donde aguardaba la barca.

—Mijnheer Riard, ¿le gustaría..., bueno..., cuando estemos en la ciudad...? —Julie no sabía muy bien cómo formular su petición.

Sin embargo, el contable comprendió a la perfección sus intenciones y sonrió con un gesto alegre que se tradujo en el pequeño brillo que desprendieron sus ojos azules.

—Por supuesto que iré a visitarla cuando se encuentre en la ciudad. Es una verdadera lástima que hasta ahora no haya conocido nada más que la plantación.

Una sensación de intenso calor invadió a Julie y sintió en el estómago un revoloteo como si mil mariposas alzaran el vuelo a la vez.

—No sabe cuánto me alegro. Que tenga buen viaje.

—Martina, ¿podemos hablar?

Julie fue a buscar a su hijastra al salón femenino donde su hijastra estaba tejiendo un canesú de ganchillo para su futuro bebé. El embarazo todavía no se había hecho patente y, como la boda se iba a celebrar al cabo de unas pocas semanas, Martina no tendría que verse en la comprometida situación de tener que ocultar un imponente vientre abultado. Aquella era la mayor preocupación de Karl, ya que le parecía que celebrar una boda por razones demasiado obvias supondría una deshonra y una degradación.

Martina levantó la vista y lanzó a Julie una mirada felina de recelo.

—A ver, ¿qué fantástica idea se le ha ocurrido ahora a mi padre para la boda?

En las últimas semanas, Martina y Julie solo se habían comunicado cuando la situación lo exigía. Y eso significaba que la mayor parte de las veces era porque Julie tenía la misión de informar a su hijastra de alguna decisión de Karl. Esto casi siempre desencadenaba una discusión a pesar de que Julie no tenía ninguna culpa de que Karl diese unas u otras órdenes. Si Karl hubiese hablado directamente con su hija, esta se habría sentido menos afectada, pero daba la sensación de que en el fondo disfrutaba enfrentando a Julie con la siempre beligerante Martina.

—No, Martina. Me gustaría hacerte una propuesta. —Julie se sentó frente a ella. En ese mismo instante, Martina se retrepó en el sillón. Julie fingió no darse cuenta. Abrigaba la esperanza de saber explicarle a Martina que ella, en el fondo, no le deseaba ningún mal, así que agregó con serenidad—:

Martina, sé que por norma general estás en contra de todo lo que yo propongo para tu boda. Pero eso no nos trae nada bueno a ninguna de las dos y tampoco a la boda y yo quiero que la celebración salga bien. Tú deseas con todas tus fuerzas que tu tía participe en los preparativos. Tu padre se niega en redondo, cosa que no acabo de entender muy bien. —Julie respiró hondo antes de proseguir—. Dado que hay algunos detalles que convendría ultimar en la ciudad, podríamos decir que necesitamos desplazarnos por un tiempo a Paramaribo para ocuparnos personalmente de atar los cabos sueltos de la boda. Yo no tengo inconveniente alguno en que lo organices todo con tu tía. Solamente desde el punto de vista oficial, y sobre todo de cara a tu padre, tendremos que fingir que la dejamos al margen… ¿Entiendes lo que digo? No quiero problemas con Karl y supongo que tú tampoco tienes ganas de seguir peleando a todas horas con él. —En un valiente impulso, Julie le agarró la mano a Martina y se la estrechó con ternura—: De esa manera nos pondríamos las cosas más fáciles, ¿no te parece?

En un primer momento, Martina hizo ademán de enfadarse, pero en su rostro se advertía que la tentación de aquella propuesta pesaba más.

—¿A la ciudad? ¿A casa de tía Valerie? ¿Y tú no se lo dirías a padre…? —Sus ojos reflejaban cierta desconfianza, pero Julie sacudió la cabeza con energía y la miró fijamente.

—Esto quedará entre nosotras.

De pronto a Martina se le iluminó el rostro y adoptó un gesto radiante que Julie llevaba varios meses sin ver.

—¿De veras? ¿Cuándo partimos?

En cambio, convencer a Karl de que los preparativos exigían un viaje a la ciudad no fue tan sencillo. Aunque parecía menos descontento con los planes de Martina que con el deseo de Julie de acompañarla a Paramaribo.

—¿No podéis arreglar esos asuntos desde aquí? —gruñó con tono receloso.

En el interior de Julie algo no encajaba. ¿Acaso él se había dedicado a pasearla de un lugar a otro tras su llegada a la ciudad y en meses posteriores a llevarla siempre del brazo a casa de todos los vecinos para a condenarla a un encierro eterno en la plantación? ¿Por qué se irritaba tanto cada vez que Julie hablaba de viajar a la ciudad? Allí en la plantación ella no le servía de nada. En Paramaribo, al menos, podía desempeñar el papel de muñeca y dedicarse a figurar, tal como a todas luces él estaba deseando.

Los argumentos de Martina acabaron por convencerlo. Tal vez no era mala idea que ella se dejase ver en la ciudad con su madrastra. La sugerencia de mostrar de nuevo cierto interés por la vida social de la colonia, que era la principal razón por la que se había traído consigo a su joven esposa hasta allí, le retumbaba en la cabeza. Y el momento no podía ser más oportuno. Karl veía la boda como un mal necesario, pero también como una oportunidad adecuada para dedicarse a consolidar contactos comerciales. Aquel contable se había expresado de nuevo con total nitidez: la plantación no marchaba bien. Había llegado el momento de recurrir a la reserva y esta consistía en la dote y la herencia de Juliette.

CAPÍTULO 4

Kiri estaba nerviosa. No por el inminente viaje a la ciudad, no; las mujeres de la aldea estaban esperando las barcas de los cimarrones que debían transportar hasta allí varias mercancías procedentes del interior del país. Kiri albergaba la esperanza de que Dany viajase en alguna. Llevaba mucho tiempo sin verlo, y en sus sueños aparecía constantemente el cuerpo musculoso del joven cuyos tatuajes parecían danzar.

Kiri no se equivocaba. Al llegar los botes, Dany fue el primero en saltar a la orilla con gran agilidad y dedicarle una radiante sonrisa a Kiri. En un segundo, se esfumaron de la mente de la muchacha todas las palabras que habría querido decirle.

Al principio, los hombres estuvieron bastante ocupados descargando la mercancía. Las mujeres correteaban alrededor como un grupo de gallinas alborotadas y comentaban entre cuchicheos cada uno de los artículos que los hombres descargaban en tierra. Las relaciones comerciales con los cimarrones eran la última oportunidad para los esclavos de acceder a objetos con los que no contaban en la plantación. Ellos tenían prohibido viajar y, aunque el masra podía expedir salvoconductos, estos eran prácticamente imposibles de conseguir. Solamente los esclavos remeros que trasladaban a los señores de la plantación a la ciudad o a otras plantaciones tenían contacto con el mundo exterior. Pero las posibilidades de llevar los objetos deseados a cientos de personas eran limitadas porque al fin y al cabo no podían obligar a los señores a viajar sentados sobre las balas de telas de colores o cosas similares. De forma que los esclavos encargaban grandes cantidades de mercancías a través de los cimarrones. Algunos de estos podían viajar por la ciudad, otros en cambio habían construido una próspera red en los ríos que comunicaban con las plantaciones. Aunque a los colonos blancos no les gustaba ver que los cimarrones mantenían contacto con los esclavos de las plantaciones, ya que en cuestión de importancia ese impío pueblo indígena ocupaba un lugar muy inferior en la población del país al de los trabajadores rasos, de esa forma ellos se liberaban de la carga de tener que procurarles mercaderías como telas y otros géneros similares. La mayor parte de los dueños de plantaciones se contentaban con repartir entre la gente una vez al año telas de paño simple y, luego, los esclavos se encargaban de cubrirlas con los coloridos adornos que conseguían mediante los cimarrones. Con estos últimos, la compra salía más económica, ya que se llevaba a cabo mediante trueque.

Así pues, aquella mañana reinaba un gran ajetreo en la orilla del río. Se regateaba por todo, y se regateaba hasta la saciedad, las mujeres protestaban en tono crítico aunque, como poco, reían en la misma medida; al fin y al cabo, con una mano se lavaba la otra.

Kiri observaba el trajín un poco apartada. Había fabricado un collar con unas conchas rosadas que en la parte más alta del río ya no se podían encontrar, por lo que las joyas que tenían ese tipo de concha en particular eran muy apreciadas por las mujeres de los cimarrones y los esclavos de las regiones del interior, pero ella no tenía intención de cambiarlo por algo útil. Se sentó con la mirada perdida en el tronco de un árbol y deslizó el frágil collar entre los dedos. En realidad, no necesitaba ninguna de aquellas cosas. Como esclava de cámara gozaba de algunos privilegios que comprendían rescatar la ropa que se desechaba en la casa y que, con algún remiendo, podía aprovecharse. Para ello era necesario someter las prendas a la consiguiente transformación que exigía la ley no escrita de que ningún esclavo podía andar por ahí vestido con las ropas de los blancos a menos que se tratase de un uniforme (que, por otro lado, un blanco jamás llevaría). Por supuesto, esos privilegios despertaban a veces envidia entre las demás muchachas y mujeres, pero como Kiri era humilde y compartía de buena gana los retales de tela, el disgusto de las demás se mantenía dentro de ciertos límites.

Cuando, poco a poco, se fue dispersando el grupo y las mujeres regresaron a la aldea para dejar sus nuevas adquisiciones, Dany abordó a Kiri. Esta notó que de pronto le ardían las mejillas.

—¡Hola, pequeña! —dijo en tono de coqueteo. Se sentó a su lado, partió un pedazo de pan de yuca que acababa de adquirir y se lo ofreció a Kiri. Esta lo aceptó y trató de forzar una sonrisa—. ¿Y qué? ¿Sirvió de algo la gallina? —preguntó guiñándole un ojo.

En un primer momento, Kiri no supo de qué hablaba. Después, cayó en la cuenta de que se refería a la noche en que ella había realizado un sacrificio para pedir ayuda para la misi. Lo cierto era que, en su recuerdo, el acontecimiento giraba en torno a otra cosa. Eso le provocaba remordimientos de conciencia porque tenía la sensación de que el ritual no había servido de gran ayuda debido a que ella no pensaba lo suficiente en el asunto. ¿O acaso ese día había estado demasiado distraída?

Como respuesta, se limitó a encoger los hombros y rápidamente le dio un mordisco al pan por miedo a que los nervios le quebrasen la voz. Cuando Dany se inclinó para acercarse más aún, Kiri estuvo a punto de atragantarse.

—¿Vendrás esta noche otra vez al *dansi*? —le susurró con voz ronca.

Kiri no se había enterado de que aquella noche había una celebración, pero no la sorprendió, porque normalmente los esclavos no comentaban entre sí esos acontecimientos; por norma general, solo lo sabían los implicados: el riesgo de que llegase a oídos de los blancos era demasiado grande. De todos modos, Kiri asintió. Ya averiguaría cuándo y dónde…

—Bien, ¡entonces nos vemos allí! —Dany se despidió con una amplia sonrisa que invadió todo su rostro. Acto seguido, se levantó, le lanzó otro guiño a Kiri y echó a correr tras los demás hombres en dirección a la aldea.

Kiri creyó que el corazón se le iba a salir del pecho.

En la oscuridad de la noche, no resultó difícil seguir a los esclavos negros que abandonaron a hurtadillas la aldea. Jenk sabía, tal vez por Dany, que Kiri aparecería. Ella dudó, indecisa, si sería demasiado descarado sentarse al fuego sin motivo aparente. Los otros esclavos de la plantación estaban tan ocupados con sus propios asuntos que ni siquiera se volvieron a mirarla. De nuevo parecía tratarse de un ritual de conjuro, y de nuevo se encontraban allí dos parejas, los cimarrones y Jenk en calidad de chamán. Supuestamente, los cimarrones tenían los utensilios necesarios, ya que en ocasiones, para los rituales especiales, se necesitaban artículos un tanto insólitos. Las colas de mono o una piel grande de iguana, por ejemplo, eran cosas muy difíciles de conseguir en la plantación. Dany le dedicó nuevamente una sonrisa y durante un tiempo estuvieron sentados juntos en silencio; el fuego crepitante les calentaba la piel del rostro y las fórmulas del conjuro del chamán los arrullaban generando un ambiente de irrealidad.

En un momento dado, Dany rompió el silencio y le susurró a Kiri:

—Dime una cosa, tú no eres de la plantación, ¿verdad?

Kiri meneó la cabeza.

—No, llegué aquí con la nueva misi.

Dany asintió y volvió a quedarse en silencio. Después, preguntó:

—¿Y? ¿No añoras el lugar donde yace enterrado tu cordón umbilical?

Kiri se sorprendió de que Dany le concediese crédito a esa antigua creencia. Esta, que sostenía que cada persona está unida al lugar donde yace enterrado su cordón umbilical, constituía uno de los motivos por los que los esclavos permanecían siempre en ese preciso lugar, es decir, en la plantación, durante toda su vida, con el firme convencimiento de que en el mundo no había otro lugar para ellos.

Por lo que a ella se refería, esa creencia tenía un pequeño problema.

—Yo no sé dónde está enterrado mi cordón umbilical —anunció en voz baja y agachó la mirada, porque en el fondo eso la entristecía un poco. Eran cosas que la hacían ser consciente de que en realidad no tenía un hogar ni una familia. Dany enarcó las cejas con sorpresa.

—¿No lo sabes? Vaya, es una lástima.

A Kiri le daba vergüenza no saber exactamente cuál era su procedencia.

—¿Dónde yace el tuyo? —le preguntó ella, intrigada, con la intención de desviar el foco de la conversación de sí misma.

—¿El mío? ¡Pues aquí! —Señaló con la mirada hacia el bosque.

Kiri soltó una carcajada.

—¿Aquí? ¿En el bosque? ¿Es que eres de No-Meri-Mi-Kondre? —preguntó entre risas.

No-Meri-Mi-Kondre era una historia muy arraigada entre los esclavos del país. Significaba algo así como «la aldea de déjame tranquilo» y se empleaba para referirse a un lugar del que era imposible salir porque, si uno sabía dónde estaba, debía permanecer allí para siempre. Allí habitaban espíritus malignos, se decía, y cimarrones que cazaban hombres y los llevaban hasta ese pueblo. La tía Grena le había contado a Kiri aquella historia muchas veces cuando era niña, seguramente para evitar que se adentrase en el bosque.

Dany sacudió la cabeza sonriendo.

—No, no soy de allí, aunque… de niño intenté muchas veces encontrar ese pueblo —admitió con gesto pensativo—.

No, soy de aquí, de Rozenburg —agregó finalmente con una sonrisa.

Kiri se quedó realmente sorprendida.

—¿Cómo? ¿Naciste en la plantación, pero vives en el bosque? No entiendo…

Dany asintió.

—Es una larga historia… La próxima vez. —Dany le lanzó una mirada de complicidad y se levantó. Kiri se dio cuenta de que los demás habían empezado a marcharse.

Sus pensamientos volvieron a centrarse en lo que había oído. Si Dany era de la plantación, debía de tener familia allí. ¿Y cómo había acabado con los cimarrones? Todo resultaba muy extraño. A tientas buscó el camino que bordeaba el campo de caña de azúcar para regresar a la aldea de los esclavos.

CAPÍTULO 5

—¡Yo me quedo aquí!

Julie estuvo a punto de atragantarse con el café cuando, dos días antes de emprender el viaje a la ciudad, Pieter realizó ese anuncio durante el desayuno.

Martina llevaba días haciendo el equipaje y Julie se preguntaba para sus adentros cuántas semanas pensaba pasar allí su hijastra. Julie planeaba que la estancia en la ciudad durase unas dos o tres semanas, pero Martina estaba preparando unas maletas como si no fuese a regresar jamás. No cabía duda de que le hacía una tremenda ilusión salir de la plantación.

Julie esperaba que a Pieter le ocurriese lo mismo. Al fin y al cabo, Karl lo tenía sometido a una estricta vigilancia desde que se había dado a conocer el embarazo de Martina. Si bien tenía permiso para visitar las plantaciones cercanas y ejercer su labor como médico, lo cierto es que en la zona no había mucho que hacer. Incluso cuando Karl le asignaba alguna misión en los campos o con los esclavos, nunca pasaban de ser tareas de mera vigilancia. De ahí que Pieter dedicase las horas a vagar por Rozenburg y quisiera empezar a participar en la gestión de la plantación. En los últimos tiempos, se había interesado también por los nuevos avances médicos y había pedido que le enviasen desde Europa varios paquetes grandes. Cuando le preguntaban al respecto, respondía haciéndose el interesante. A él le gustaba denominar «investigación» a sus planes profesionales, que por lo visto le parecían más enjundiosos que el mero ejercicio de la medicina.

—¡Pero Pieter! —prorrumpió Martina—. Ahora no puedes... Si íbamos a...

Karl también fulminó con la mirada a su futuro yerno.

—Acompañarás a las damas a la ciudad y no se hable más.

A Julie la invadió una profunda preocupación. Si en verdad Pieter acababa quedándose, y permanecía solo en la plantación durante las rondas de vigilancia de Karl y sus viajes semanales de los martes, ¡a saber lo que sería capaz de hacerles a las muchachas del poblado! Imposible, ni hablar.

Julie reunió valor para opinar.

—Yo también creo que deberías acompañarnos. Imagínate que le ocurriese algo a Martina. No quiero ni pensar lo que sucedería si no tenemos un médico con nosotras.

Su argumentación pronto surtió efecto. Karl salió en su defensa de inmediato y a Martina ya le resbalaban las lágrimas por las mejillas.

Pieter, en cambio, resopló con desdén. Parecía que su futura esposa embarazada no era sino una carga. La mirada que le lanzó a Julie era de las que son capaces de matar.

Karl salió hacia la ciudad después de desayunar. El jueves,

cuando regresara, Julie, Martina y Pieter partirían junto con los esclavos de cámara. Pieter aprovechó la ausencia de Karl para desahogar toda su rabia contra Julie. Con una sarcástica sonrisa, apareció por la noche en el porche delantero y se apoyó contra uno de los pilares.

—Vaya, seguro que los niños de los negros van a ponerse muy tristes cuando sepan que tendrán que prescindir por un tiempo de las visitas de la misi.

Julie puso todo su empeño en no dejarse provocar y trató de concentrarse en los documentos que quería poner en orden para el viaje a la ciudad, papeles que, además, eran para los preparativos de la boda.

—¿Sabe Karl en realidad a qué te dedicas cuando él está en la ciudad? Quiero decir... Es posible que él no se haya dado cuenta de que tú te interesas mucho por los hijos de sus trabajadores.

—Puede que sencillamente le parezca adecuado que sus esclavos lleguen a ser personas devotas y aplicadas. —A Julie estuvo a punto de escapársele la palabra «educadas». Emplear ese término para referirse a los esclavos resultaba algo de todo punto inconcebible. Lo último que quería era darle a Pieter más alicientes—. Por otra parte, Pieter, no sé si te has dado cuenta de que hace mucho tiempo que no visito la aldea de los esclavos. —Por supuesto que Julie visitaba la aldea, pero cada vez tenía más cuidado de hacerlo cuando Pieter y Martina no la veían. Con todo, Pieter parecía saber perfectamente dónde encontrarla en cada momento y quiso seguir ahondando en la cuestión.

—No he querido contárselo a Karl porque pensé que probablemente se trataba de un asunto sin importancia. —Al pronunciar esas palabras realizó un marcado gesto de desprecio con la mano—. Pero cuál fue mi sorpresa el otro día cuando sorprendí a los niños negros garabateando unas letras en la tierra. Quizá debería plantearme la posibilidad de hablar un día... Bueno, lo cierto es que Karl es un tanto blando con los esclavos. Cuando Martina y yo nos hayamos casado, tendré más libertad de acción. Yo, como potencial sucesor de Karl. Y entonces van a cambiar muchas cosas...

Julie tomó aire y respondió con determinación:

—Si alguien tiene libertad de acción aquí, esa soy yo.

Pieter soltó una risotada arrogante.

—Ay, Juliette, qué triste es que no veas lo que tienes delante de tus propios ojos. Tú, como mujer, y además como mujer sin hijos, no tienes nada que decir aquí en la plantación. —El tono sarcástico de su voz era innegable—. El futuro es mío y de Martina. Karl ya no es ningún jovenzuelo y cuando le llegue su hora... Por supuesto, nosotros permitiremos que sigas viviendo aquí porque eres la suegra —afirmó con grandes aspavientos—. Aunque tú tal vez prefieras regresar a Europa, ¿verdad? —preguntó sonriendo antes de conferir de nuevo un tono mordaz—. Pero la plantación será cosa nuestra. Tú, que eres joven e inexperta, no podrás dirigirla.

Ya era suficiente. ¿Qué se había creído ese hombre? Julie replicó con un tono cargado de ironía:

—Ay, Pieter, es muy amable por tu parte que te preocupes tanto por mi futuro. Pero por ahora ten en cuenta que todavía no estás casado con Martina. Y dadas las circunstancias cabe la posibilidad de que eso ni siquiera llegue a ocurrir. —Julie se esforzó por lanzarle una dura mirada—. ¿Qué crees que diría

Martina si se enterase de que durante su embarazo tú te dedicas al libertinaje con esclavas jóvenes?

El mero pensamiento a Julie le revolvió de nuevo el estómago, pero sabía que ahora no podía ceder. Estaba jugando su mejor carta. Cuando a Pieter se le petrificó por un momento la expresión de la cara, Julie supo que ya era suyo.

Pieter resopló.

—Se trata de una insinuación de lo más ofensiva.

Julie percibió la rabia incontenible en los ojos de Pieter y volvió a concentrarse en los papeles que tenía sobre la mesa. ¡Ahora no debía ceder ni un ápice! Tomó aire y dijo con todo el aplomo y la determinación de que fue capaz:

—Hace poco, la noche en que los cerdos se escaparon... Vamos, Pieter, un buen contacto con los esclavos también tiene sus ventajas. Se oyen cosas que jamás llegarían a oídos del amo de la plantación. —Julie notó que sus palabras surtían efecto y realizó una breve pausa para reunir el valor necesario—. Y quiero que sepas —dijo con la mirada clavada en él— que como vuelva a enterarme de que..., hablaré con Martina y con Karl. Y tu maravilloso futuro aquí en Rozenburg se desvanecerá por completo.

Pieter enrojeció de pura rabia y la miró con los ojos encendidos.

—¿Debo entender eso como una amenaza? —farfulló.

—Tómatelo como un buen consejo —respondió Julie con el gesto más inalterable que fue capaz de adoptar.

Esperaba que con eso Pieter diese marcha atrás, pero el efecto fue más bien el contrario, aquello desató su furia. Por la forma en que Pieter se acercó a ella, Julie reconoció en sus ojos el deseo de destruirla:

—Bueno, ahora que estamos hablando de esto, ¿a qué crees que se dedica tu Karl los tres días a la semana que pasa en la ciudad? —Hizo una breve pausa, Julie sintió el impulso de salir corriendo, pero no tenía otro remedio que quedarse allí a escucharlo—: ¿Acaso no sabes que, como casi todos los hombres, ha tenido que buscarse una furcia negra porque su mujercita no sabe darle lo que necesita?

Julie se quedó estupefacta. Instintivamente, trató con todo su afán de disimular su sorpresa. Fingiendo toda la indiferencia de que fue capaz, se encogió de hombros.

—Karl es un hombre adulto y puede hacer lo que le plazca. Además, de algo estoy convencida —agregó clavando la mirada en Pieter antes de soltar—: ¡Dudo que Karl se dedique a maltratar y abusar de niñas pequeñas!

En ese momento, Pieter se dio media vuelta y desapareció en el interior de la casa. Julie suspiró aliviada. Tenía los ojos anegados en lágrimas y notaba un doloroso nudo en la garganta. En la batalla contra Pieter había salido victoriosa. Pero Karl... ¿qué se dedicaba a hacer a sus espaldas? Julie se esmeraba a fondo en ser una buena esposa. El hecho de que hasta ese momento no se hubiera quedado encinta... Ella tampoco sabía a qué se debía. Tal vez Karl no iba a visitarla lo suficiente. En los últimos tiempos, prácticamente había perdido el interés por ella. Solo las noches en que bebía mucho acababa trasladándose a su cama. Ella no lo amaba, pero seguía albergando la esperanza de que en el futuro su matrimonio fuese un poco más feliz. El que por lo visto él tuviese otra mujer en la ciudad a Julie le resultó doloroso. Significaba que ella no había sido más que el medio para alcanzar el fin. Y sentir que la habían utilizado era casi peor que descubrir el engaño.

Al día siguiente, Pieter subió a la embarcación que iba a transportarlos a la ciudad con gesto malhumorado. Seis corpulentos esclavos remeros, Julie, Kiri, Martina, Liv, Pieter, sus dos muchachos... Teniendo en cuenta la cantidad de equipaje, iban a viajar bastante apretados.

Julie intentó evitar en todo momento mirar a Pieter. Martina estaba feliz y parloteaba sin cesar con su prometido, que soportaba la cháchara con gesto de irritación. Las dos jóvenes esclavas se revolvían nerviosas en sus sitios. Viajar era algo extraordinario para ellas. Liv jamás había salido de la plantación y Kiri no tenía un recuerdo agradable de ese mismo viaje en el pasado. No le gustaba rememorar su última estancia en la ciudad con el comerciante de esclavos Bakker.

Julie iba enfrascada en sus pensamientos, preguntándose si estaba haciendo lo correcto. Justo antes de partir había estado a punto de discutir con Karl. Este había regresado de la ciudad de muy mal humor y el trajín que había en la plantación no había ayudado a calmar la situación. Nico se había resistido a dejarse atar a la barandilla del porche y a Aiku le costó lo suyo sujetarlo. En un momento dado, Karl quiso mediar y agarró al pájaro con tanta brusquedad que el animal incluso perdió unas cuantas plumas. Julie soltó un grito, pero no quiso intervenir porque ¿qué podía hacer ella?

La preocupación de cómo transcurrirían las siguientes semanas la dominaba. ¿Conseguiría arreglárselas en la ciudad con Pieter y Martina? ¿Qué pasaría si Martina volvía a ponerse puntillosa? ¿Qué haría si Pieter intentaba hacerle la vida imposible en la ciudad? Lo cierto era que Julie lo tenía agarrado por el cuello, así que probablemente no se atrevería. Tal vez intentaría enfrentarla con Martina. Y luego estaba Karl. No le había hecho ninguna gracia que Julie quisiera viajar a la ciudad. Ahora, después de las aclaraciones de Pieter, Julie comprendía por qué: probablemente tendría miedo de que Julie descubriera el engaño. Él solía decir que se desplazaba para resolver asuntos de negocios, pero el contable sostenía que era él quien se encargaba personalmente de solventar todo lo esencial en la ciudad. Y Karl tenía mucho más carisma a lomos de su caballo que tras la mesa del despacho. Julie tenía la firme determinación de averiguar qué se traía entre manos su marido. Estaba furiosa con él. Si la estaba engañando, quería saberlo.

Avanzaban a buen ritmo y Pieter obligaba a los esclavos a remar sin pausa. En realidad, tenían previsto parar a medio camino, en una plantación, pero estaba subiendo la marea —lo cual resultaba muy favorable para navegar rumbo a la ciudad— y, a pesar de que Martina y las esclavas parecían agotadas, Julie tampoco quería arriesgarse a tener que esperar en casa de unos desconocidos hasta la siguiente marea. Así que, a última hora de la tarde, avistaron la ciudad a lo lejos. De pronto comenzaron a cruzarse con más y más embarcaciones y ante Julie volvió a aparecer la misma imagen que había visto por primera vez el día que llegaron en barco a Paramaribo. La extensa ensenada del río estaba salpicada de enormes barcos que habían echado el ancla y que estaban rodeados por multitud de pequeñas embarcaciones.

Julie fue consciente de lo aislada que había estado en la plantación durante los últimos meses. Al pensar ahora en que pronto se encontraría en la ciudad, notó cierto nerviosismo en su interior. Ni siquiera conocía Paramaribo. El poco tiempo que había pasado allí con Karl a su llegada al país se le presentó como un sueño más que olvidado. Ahora tendría que arreglárselas sola por un tiempo. A decir verdad, no estaba segura de tener suficiente coraje. Kiri parecía igual de asustada. Y por lo demás... Lo único que esperaba era que Jean Riard cumpliese su promesa y fuese a visitarla.

Una vez que hubieron bajado de la barca en el puerto, Pieter organizó el viaje en dos coches.

—Juliette... —Martina había recobrado un poco el color.

Tantas horas sentada en la embarcación la habían afectado y Julie había observado cómo había estado luchando contra el mareo. Ahora, en cambio, al volver a pisar suelo firme, parecía haber recuperado las fuerzas.

—Juliette, espero que no te moleste, pero Pieter y yo preferiríamos alojarnos en casa de mi tía. Tenemos muchas cosas que hablar y la casa de la calle Keizerstraat... Bueno, no hay demasiado sitio, ya me entiendes. —Su mirada denotaba cierta mala conciencia.

Julie se limitó a asentir con la cabeza. ¿Qué otra cosa podía hacer? Aunque a ella o a Karl no les pareciera bien, Julie poco podía hacer por impedir que Martina llevase a cabo sus planes. Entretanto, los esclavos de Pieter habían comenzado ya a cargar el equipaje en coches diferentes. Así, cada coche tomó una dirección al alejarse del puerto. En uno de ellos viajaba Julie, con Kiri detrás en el maletero, junto al equipaje, ya que estaba prohibido que los esclavos se sentaran en los coches de plaza; en el otro, iban Martina y Pieter. Los mozos de Pieter y Liv, cuyo rostro reflejaba verdadera angustia, los seguían a pie. Julie solo esperaba que en la ciudad Pieter no intentase…

Cuando llegaron a la casa de Keizerstraat, se encontraron un pequeño comité de bienvenida en la puerta. La vieja esclava Foni, cuyo rostro redondo y bonachón Julie recordaba a la perfección, dos sirvientas y un hombre negro un tanto encorvado habían salido a recibir a Julie y Kiri.

—Misi Juliette, me alegro mucho de que haya venido a la ciudad. —Foni recibió a Julie según las reglas del oficio, le recogió el sombrero, la sombrilla y la capa con la que Julie se había cubierto para protegerse del abrasador calor y condujo a Kiri directamente a la zona de servicio para entregarle una bandeja con fruta y bebida fresca y enviarla de inmediato a las estancias principales de la casa. A Julie le entraron ganas de reír porque en casa, en la plantación, hacía ya mucho tiempo que Kiri no necesitaba que nadie le diera instrucciones sobre los deseos de la misi. Estaba acostumbrada a obrar por su cuenta, cosa que además Amru promovía porque entendía que Kiri tenía que formarse a sí misma como esclava de cámara.

Julie no tenía motivo alguno de queja. Kiri ya formaba parte de su vida y ella se había acostumbrado a tener a la muchacha cerca la mayor parte del día.

—Kiri, encárgate por favor de disponerlo todo arriba para que pueda refrescarme.

Sin necesidad de que Julie agregara nada más, Kiri salió de la habitación y, al poco, Julie comprobó con satisfacción que disponía en su dormitorio de agua fresca con jabón de rosas, tal como le gustaba. Acto seguido, Kiri se retiró, pues si había algo a lo que Julie había renunciado siempre era a recibir ayuda de las esclavas para desvestirse o lavarse. Si bien era consciente de que estas figuraban entre las tareas obligatorias de una esclava, ella se negaba a aceptar esa clase de asistencia.

Julie se sentó en el salón y respiró hondo. Ya estaba en la ciudad. Miró a su alrededor. Nada en aquella estancia había cambiado desde su última visita. Todo se encontraba exactamente en la misma posición, todo estaba limpio y el suelo desprendía un fresco aroma a naranja. Le resultaba difícil imaginar que Karl fuese allí dos días a la semana y se reuniera con socios y amigos comerciantes a beber alcohol y a fumar.

De camino a su habitación, Julie se detuvo frente al primer dormitorio, en el que Karl había dormido durante los días que habían pasado allí a su llegada. Entreabrió la puerta y se asomó a mirar por la rendija. Tanto la cama como los muebles se hallaban cubiertos con sábanas blancas. ¿Acaso Foni hacía y deshacía aquello todas las semanas? Al fin y al cabo, Karl viajaba a la ciudad todos los martes por la tarde y había salido de allí aquella misma mañana... Julie intuía que iba a tener que indagar bastante para averiguar qué era lo que Karl se traía entre manos. Todo apuntaba a que, desde luego, allí, en su casa de la ciudad, no pasaba mucho tiempo.

Julie se frotó la frente, empezaba a dolerle la cabeza. Ya pensaría en todo aquello más tarde. Ahora le convenía cambiarse la ropa del viaje y comer algo. A pesar de que Amru se había encargado de preparar abundante comida para el viaje, en presencia de Martina y Pieter, Julie apenas había probado bocado en todo el trayecto.

CAPÍTULO 6

Erika pronto estrechó lazos con las mujeres de los leñadores, a pesar de que a primera vista parecían un tanto toscas y secas. Pero, precisamente, Erika le tomó cariño a Resa Müller, una corpulenta mujer que pasaba de los cincuenta años y que tenía un carácter resolutivo y maternal. Así, ocurría que de vez en cuando Erika dejaba al pequeño Reiner con Resa, mientras ella se encargaba de los niños de los Van Drag. El ambiente en la casa era tenso. Frieda van Drag estaba a punto de dar a luz.

Jette, su fiel esclava de cámara, le expresaba a Erika casi a diario la preocupación de que pudieran surgir complicaciones durante el parto. Por lo que Erika sabía, Jette había asistido a casi todos los nacimientos de la casa Van Drag y ahora se pasaba el día comparando los que habían ido bien y los que se habían malogrado. Erika se preguntaba para sus adentros si era sano engendrar tantos hijos. Seguramente sería grato a ojos de Dios, pero cuando ella se acordaba de su embarazo… No se imaginaba lo que debía de ser vivir en ese estado durante tantos años. Resa también expresaba sus reservas. Llevaba ya varios años viviendo en Bel Avenier y seguía los acontecimientos de la casa con preocupación.

—Tienen cada vez más hijos que ya no saben cómo dominar... y la señora debería tener cuidado... Podría llegar a dejar huérfanos de madre a todos los demás dando a luz aquí, en este lugar tan remoto... Es cierto que su comadrona negra conoce muy bien el oficio, pero nunca se sabe.

Finalmente, todas las preocupaciones fueron en vano. La suerte estuvo del lado de Frieda van Drag, que vivió un alumbramiento rápido y exento de problemas. Erika se alegró de verla sana y salva cuando la encontró en la cama con la pequeña Gemma, de piel rosada, en los brazos. Frieda van Drag estaba radiante, si bien una oscura sombra le bordeaba los ojos.

—¿No te parece dulce? Qué felicidad.

La señora de la casa, tal como era conveniente que hiciese cualquier dama blanca, debía guardar cama durante un mínimo de dieciséis días, una recomendación que hasta aquel momento Erika desconocía por completo.

Después de un alumbramiento, las mujeres esclavas y las trabajadoras tenían tres días de descanso antes de reincorporarse al trabajo y ella misma tampoco había guardado reposo mucho tiempo. Al fin y al cabo, no es que hubiera estado enferma.

Por qué, sin embargo, Frieda gozaba de ese privilegio era una pregunta a la que Erika no podía responder. Una tarde, Jette fue a buscarla con gesto preocupado.

—Misi Erika, usted tiene experiencia en enfermedades, ¿verdad? —Cuando Erika asintió, Jette la condujo hasta el dormitorio de la señora.

Esta estaba durmiendo en la cama y, al mirarla con detenimiento, Erika reconoció enseguida el brillo enfermizo y febril de su piel. De inmediato, se volvió con preocupación hacia el canasto donde dormía la pequeña Gemma. El bebé había sido entregado nada más nacer a un ama de cría negra de cuyos abundantes pechos la niña mamaba con fruición. La criatura presentaba aspecto de estar sana y bien nutrida.

—Misi, mire esto. —Jette apartó con cuidado la ligera colcha de la cama y Erika se asustó. Frieda van Drag tenía las piernas rojas y completamente inflamadas—. ¿Una filaria? —preguntó Jette con lágrimas en los ojos.

Erika asintió con disgusto. No hacía falta ser médico para reconocer las dos enfermedades más temidas del país. Junto a la lepra, la filariosis era la mayor lacra de la región; en el consultorio de Paramaribo, Erika había tratado a algunos pacientes afectados. La enfermedad provocaba una terrible inflamación en las piernas, llamada también *Bimba-Beine,* que desfiguraba por completo a la persona y limitaba de forma extrema su movilidad. Por no hablar de los fuertes accesos de fiebre, que, varias veces al año, dejaban sin fuerzas a los enfermos. Había maneras de aliviar la enfermedad, pero curarla era imposible. Frieda van Drag jamás se recuperaría, Erika lo tuvo claro desde el primer momento. Rápidamente, le pidió a Jette que fuese a buscar compresas frías y que se llevara a Gemma con el ama de cría. El contagio entre personas no era muy común, al parecer el causante era un mosquito, pero Erika no quería correr el riesgo. Cuando aquella misma noche conoció la triste noticia por boca de Erika, Ernst van Drag también se mostró desconcertado. Él sabía muy bien lo que significaba. Una mujer en la casa que requeriría cuidados para siempre... y el fin de la relación conyugal. En la ciudad, Erika había tenido entre sus pacientes de la enfermería algunas mujeres con esa enfermedad. Como quien no quiere la cosa,

Erika se había enterado de que los hombres también enfermaban de filariosis. Y en su caso no solo se les hinchaban las piernas, sino asimismo... Erika había visto pocas veces a hombres arrastrándose penosamente ataviados con anchas faldas. Sin duda, eso suponía un suplicio para cualquier varón.

Gemma sería, por tanto, la última hija de los Van Drag. Sobre lo cual Resa se limitó a comentar con sequedad: «Bueno, trece ya son suficientes».

A partir de ese momento, Erika empezó a encargarse no solo del cuidado de los niños, sino también de atender a Frieda van Drag. Esta se recuperó bastante rápido, gracias a los remedios de hierbas y a los tés antipiréticos, pero cayó en una profunda fase depresiva cuando se dio cuenta de lo que le sucedía.

—Mevrouw, hay muchas personas que consiguen vivir con esta enfermedad —intentaba calmarla Erika. Y en sus palabras había mucha verdad, ya que, al margen de la hinchazón de las extremidades, entre unos brotes y otros, los enfermos no sentían ninguna otra molestia y podían participar en las actividades de la vida cotidiana. Pero Frieda van Drag enseguida empezó a temerse lo peor. Además, ya no se atrevía a exhibirse ante otras personas a causa de la hinchazón en las piernas y temía por su posición social.

Una vez transcurrido el periodo de reposo posterior al parto, apenas se movía de la cama y, en las escasas visitas que realizaba a la planta baja de la casa, solía mostrarse malhumorada e irritada con los niños. Erika intentaba contener a los pequeños en la medida que podía y dejaba que se acercasen solo de uno en uno o de dos en dos para no fatigarla en exceso. Los niños, acostumbrados ya desde hacía mucho tiempo a prescindir de su madre, no comprendían por qué, al margen del nacimiento de Gemma, seguía convaleciente. Erika trató de explicarles a los mayores con delicadeza qué le ocurría a su madre. Al hacerlo, no imaginaba que ellos conocían perfectamente la enfermedad por las mujeres esclavas. Geert se apartó con asco y le susurró a su hermano Harm que no volviese a acercarse a su madre porque era asqueroso. Erika asistió a la escena horrorizada; eso no era lo que ella quería. Edith y Anka rompieron a llorar. Con voz tranquilizadora, intentó calmar tanto a los niños como a las disgustadas niñas diciéndoles que podían acercarse a su madre sin problema. En su interior, Erika estaba convencida de que las caricias entre madre e hijos no entrañaban ningún peligro. No obstante, Frieda van Drag mantenía una fría distancia con sus hijos.

En la casa de los Van Drag sobrevino al poco tiempo otra calamidad. Los niños sufrieron una dolencia gastrointestinal que condujo a Erika y a las esclavas al agotamiento. Todos, salvo la pequeña —Erika daba gracias a Dios por proteger al bebé—, sufrieron fuertes vómitos y diarreas y gemían de dolor cada cual más alto. A modo de precaución, Erika llevó a Reiner con los alemanes para evitar que también se contagiara.

A última hora de la mañana, Erika se sentó junto al lecho de las dos niñas enfermas y se enjugó la frente, agotada. En las estancias de servicio de la casa, Jette y Lore llevaban varios días dedicadas a hervir paños y sábanas para contener la infección. Jette examinó con gesto de preocupación el vestido sucio de Erika.

—Misi Erika debe cambiarse, deme el vestido, que ahora mismo lo meto en el caldero.

Erika se miró de arriba abajo, avergonzada. Tenía el vestido gris de andar por casa salpicado de grandes manchas de saliva. Era su último vestido limpio, los demás todavía se estaban secando. Con el aire húmedo tropical, esto podía llegar a tardar muchos días.

—¡No tengo nada más que ponerme! —Se dejó caer sobre la silla, completamente exhausta.

Jette se echó a reír.

—Ningún problema, misi, yo le traigo algo, misi.

Antes de que Erika pudiera responder, Jette salió corriendo. Al poco tiempo, regresó con un pañuelo de colores. Erika sacudió la cabeza.

—Jette, no puedo ponerme…

—Bueno, misi no puede andar por ahí desnuda…

Jette tenía razón, y por unas pocas horas no tenía por qué pasar nada. Erika estaba deseando cambiarse y ponerse ropa limpia. Frieda se hallaba descansando en su habitación y los niños estaban adormilados por culpa del cansancio. Erika aceptó el pañuelo de la esclava y se metió en su dormitorio. Después de lavarse, trató de enrollarse el pañuelo alrededor del cuerpo. Tras varios intentos, logró por fin sujetar la tela, que no tenía ni cierre ni broche. Aunque le quedaba un hombro al descubierto —lo cual la hizo ruborizarse en ese mismo instante—, con esa temperatura aquel ligero tejido resultaba, para sorpresa de Erika, mucho más fresco y agradable que cualquiera de sus prendas. Ahora debía llevar rápidamente su vestido sucio a la zona de lavandería para meterlo en el caldero. Entreabrió la puerta para asomarse, en la casa reinaba un silencio total. Descalza, Erika se deslizó a toda prisa por el pasillo.

Jette cogió el vestido de Erika y sonrió al verla con su nuevo atavío.

—La misi está guapa.

Jette le arregló un nudo en la parte del hombro y le guiñó un ojo con complicidad. Erika le devolvió la mirada abochornada.

Por si no tuviese bastante con eso, una de las muchachas apareció en el lavadero, lanzó una mirada de desconcierto al ver a Erika con el vestido de la esclava y le dijo que el masra Ernst quería que lo informasen sobre el estado de los niños. Erika tragó saliva. Así no podía...

No sabía cuánto podía tardar en tener una prenda seca que ponerse y lo último que quería era hacer enfadar a Ernst van Drag. Este estaba acostumbrado a que todo el mundo obedeciese sus órdenes de inmediato. Así que Erika suspiró hondo.

—¿Dónde puedo encontrar al masra?

—En el porche. —La muchacha se retiró con una sonrisa pícara.

Erika levantó la cabeza y se encaminó hacia la entrada. Cuando salió al porche, Ernst van Drag se quedó mirándola unos instantes con expresión de estupor. Acto seguido, Erika procedió a disculparse.

—Los niños ya se encuentran mejor, pero ya no tenía nada más que ponerme.

No sabía si la mirada de estupefacción de Ernst van Drag denotaba censura o directamente desprecio. Erika agachó la mirada abochornada y en ese preciso instante se dio cuenta de que aún seguía descalza. ¡Qué torpeza la suya! Ahora seguro que recibiría una buena reprimenda del señor de la casa.

En lo que Erika no reparó fue en que un brillo de lascivia invadía los ojos del masra al contemplar la suave tez blanca de sus hombros bajo el resplandor rojizo del atardecer, y en que el exótico atuendo de la recatada y casta Erika, lejos de enfadarlo, había conseguido excitarlo.

CAPÍTULO 7

Julie contemplaba la calle desde casa. Llevaba ya un día en la ciudad, pero todavía no se había atrevido a traspasar la puerta. ¿Era adecuado salir de casa sola? Por supuesto, habría podido pedirle a Foni que la acompañase, o incluso a Hedam, el viejo esclavo encorvado que servía en la casa. Por la calle veía pasar de vez en cuando lujosos coches que transportaban a alguna mujer, el servicio siempre iba caminando detrás. Pero, por una parte, no sabía qué tenía que hacer para llamar a un coche de plaza y, por otra, no habría sabido darle una dirección de destino al cochero. Y andando… A los blancos no se los veía andando. Así que, si salía ella sola a la calle a pie seguramente llamaría la atención. Aunque, a decir verdad, estaba ansiosa por salir, quería visitar por fin la ciudad.

Cuando a mediodía anunciaron que tenía visita, fue una gran sorpresa. De Martina y Pieter no había vuelto a saber nada desde su llegada a la ciudad, ¿acaso habrían venido a verla? Rápidamente, se lavó y bajó a la planta principal. Allí, en el vestíbulo, se encontró con el señor Riard. Por un momento se le paró el corazón y notó que le ardían las mejillas.

—Mevrouw Leevken, me alegro mucho de verla. —Con actitud caballerosa le tomó la mano y le dio un beso en el dorso.

Julie no pudo contener la sonrisa, en la plantación nunca había adoptado una actitud tan formal. Y tampoco iba vestido tan elegante, tal como advirtió con dicha en ese momento. Si bien en Rozenburg solía llevar siempre camisas de algodón, ahora se encontraba allí, vestido de punta en blanco, en traje de chaqueta, con el cabello rubio bien peinado hacia atrás y un brillo pícaro en sus azules ojos. A Julie le dio un vuelco el corazón.

—Mevrouw Leevken, he pensado que tal vez le apetecería salir a ver algo de la ciudad. He venido a buscarla con un coche, así que, si tiene tiempo, sería un placer para mí gozar de su compañía.

—Por supuesto que tengo tiempo. —Rápidamente, le pidió a Foni la sombrilla, el sombrero y los guantes y bajó las escaleras hacia el coche del brazo del apuesto joven.

Paramaribo era la encarnación de la floreciente ciudad colonial. En la calle se mezclaban personas de todos los colores de piel posibles. En los oídos de Julie resonaba la algarabía de voces y lenguas: los gritos de los comerciantes, que anunciaban sus mercancías desde pequeños puestos; el parloteo de las mujeres esclavas que se reunían en corrillos en las aceras; los chillidos de los niños de color medio desnudos que correteaban por las calles. Después de tanta soledad y tanto silencio en la plantación, Julie quiso absorber ese bullicio tan vivo. Aunque ella jamás había vivido en una gran ciudad y, a decir verdad, en Elburg, salvo el día de mercado, tampoco había mucha vida, la mera presencia de todas aquellas personas constituía una novedad fascinante frente a la monótona rutina de la plantación, rodeada siempre de la misma gente.

Kiri seguía al coche a pie, aunque eso no conllevaba un esfuerzo muy grande porque el señor Riard le había indicado al cochero que condujera despacio. Julie le agradeció la consideración, ya que no estaba bien que recorriesen la ciudad ellos solos. Ella no creía que nadie fuese a recordarla o a reconocerla, pero uno nunca podía estar seguro del todo.

Tal vez incluso tuviera ocasión de volver a encontrarse con Erika y Wilma. Ojalá supiera dónde buscarlas... Erika quizás estuviera en la misión, podía probar a preguntarle al señor Riard. Pero ¿Wilma? La ciudad no era precisamente pequeña.

Estaba muy contenta de que Riard hubiese recordado su promesa y la llevara a recorrer la ciudad. Si no, también allí la habría acabado invadiendo la misma soledad de la plantación. Julie admiró las iglesias y las sinagogas, las antiguas construcciones coloniales y los edificios nuevos. Riard le contó la historia de dos grandes incendios que unas décadas atrás habían asolado la ciudad y tras los cuales se habían levantado muchos edificios nuevos. Julie lo escuchaba con interés. Ya en la plantación, el joven contable había demostrado ser un hombre muy leído, pero ahora en el papel de guía estaba haciendo gala de una gran pasión y parecía tener un amplio abanico de historias que contar. En ese preciso instante, le señaló con un guiño el importante significado de los artísticos tocados que las esclavas se hacían con pañuelos. Como tenían prohibido hablar abiertamente sobre sus amos, o mantener entre sí estrechas relaciones en la calle, utilizaban los tocados con los que se cubrían la cabeza como sistema de comunicación. Supuestamente, los pañuelos mostraban acontecimientos de la vida de las portadoras, como, por ejemplo, nacimientos, fallecimientos, el estado civil o la edad, pero también el estado de ánimo. El señor Riard señaló a una mujer que se hallaba en la acera y que llevaba como tocado un pañuelo doblado en varios picos.

—Eso significa «déjame en paz» —dijo riendo—, lo aprendí de mi ama cuando era niño.

Julie no podía creer lo que estaba oyendo, pero a medida que se iba fijando, se iba dando cuenta de la cantidad de tocados que hacían con los pañuelos anudados, cruzados, enrollados...

Ordenó al cochero que se detuviera en una extensa zona ajardinada y a partir de ahí continuaron andando. Kiri se apresuró a seguir a Julie con la sombrilla; todas las damas con las que se cruzaban iban seguidas a pocos pasos por una esclava. Kiri, que se estaba esmerando en no apartarse en exceso de su misi, pronto arrancó a sudar al tratar de sostener todo el tiempo la sombrilla sobre la cabeza de Julie.

Bajo los altos árboles del parque, la sombra era muy agradable y desde el río soplaba una fresca brisa que aliviaba el pegajoso bochorno de la ciudad.

Julie avanzaba en silencio junto a Riard. Este señalaba de cuando en cuando un pájaro o un arbusto y hacía gala de su saber. La mayor parte del tiempo, sin embargo, concentraba su atención en Julie, detenía la mirada en ella y sonreía con ternura. Julie se agarró de su brazo con enorme naturalidad. Al llegar a un banco, se sentaron un rato a descansar.

—A mí... —empezó a decir él con un gesto de timidez y las

manos cruzadas sobre el regazo— … me encantaría volver a visitarla mientras se encuentre en la ciudad —dijo con calma.

—¡Por supuesto que sí! —Su timidez la conmovió. Con la cantidad de veces que habían conversado en la plantación y ahora parecía que a él le costaba formular esa pregunta—. Me encantaría, además, al fin y al cabo, por ahora estoy sola —dijo Julie en tono de broma en un intento de relajarlo.

Riard meneó la cabeza.

—Hum, por eso. No quisiera… colocarla en una situación comprometida. Mijnheer Leevken…

—Oh, mijnheer Riard, no creo que sea un problema que usted, como contable de nuestra plantación, me conceda el honor de mostrarme la ciudad. —Julie parpadeó con un gesto amable y agregó susurrando en tono de complicidad—: Y Karl no está, y cuando venga a la ciudad… no tiene por qué enterarse. Además, no estamos solos. —Señaló a Kiri, que se había sentado bajo un árbol a cierta distancia de ellos.

Al joven contable lo preocupaba tener que ocultarle el secreto a su jefe. Pero, por otro lado, sería una descortesía desatender el deseo de compañía de su esposa. A sus ojos asomó un brillo de felicidad.

—Entonces, ¿puedo pasar a recogerla mañana de nuevo?

Al día siguiente, no fue Riard quien le hizo una visita, sino Martina.

—Juliette, tía Valerie dice que ya es hora de que os conozcáis personalmente, ya que… tenemos que planificar juntas la boda. —No cabía la menor duda de que a Martina le repugnaba tener que comunicar esa noticia a Julie, pero no tenía más remedio que ceñirse al acuerdo. Valerie participaría en la planificación siempre y cuando Karl tuviera la sensación de que la responsabilidad de la boda recaía en todo momento sobre Julie. Parecía que Martina entretanto había comprendido que aquella era la única forma de vincular a su tía y que era mejor no seguir enfrentándose a su padre.

—Será un placer —respondió Julie forzando una sonrisa. En su interior notó que se le revolvía el estómago de puros nervios. Por fin iba a conocer a la familia de la anterior esposa de Karl. Julie había tratado de convencerse siempre de que la situación no era tan peliaguda, pero, ahora que la tenía delante, empezaba a inspirarle miedo. ¿Cómo iban a reaccionar esas personas? ¿En qué clase de embrollo se había metido? En el fondo, los Fiamond eran una de las familias más acomodadas y respetadas de Paramaribo. Tragó saliva. Sabría manejar la situación, por qué no, al fin y al cabo la propuesta la había hecho ella.

—Mañana a la hora del té —anunció Martina lacónicamente antes de darse media vuelta y marcharse.

A Julie se le formó un nudo en la garganta.

Cuando, al poco tiempo, llegó Riard a recogerla, Julie se mostró mucho más dispersa que el día anterior. No podía evitar que la mente se le fuera constantemente al encuentro del día siguiente.

—¿No se encuentra bien? —Riard la miró con preocupación al ver que Julie, por enésima vez, no reaccionaba a sus palabras. Ella meneó la cabeza con rapidez.

—Sí, sí, todo bien. Es solo que… mañana tengo que ir a casa de los Fiamond para conocer a Valerie, la tía de Martina.

Riard enarcó las cejas con sorpresa.

—Pero ese es el plan, ¿no es cierto?

—Sí —suspiró Julie—, pero tengo un poco de miedo.

—No tiene por qué preocuparse, no se la comerán, ya lo verá… —Riard lanzó a Julie una mirada alentadora. Esta le respondió con una sonrisa de agradecimiento. Aquel hombre era un auténtico amigo. Por ahora, el único que tenía. De pronto, su mirada reparó en una mujer que caminaba por la acera ataviada con el modesto hábito de los Hermanos Moravos. Julie se acordó enseguida de Erika.

—¡Alto! ¡Alto! ¿Podemos detenernos un momento? —exclamó con nerviosismo.

Riard le indicó al cochero que detuviera el carruaje y Julie saltó del coche. Con la falda remangada, echó a correr tras la mujer.

—¡Disculpe! ¡Señora, disculpe! —Cuando la alcanzó, ya casi no tenía aliento.

Esta se quedó sorprendida.

—¿Sí?

—Lamento abordarla de esta forma, pero ¿no conocerá usted por casualidad a Erika Berg… Bergmann?

—Claro que la conozco —respondió la mujer con una afable sonrisa.

—¿Y usted podría decirme dónde puedo…? Si es que todavía vive en la ciudad…

—Oh, siento decepcionarla —le dijo la mujer en tono de disculpa—, pero mevrouw Bergmann partió de viaje hace un tiempo rumbo al interior del país. Y desconozco cuándo cabría esperar su regreso.

Julie tuvo que contenerse para no mostrar del todo su decepción.

—¡Qué lástima! Pero le agradezco mucho la información. —Se despidió de la mujer con gesto pensativo y regresó al coche, donde Riard la esperaba con expresión de curiosidad.

—¿Quién era esa mujer?

—Ah, durante la travesía en barco conocí a una joven y pensé que…, pero ya no está en la ciudad. —Julie no podía ocultar su desilusión.

—Qué lástima. —La voz de Riard traslucía auténtica compasión.

—Sí, es una lástima, me habría encantado volver a verla.

Esa noche Julie le pidió a Kiri que escogiera diferentes prendas de ropa. Con gesto pensativo, estudió las distintas opciones, pero no era capaz de decidir cómo debía vestirse para acudir a su cita con los Fiamond. Meneó la cabeza con desesperación. ¿Por qué le concedía tanta importancia? Solo se trataba de la boda de Martina. Julie sabía que eso no era sino una excusa, pero en realidad debía admitir que siempre había tenido la sensación de que, de alguna forma, competía con Felice. Felice, la misteriosa primera mujer de su marido; Felice, la querida madre de su hijastra. Pero ¿a quién pretendía demostrarle algo? Karl no había resultado ser un marido cariñoso y fiel y Martina seguía peleando contra ella con uñas y dientes. ¿Acaso Julie todavía pretendía lograr reconocimiento? Le dolía que el matrimonio con Karl no hubiera salido como esperaba. Pero se esforzó por tratar de olvidar cuanto antes la pesadumbre que eso le producía e intentaba concentrarse en otras cosas como los esclavos de la plantación, Kiri o… el señor Riard. Todas esas personas le inspiraban un enorme cariño y se habían convertido para ella en una especie de familia. Pero ahora, en la ciudad, estaba haciendo frente a la cruda realidad de que, durante los próximos años, no sería más que un ornamento para un hombre que ni la amaba ni la deseaba. Julie se tumbó en la cama y se quedó mirando el techo. No le importó que debajo se estuvieran arrugando los vestidos que Kiri había extendido cuidadosamente sobre la cama. ¿Qué habría pasado si hubiera llegado a ese país sin Karl? Eso, naturalmente, habría sido absurdo, pero imaginando que hubiera podido darse la situación, o que hubiera nacido allí, ¿qué habría pasado si hubiese conocido a un hombre atractivo de la edad adecuada..., a un hombre como Jean Riard? Por un momento, fantaseó con la idea de que Jean Riard ocupase el lugar de Karl. Tal vez de ese modo habría conseguido formar una pequeña familia feliz. ¿Una familia? Se incorporó con brusquedad y desterró ese pensamiento. Como mujer casada se hallaba tan alejada de Riard como Surinam de Europa. No merecía la pena ni siquiera pensar en... Pero una y otra vez le asaltaba la imagen de sus ojos azules y los hoyuelos que se le formaban al reír. El día anterior apenas había podido seguir la conversación por culpa de la inquietud que le causaba el encuentro del día siguiente con Valerie y ahora no lograba concentrarse en el encuentro porque los pensamientos se le iban permanentemente a Jean Riard. ¿Qué le estaba pasando? Se sentía agotada y febril.

En esta ocasión, el coche recorrió las calles de la ciudad a toda velocidad. Habían enviado un coche a recogerla a la puerta y

Julie ordenó a Kiri que se quedase en casa, un anuncio que Foni acogió con gesto pensativo. Julie observaba el entorno con curiosidad. Algunas calles ya las conocía, había estado allí con Riard, pero de pronto se adentraron en un barrio desconocido. La calle era más ancha, el fino adoquinado blanco y limpio resplandecía bajo la luz del sol y de cuando en cuando veía jóvenes esclavas limpiando con hojas de palmera los caminos de las casas. De unas casas bastante grandes, según iba comprobando Julie boquiabierta: todas las construcciones eran residencias señoriales aisladas en lugar de casas agrupadas como en Keizersstraat. Se trataba de un barrio adinerado y eso aumentó más aún el nerviosismo de Julie. Después, el coche giró y traspuso la puerta lateral de una finca muy cuidada, atravesó un jardín de palmeras y se detuvo. Cuando Julie estaba apeándose del coche, apareció Martina en la puerta y la saludó.

—Tía Valerie está esperando —dijo en tono animoso.

Julie respiró hondo y siguió a su hijastra. Esta se movía por la casa con seguridad. Probablemente, en su infancia habría pasado más tiempo allí que en Rozenburg, se dijo Julie. Intentó imaginar a Martina correteando por aquellos pasillos engalanada con vestidos vaporosos. O, mejor dicho, caminando, porque aquella era la clase de pasillos por los que uno no corretea, ni siquiera de niño. Julie se sintió intimidada de una forma similar a cuando iba de visita a casa de sus tíos. Allí todo el mundo debía guardar silencio, caminar sin hacer ruido y hablar sin levantar la voz. Su primo era el único que solía incumplir esas reglas, por lo que se había convertido en el blanco de su madre en más de una ocasión. Tía Margret. Julie se estremeció. Ojalá Valerie Fiamond no fuese el mismo tipo de tía.

Martina condujo a Julie a un salón femenino luminoso y acogedor. Había una mujer sentada a una mesa, sobre la cual se hallaba dispuesto ya el servicio de porcelana.

—Tía Valerie, esta es Juliette. —Por lo menos, Martina adoptó un tono más o menos cortés.

La mujer se levantó y se acercó a Julie con una expresión angelical. Julie quedó tan cautivada por la impresión que el aspecto de la mujer le causó que no podía apartar la vista de ella. Valerie Fiamond era un poco más alta que Julie; en el cabello de color rubio arenoso, lucía un recogido exquisito y algo anticuado y llevaba puesto un vestido de seda verde que no produjo ni el más leve siseo cuando se levantó. ¡Qué mujer tan bella! Pero su hermosura no fue lo único que fascinó a Julie. La mujer desprendía un aire de generosidad y benevolencia, estaba rodeada de un halo de bondad y daba la impresión de ser incapaz de hacerle daño a nadie. Julie enseguida se sintió cómoda en su presencia y de inmediato se desvaneció cualquier duda que en otro momento hubiera podido surgirle sobre aquella visita. En ese instante, Valerie le tendió la mano a Julie y la buscó con la mirada.

—Juliette, es un auténtico placer conocerla por fin —dijo con una voz cálida y suave. Y señalando hacia la mesa, agregó—: Sentémonos, por favor. He oído hablar tanto de usted…

Julie tuvo que morderse la lengua para contener el sarcasmo y no preguntarle: «¿A Martina? Entonces no creo que haya oído nada bueno». Sin embargo, en consideración a la elegancia de aquella mujer, se limitó a responder con cortesía:

—El placer es mío. —Seguro que esa mujer sabría formarse su propia opinión.

Aunque Julie estaba convencida de que Valerie Fiamond habría reparado en la tensión que había entre Martina y ella, la anfitriona no dio muestra de ello. Se limitó a conducir a las dos jóvenes a la mesa y, de inmediato, inició una conversación sobre cosas intrascendentes que ayudó a romper el hielo. Julie le agradeció la consideración, no solo por su propio interés. Para Martina también debía de ser complicado verlas a las dos reunidas: por un lado su querida tía, que había hecho de madre, y por otro su odiada madrastra. A Julie le admiró la forma en que Valerie manejó la situación. Aquella mujer era verdaderamente asombrosa.

Pronto, Valerie desvió la conversación hacia el asunto de la boda. Los preparativos avanzaban de maravilla, Valerie había encauzado ya la mayor parte de los asuntos e incluso había buscado cocineras adicionales, organizado al personal extra y contratado a un hombre llamado Ivon Cornet para que se encargase de la organización y la decoración. A este, para sorpresa de Julie, se lo presentó también en ese mismo momento:

—Estamos tan apurados de tiempo que me pareció que era mejor que alguien se encargase de toda la boda y resulta que Ivon es el hombre perfecto.

Julie tuvo que concederle la razón en ese mismo instante. El francés, que presentaba una insólita apariencia afeminada, se pasó el resto de la tarde revoloteando alrededor de las mujeres como una polilla alrededor de la luz. A Julie no le resultó desagradable y tuvo que admitir que no solo tenía buen gusto, sino que además era un hombre de lo más divertido.

Para alivio de Julie, Valerie la incluyó automáticamente en todas las cuestiones importantes. Así que Julie estaba al corriente de todo y lo cierto es que poco más tenía que hacer que dar su aprobación a las propuestas. Luego Karl no sabría distinguir quién manejaba los hilos desde la sombra. Valerie le dio a entender a Julie que a ella le parecía bien y que para ella no suponía problema alguno no ver reconocido su trabajo después.

—Eso no tiene importancia —sentenció—, lo principal es que Martina tenga una boda bonita. Eso es..., es lo que yo le debo a mi Felice. —Por un instante, su mirada se ensombreció. Hasta ese instante, no había mencionado a su hermana en ningún momento y Julie se había abstenido de formular preguntas. Pero la mirada cargada de culpabilidad despertó la curiosidad de Julie. ¿Quién era aquella mujer?

A Julie no le quedó demasiado tiempo para planteárselo, porque al día siguiente se citó de nuevo en casa de Valerie para hablar de los ramos de flores y la decoración, y por la tarde tenía que encontrarse con Karl. Por lo visto, a pesar de que toda su familia estaba en la ciudad, él no estaba dispuesto a renunciar a su viaje semanal.

La visita de Karl a la ciudad arruinó la alegría de Julie. Había pasado dos tardes fabulosas con el joven contable; además, los encuentros con Valerie y Martina habían discurrido también mejor de lo esperado. Sin embargo, con la llegada de Karl, todos se vieron obligados a disimular. De modo que Martina tuvo que empaquetar todas sus cosas y trasladarse, junto con Liv, a la casa donde se alojaba Julie. No le estaba permitido vivir con la familia de su madre mientras su padre estuviera en la ciudad. Pieter había decidido ausentarse para realizar una visita a un viejo amigo. Julie imaginaba que a esas alturas ya estaba harto de los preparativos de la boda. De esa forma, al menos ella no tendría que verse en la desagradable situación de compartir casa con él. A raíz de eso, Martina se encontraba tan desanimada como Julie. Karl llegó a última hora de la tarde. Julie y Martina habían estado hablando sobre los detalles de la boda, ahora ¡debían andarse con cuidado para que ninguna de las dos se fuera de la lengua!

A la mañana siguiente, Karl mostró un escaso interés en el tema de la boda. Se sentó a la mesa con un mohín malhumorado y escuchó las explicaciones de Martina con cierta impaciencia. Ni siquiera pareció sorprenderse de que Julie hubiese conseguido contratar en tan poco tiempo cocineras y personal para organizar el enlace. Más bien se mostró molesto al saber que no podría reunirse con su futuro yerno en la ciudad. Al oír mencionar el nombre de Ivon Cornet, Karl protestó con irritación:

—Ivon... ¿qué?

Martina le aseguró de inmediato que la recomendación de contratar a ese joven venía de una antigua compañera del colegio, que se trataba del mejor organizador de celebraciones de todo Surinam y que había trabajado incluso para la hija del gobernador.

—¡Con lo caras que son esas cosas! —Karl enarcó las cejas enojado, pero no dijo nada más. Acto seguido se despidió, le pidió a Foni que le acercara el sombrero y el abrigo, y anunció que, si se hacía muy tarde, no le esperasen para cenar. Martina y Julie respiraron aliviadas.

Julie quiso aprovechar la ocasión; había llegado el momento de intentar averiguar cosas importantes. En cuanto Karl se hubo marchado de casa, llamó a Kiri y le dijo en un aparte:

—Sigue al masra, quiero saber a qué se dedica durante el día.

CAPÍTULO 8

Al salir a la calle, Kiri vaciló un instante. Un escalofrío le recorrió la espalda. ¿De veras debía irse sola? Sí, la misi se lo había ordenado. Así que se apresuró a seguir el coche en el que se había subido el masra. Por suerte, había mucha vida en la calle y el coche no podía avanzar demasiado deprisa. Kiri corrió tras él por la acera. Desde que vivía con misi Juliette, nunca había caminado sola por la ciudad. Por lo general, solía acompañar a alguno de los esclavos cuando iban a hacer recados para Foni, o salía por la ciudad a pasear con misi Juliette y masra Jean. En ese instante, la asaltaron los recuerdos de lo que había sucedido cuando tuvo que huir de la plantación arrasada y llegó a la ciudad. El soldado blanco, que la trató con tanta brusquedad, el comerciante de esclavos Bakker, el pestilente cobertizo donde estuvieron encerrados varias semanas. Con un poco de suerte, en esa ocasión nadie la consideraría una presa fácil ni intentaría atraparla. En una ciudad tan grande la misi jamás la encontraría.

Sus pensamientos le hicieron ralentizar el paso hasta el punto de que casi pierde el coche de vista. Hizo un esfuerzo por dominarse, le habían encomendado una misión, aceleró el paso.

Cuanto más rápido averiguase adónde se dirigía el masra, antes podría regresar con la misi. El coche prosiguió la marcha; las casas que flanqueaban la calle eran visiblemente más modestas y cada vez se veían más blancos a pie por los caminos, una señal inequívoca de que no se trataba de un barrio precisamente adinerado. Al fin, el coche se detuvo frente a una casa situada en una esquina. Tampoco habría podido continuar mucho más allá, pues al final de la calle ya solo se vislumbraban campos. El masra Karl se apeó del coche y el carruaje dio media vuelta para marcharse. Kiri se agazapó tras el muro de una casa desde donde alcanzó a ver que el masra se dirigía a la casa de la esquina y, sin llamar a la puerta, entraba. Kiri esperó.

El sol estaba cada vez más alto y a Kiri solían dolerle las piernas cuando se quedaba mucho tiempo en el mismo lugar. Así que, mientras esperaba, se sentó; luego, se apoyó en la pared de la casa; cuando no había nadie cerca, se levantaba un rato a estirar las piernas y caminaba unos metros, aunque regresaba en cuanto veía algún coche o alguna persona andando. No quería que nadie creyese que andaba merodeando por allí. Justo cuando estaba pensando en dónde podría conseguir un trago de agua, apareció por un lateral del jardín una esbelta mujer negra. Kiri se dispuso enseguida a fingir que estaba ocupada con algo, pero para su sorpresa la mujer se dirigió a la misma casa donde había entrado el masra varias horas antes. ¡Y por la misma puerta que el masra!

Kiri se ocultó de nuevo tras la pared de la vivienda, desconcertada. Tal vez el masra estaba a punto de salir para volver a casa, se dijo. Pero no sucedió nada. Cuando, hacia la media tarde, el sol comenzó a declinar, Kiri estaba harta de esperar. Pero, si regresaba a casa, tal vez la misi se enfadaría con ella. No había descubierto gran cosa, lo único que podía decirle a la misi era cómo se llamaba la vivienda donde llevaba horas aguardando a que saliera el masra.

Cuando, un poco más tarde, vio pasar a dos chicos negros, les preguntó:

—Oye, ¿podéis decirme una cosa?

Los mozos, que debían de tener unos doce años, se echaron a reír.

Kiri señaló hacia la casa de la esquina.

—¿Quién vive allí, sabéis?

De nuevo, los muchachos se echaron a reír. Uno de ellos se encogió de hombros, pero el otro, en cambio, adoptó una expresión seria para darse importancia y asintió.

—Yo sí sé quién vive ahí.

—Pues dímelo —le instó Kiri impaciente.

—¿Y qué nos darás tú a cambio? —le preguntó el mozo con expresión pícara.

Kiri resopló.

—No tengo nada que ofreceros —respondió estirándose el vestido hacia abajo, como si así pudiera demostrarlo.

El muchacho se quedó pensativo unos instantes y después se le iluminó la cara, que de nuevo adoptó una expresión de picardía. Acto seguido, le susurró algo al oído a su compañero y se echó a reír.

Kiri entornó los ojos con gesto de resignación.

—Venga, decidme, ¿qué queréis?

Por un momento, los muchachos se mostraron avergonzados. El mayor compuso una amplia sonrisa que le llegaba de oreja a oreja, pero miraba al suelo.

—Si lo quieres saber, tienes que…, que… —Entonces se tiró de las perneras de los raídos pantalones hacia arriba, como si quisiera remangárselos.

—Oh, vamos. —Kiri cruzó los brazos con un gesto desafiante. Qué se creían esos dos mocosos…

—¡Por favor! —agregó el pequeño con una sonrisa maliciosa.

Kiri miró a su alrededor. No había nadie a la vista.

—Está bien. —Rápidamente, se subió el vestido por encima de las rodillas. Los niños estallaron en carcajadas y pretendían darse media vuelta y salir corriendo cuando Kiri agarró a uno de ellos por el cogote.

—Has prometido que me lo dirías —lo apremió mientras hacía fuerza.

El muchacho pataleó en el aire.

—¡Está bien! ¿Quieres saber quién vive en esa casa? ¡Suéltame! ¡Suéltame de una vez! —Kiri aflojó un poco la mano—. Ahí viven Suzanna y el masra Karl. —Y con una sacudida el muchacho se soltó y salió corriendo detrás de su amigo.

—¿El masra Karl? —Kiri se quedó plantada en medio de la acera, desconcertada.

Tenía que volver a casa, tenía que informar a la misi. Aunque aquello no iba a gustarle en absoluto.

Esa tarde, Karl no regresó a casa y, por la noche, tampoco. Sencillamente, no regresó. Después de recibir la información, Julie dejó libre a Kiri, que había vuelto exhausta y visiblemente irritada. Le dio permiso para que le pidiera algo de comer a Foni y luego se retirara a descansar. Julie se pasó varias horas tendida en su habitación atenta a cualquier ruido de la casa. En un momento dado, se quedó dormida. Por la mañana, la silla de

Karl continuaba vacía. ¿Se había quedado a dormir con aquella mujer? ¿Suzanna? ¿Formaba parte de ese matrimonio surinamés del que había hablado Pieter? A Martina no pareció molestarle en absoluto la ausencia de su padre, probablemente solo ansiaba que llegase de nuevo la tarde en que él regresara a la plantación para poder trasladarse otra vez con su tía; hasta que su padre volviera a la ciudad.

A media tarde, Karl pasó un momento por la casa, se disculpó entre dientes por su prolongada ausencia aduciendo asuntos de negocios y se despidió antes de marcharse a Rozenburg.

Martina hizo el equipaje y se marchó con Liv a la mansión de Valerie. Julie permaneció en la casa con Kiri.

Entre cavilaciones, volvió a encerrarse en su dormitorio. Si era cierto que Karl tenía una amante, significaba que ella tenía la posibilidad de abandonar el matrimonio. Hacía varios meses que no se comportaban como un matrimonio. Ya ni siquiera se acordaba de cuál había sido la última vez que Karl había ido a hacerle una visita a su cama... Julie se estremeció al pensar en el olor a alcohol. No, a ella le parecía bien que él se contuviera. Pero ¿separarse? ¿Era una posibilidad real? Probablemente, como mujer no la asistirían muchos derechos. Se quedaría sin dinero; la herencia la había perdido al casarse con Karl y ni siquiera podría recuperarla al cumplir los veintiún años. ¿Sería capaz de encontrar un juez que accediera a concederles la separación solo porque Karl mantenía una relación con una persona de color? A Julie le parecía que las posibilidades eran más bien escasas. Tal vez incluso se burlarían de ella, al fin y al cabo en ese país daba la impresión de que todos los blancos se aprovechaban de las esclavas. No... Era inútil. De todos modos, estaba unida a Karl. E incluso en el supuesto de que se separase, ¿qué iba a hacer ella sola, sin dinero, en ese país?

Para sus adentros, maldijo a su tío. ¿Cómo había sido capaz de hacer semejante trueque? Seguramente habría obtenido unos considerables beneficios. Julie sabía por Riard que la plantación dispensaba un trato preferente a la compañía Vandenberg. Julie se sentía como una yegua vendida en un mercado de ganado.

Los viajes semanales de Karl a la ciudad habían comenzado poco después de la llegada de Julie a Rozenburg. Al tratar de reconstruirlo todo, Julie cayó en la cuenta de que probablemente Karl se había marchado a casa de Suzanna después de que ellos hubieran llegado en barco a Paramaribo. Así que era probable que aquella mujer llevase más tiempo en la vida de Karl que ella. A Julie se le revolvió el estómago. Una vez más se hacía evidente que ella no había sido más que un medio para alcanzar un fin.

Karl se había dejado ver durante algunas semanas en las plantaciones vecinas para así despejar la sospecha de que pudiera llevar una vida disoluta. Después, había instalado a su esposa en casa como coartada para poder seguir con su doble vida. Julie comprendió con amargura que Karl debía de haber tramado ese plan desde el principio. Lo que Julie no sabía era si le había salido bien. Desde luego, en las visitas a los vecinos había logrado cerrar un par de tratos, eso seguro. A él en ningún momento le había interesado mantener contacto con sus vecinos, en el día a día allí cada cual se dedicaba a sus propias tierras. Por supuesto, un acontecimiento como la inminente boda de Martina y Pieter le brindaría la oportunidad de destacar, pero lo cierto es que tampoco en ese sentido Karl estaba muy implicado. También eso lo había dejado en manos de Julie. Por otro lado, si él hacía su propia vida, ¿quizás ella podría hacer lo mismo? En la plantación no pensaba volver a acobardarse frente a él con tanta facilidad. Él, de algún modo, la había necesitado en su momento, aunque solo fuera desde el punto de vista económico. Ese pensamiento le provocó cierta satisfacción. Y, en segundo lugar, Julie no pensaba dejarle vía libre a Pieter sin pelear. A saber qué sería capaz de hacer con los esclavos de la plantación.

Pieter sabía desde el primer momento lo que se estaba cociendo a sus espaldas, Julie estaba convencida. Y probablemente a Martina esa clase de cosas no le interesaban. Pronto tendría su pequeña familia y para eso no necesitaba a Julie. Para ella, Karl siempre sería su padre, con o sin concubina negra.

Era posible incluso que a Martina esa relación le pareciese normal. Y, quién sabe, tal vez Pieter hacía lo mismo; desde luego, interés en las esclavas jóvenes estaba demostrado que tenía.

En aquel país, las relaciones entre personas tenían a Julie horrorizada. ¿Dónde se habría metido Pieter? ¿Acaso no pensaba regresar a la ciudad?

—¿Pieter? Está aprovechando esta oportunidad para visitar algunas de las plantaciones del río Para. Ahora que todavía es médico. —Martina respondió con gran énfasis a la pregunta de Julie. Su prometido y ella hablaban muy a menudo de que, después de la boda, Pieter se instalaría definitivamente en Rozenburg. Ya había suficientes médicos en el país y Pieter no ocultaba que en realidad había escogido esa profesión por dos razones: por su padre y porque eso le había permitido ir a estudiar a Europa. En ese contexto, jamás hablaba de vocación. A decir verdad, daba la impresión de que el cargo de director de plantación lo motivaba mucho más. A Julie eso le causaba un gran malestar. Martina había empezado a mostrarse mucho más accesible, al menos cuando se encontraba a solas con Julie. Incluso podían entablar breves conversaciones sin enzarzarse automáticamente en una disputa. Parecía que se sentía de veras agradecida por que Julie hubiera organizado esa visita a la ciudad para ayudarla. A esas alturas, el embarazo todavía no estaba muy avanzado, pero dentro de poco ya no podría viajar. Y cuando el niño naciera…

Cuando se hablaba de la plantación, sin embargo, Martina solo hacía referencia a su futuro en Rozenburg junto a Pieter. En sus reflexiones nunca mencionaba a Karl ni a Julie. Esta lo achacaba a la visión ingenua de Martina, que en su opinión vivía un tanto alejada de la realidad. Sin embargo, en ocasiones la asaltaba el miedo de que pudieran haber llegado a algún tipo de acuerdo del que ella no supiera nada. Por ejemplo, que Karl planeara, una vez jubilado, dedicarse a su matrimonio surinamés y Julie tuviese que conformarse con ser la mujer que le hacía de coartada y la viuda en vida de Karl, abandonada en la casa de la ciudad… O que tuviese que vivir en la plantación bajo la férula de Pieter.

Julie suspiró. Para eso todavía faltaba mucho.

Las mujeres volvían a estar sentadas en el salón de té de Valerie mientras Ivon les mostraba diversos patrones de arreglos florales y decoraciones para la mesa. Lo cierto es que a Julie no le costó decidir porque todas las opciones le resultaban hermosas. Valerie y Martina, en cambio, no lograban decantarse por una y el proceso se fue alargando. Julie se revolvía nerviosa en la silla. Riard había anunciado que tenía una sorpresa preparada para aquella noche. Julie estaba muy ilusionada y anhelaba volver a encontrarse con él.

Cuando la elección de arreglos florales contentó por fin a todas, Julie se disculpó apresuradamente y mandó llamar a un coche para que la llevase de vuelta a casa. A primera hora de la tarde, Kiri había planchado cuidadosamente el vestido favorito de Julie y, cuando esta entró en su dormitorio, ya encontró preparada una palangana con agua de rosas para refrescarse. Ese día, Julie se acicaló con especial esmero. ¿Para el joven contable? Tal vez. Una sonrisa iluminó su rostro cuando contempló el resultado en el espejo. Desde que había descubierto que su matrimonio era una completa farsa, disfrutaba más aún de los encuentros con Riard. ¿Por qué no iba a poder pasarlo bien en la ciudad? Ya tendría tiempo de sobra después para aburrirse en la plantación.

—Kiri, tienes la tarde libre —le dijo a la joven esclava y acto seguido bajó a esperar impaciente a que Riard pasara a recogerla.

Riard y Julie fueron en el coche hasta un aparcamiento cercano al palacio del gobernador. Allí, los jardines eran especialmente exuberantes y las plantas desprendían un aroma arrebatador. Desde el propio aparcamiento, tomaron un camino por un sendero que terminaba en un pequeño teatro al aire libre. Había varias mesas y sillas de cara a un escenario; alrededor ardían antorchas y el servicio, formado por personal negro vestido con trajes europeos, llevaba copas de champán y canapés a las mesas, ocupadas cada vez por más gente.

—Vaya, ¿qué es todo esto? —Julie se quedó boquiabierta al ver aquel montaje—. ¿Es un teatro bajo el cielo estrellado?

El joven asintió con orgullo. La condujo hasta una mesa con dos sillas y le ofreció asiento. Al poco, Julie se hallaba dando sorbos a una copa de champán y aguardaba con expectación que ocurriera algo en el escenario. En las mesas de alrededor había algunas personas blancas, aunque también algún que otro negro. Ellos debían de ser los llamados «libres», porque los esclavos tenían prohibida la entrada al recinto.

Desde que había llegado a la ciudad, Julie se había esforzado por desentrañar el complejo entramado social formado por las personas de color: existían claras diferencias de categoría en función del matiz del color de la piel. Cuanto más oscura era la piel, menor era la categoría de la persona; eso no era difícil de adivinar. Pero, por otro lado, en la ciudad había muchos negros libres y también muchos blancos que se rebajaban a realizar trabajos de poca categoría. Estos últimos no gozaban de mucho prestigio entre la adinerada sociedad colonial.

Al abrirse el telón, apareció una joven mulata y comenzó a cantar. De inmediato, se dejaron ver varios actores en el escenario que cantaban o declamaban el texto que conformaba una historia. Julie no entendía del todo la letra, que estaba escrita en una mezcla de francés e inglés negro, pero las imágenes valían más que las palabras. Se trataba de una historia de amor, traición y celos que acababa con una conmovedora reconciliación. Julie quedó fascinada y sentía una profunda felicidad. A su alrededor ya era noche cerrada y lo único que iluminaba los rostros de los espectadores eran las antorchas y el resplandor de la luna.

Bajo el resplandor de las llamas, Julie vislumbró que el señor Riard la estaba mirando con un gesto de sorna. Entonces, se dio cuenta de que llevaba toda la representación concentrada en el escenario. Cuando se extinguieron los aplausos y volvieron a servirles bebidas, Julie lo miró abochornada.

—Lamento mucho no haberle prestado atención en todo este tiempo, pero… hacía tanto que no…

—No pasa nada. Espero que le haya gustado.

—Ha sido maravilloso. Le agradezco mucho que me haya traído aquí, mijnheer Riard.

—¿No le parece que…? —empezó a decir Riard levantando la copa—; bueno, ¿no cree que ya es momento de que dejemos de tratarnos de usted? Resulta un poco… —insinuó con una tímida sonrisa.

—Desde luego, si usted…, si tú… —Julie agradeció que fuera de noche porque tal vez así Riard no alcanzara a percibir el rubor que le cubría el rostro en esos instantes.

Dios santo, qué pensaría Karl, se preguntó de pronto. Pero enseguida desterró ese pensamiento y se concentró en los ojos azules que tenía enfrente.

—Es un placer, Juliette.

—Jean.

Los dos levantaron las copas.

Un poco más tarde, atravesaron los jardines, al abrigo de la noche, hasta llegar a la explanada donde aguardaban los coches. Bajo la luz de la luna, que iluminaba la superficie verde surcada por cuidados senderos adoquinados, revoloteaban toda clase de pajarillos nocturnos alrededor de los árboles. Julie y Jean avanzaban muy despacio y no tardaron en quedarse solos.

—Jean, ha sido una velada maravillosa. —Julie había vuelto a agarrarse del brazo de Riard y se acercó ligeramente para enfatizar sus palabras. Le gustaba sentirlo cerca, el suave olor a hombre que desprendía, su forma de hablar. Se sentía muy cómoda con él.

Jean se detuvo y se dirigió a ella.

—A mí también me ha gustado mucho la velada, Juliette…, digo Julie; si pudiera…, si estuviera en… —Julie sintió una explosión de mariposas en el pecho, una sensación que jamás antes había experimentado. De pronto, todo a su alrededor parecía alejarse en la distancia. Allí, en ese momento, en ese jardín, en ese sendero iluminado por el resplandor de la luna, solo existían ellos dos. Sus ojos buscaron los de Jean, sus miradas se encontraron. Él le acarició suavemente la mejilla con la mano, la cogió con ternura por la barbilla y atrajo los labios de Julie hacia los suyos. Por un instante, Julie tuvo la sensación de que el mundo se había detenido.

Cuando sus labios se separaron, a Julie no le llegaba el aire.

—Julie…, si de mí dependiera… te prepararía una sorpresa cada tarde, y cada día… y… —Volvió a acariciarle la mejilla con ternura. El cuerpo de Julie respondió con un agradable escalofrío.

Entonces oyeron unos pasos. El hechizo se desvaneció. Jean retrocedió y su rostro adoptó una expresión seria.

—Julie… Lo… lo siento mucho. Deberíamos marcharnos. Viene alguien.

Ella volvió a agarrarlo del brazo con un gesto mecánico y ambos se dirigieron juntos hacia el coche.

Al llegar a casa, Julie se desplomó bocarriba sobre la cama.

—¿Misi? ¿Todo en orden? —Kiri, que en ese momento entraba en el dormitorio con una palangana de agua fresca, se quedó paralizada un instante.

—Sí, Kiri, todo está en orden.

Julie no sabía qué le ocurría, jamás había experimentado un estallido de sensaciones como el que había sentido cuando…, cuando Jean la había buscado con los labios. Esperaba volver a verlo pronto.

Para desgracia de Julie, a partir de ese día Jean se mantuvo distante con ella. Sus visitas volvieron a adoptar el tono formal del principio, además solo la llevaba a lugares muy concurridos y nunca por la noche. Al principio, Julie intentó encontrarle la parte positiva a su comportamiento y también trató de convencerse de que no tenía muy claros sus sentimientos. Pero, con el paso del tiempo, se fue dando cuenta de lo mucho que lo añoraba; echaba de menos su cercanía, su voz. Cuando no estaba, su ausencia le provocaba un doloroso anhelo. Seguramente, lo más prudente era evitar colocarse de nuevo en una situación comprometida. Pero a veces Julie tenía la sensación de que iba a explotar.

La semana siguiente, Karl regresó de nuevo a la ciudad. Y en esa ocasión Julie decidió que quería verlo con sus propios ojos. Cuando él se marchó a media mañana, ella llamó enseguida a un coche de plaza y le pidió al cochero que siguiera el recorrido descrito por Kiri. Casi todas las calles de la ciudad discurrían en línea recta, así que tenían que asegurarse de girar de cuando en cuando para que no los vieran. Cuando al fin llegaron a la calle en cuestión, Julie pidió al cochero que se detuviera y esperase. Quería recorrer el último tramo a pie. Se había vestido con ropa discreta para evitar llamar la atención. No se cruzó con muchas personas, pero de todos modos se trataba de un barrio por el que a nadie sorprendería ver a una mujer blanca caminando.

Cuando, al final de la calle, divisó la casa que le había descrito Kiri, se detuvo. No tenía ningún plan, solo se había propuesto llegar hasta allí, pero ¿qué iba a hacer ahora? ¿Tal vez Karl había ido a otro sitio? ¿Y si estaba dentro? ¿Qué pasaría si la veía? De pronto, la idea de seguirlo hasta allí se le antojó absurda. Julie dio media vuelta para regresar hasta el cruce donde esperaba su coche. Al volverse, estuvo a punto de chocar con una mujer esbelta de piel oscura que llevaba una cesta de fruta.

—Oh, ¡discúlpeme! —Julie agachó la mirada instintivamente. Acto seguido, cayó en la cuenta de que en ese país, cuando se trataba de personas negras, ese gesto se consideraba inapropiado.

—Descuide, no se preocupe. —La mujer sonrió con expresión afable cuando Julie levantó de nuevo la mirada—. ¿Se ha perdido? Me ha dado la impresión de que no sabía dónde estaba. —El rostro de la mujer tenía unos rasgos refinados y poseía una forma totalmente distinta a la de los rostros de los esclavos africanos, que tenían los labios prominentes y la nariz ancha. Julie no supo ubicar su procedencia, pero su belleza saltaba a la vista.

—Sí, me he perdido… —Julie no sabía qué decir—, pero creo que tengo que ir por allí.

Rápidamente murmuró un tímido «gracias» y dejó atrás a la mujer para proseguir su camino.

Unos metros más allá, Julie volvió a detenerse. Se armó de valor y se volvió a mirar. La mujer había reanudado la marcha y en ese instante recorría el camino hacia la casa y entraba por la puerta. Julie se quedó sin respiración. ¡Suzanna!

CAPÍTULO 9

Al principio, Erika no reaccionó a las murmuraciones de Ernst van Drag. Desde que la había visto con el vestido de colores de la esclava, no dejaba de lanzarle comentarios. Erika había reparado en la extraña mirada del hombre y había interpretado que pretendía reprenderla. A ella le había resultado bochornoso presentarse ante el jefe de la plantación de aquella guisa, pero no le había quedado otro remedio. Solo esperaba que él olvidase el incidente cuanto antes si ella se esmeraba con todo su afán.

Por desgracia, las cosas sucedieron de otra forma.

Todo comenzó cuando él se la encontró, aparentemente por casualidad, en el camino que unía la aldea de los esclavos con la plantación.

—Ah, hola, Erika. Y dígame, ¿viene de hacerles otra visita a sus compatriotas? —El hombre se plantó delante de ella para impedirle el paso.

Erika quiso responderle la verdad; que había ido a llevar a Reiner con Resa para poder empezar la clase de los niños, pero en ese instante Ernst van Drag la agarró del brazo y la retuvo. Acercó su rostro al de ella.

—¿O acaso estabas otra vez en la aldea de los esclavos, muchacha? Quizás debería regalarte un vestido de esclava.

Erika sacudió el brazo, asustada, para soltarse.

—Tengo que… que ir a buscar a los niños —tartamudeó y echó a correr a toda prisa hacia la casa. Él estalló en amenazadoras risotadas.

Ese día, Erika no fue capaz de dilucidar qué estaba pasando. ¿Es que el amo de la casa había perdido el juicio?

Por la tarde, prefirió ir a casa de Resa a recoger a su hijo acompañada por Jette.

—¿Está todo bien, Erika? Estás muy pálida —preguntó Resa mirando a su amiga con preocupación.

—Sí, todo bien, es solo que… que estoy cansada.

La mujer del leñador arrugó la frente, pero no dijo nada. Cuando Erika regresó a la casa de la plantación con Reiner en brazos, ya estaba anocheciendo. Jette se despidió en el cruce de la aldea para tomar el camino a su casa. Cuando Erika se encontraba ya en el porche y se disponía a entrar en casa, se llevó un susto de muerte al vislumbrar de pronto en la penumbra la figura de Ernst sentado en una silla.

—Lleva al niño a la cama y después vuelve aquí, Erika. —La firmeza en su voz no daba pie a ninguna respuesta.

Erika se apresuró a entrar en la casa. Seguro que iba a despedirla por el comportamiento que había tenido últimamente. Y, si eso sucedía, tendría que olvidarse de seguir buscando a Reinhard. El mero pensamiento de regresar a la ciudad sin dinero hizo que los ojos se le llenaran de lágrimas. ¿Qué iba a ser de ella? No quería regresar con los hermanos de la comunidad, pero no conocía a nadie más en el país. Salvo a Juliette, pero ella se hallaba muy lejos y quizá ya ni siquiera se acordaba de ella. ¿Dónde iba a vivir? ¿De dónde iba a sacar dinero? Sí, tal vez conseguiría otro puesto como maestra o institutriz, pero así jamás encontraría a Reinhard. Ahora ya llevaba mucho tiempo con los Van Drag. En realidad, ella había creído que conseguiría reunir el dinero más rápido. Pensaba que las institutrices ganaban más; jamás habría sospechado que la paga fuese tan precaria. Se enfadó consigo misma por no haberlo preguntado antes. Y los cimarrones que controlaban el transporte al interior del país cobraban a los pasajeros unos precios muy elevados. Quinientos florines, le había respondido uno de los barqueros a la pregunta de cuánto le costaría viajar al interior. Iba a tardar una eternidad en conseguir esa suma.

Cuando al fin hubo dejado a Reiner en la cuna, la cabeza le daba vueltas. Se levantó con actitud decidida. Se rehízo el moño y se colocó bien el vestido gris que solía llevar puesto en casa. Si su jefe iba a despedirla, ella al menos quería exhibir un aspecto presentable.

Cuando volvió a salir al porche, Ernst van Drag continuaba sentado en la misma silla. Sobre la mesa había una frasca vacía junto a un vaso medio lleno; una bocanada de aire llevó el olor del *dram* hasta Erika. Esta se armó de valor para afrontar la conversación. Quería disculparse. Quizá todavía estaba a tiempo de evitar lo peor. Ernst van Drag se levantó tambaleante, por lo visto había bebido en abundancia.

—¡Ven conmigo! —le ordenó y subrayó sus palabras agitando la mano.

A tientas, el hombre rodeó la casa en dirección a la zona de servicio que había detrás y se detuvo frente a una puerta que se abría al lado de un almacén.

—¡Entra!

Erika estaba demasiado desconcertada como para darse cuenta de lo extraño que aquello resultaba.

—Si… si lo que quiere es despedirme…, dígamelo ya, por favor.

—Despedirte… ¡Ya veremos! —Y soltó una áspera risotada por lo bajo—. ¡Entra! —gritó señalando hacia la puerta y Erika la atravesó apresuradamente para no irritarlo más.

De pronto se encontró en una pequeña alcoba, que en realidad estaba preparada para los visitantes de la plantación. Sobre la mesa ardía una pequeña lámpara de aceite.

—Podría haberme hablado sobre esto… en el porche.

A Erika le asaltaron las primeras dudas, que aumentaron en cuanto el amo de la casa cerró la puerta de un golpe y le impidió el paso.

—¡Ponte eso! —le ordenó señalando un colorido vestido de esclava que colgaba sobre una silla junto a la mesa.

Erika lo miró con estupor.

—¿Me está diciendo que…?

—Quieres conservar tu puesto de trabajo, ¿verdad? —farfulló el hombre apretando los dientes—. Entonces haz lo que te digo.

Erika estaba paralizada en el centro de la habitación. Sintió un escalofrío.

—No te hagas la remilgada, venga, muévete… —Ernst avanzó un paso hacia ella e intentó arrancarle el vestido del cuerpo.

—¡No…! —Erika estrechó el vestido contra su cuerpo, pero frente a la fuerza de aquel hombre el esfuerzo resultó inútil.

—¡Estate quieta! —gritó antes de asestarle una bofetada en la cara. Erika notó el sabor de la sangre en los labios.

Como el vestido se le había deslizado ya hasta las caderas, corrió a coger el de colores y, sollozando, se envolvió el cuerpo con él.

—¡Póntelo como es debido! Quiero que tengas el mismo aspecto que… que aquel día… ¡Quítate los zapatos! Y suéltate el pelo. —Él le introdujo los dedos en el cabello para deshacerle el moño. Ella intentó apartarle las manos, pero él estaba como ciego por la obcecación. Él la empujó con brusquedad y la examinó de arriba abajo con lascivia; estaba en medio de la estancia descalza, con el cabello suelto y la tela de colores alrededor del pecho.

—Si quieres quedarte aquí, vas a tener que hacer algo por mí…, esclava blanca. —Antes de que ella pudiera reparar en qué estaba pasando, él la agarró de nuevo y la empujó sobre el catre que hacía de cama. Con una mano le arrancó con violencia el pañuelo de colores, mientras con la otra intentaba desabrocharse los pantalones.

—Te comportas como si fueras una muchacha decente…, pero en el fondo eres una esclava blanca —farfulló entre jadeos—. Ese día me di cuenta, en el fondo eres exactamente igual que esas otras esclavas viciosas, solo que tú sabes ocultarlo mejor…, pero eres igual de deshonesta…, aunque no tan sucia.

Con una violenta sacudida del cuerpo, Ernst la penetró. Erika sintió un dolor tan intenso que por un momento creyó que iba a perder el conocimiento. Lanzó un gemido de queja, pero él se apresuró a taparle la boca con la mano. Meneó su cuerpo contra el de Erika una y otra vez hasta que, ya sin aliento y cubierto de sudor, se desplomó sobre ella. Fue solo un segundo. Acto seguido, se incorporó con expresión de satisfacción y miró a Erika, que, mientras tanto, y anegada en lágrimas, intentaba cubrirse.

—Márchate… El vestido puedes quedártelo. ¡Pero tráelo cuando te llame! —Con esas palabras, abandonó la alcoba.

Erika estaba como en trance. Permaneció un instante inmóvil antes de incorporarse con gran dolor, recoger su vestido desgarrado y deslizarse hasta la casa en la oscuridad. Antes de llegar a la puerta trasera, tuvo que arrodillarse a vomitar detrás de unos arbustos. Intentó por todos los medios hacer el menor ruido posible porque no quería que nadie la viera en ese estado. Con el regusto de las lágrimas, la sangre y la amarga bilis en la boca, llegó al fin a su dormitorio. En cuanto cerró la puerta tras de sí, se desmoronó en el suelo hecha un mar de lágrimas.

¿Cómo era capaz ese hombre de hacer algo así? Asqueada, se quitó el pañuelo de colores. Se sentía sucia. Sin hacer ruido, para no despertar al niño, se acuclilló junto a la palangana y retiró con un paño los restos de Ernst. No le importó que a sus pies se formase un gran charco de agua. Se frotó las piernas y las partes íntimas una y otra vez hasta que la piel le ardió de tal forma que parecía imposible que quedase algún resto de lo ocurrido. Después, arrojó el trapo al suelo, se acurrucó bajo la colcha de la cama y se cubrió con la sábana hasta la barbilla. Entre temblores, permaneció tendida en la oscuridad e intentó concentrarse en la plácida y suave respiración de su niño. No debía pensar en lo que acababa de ocurrir. No debía pensar en ello.

CAPÍTULO 10

El tiempo en la ciudad transcurría a toda velocidad. Cuando Karl volvió por tercera vez, ordenó a Julie y a Martina que regresaran con él a la plantación. Julie no quería, pero prefirió guardar silencio. No quería despertar la furia de Karl. Martina tampoco se mostró entusiasmada.

—Pero Pieter todavía no ha... —comenzó a decir Martina en un cauteloso intento de convencerlo.

—Sabrá encontrar el camino de vuelta a la plantación él solo —gruñó Karl—. Con que esté allí para la boda, es suficiente.

Tenía razón. Quedaban tan solo tres semanas hasta la boda y todavía faltaban muchos detalles por ultimar en la plantación. Con cierta desgana, Julie empaquetó sus cosas para regresar a Rozenburg con Martina, Kiri y Liv. Tal vez Pieter se había arrepentido y decidido no regresar jamás... Evidentemente, Julie sabía que eso no era sino una fantasía suya, porque Pieter, tal como había manifestado sin tapujos en más de una ocasión, no iba a dejar pasar la oportunidad de quedarse con la plantación.

Ivon Cornet viajaría también a Rozenburg en unos días en una chalana cargada hasta arriba con la decoración y los ornamentos necesarios para la boda. Los primeros invitados comenzarían a llegar dentro de dos semanas, es decir, unos días antes de la boda. Julie quería ir a casa de los vecinos para pedirles ayuda con el alojamiento de los huéspedes, ya que no todos los invitados cabrían en Rozenburg y prácticamente ninguno de ellos tenía previsto llegar el mismo día de la boda. Una celebración de esas características se le antojaba a todo el mundo como la ocasión perfecta para tomarse unos días de asueto. A Julie le dolía la cabeza solo de pensar en todas las cosas que quedaban por hacer. Valerie había prometido encargarse como mínimo de los invitados que viajaban desde la ciudad y había entregado a Julie una lista de nombres indicando a quién convenía alojar con quién. Pero Julie habría preferido tener a Valerie a su lado, aunque esto era del todo impensable porque Karl continuaba negándose a ceder ni un ápice en la decisión de que la organización del festín recayese por completo en manos de su esposa y de que tanto la tía Valerie como su exsuegra asistieran en calidad de invitadas única y exclusivamente por deseo de Martina. Solo pensar en la presencia de esas personas en la boda le alteraba el ánimo. No obstante, aquel juego del escondite era un tanto enervante para todos los afectados, aunque a Martina y a Valerie parecía procurarles cierta diversión; y sin embargo Pieter prefería reservarse sus opiniones y optaba por desaparecer. A esas alturas, Julie ya no tenía reparos en ocultarle cosas a Karl. Al fin y al cabo, era el que más salía ganando con todo aquello.

Mientras Julie doblaba cuidadosamente con ayuda de Kiri los vestidos para regresar a casa, sus pensamientos volaban una y otra vez a Jean. Después del beso nocturno, él no había añadido ni una sola palabra. ¿Acaso él no sentía lo mismo que ella?

Por desgracia ya no tuvieron ocasión de volver a estar a solas. A Julie le habría encantado sentir de nuevo la mano de Jean en su piel. En ese momento, resonó en su cabeza: «Julie, eres una mujer casada».

Pero ¿acaso merecía la pena un matrimonio con un hombre que prefería pasar el tiempo con su querida negra? Con la que ella misma —estaba absolutamente convencida— no podía compararse desde el punto de vista de la belleza exterior. Julie era una mujer atractiva, pero frente a la hermosura exótica y la piel cobriza de Suzanna no tenía nada que hacer. Ella no era más que la marioneta que Karl se había buscado para poder exhibir por ahí. Respondía a lo que la colonia esperaba de la esposa del dueño de una plantación.

La plantación de Rozenburg se transformó pocos días después del regreso en un tumultuoso y constante ir y venir de gente. Ivon comenzó enseguida con los adornos del jardín, construyó pabellones y, en barcas, trasladó hasta allí multitud de mesas, sillas y atavíos, seguido de un grupo de esclavos que acarreaban las cosas de un lugar a otro, montaban, levantaban y engalanaban. Martina solía estar en medio del vaivén y dictar instrucciones adicionales, mientras que Pieter, que unos días más tarde había aparecido en la plantación, se dedicaba a contemplar el espectáculo desde el porche con una copa de *dram.* Karl optaba por subirse temprano a la yegua todas las mañanas para huir del bullicio. Julie, entretanto, recorría en barca las plantaciones vecinas. Aunque el viaje solía durar varias horas, a Julie le resultaba agradable pasar un tiempo a solas en el río. Kiri la acompañaba siempre y Amru se encargaba de prepararles una cesta con viandas para que no pasaran hambre en el camino. Una vez en la plantación, Julie conversaba brevemente con los vecinos y les entregaba la lista de invitados, algo por otro lado inútil, puesto que todos se conocían y, por tanto, los invitados les habían escrito por su cuenta para concertar los detalles de la estancia. La alegría de unos y otros por volver a verse era palpable. Los niños regresaban a su hogar en las plantaciones, los parientes de la ciudad por una vez venían de visita, tendrían ocasión de estrechar lazos de amistad... La boda en cuestión era casi un asunto de segundo orden. Y Julie comprobó con gran dolor que después de un año viviendo allí no había conseguido trabar amistad con los habitantes de la zona. Algunos parecía incluso que ya ni siquiera se acordaban de ella.

Tras una breve conversación sobre la lista de invitados, las mujeres de la casa insistían en agasajar a Julie y a esta no le quedaba otro remedio que demorarse tomando café y charlando hasta que había pleamar o bajamar, en función de la dirección en la que viajara, y podía reemprender el camino.

Después, comenzaron a llegar los primeros invitados. Tradicionalmente, se reunían todos en un primer momento en la plantación y luego ya ocupaban sus aposentos. Julie enseguida acusó el agotamiento de la multitud de recibimientos y la permanente sonrisa que estaba obligada a esbozar. Karl, no se sabía cómo, conseguía zafarse enseguida de sus obligaciones. Saludaba a las damas con cortesía y brevedad, y acto seguido se dirigía a los hombres, a los que conducía con sospechosa rapidez al salón de los hombres. El recibimiento y agasajo de las mujeres prefería dejarlos en manos de Julie y Martina. Los esclavos de Ivon resultaron componer un equipo preparado y discreto, muy eficaz. Amru torció el gesto, como había hecho ya en varias ocasiones en los últimos días, al ver que le arrebataban las riendas de la cocina, pero ella y las muchachas del servicio que la ayudaban no habrían podido responder ante semejante aluvión de huéspedes. Martina se esmeró mucho en cumplir con el papel de novia. La mala fortuna quiso que cada día se viera más afectada por náuseas y mareos que, naturalmente, trataba de ocultar. Todavía nadie sabía que estaba embarazada y, según las órdenes de Karl, eso debía continuar así hasta después de la boda. Pieter presagió que de todos modos llamaría la atención que Martina tuviera un niño al cabo de cinco meses. Karl le contestó con aspereza:

—Amigo, tú no estás libre de culpa en todo esto. Aún te queda tiempo para pensar cómo piensas aclarar esa cuestión.

Julie imaginó que, pasados unos meses, esa cuestión ya no interesaría a nadie. A la mayoría de la gente le daría igual en qué momento trajera al mundo Martina a su hijo en la plantación.

Cuando llegaron Valerie y su madre, Karl ni siquiera apareció a saludar. Algunos huéspedes se percataron de la insolencia, aunque nadie se escandalizó porque Valerie no perdió la compostura en ningún momento. Para Julie, en realidad, era un gran alivio que Karl se hubiese quitado del camino de Valerie y su exsuegra porque de ese modo ella podía encargarse de las invitadas sin necesidad de fingir. Lo cual, en lo que se refería a la madre de Valerie, es decir, la abuela de Martina, no era nada sencillo. En la ciudad, a pesar de las frecuentes visitas que Julie había hecho a la casa familiar de los Fiamond, nunca había llegado a ver a la madre. Ahora, en la plantación, descubrió que la señora no tenía nada que ver con su hija Valerie. La mujer se mostró en todo momento fría y distante. Valerie, en cambio, tuvo el habitual trato amable con Julie. Karl no se percataría de que habían estrechado lazos durante la estancia de Julie en la ciudad, así que las mujeres incluso podían tutearse siempre y cuando Karl no estuviera cerca.

Mucho más complicado resultaba para Julie el trato con otro invitado. Cuando Jean llegó a la plantación, Julie tuvo que agachar la mirada para que nadie se percatase del rubor que le cubría el rostro. Él también se acercó a saludarla con actitud amable pero distante. Julie no esperaba nada distinto, aunque solo fuera por decoro, pero en su fuero interno abrigaba la esperanza de que...

El día de la boda, el 23 de marzo, todo debía transcurrir según un apretado programa. Ivon no escatimó ni en esfuerzo ni en gasto. Había planeado un desayuno de bienvenida y después un breve acto previo a la misa en el jardín. Acto seguido, se celebraría la ceremonia nupcial, el banquete y el café, y luego, por la noche, un baile con música. El zumbido de los invitados inundó la plantación desde por la mañana como una plaga de moscas. Julie no conocía a muchos de ellos, aunque el día anterior los había saludado personalmente a casi todos. Por los corros que se formaron, podía distinguirse con claridad que, en el fondo, la boda no era sino una ocasión oportuna para que todas aquellas personas pudieran reencontrarse, hablar y celebrarlo. La familia de los Marwijk, de la plantación vecina de Watervreede, convirtió el acontecimiento en una celebración propia, ya que al día siguiente se comprometía una de sus hijas.

Julie siguió la ceremonia nupcial, que a pesar de la rigurosa planificación se extendió hasta las calurosas horas de mediodía, desde la primera fila junto a Karl. Martina estaba preciosa, el vestido ocultaba a la perfección el ligero abultamiento del vientre, y el elegante peinado, que constaba de un recogido con orquídeas, desviaba la atención del rostro. Si uno no sabía nada del embarazo, era imposible darse cuenta. Por la mañana, Martina se había tomado un té que le había preparado Amru para prevenir las náuseas. Aunque con expresión de disgusto, se bebió el amargo brebaje de un trago porque no quería ni pensar en lo que podía pasar si se sentía indispuesta durante la ceremonia.

Julie, por su parte, esperaba que el té fuera lo bastante fuerte, porque Martina, expuesta al abrasador calor, estaba perdiendo poco a poco el color de la cara.

Durante el largo sermón del sacerdote, al que le sudaba la frente mientras predicaba desde un pequeño pedestal, Julie estuvo enfrascada en sus propios pensamientos. ¡Qué espartana había sido su boda! En aquella pequeña capilla de Ámsterdam, con los bancos ocupados por personas desconocidas y con una ceremonia fría y rápida. Sin embargo, lo que estaba aconteciendo allí en esos instantes constituía el sueño de cualquier mujer. Si ella se hubiera casado con Karl en Surinam, ¿habrían celebrado una boda así? ¿Habrían organizado un festín por todo lo alto? Una mirada de reojo a su marido la devolvió enseguida a la realidad. Seguramente, para Karl había estado bien como estuvo. Una boda discreta y a escondidas. Un guirigay de festejos como el de ese día le producía rechazo, la expresión de su rostro hablaba por sí sola. A Julie le irritaba su actitud. Que no fuese capaz de estar de buen humor ni siquiera el día de la boda de su hija... Si ella tenía que desempeñar el papel de la mujer recatada a pesar de no ser la madre de la novia, ¿era mucho pedir que él dominase su mal humor durante un par de días? Era el padre de la novia. Pero Karl solo era capaz de pasar las noches si bebía alcohol con los invitados varones, y ni siquiera con todos ellos, pues en su reino solo admitía a unos cuantos elegidos. Aiku se pasaba la velada llevando copas y botellas de la bodega al salón de los hombres y el olor de los puros invadía toda la casa. Amru había adoptado la precaución de alojar a unos cuantos en las habitaciones de invitados de la plantación porque sabía, por experiencia, que de lo contrario habría algunos a los que no podrían llevar en barca a la casa donde se hospedaban. Julie no quería mandar a ningún hombre borracho con sus vecinos. Esperaba que Karl supiera contenerse y que el día acabara sin mayores incidentes.

Cuando, al fin, los invitados pudieron felicitar a los recién casados y todos los asistentes se dispersaron por entre las sombras de las palmeras del jardín, Julie respiró aliviada. Ya solo quedaba la parte más distendida de la celebración.

Julie indicó a Kiri que preparase en el dormitorio una palangana de agua fresca para que ella pudiera pasar a refrescarse.

Cuando regresaba de la casa, se encontró con Valerie.

En realidad, con quien Julie estaba deseosa de encontrarse en algún momento era con Jean. Desde que… en la ciudad…, no habían vuelto a tener ocasión de hablar a solas.

—Juliette, ven, vamos a dar un paseo —propuso Valerie con determinación.

Por un momento, Julie pensó en excusarse, pero al final decidió no hacerlo. Ambas mujeres comenzaron a caminar juntas en dirección al río.

—Ha sido una ceremonia muy hermosa —dijo Valerie a Julie

sonriendo. Julie quería responderle que ese triunfo no le correspondía a ella, sino a la propia Valerie, cuando esta la tomó del brazo y le dio unas cariñosas palmaditas—. Está bien, Juliette, lo he hecho por Martina, y lo he hecho encantada. Aunque solo sea por Felice… —En ese instante se ensombreció su mirada—. Debes saber que… En su día, la boda de Karl y Felice… fue también una celebración hermosa, aunque no tuvieron buena estrella.

Julie miró a Valerie con asombro. Pensaba que Karl y Felice se habían unido en un feliz matrimonio. Por lo que había oído hasta ese momento, eran poco menos que la pareja perfecta.

—Pero yo creía que…

—Oh, Juliette, en este país casi nada es lo que parece. Seguro que te han contado esa historia del gran amor de Felice y la boda perfecta bajo las palmeras. —Valerie bajó la mirada con timidez—. Pero no fue así… Mi hermana… En aquel entonces, nuestro padre estaba empeñado en que Felice se casara con un jurista europeo. —Valerie exhaló un leve suspiro—. Ni siquiera creo que amase a Karl, aunque él estaba perdidamente enamorado de ella. Yo creo que su adoración por ella era real, pero estoy convencida de que Felice se casó con él solo para no tener que abandonar el país y contentar a nuestro padre.

—Oh. —Julie se quedó sin habla. No sabía qué decir ante aquella nueva versión de la historia. Siempre había dado por sentado que Felice había sido una novia radiante de alegría.

—Felice escogió la vida en la plantación porque la alternativa era marcharse a un país desconocido con un hombre desconocido y eso le daba miedo.

Julie solo tenía que remitirse a su propia historia para comprenderlo a la perfección. ¡Qué insensata había sido!

—Bueno, pero Karl y Felice... Yo siempre pensé que habían sido un matrimonio feliz.

Las dos mujeres habían llegado a un pequeño pabellón situado en la orilla del río. Valerie tomó asiento y Julie se acomodó a su lado. Ahora, los demás invitados debían esperar. Valerie consideraba que esta conversación era muy importante y, ahora que había descubierto que tenía una idea completamente equivocada de Felice, Julie estaba ansiosa por averiguar más cosas sobre su antecesora.

Valerie se quedó mirando al río en silencio; el aire titilaba sobre el agua a causa del calor. Las dos mujeres se sobresaltaron de repente al ver aparecer a Nico. Acto seguido, se echaron a reír.

—¡Nico, todavía estás por aquí! —Valerie acarició con ternura el pecho del papagayo con el dedo índice, algo que para sorpresa de Julie el animal se dejó hacer.

Por lo general, el pájaro era un tanto reacio a las caricias que le prodigaban los humanos, salvo si eran de Julie; esa misma mañana, Aiku había tenido que atraparlo de manera un tanto brusca para atarlo e impedir que molestase a los invitados.

—¿Has conseguido escapar? —Julie sonrió cuando el pájaro respondió a la pregunta con un resuelto gesto de asentimiento. Valerie también se echó a reír.

—Nico era el orgullo de Felice, ella lo crio después de que Aiku lo encontrase en el bosque. En un principio, lo trajo para regalárselo a los niños esclavos de la aldea, pero Felice insistió en que ella quería encargarse de cuidarlo. Creo que en los últimos meses él fue... el único amigo que tuvo aquí.

—Pero, Valerie, no debes hablar así. Seguro que Karl también..., y más teniendo en cuenta que Felice volvía a estar embarazada.

Valerie resopló con fuerza.

—¿Karl? Karl empezó a desatender a Felice por completo cuando nació Martina. Felice se fue volviendo cada vez más callada... Supongo que la soledad no le hizo ningún bien. Tendría que haber venido a visitarla más a menudo.

—No, tú no debes culparte por eso, a veces..., a veces es imposible averiguar qué pasa por la cabeza de otras personas —arguyó Julie.

—Ya, pero yo sí lo sabía. —Valerie se mordió los labios con un gesto de amargura y una lágrima le recorrió la mejilla—. Por desgracia, yo lo sabía perfectamente. Pero no pude ayudarla. No después de que..., de que se quedara embarazada.

A Julie la conmovió profundamente la honda tristeza de Valerie. Trató en lo posible de encontrar una explicación.

—Bueno, piensa que muchas mujeres durante el embarazo se sienten bajas de ánimo... y eso les impide darse cuenta. Además, si alguien hubiera tenido que reaccionar, tendría que haber sido Karl, que al fin y al cabo era su esposo...

—Pues precisamente por eso, él la castigó con su indiferencia y de algún modo la empujó...

—Ah, ¿por qué iba a hacer Karl algo así? ¿De veras crees que fue tan cruel?

Julie era incapaz de imaginar algo así, ni siquiera tratándose de Karl, y menos si tanto quería a Felice. Sin embargo, la estremecía ver que Valerie sentía todavía ese gran pesar en el corazón. Agarró del brazo a Valerie —a la que en ese instante las lágrimas le surcaban el rostro— y trató de tranquilizarla.

—¿Por qué iba Karl a hacerle algo así a Felice...? ¡Él, que además era el futuro padre!

—Ese es el problema..., Juliette. Karl no era el padre.

CAPÍTULO II

A Kiri le dolían los pies. En los últimos días había caminado de un lado a otro como jamás en toda su vida. Cada vez que la misi le concedía algo de tiempo libre, aparecía Amru para adjudicarle alguna tarea.

En ese momento, se dirigía a la aldea, completamente agotada. La ceremonia había terminado. La atención y el servicio a los invitados estaban en manos del personal de Ivon. Las esclavas domésticas de Rozenburg no podían competir con los elegantes sirvientes de librea, así que ellas se limitaban a acarrear las bandejas con bebidas y comida de la cocina al jardín; a partir de ahí, el distinguido servicio se hacía cargo de repartirlas y ofrecerlas con elegancia a los invitados. A Kiri todo aquello se le antojaba un tanto encopetado y pomposo, pero jamás había visto a misi Martina tan feliz como ese día y misi Juliette también exhibía una expresión alegre. Al comenzar la parte más social de la velada, Julie mandó a Kiri a descansar.

—Tómate un respiro, los próximos días no serán mucho más tranquilos —le había dicho.

Pero Kiri, a pesar del tremendo dolor de pies, no tenía ganas de descansar. En honor de los recién casados, el masra había repartido entre los esclavos una generosa ración extra de comida y las mujeres de la aldea llevaban desde mediodía preparando un gran fuego para cocinar el agasajo. Kiri sospechaba que, de no ser por la influencia de misi Juliette, el masra no les habría obsequiado con una comida tan opulenta. La misi había insistido en hacer a los esclavos partícipes de la celebración.

Y, además, en el festín de ese día, los esclavos estarían solos porque los guardas habían recibido también un pequeño barril de *dram* y tenían permiso para abastecerse de comida en la cocina. Probablemente, la mayoría de ellos estarían ya delirando, ya que, como norma general, dado el cargo que ocupaban, tenían prohibido beber. El masra se encargaba de vigilarlos de cerca.

Cuanto más se acercaba a la aldea, mayor era la intensidad con que le llegaba a la nariz el olor a pescado a la brasa. Su estómago emitió un fuerte rugido. No había comido nada desde la mañana.

En un extremo de la aldea se habían reunido multitud de esclavos. Se oían risas y algunos hombres estaban empezando a tocar los tambores. Kiri esperaba que estuvieran lo bastante alejados de la plantación y de la zona del jardín y que la fiesta de los tambores no molestase a los invitados blancos de la boda. Salvo ella, nadie parecía preocupado por eso, pues ese día tenían autorización para bailar. Kiri estaba ilusionada; hasta ese día solo había acudido a ceremonias que se celebraban a altas horas de la noche en la clandestinidad, en medio del bosque o entre campos de caña de azúcar.

Kiri aceptó agradecida la comida que las mujeres repartían y se sentó contra la pared de una de las cabañas más apartadas. Entretanto, había anochecido y el resplandor del fuego era lo único que los iluminaba. Los danzarines, que se habían ido congregando alrededor del fuego, arrojaban largas sombras fantasmales y Kiri se sentía arrullada por la música. Era una celebración festiva, no un ritual, y el ambiente era relajado. La gente se reunía para hablar, bromear y reír. Kiri se recostó saciada y satisfecha contra la pared fresca de la cabaña y cerró los ojos. Por un momento se acordó de su antigua plantación y de su tía Grena. Allí también solían celebrarse fiestas y, de niña, Kiri solía sentarse en el suelo y observar fascinada las centelleantes llamas de la hoguera mientras los esclavos danzaban alrededor.

—Eh, ¿estás dormida?

Kiri se sobresaltó. Ante ella estaba Dany, imponente y con la piel brillante cubierta de sudor. Agarró a Kiri de la mano con gesto decidido y la obligó a levantarse.

—Vamos a bailar.

Antes de que Kiri tuviera ocasión de responder, Dany la había arrastrado ya junto al fuego. Sin que ella hiciera nada especial, sus pies empezaron a moverse al son de los tambores. La vibración se extendió por sus piernas y después le invadió todo el cuerpo. De golpe, se sentía completamente despejada y no podía resistir el impulso de seguir el ritmo de la música. Entonces comenzó a danzar con los demás alrededor de la hoguera a un ritmo cada vez más frenético. Las mujeres que bailaban formaron un círculo interior mientras los hombres danzaban en torno a ellas por el exterior. Y, cada vez que se cruzaban, Kiri clavaba la mirada durante un instante en los ojos de Dany. La música era cada vez más intensa y el canto de los danzadores cada vez más fuerte.

Kiri se dejaba llevar por los demás, casi en un estado de trance. En un momento, cuando había perdido ya la noción del tiempo que llevaba bailando, alguien la agarró del brazo con fuerza y la arrancó de la polvareda de música y danza que se había formado en torno a la hoguera. Ella, mareada, trató de recuperar el equilibrio y entonces vio que volvía a tener a Dany a su lado. Sin mediar palabra, él le rodeó el rostro con sus grandes manos y le estampó un beso en la boca. Por un momento, Kiri creyó que las piernas le iban a fallar, luego un temblor cargado de emoción le recorrió todo el cuerpo. Jamás había estado tan cerca de un hombre. Dany le acarició los hombros y la espalda y mientras con una mano la estrechaba contra sí, con la otra buscaba el camino hacia los pechos. El beso se fue tornando en un suave empujón y Kiri comenzó a restregar su cuerpo contra el de Dany sin poder hacer nada por evitarlo.

—Aquí no…, ¿por qué no…? Es que los otros… —farfulló.

Él fue arrastrándola con suavidad hacia la oscuridad de las cabañas, cercadas por altos arbustos. Dany la posó con delicadeza sobre el suelo y Kiri se encontró tendida sobre un suave lecho de hierba olorosa. Sobre ella se abría el negro cielo nocturno salpicado por el fulgor esporádico de algunas estrellas; el resplandor lejano de la hoguera arrojaba una cálida luz rojiza. Cerró los ojos y se entregó por completo a las tiernas caricias de Dany. Había intentado contenerse desde el primer día que lo vio, pero su cuerpo sentía una irrefrenable atracción hacia él.

Más tarde, ambos quedaron tendidos y relajados en el suelo. Entretanto, los demás habían apagado el fuego y, desde la alfombra verde donde se encontraban, solo se oía un leve murmullo. Dany jugueteaba con el cabello de Kiri.

—¿Te has planteado alguna vez huir?

A Kiri le entraron ganas de reír.

—¿Huir? ¿Adónde? ¿Para que vuelva a atraparme otro? Soy una esclava.

—Sí, pero hay lugares donde también se puede vivir como... Bueno, donde nadie te encontraría.

—Bah —dijo Kiri con un gesto de rechazo—, eso serán historias que se cuentan por ahí. Hasta ahora, todos los esclavos que conozco que han intentado huir han sido atrapados por los guardas. Sueltan a los perros y los persiguen a caballo, y así son más rápidos. Y...

—¿Y?

Kiri agachó la vista.

—Me va bien con esta misi, no me puedo quejar. Sin mí...

—¿Crees que no sabría arreglárselas sin ti? —Dany soltó una risotada con desdén—. Kiri, una misi puede comprarse una esclava nueva en cualquier esquina. Después de una semana, no se acordaría ni de tu nombre.

—No, misi Juliette no es así. Cuando ella me... Cuando el masra me compró, ella acababa de llegar al país. Creo que desde entonces se alegra de tenerme a su lado.

—Bah. —Dany apoyó las manos en las caderas, con los codos abiertos—. Ahora en serio. Podrías venirte conmigo, yo me encargaría de que pudieras salir de aquí y... Un día como hoy nadie se enteraría. Cogeremos mi barca y para cuando alguien se dé cuenta de que te has ido...

—¡No! —replicó Kiri con indignación y, acto seguido, se levantó y volvió a cubrirse el cuerpo con la tela que le hacía de vestidura. De pronto estaba tiritando. Lo que acababa de vivir en brazos de Dany era indescriptible, pero de ahí a decidir esa misma noche marcharse con él, eso ni hablar.

Él adoptó una expresión de auténtica sorpresa.

—¿De veras no quieres? Yo creía que era… el sueño de cualquier esclavo…

En ese instante, Dany casi le inspiró lástima. Verdaderamente, daba la sensación de que le hacía ese ofrecimiento porque lo único que quería era ayudarla a escapar. Ella le tendió la mano como disculpándose y le acarició el dorso con ternura.

—Dany, no puedo tomar una decisión así tan fácilmente. Aquí me necesitan.

—Pero ¿al menos lo pensarás? Si fueras… mi mujer, jamás te faltaría nada entre los libres, te lo prometo.

¿Su mujer? Kiri se sintió completamente desbordada. Era la primera vez que yacía junto a un hombre y ahora resultaba que él ya estaba pensando en…

—Me lo pensaré. —Tras pronunciar estas palabras, Kiri lo ayudó a levantarse y ambos se dirigieron a la fogata.

CAPÍTULO 12

¿Karl no era el padre? Julie tenía que volver a pensar en la trascendencia de esas palabras. Eso arrojaba una luz completamente nueva sobre el misterio que encerraba el suicidio de Felice. Hasta ese momento, Julie siempre había creído que Felice se había tirado al río en un momento de enajenación mental. Pero si llevaba dentro de sí el hijo de otro hombre y Karl se había enterado, ¡a saber las discusiones que podrían haberse llegado a producir allí, en la plantación! Julie empezó a sentirse mal solo de pensarlo. Una única pregunta la atormentaba: ¿qué había ocurrido allí? Julie se esforzó por concentrarse en los demás invitados, aunque solo muy de cuando en cuando conseguía participar en alguna conversación sin importancia.

—¿Te encuentras bien…? Pareces un tanto… ausente. —Julie ni siquiera se percató de que Jean se había colocado con discreción a su lado.

Julie sintió la cercanía y la confianza de su amigo después de haberlo echado tanto de menos, pero en ese momento, de pronto, le resultó una amenaza.

—Sí, sí, todo bien…, no pasa nada. Es solo que estoy agotada.

Jean tomó al vuelo una copa de champán de uno de los sirvientes que pasaba en ese momento con una bandeja y se la tendió a Julie.

—Toma, tal vez esto te ayude, ha sido un día muy largo.

Al coger la copa, los dedos de Julie rozaron por un instante los de Jean. Sus pensamientos sobre Felice quedaron olvidados; eso formaba parte del pasado. En ese lugar y en ese momento, aquella era la realidad. La emocionante tensión que surgió entre ellos le aceleró el corazón y, de nuevo, volvió a sentir la explosión de mariposas en el estómago.

«¡Aquí no!, exclamó para sus adentros, ¡ahora no!» Pero el recuerdo del beso irrumpió con violencia en su cabeza. ¿Estaría ocurriéndole a él lo mismo? Por un instante, él se quedó mirándola fijamente. ¿Qué reflejaban sus ojos? ¿Deseo? ¿Cómo podía convertirse una fracción de segundo en una eternidad? Julie se forzó a apartar la mirada.

—Julie, yo...

—Aquí no, Jean, por favor, aquí no. Tengo que... Tengo que ocuparme del resto de los invitados. —Julie huyó antes de que los sentimientos la desbordasen.

Durante toda la tarde, trató de concentrarse en los demás invitados, aunque a cada rato volvía la vista para buscar a Jean. Este solía estar manteniendo alguna conversación de compromiso o se lo veía sentado solo en una mesa con la mirada perdida en sus reflexiones. De algún modo, parecía reparar al instante en que Julie lo estaba mirando y entonces levantaba la vista, ante lo cual ella bajaba los ojos de inmediato.

A última hora de la tarde, la mayor parte de los invitados se despidió antes de regresar a sus habitaciones o retirarse a los aposentos para invitados de la plantación. Ivon había colocado antorchas que iluminaban el jardín con el resplandor de sus llamas.

—Ha sido un festín formidable. —Julie ni siquiera se asustó al ver aparecer a Jean a su lado. Se sentía agotada y en lo único en que pensaba era en el momento de refrescarse con agua y tenderse sobre las sábanas limpias de su cama. Pero su obligación era quedarse hasta que se despidiera el último invitado.

Los recién casados, en cambio, se habían excusado ya hacía algunas horas y se habían retirado a sus habitaciones, un anuncio que los invitados recibieron con buenos ojos y entre risas, por supuesto. «Si ellos supieran que en realidad… no hará falta que se molesten en la noche de bodas…», se dijo Julie para sus adentros.

—Sí, Ivon ha realizado un gran trabajo. —Julie evitó mirar a Riard.

—Hace una noche maravillosa, ¿te apetece pasear?

Jean se encaminó hacia el río con actitud decidida. Julie vaciló un instante. Los huéspedes que quedaban estaban atendidos y de Karl y su grupo de invitados bebedores hacía rato que ya no se sabía nada. Así que tomó junto a Jean el mismo sendero que había recorrido unas horas antes con Valerie.

Lo que Julie no imaginaba es que estaba sometida a la atenta mirada de alguien que, efectivamente, no tenía nada que hacer en la noche de bodas.

Ambos callaron, no había nada que decir. La mera presencia del otro hacía que sobraran las palabras. Julie no habría sabido describir lo que sentía en aquellos momentos. Lo único que deseaba era recostarse sobre el hombro de Jean, sentir sus brazos estrechándola contra su cuerpo. Pero su juicio le impedía consentir que eso ocurriera. No podía…

Al llegar a la orilla, ambos se quedaron inmóviles mirando la corriente oscura que discurría por el cauce. El resplandor de la luna provocaba el centelleo de unas pequeñas ondas y los leves chapoteos revelaban que, en el río, la vida proseguía por la noche.

Jean se volvió hacia ella y, por un instante, Julie deseó que la tomara del brazo y uniera sus labios a los suyos. Pero eso no sucedió. De pronto oyeron retazos de palabras cada vez más cerca. Julie retrocedió un paso, asustada.

Por el camino flanqueado de arbustos apareció Karl, seguido de Pieter y Aiku.

—¿Qué pasa aquí? —Karl tenía la lengua pesada por el exceso de alcohol. Pero no parecía tener los sentidos tan aturdidos como para no comprender lo que estaba ocurriendo allí. Antes de que Julie pudiera comenzar a decir algo, la agarró bruscamente del brazo.

—Así que resulta que eres una furcia y estás beneficiándote a un hombre a mis espaldas… —Karl colocó a Julie detrás de sí de un empujón—. Y usted… Usted… —agregó dirigiéndose a Jean con un tambaleo. Este retrocedió con las manos en alto y consiguió hablar antes que Julie.

—Solo he acompañado a su esposa, no se encontraba bien… y por eso…

—No se encontraba bien, no se encontraba bien… No estoy ciego. Usted… usted… desaparezca de mi vista ahora mismo y no se le ocurra volver a aparecer por aquí nunca más. ¡Desaparezca antes de que me arrepienta!

Karl agarró a Julie y la arrastró a empujones de regreso hasta el jardín y luego al interior de la casa. En lo que no reparó fue en que los invitados que todavía estaban por allí observaban la escena estupefactos y empezaban a cuchichear al verlo tratar a su esposa de un modo tan brutal, al tiempo que, además, profería toda suerte de insultos e improperios contra ella. Arrastró a Julie a su dormitorio; una vez dentro, dio un portazo y se arrancó la camisa.

—Ahora te vas a enterar de lo que es bueno. Necesitas un hombre más joven, ¿no es eso? Ven aquí… —La empujó sobre la cama y le arrancó el vestido. En ese instante, Julie sintió que su rigidez se disipaba. No había querido reaccionar cuando él la había agarrado en el río porque su aparición la había pillado desprevenida. Pero ahora… sabía lo que la esperaba.

—Karl, no, estás borracho y las cosas no son como tú crees…

La bofetada que le asestó fue tan brutal que cayó de espaldas sobre la almohada. Notó el sabor de la sangre en los labios. Antes de que pudiera incorporarse, él se arrojó encima, le rodeó el cuello con una mano hasta dejarla casi sin respiración y con la otra le separó las piernas por la fuerza.

—Si es lo que quieres, yo también puedo dártelo. Mi esposa no tiene que meterse en relaciones con otros hombres.

Julie estuvo a punto de perder el conocimiento cuando un punzante dolor le recorrió todo el cuerpo.

Julie no sabía qué es lo que Karl les habría dicho a los invitados para justificar que ella no acudiera a despedirse, y tampoco sabía qué habría ocurrido después de la celebración en el jardín y la casa para que todo volviera a la normalidad. Los días siguientes transcurrieron como en una neblina. Julie permaneció tendida en la cama y solo permitía la entrada a Kiri. La joven esclava estaba visiblemente preocupada por el estado en el encontró a su misi. La cara hinchada, los labios rotos y todas las sábanas manchadas de sangre. Kiri la lavó y le puso un camisón limpio. Julie dejó que la muchacha hiciera todo aquello sin decir una sola palabra. Solo cuando Kiri quiso ir a llamar a Amru para que le curase las heridas y le mirara los hematomas, Julie le dijo que no.

—No, Kiri, por favor… Ocúpate tú, no quiero ver a nadie.

Y Kiri así lo hizo. Pero cuando a la mañana siguiente volvió a encontrarse a la misi en un estado similar, y al siguiente otra vez, fue en busca de Amru sin decirle nada a Julie.

—El masra… No sé… Estoy preocupada por misi Juliette.

Pero Amru se limitó a encogerse de hombros y respondió:

—Kiri, eso es algo que deben resolver el masra y la misi entre ellos. Aunque a ti te resulte difícil soportarlo. El masra está muy enfadado con la misi y no sé exactamente por qué…, aunque me lo puedo imaginar. Ocúpate de cuidarla, estate a su lado. —Después, levantó un dedo con un gesto de advertencia y agregó—: Pero no se te ocurra hacer ningún comentario. Si el masra se entera, es capaz de matarte a golpes.

Kiri lo creía completamente capaz de hacerlo, así que decidió seguir el consejo de Amru.

Julie tampoco sabía muy bien qué le había ocurrido. Pasaba los días tendida en la cama a oscuras y por las noches se quedaba inmóvil y aterrada, en cuanto oía los pasos de Karl. Lo que ese hombre le hacía todas las noches le había ido minando el ánimo. No quería abandonar la habitación, ni salir a la calle, ni comer nada y sobre todo no quería ver a nadie.

Una mañana, cuando Karl estaba en los campos, alguien llamó a la puerta de Julie. Ella se sorprendió, aunque lo único que logró articular fue un «¿sí?» apenas audible.

Acto seguido, Aiku entró en la habitación. Julie, que se encontraba junto a la ventana, retrocedió un paso. ¿Ahora Karl mandaba a su esclavo de cámara?

Aiku bajó la mirada. Un gesto que expresaba su pesar y su disculpa. Entró con actitud vacilante, casi temerosa, pero por su rostro podía adivinarse que no estaba allí por orden de Karl. Julie intentó dominarse. De Aiku no tenía por qué tener miedo. Al fin y al cabo, el esclavo jamás le había hecho nada malo.

—¿Aiku? —recuperó la voz.

Aiku levantó la mano derecha, en la que sostenía un pequeño saco, y señaló con él hacia Julie. Le había traído algo.

—¿Qué tienes ahí? ¿Es para mí?

Asintió con vehemencia y desató el nudo del saco. De este salió Nico, sacudió las plumas entre temblores y, en cuanto logró orientarse, echó a correr en dirección a Julie buscando protección.

—¡Nico! —De pronto una sonrisa se apoderó del rostro de Julie. En los últimos días casi se había olvidado de su amigo con plumas—. Gracias, Aiku.

En ese instante, se vislumbró un esbozo de sonrisa en el rostro del esclavo —que solía tener siempre un rictus impasible—, el cual abandonó rápidamente la habitación de la misi. Julie se apoyó en la repisa de la ventana. Nico voló hasta el brazo del elegante sillón y se quedó mirando a Julie, intrigado, con la cabeza ladeada.

—¿Qué? ¿Me has echado de menos? —Julie le acarició con suavidad el plumaje del pecho, que él hinchó para mostrar su agrado.

La compañía de Nico encaminó sus pensamientos por nuevos derroteros. ¿Acaso habría tratado Karl a Felice igual que la estaba tratando a ella en los últimos tiempos? Él quería tenerla para él solo... El hecho de haberla visto coquetear con otro hombre había desatado su furia. ¡Jean!

Cada vez que pensaba en él, se le encogía el corazón. ¿Qué iba a ser de él?

Karl nunca se había interesado especialmente por ella, le daba la sensación de que siempre la había considerado un juguete. Pero, en cuanto alguien había amenazado con quitársela, se le había venido el mundo encima.

Julie era consciente de que, en su actual situación, no tenía salida. Estaba atrapada en la plantación. ¿Qué podía hacer?

Cuando estaba a punto de quedar sumida en su ya habitual estado de indiferencia, el papagayo le pegó un picotazo en el dedo.

—¡Ay!

El animal la miró con expresión juguetona y meneó la cabeza.

Y en ese instante, cuando miró a los ojos a aquel animalillo que tan bien parecía conocerla, Julie tomó una determinación. ¡No! No pensaba resignarse y aceptar su destino sin pelear. Karl no podía tratarla así eternamente. No acabaría como Felice, no dejaría que Karl la destruyese. El aislamiento al que ella misma estaba sometiéndose solo contribuía a su propia destrucción. Se puso en pie y se miró al espejo. Los moratones ya estaban desapareciendo. Si no se resistía, Karl no la golpeaba. Y a fin de cuentas ya había comenzado a perder otra vez el interés en ella. Sus visitas eran cada vez menos frecuentes y en la mayor parte de los casos venían provocadas por su estado de embriaguez. Finalmente, Julie decidió abandonar la habitación.

Kiri y Amru no podían ocultar su alivio al ver que poco a poco Julie recobraba el ánimo. Ella tenía la sensación de que todos se adelantaban a sus deseos. Pronto volvió a tomarle el gusto a sentarse en el porche, aunque siempre procuraba escoger un momento en el que Karl no estuviera cerca de la casa y Martina y Pieter tampoco anduvieran por allí. Aunque no logró librarse de todos ellos por completo. En cuanto Karl se percató de que Julie había decidido abandonar su habitación, le ordenó en tono imperioso que se reincorporase a las comidas. Julie se planteó por un momento la posibilidad de retirarse de nuevo a su habitación, pero al final decidió no hacerlo. ¡No, no iba a destruirla! Martina parecía estar al corriente de la situación y no le dirigía la palabra a Julie. Pieter le dedicaba, de cuando en cuando, una sonrisa cargada de odio.

No se hacía difícil adivinar quién había puesto a Karl sobre la pista de Jean y Julie el día de la boda.

Sucedió que…

Surinam, 1860-1862
Plantación Bel Avenier, plantación Rozenburg, Paramaribo

CAPÍTULO I

Frieda van Drag murió una mañana de septiembre. Unas nubes espesas atravesaron el bosque hasta el río y se llevaron su alma. Por lo menos, eso esperaba Erika. Aquella enfermedad no solía provocar una muerte tan rápida, pero últimamente los accesos de fiebre eran cada vez más frecuentes e intensos, y al final pasaron factura. Erika agradecía a Dios que al fin hubiera terminado con el sufrimiento de la mujer, y no se refería solo al tormento de su cuerpo enfermo. Con el tiempo, Erika comprendió que, durante años, los continuos embarazos habían sido una vía de escape para Frieda van Drag: solo así había podido mantenerse alejada de su marido. Ernst van Drag era un monstruo. De día se mostraba frío, distante y autoritario con sus hijos y sus subordinados, y al caer la noche despertaba su verdadero yo: entonces llamaba a Erika a su cuarto. Después del primer ataque, ella mantuvo durante un tiempo la esperanza de que se tratara de un suceso extraordinario, pero enseguida se desengañó. Ernst no dejó de llamarla. La obligaba a vestirse con ropa de esclava y se abalanzaba sobre ella.

Erika no era sino una sombra de sí misma, pero se esforzaba

por controlarse. En su desesperación, a menudo pensaba en contárselo a alguien, pero ¿a quién? ¿A Jette? Enseguida descartó la idea. ¿Qué podía hacer la esclava? Confiaba en ella, pero no quería ponerla también en peligro. No quería ni imaginar lo que podía llegar a suceder si Ernst van Drag se enteraba de que había hablado con otras personas de sus ataques. No, lo mejor era no decir nada.

Intentaba distraerse cuidando de los niños. No parecían muy afectados por la muerte de su madre, solo el pequeño derramó algunas lágrimas, pero al cabo de unas semanas se olvidó. Para ellos, su madre solo había sido una fría desconocida que se dedicaba principalmente a dirigir la casa desde sus aposentos. Hacía tiempo que se sentían huérfanos de madre, y eso a Erika le dolía en el alma. ¿Cómo se podían criar tantas almas infantiles en un mundo tan despiadado? ¿Qué iba ser de esos niños con semejante padre? Ernst azotaba a sus hijos, pero jamás tocaría a las niñas. Al menos, Erika se aferraba a esa esperanza. Solo la anterior ama de cría y los esclavos domésticos ofrecían a los niños algo de apoyo, lo que no impedía que ellos manipulasen a los esclavos después de desahogarse llorando en sus faldones. Erika intentaba mantener a su hijo alejado de la casa en la medida de lo posible. Reiner, que se sentía más a gusto con los leñadores y sus hijos, empezaba ya a balbucear con entusiasmo y caminaba con torpeza, con las piernecitas abiertas y sujeto a las manos de Erika, por el espacio polvoriento que quedaba entre las cabañas.

Pasadas unas semanas y tras sufrir varios ataques dolorosos por parte de Ernst van Drag, Erika solo pensaba en irse. Ya llevaba casi un año allí y no podía soportarlo más. Si se quedaba, no sobreviviría a aquella tortura. No estaba dispuesta a permitir que Ernst la utilizara cuando quisiera, no pensaba permitir que sucediera nunca más, de eso estaba segura, así que solo le quedaba huir. Por supuesto, la huida sería peligrosa, sobre todo para el pequeño Reiner, pero Erika no veía otra salida: las cosas no le iban bien y no mejorarían mientras siguiera allí. Apenas tenía apetito y sentía un malestar constante que achacaba al estado de tensión en el que vivía.

En ese aspecto, Jette tenía mejor ojo:

—¿Misi Erika embarazada? —le dijo una mañana con un guiño cuando Erika volvió a dejar el desayuno a un lado y le puso a Reiner unos frutos en los deditos. Erika se quedó mirándola y se apresuró a contar mentalmente los días de retraso. Luego se levantó de un salto y vomitó fuera, junto a la entrada de la cocina, en los arbustos. ¡No podía ser! ¡No era justo! ¡De ese hombre no!

Sin embargo, cuanto más lo pensaba y más atenta estaba a las señales de su cuerpo, más claro lo veía: estaba esperando un niño. El impacto fue terrible, pero Erika se obligó a calmarse. El niño no tenía la culpa. Poco a poco fue comprendiendo que el embarazo también le ofrecía una oportunidad: tal vez así podría mantener a raya a Ernst van Drag, pues siempre había dejado tranquila a su mujer cuando estaba en estas circunstancias. Por lo visto, sus ansias no era tan intensas como para desahogar su insaciable deseo con una embarazada. De modo que Erika no dudó en contarle lo de su embarazo.

—¿Embarazada, eh? —le gruñó—. Siempre me pasa lo mismo con vosotras, putas, no puedo vigilaros —dijo, pero a partir de aquel día la dejó tranquila. Por lo menos en ese momento, Erika se sintió aliviada, pero sabía que solo había postergado el problema. Cuando el niño naciera, un hijo de Ernst, él no la dejaría marcharse y sin duda reemprendería el acoso. Tenía que irse. Erika lo preparó todo mentalmente para su huida. Escapar por tierra era muy peligroso, los guardas de la plantación de madera tenían la vista y el olfato entrenados para esas situaciones. Por otra parte, su estado físico no le permitía recorrer grandes distancias a pie por bosques impracticables y tendría que cargar con Reiner durante largos trayectos. Además, no sabía dónde se encontraban las siguientes plantaciones, probablemente la descubrirían antes de que ella y el niño pudieran ponerse a salvo. No, tendría que remontar el primer tramo del canal. Si escogía el momento adecuado, el agua la alejaría rápidamente de la plantación y la llevaría a un lugar seguro. Lo demás ya iría surgiendo. Necesitaba una barca. Averiguó dónde estaban los pequeños botes y observó con disimulo su funcionamiento. Durante el día, hasta que oscurecía, no paraban de tomar tierra y zarpar barcas con esclavos, así que tendría que esperar a la noche y luego coger un bote. No tenía ni idea de cómo manejar el timón, pero esperaba que la corriente del canal la empujara hasta un río más grande y, así, de algún modo, tomar rumbo a la ciudad. ¡No podía ser tan difícil! Primero debía ocuparse de recuperar fuerzas, tenía que irse antes de que el embarazo estuviera tan avanzado como para que le causara molestias. El niño no la preocupaba, en realidad ni siquiera pensaba en la nueva vida que crecía en su interior. Tenía sentimientos encontrados al respecto: lo que estaba gestándose en su cuerpo era un regalo de Dios, ¡los niños eran un obsequio divino! Aunque se lo hubieran impuesto, tenía que aceptarlo, pero no sabía si lo lograría. Allí seguro que no, pero tal vez en otro sitio, donde nada le recordara al padre de la criatura, podría conseguirlo. Quizás incluso Reinhard… A Erika le daba pavor el momento en que tuviera que comunicarle a su marido que llevaba en sus entrañas el hijo de otro hombre… O que había dado a luz, ya que de todos modos tendría que decírselo… No sabía qué hacer.

Reiner estaba profundamente dormido. Erika lo había dejado jugar largo y tendido durante la tarde y luego le había dado una gran cantidad de papilla. Le brillaban las pequeñas mejillas rosadas, y de vez en cuando dejaba escapar algún ruido. Podría llevarlo a la barca dormido. Erika envolvió un poco de pan y fruta con cuidado en un pañuelo y reunió sus escasos efectos personales en un atadijo que podría llevar cómodamente aunque tuviese que cargar con el niño. Todo estaba listo. Se sentó nerviosa en la habitación a esperar a que el crepúsculo diera paso a la noche cerrada.

Por un momento, la invadieron las dudas y el arrepentimiento. ¿De verdad podía dejar a los niños solos? Sí, tenían a sus amas de cría y a los esclavos de la casa, que se ocuparían de ellos. También le costaba separarse de los leñadores alemanes: el pueblo siempre había sido para ella un pequeño consuelo, que le daba sensación de hogar. Erika se recompuso: no podía quedarse allí. Se levantó de un golpe, agarró a Reiner y el fardo y salió a hurtadillas de la casa.

—¿Adónde te lo llevas?

Erika estuvo a punto de morirse del susto cuando distinguió

la imponente figura de Ernst van Drag en la oscuridad, en el porche. Erika abrazó a Reiner.

—¿Pretendes escapar? Sabes lo que les ocurre a los esclavos que huyen, ¿verdad? —Ernst se acercó un paso a Erika, que sintió el hedor a alcohol. Ella retrocedió, sin dejar de abrazar a su hijo dormido.

—No, yo... yo... —Tropezó con una de las mesitas y oyó ruido de cristales a su espalda. Ernst van Drag avanzó otro paso hacia ella. El blanco de sus ojos brillaba en la oscuridad cuando agarró con fuerza a Erika por el brazo con el que esta sostenía a Reiner.

Para no caer de espaldas y no perder el equilibrio, Erika agitó la mano libre. De pronto tocó algo frío: ¿una jarra, una botella? Agarró el recipiente, levantó el brazo y echó el cuerpo hacia delante. Golpeó con todas sus fuerzas a Ernst van Drag con el objeto. El cristal se rompió cuando la jarra alcanzó su cabeza. Desconcertado, el hombre se tambaleó hacia atrás.

—¡Eh! Zorra, ¿no querrás...? —En su voz se percibía un peculiar aire de frialdad. Erika sintió cómo Reiner sacudía la cabeza a un lado y a otro, inquieto. Pronto se despertaría. Sintió que por sus mejillas corrían lágrimas de miedo, ya no veía con nitidez la silueta de Ernst van Drag, pero solo tenía un objetivo: salvar a su hijo y su propia vida. Volvió a golpearle por instinto y vio que le daba en el cuerpo con la jarra rota. ¡No, no conseguiría retenerla! Lo golpeó una y otra vez, cegada por el miedo. De pronto, aquel hombre profirió un grito gutural y se desplomó hacia atrás. Erika dejó caer la jarra, aturdida, estrechó entre sus brazos a Reiner, que sollozaba en voz baja, y echó a correr todo lo deprisa que pudo en dirección al río.

Estuvo a punto de tropezar con una raíz en el camino trillado, pero recuperó el equilibrio y le susurró unas palabras a Reiner, con la esperanza de calmarlo. Si ahora se ponía a gritar, se oiría en toda la plantación.

Lanzó el atadijo con sus escasas pertenencias a la primera barca, deslizó el pie por debajo de uno de los asientos y la empujó. Dejó a Reiner en la barca y saltó a la pasarela de nuevo. Le pareció que tardaba una eternidad en conseguir desatar el cabo con los temblorosos dedos. Casi estaba hundida en el lodo cuando logró empujar la barca hacia aguas más profundas. Saltó presurosa a la embarcación que se bamboleaba y agarró el timón, en un torpe intento de llevar la barca hacia la corriente. Enseguida, la barca empezó a avanzar impulsada por el torrente de agua y adquirió gran velocidad. Erika suspiró aliviada, le temblaba todo el cuerpo. Había herido a Ernst van Drag. ¿Tal vez incluso…? ¡No! No quería ni pensarlo. Pero, aunque solo lo hubiera herido…, la buscarían, probablemente incluso la acusarían y la encerrarían. ¿Qué había hecho?

No podía dormir. Permaneció largo rato inmóvil, ensimismada. Reiner dormía en su sitio, en el otro extremo de la barca. Los contratiempos de aquella noche no parecían haberlo afectado mucho. ¿Qué haría ahora? Si la buscaban, la encontrarían, al fin y al cabo no podía estar escondida para siempre con Reiner, y menos en su estado. Exhausta y abatida, dirigió la mirada al cielo. Pronto saldría el sol. Ya aparecía un tenue velo rojo sobre las copas de los árboles. De pronto, la barca empezó a tambalearse como por arte de magia. Al principio despacio, de izquierda a derecha, pero enseguida con más fuerza. ¿Qué era eso? ¿Saltos del río, piedras? Erika quiso tener a su hijo más cerca, pero para eso necesitaba cruzar la barca. Miró alrededor y vio la cuerda con la que antes estaba amarrada la nave. Se enrolló el cabo suelto en la muñeca e intentó incorporarse, entre los fuertes vaivenes: craso error. La barca perdió del todo el equilibrio, se inclinó y Erika cayó por la borda antes de encontrar algo a lo que agarrarse. El agua fría la envolvió y le arrebató el aire de los pulmones. Logró salir a la superficie resoplando y pataleando, pero por un momento se desorientó. ¡Reiner!

Un doloroso tirón en el brazo sacó a Erika levemente del agua. ¡La cuerda! ¡Estaba en la parte trasera de la barca!

Erika no sabía nadar, pero la corriente la empujó hacia la soga de la parte trasera de la barca. Desesperada, agitó el brazo libre para acercarse más a la barca y, finalmente, lo consiguió gracias a un enorme esfuerzo. Se agarró al borde con las dos manos y trató de subirse con sus últimas fuerzas, pero al intentarlo estuvo a punto de volcar la barca. ¡Era imposible! Si se subía, probablemente tiraría a Reiner al agua. Erika pensaba a toda prisa. Le dolían los dedos, no podría aguantar mucho más. Si conseguía inclinar un poco la barca, tal vez conseguiría llegar a la orilla. La corriente ya no era tan fuerte, y los rápidos parecían menos pronunciados. Agotada, miró alrededor. No sabía si la orilla estaba más cerca de un lado que de otro. Pataleando, intentó girar la barca y, poco a poco, lo logró. Erika reunió todas sus fuerzas y se impulsó con las piernas a contracorriente. Entonces, empezaron a chocar las primeras ramas contra la madera, ¡casi había llegado a la orilla! Tenía los dedos rígidos y entumecidos y sintió, presa del miedo, que se resbalaba del borde. La proa de la barca volvió a girar con la corriente y ella siguió deslizándose. Intentó sujetar la cuerda y remó desesperada con los brazos. Algunas delgadas ramas de los árboles que estaban en el agua se le escurrieron cuando quiso agarrarse a ellas. De pronto, sintió un golpe seco en el pecho: ¡una rama gruesa! Se aferró a ella, pero la barca le tiraba con fuerza del brazo. Si conseguía enrollar la cuerda en la rama, tal vez por lo menos Reiner… Alguien encontraría la barca. La cuerda estaba por encima de la rama, así que tenía que sumergirla y colocarla alrededor del niño, con suerte lograría detener la embarcación con el cuerpo. No podía más. Reiner… Reinhard. Antes de perder del todo el conocimiento, volvió a respirar hondo y se dejó deslizar por debajo de la rama. Notó que la cuerda se tensaba y que la barca, tras pegar un fuerte tirón, se quedaba quieta en medio de la corriente. A continuación, sintió un impulso hacia arriba. Intentó volverse para comprobar si realmente la barca se había parado. A tan solo unos metros, la proa se balanceaba suavemente de un lado a otro. Por encima de ella, en el cielo, el sol asomaba radiante. Lo último que oyó, entre el chapoteo del agua, fue el tenue hipo de su hijo.

CAPÍTULO 2

El hijo de Martina nació una sofocante noche de agosto. Llegó al mundo con un grito ensordecedor que se oyó en toda la casa de la plantación. Julie se sintió aliviada: Martina llevaba casi dos días con contracciones y el propio Pieter empezaba a inquietarse al ver que el parto no avanzaba. Amru y la partera de la aldea de los esclavos les habían recomendado que se calmaran. Julie ayudaba a las mujeres en la medida que podía: les llevaba agua caliente y paños frescos. Martina estaba tan cansada que incluso permitió que Julie permaneciera a su lado, y esta se esforzó por infundir ánimos a su hijastra. Aun así, el parto la impresionó. Jamás había vivido nada igual y solo de pensar que tal vez ella algún día…

Amru intentaba calmarla.

—Misi, es el dolor más bonito que puede sufrir una mujer y cuando el niño está ahí todo se olvida rápido.

Con todo, el brutal sufrimiento que padeció Martina durante las últimas horas, mientras intentaba traer a su hijo al mundo, estremeció a Julie. Aunque Martina era valiente, al final estaba agotada. Saludó un momento a su hijo, pero luego las fuerzas la abandonaron. Ya no fue consciente de que Amru y Julie lavaban al pequeño, lo envolvían en una sábana limpia y lo dejaban a su lado. Pieter entró un momento a saludar a su hijo, con el pecho henchido de orgullo. Amru lo echó de la habitación enseguida.

—Misi Martina necesita tranquilidad.

Julie permaneció sentada junto a Martina, aunque también estaba exhausta. Karl apareció a la mañana siguiente. Observó un momento a su nieto y luego lanzó una mirada indefinida a Julie. ¿Era rabia lo que reflejaba, o incluso un silencioso reproche? Aunque había pensado con frecuencia en ello durante el embarazo de Martina, tampoco ella comprendía por qué no se quedaba embarazada.

—¿Juliette? —Martina se despertó cuando Julie le estaba enjugando la frente con un paño húmedo. Aunque siempre había confiado en Martina, le merecía un gran respeto lo que había hecho la noche anterior.

—¡Martina, todo ha ido bien! —le dijo con afecto—. Mira. —Julie le colocó cuidadosamente al bebé, que estaba durmiendo, en los brazos.

Una inmensa alegría iluminó el rostro de Martina.

—¿Verdad que es bonito? Y tan fuerte… —Besó a su hijo con ternura. Luego alzó la vista y posó la mano libre en el brazo de Julie—. Gracias por haber estado a mi lado.

A Julie la sorprendió aquella cercanía, que además la conmovió. Miró a Martina a los ojos y luego desvió la mirada hacia el bebé.

—Ahora necesitáis tranquilidad. Enviaré a Amru para que… Quiero decir, ¿querrás…? ¿O quieres que llame a un ama de cría?

La mayoría de mujeres blancas dejaba que las amas de cría negras amamantaran a sus hijos. Supuestamente, era mejor para la salud y para la figura. Sin embargo, Martina sacudió la cabeza con decisión.

—No, yo misma daré de mamar a mi hijo. Mira esos ojitos…

Julie volvió a dejar a madre e hijo en la intimidad. Tenía que refrescarse un poco y comer algo urgentemente, le rugía el estómago. En el pasillo se encontró con Pieter, que iba empujando a una mujer negra que llevaba a un bebé sujeto con un pañuelo.

—¿Martina está despierta? —preguntó con sequedad—. Esta es el ama de cría.

—Creo que no será necesario, Pieter —dijo Julie serenamente.

Pieter levantó la vista con sorpresa.

—Pero…

—Martina quiere cuidar del bebé. —Julie esperaba que Pieter no provocara ningún conflicto. Condujo abajo a la esclava, que sintió un evidente alivio al ver que no tendría que ocuparse durante meses de un segundo niño (y además blanco), y dejó ahí a Pieter, perplejo. No se volvió a hablar del tema. Solo Karl hacía de vez en cuando algún comentario brusco, argumentando que era totalmente innecesario que Martina tuviera que ocuparse durante las semanas siguientes del bebé noche y día. ¿Para qué tenían esclavos?

El pequeño Martin reclamaba mucha atención. Julie veía en él la mezcla perfecta del padre agresivo y la madre egoísta. En cuanto se conseguía un poco de calma en la casa, el bebé volvía a exigir atención con un estridente llanto. Martina le daba de mamar, le ponía el pañal, lo lavaba y lo consolaba como podía, pero pronto empezó a quedarse sin fuerzas.

—Misi Martina, tendría que dejar que el niño llorara. Tiene que aprender que todo llega..., pero a su tiempo —criticaba Amru los sacrificados cuidados, sacudiendo la cabeza. Martina se limitaba a hacer gestos de indignación.

—Amru, tal vez eso es lo que hacéis vosotros con vuestros hijos, pero Martin... —La mirada de Martina se posó amorosa en el niño y Julie alzó la vista al cielo. A ella también le parecía que todo aquello superaba un poco a Martina. Ni siquiera dejaba el bebé a Liv. De tan poco dormir como dormía y de tan poco comer como comía su cuerpo se había resentido y cuatro meses después del parto Martina exhibía un aspecto fantasmal. Pieter tenía el don de la invisibilidad. Cogía a su hijo con orgullo cuando dormía plácidamente, pero en cuanto se ponía a llorar se lo devolvía enseguida a su madre. Además, se había trasladado a la casa de invitados con el pretexto de que no conseguía dormir si Martina se levantaba a atender al niño cada pocas horas. Ante eso, Julie temía que por las noches volviera a abusar de las niñas esclavas, de modo que salía al jardín a altas horas de la madrugada para vigilar la casa de invitados con atención, pero en ninguna ocasión advirtió movimiento. Parecía que Pieter había puesto freno a sus impulsos desde que Julie le había hablado del tema.

Una mañana, Martina y Julie se dirigían al porche después del desayuno cuando Martina se mareó y apenas tuvo tiempo de dejar al bebé en brazos de Julie antes de que le fallaran las piernas.

Julie soltó un grito.

—¡Amru, rápido!

El papagayo empezó a revolotear, inquieto.

La esclava apareció en la puerta y ayudó a Martina a levantarse y a sentarse en una silla. La abanicó con un pañuelo y sacudió la cabeza con un gesto de reproche.

—Misi Martina se ha exigido demasiado.

Julie también expresó su preocupación.

—Martina, no puedes seguir así —dijo con precaución—. Estás sacrificando tu vida por el niño. Creo que es el momento de buscar otra solución, una de las chicas podría…

—¡No! —Martina estaba sentada, temblorosa, en la silla del porche. Dejó a un lado el vaso de agua que le había llevado Amru—. No quiero que una de las chicas… No tienen ni idea de cómo…

Julie suspiró.

—¡Pero, Martina, necesitas un poco de tranquilidad! Y no hace falta que dejes del todo a Martin, solo unas horas al día para que puedas dormir un poco y comer algo con calma.

—Pero…

Julie notaba que Martina temía que nadie pudiera cuidar a Martin tan bien como ella, pero estaba tan débil que había que encontrar una solución, y rápido.

Sin embargo, el principal problema no era la madre, que no quería dejar a su hijo, sino aquel niño caprichoso. Ya habían intentado que Martin se acostumbrara a que lo mecieran otros brazos, pero no resultaba sencillo engañar al pequeño, que gritaba en cuanto un desconocido intentaba cogerlo o dejarlo en su canastilla. Liv, Kiri y Amru ya habían fracasado estrepitosamente y habían tenido que volver a dejar al niño en brazos de su madre con un gesto de resignación. Julie miró pensativa al niño, que seguía tan tranquilo en sus brazos. Entonces tomó una decisión.

—Puedo quedármelo yo mientras tanto —sugirió con rotundidad.

Martina arrugó la frente.

—¿Tú?

Julie sonrió satisfecha.

—Sí, me encantaría. Mira, está tranquilo conmigo, y así tú podrás descansar un poco...

A partir de entonces, Julie se ocupaba de Martin por las mañanas, después de que Martina le hubiera dado de mamar. El niño estaba tranquilo y satisfecho, y realmente mostraba un comportamiento más agradecido con Julie que con los demás. A ella no le costaba volver a dormirlo si se despertaba muy pronto y lloriqueaba. Incluso lo hacía sonreír jugando con sus dedos. Una vez superadas las primeras reticencias, Martina agradeció la ayuda. Los primeros días no paraba de ir tras Julie, inquieta, pero, al ver que Martin estaba bien, aprovechó el tiempo para dormir un poco. Al cabo de tres semanas, ya había recuperado fuerzas y tenía buen aspecto.

A Pieter, en cambio, no le gustaba nada aquel acuerdo. Observaba a Julie con suspicacia cuando cogía a su hijo, pero, si lo hacía él, Martin lloraba hasta que su carita de bebé se le ponía de color rojo intenso, así que a Pieter no le quedaba más remedio que tolerar el pacto.

Con los días, inevitablemente, Julie comenzó a cogerle cariño a aquella criatura. Observaba al niño mientras dormía, pensativa y fascinada al mismo tiempo. Cada vez con más frecuencia sentía tristeza por no haber tenido un hijo. En cambio, Karl…, pero simplemente parecía que no tenía que suceder.

¿Y si, con el nacimiento de Martin, Karl había renunciado al deseo de tener un heredero? Desde que su nieto había llegado al mundo, ya no importunaba a Julie. Ella se alegraba, ya que sus intrusiones nocturnas habían sido de todo menos agradables.

Aun así, seguía yendo una vez por semana a la ciudad. ¿Y si Suzanna le daba lo que buscaba? Julie había pensado algunas veces en hablarle de su amante de Paramaribo, pero el miedo a su reacción la hacía dudar y concluyó que tal vez fuera mejor que las cosas siguieran como estaban. Mientras Karl la dejara en paz, la vida en Rozenburg era soportable.

Julie había llegado a querer aquella plantación como si fuera su hogar. Allí había personas que significaban algo para ella. Sobre todo Kiri, Amru y las demás esclavas, por las que sentía verdadero afecto. Y, por supuesto, Martin, e incluso Martina, de la que se sentía responsable. Karl y Pieter solo eran sombras desagradables que perturbaban de cuando en cuando su tranquilidad, pero la mayoría de las veces desaparecían enseguida. A saber qué hacía Karl todo el día en su despacho, o en los campos de la plantación; a saber cómo pasaba el tiempo Pieter en la casa de invitados. Si ellos no estaban presentes, Julie incluso disfrutaba de la vida.

Solo la importunaba la añoranza implacable que sentía por Jean. Lo echaba de menos. Se preguntaba qué estaría haciendo en ese momento en la ciudad, si habría encontrado un nuevo empleo. ¿La echaría él de menos?

CAPÍTULO 3

Erika oyó voces apagadas. Intentó abrir los ojos, pero los párpados le pesaban como si fueran de plomo. Le costaba no regresar a ese estado de semiinconsciencia —tan agradable y plácido— del que su espíritu intentaba desprenderse. Se concentró en las voces lejanas y, cuanto más despertaba su conciencia, más claro tenía que no comprendía los murmullos. No conocía ese idioma.

¿Dónde estaba? ¿Qué estaba ocurriendo? Al final, el suave llanto de un niño la devolvió a la realidad. ¡Reiner! Cuando por fin consiguió abrir los ojos, había poca luz. Al principio pensó que era por el estado en que se encontraba, pero luego se dio cuenta de que, en realidad, todo estaba oscuro a su alrededor. Estaba tendida boca arriba. Cuando intentó apoyarse con torpeza en los codos, surgió una mano de la oscuridad que la empujó con suavidad hacia abajo por el hombro. Erika intentó resistirse, pero cayó sobre su espalda, desmañada.

—¿Reiner? ¿Dónde… dónde está mi hijo?

—Señora, túmbese —le susurró una voz al oído. La voz era suave y ronca, y Erika volvió la cabeza para intentar reconocer a quien había a su lado. Poco a poco, se fue dibujando en la penumbra el contorno de una silueta y vio dos ojos oscuros y almendrados en una cara redonda. Erika retrocedió del susto.

—¿Dónde estoy?

Poco a poco, fue recordando. La barca. Había huido de la plantación. El río, la barca que volcaba. Reiner.

Como si aquella figura le hubiera leído el pensamiento, se levantó y desapareció un momento en la oscuridad. Erika intentó incorporarse. Los suaves sonidos que oía acercarse desde la penumbra los conocía muy bien; sintió un vuelco en el corazón.

—¡Reiner!

Erika volvió a apoyarse en los codos y vio que su hijo se acercaba a su lecho. Estiró los brazos y sintió agradecida sus mejillas en la mano. Reiner enseguida gateó hacia ella en la cama y se arrimó a su cuerpo. Erika estaba exultante de felicidad. ¡Reiner no se había ahogado! Comenzó a besuquearle el pelo claro sin parar mientras le corrían lágrimas de alegría por las mejillas. Reiner no se había ahogado, y ella tampoco. Le dio gracias a Dios en silencio.

¿Pero dónde estaba?

—Mujer comer —dijo la voz junto a ella.

Erika sacudió la cabeza. No tenía hambre.

—Mujer tiene que comer. —La silueta se levantó y luego se alejó. Erika intentó situarse. ¿Estaba en una cabaña?

No, parecía más bien un techado. A través de la abertura lateral, en la dirección por la que había desaparecido la figura se veía el verde oscuro del bosque. Reiner, que se había acurrucado a su lado, no paraba de balbucear. Erika se sorprendió al ver que también su hijo estaba completamente desnudo, excepto por los numerosos collares de colores que lucía en el cuello. El niño miró con orgullo las numerosas cuentas y conchas de colores y luego le hizo señas con las manos a la persona que volvió a entrar en la habitación.

Erika vio entonces que se trataba de una mujer, con los enormes pechos caídos al descubierto y el cuerpo completamente desnudo salvo en las partes bajas, donde llevaba un taparrabos. Tenía una figura achaparrada y la piel rojiza, así que no era ni esclava ni blanca. Llevaba el negro cabello liso cortado con un flequillo recto en la frente y por detrás le colgaba hasta la altura de los hombros. Erika bajó la mirada, avergonzada. Nunca se había llegado a acostumbrar del todo a la imagen de la piel desnuda. Para su gusto, las mujeres esclavas ya eran excesivamente permisivas, pero aquella mujer…

En las manos, la mujer llevaba una cesta que le ofreció a Erika, animándola con la mirada.

—¡Aquí, mujer comer! —Y mientras pronunciaba estas palabras dejó la cesta junto a Erika.

Reiner tendió la mano enseguida con desenvoltura y se metió en la boca una especie de tortitas de harina. Erika observó con ternura a su hijo. Por lo visto, ya conocía esa comida. Erika seguía sin tener hambre, aunque comprendía que a su cuerpo le vendría bien ingerir algún alimento. No pudo evitar hacer la pregunta:

—¿Dónde estoy?

—Mujer caer en el río. Hombres oayanas de caza encontrar mujer en barca, en barca hombre pequeño. —La mujer le dio unos golpecitos cariñosos a Reiner en la mejilla y le colocó otra tortita en la mano, que él alargaba hacia ella con avidez—. Mujer frío y ahora ha dormido mucho. Pero ahora mujer despierta otra vez. ¡Yo, Jaminala! —Se dio un golpe con la mano abierta en el torso y sonrió, satisfecha.

¿Oayanas? ¿Qué significaba eso? ¿Indios? ¿Indígenas? A Erika le funcionaba la cabeza a toda prisa. Por supuesto, sabía que al principio Surinam estaba habitado por indios, Reinhard se lo había explicado más de una vez. También había oído que en la selva aún había tribus indígenas, incluso los esclavos de las plantaciones de vez en cuando hacían trueques con ellos si los cimarrones no se lo impedían. Sin embargo, hasta entonces, Erika jamás había conocido a ningún indígena, pues estos vivían aislados de la civilización, tal como le había contado Reinhard, quien al fin y al cabo había viajado hasta allí para llevar a cabo una misión con ellos. ¿Eso significaba que se encontraba lejos de la civilización? Observó a la mujer que permanecía junto a su cama. Parecía amable y bienintencionada, y además era obvio que había cuidado bien de Reiner.

Le ofreció a Erika una tortita de la cesta. Erika dudó: ¿no decían incluso que había caníbales en la selva? En la ciudad se oían infinidad de historias espeluznantes.

Sin embargo, al notar un rugido en el estómago y ver a Reiner jugando a su lado, contento, después de haberse comido unas cuantas tortitas, la aceptó agradecida. Le dio un mordisco con recelo y enseguida disfrutó del sorprendente sabor dulce en el paladar. Cogió dos pastelitos jugosos más y sintió que le subía el ánimo.

—Mujer dormir mucho, mujer levantarse. —Jaminala se levantó y se llevó la cesta—. ¡Mujer venir!

Erika se incorporó, acto seguido sintió un leve mareo y entonces reparó en que… ¡alguien la había desnudado! Avergonzada, intentó taparse un poco con el pañuelo, pero siempre le quedaban los pechos o las rodillas al descubierto. Mejor las rodillas. Reiner ya había bajado de un salto de la cama y había salido fuera corriendo. Ella se levantó, tambaleándose, y siguió a Jaminala fuera de la cabaña.

Fuera se encontró en medio de innumerables chozas pequeñas y bajas. Alrededor, se elevaban árboles imponentes y una vegetación impenetrable. Delante de las cabañas había mujeres sentadas por separado, con pequeñas hogueras humeantes. En el centro, un grupo de hombres sentados, alrededor de los cuales correteaban varios niños desnudos, acompañados de algunos cachorros de perro. Y justo en el medio estaba Reiner. Los habitantes del pueblo no prestaban mucha atención a Erika. Algunos alzaron la vista un instante y le hicieron un gesto con la cabeza.

Una de las mujeres les hizo una señal a Jaminala y Erika para que se acercaran y se sentaran. Erika intentó tomar asiento con el mayor decoro posible, sin que se le cayera el pañuelo con el que trataba de taparse el cuerpo. Luego, la mujer les dio dos cáscaras pequeñas y las llenó con una bebida que sirvió de una calabaza. Jaminala se bebió el contenido de un trago. Erika dudó e intentó ahuyentar la multitud de enormes moscas negras con la mano, luego le dio un sorbo a la bebida con prudencia. Tenía los labios secos y estaba sedienta. El brebaje era picante y amargo, pero mientras le bajaba por la garganta hasta la barriga le dejó un calor agradable. ¿Alcohol? Miró desconfiada en dirección a Jaminala, pero cuando las dos mujeres le indicaron con una sonrisa que tenía que bebérselo, vació su cáscara de un trago. Enseguida sintió que se le desataba un pequeño incendio en la garganta. Aquello era fuerte, más que el vaso de *dram* que Erika había bebido alguna vez en la plantación para tratar de olvidar a Ernst van Drag. Entonces, sintió que una sensación de relajamiento le invadía todo el cuerpo. Aturdida por el fuerte alcohol, observó a Reiner, que estaba jugando con varios niños. De vez en cuando, el niño miraba hacia su madre y le guiñaba el ojo. A Erika se le llenó de gozo el corazón. Estaba viva. Y a lo mejor estaba lejos de Bel Avenier… ¡Lejos de Ernst van Drag! Entre la bruma que le inundaba la cabeza poco a poco se fue abriendo paso una idea. ¡El niño! ¡El embarazo! Tal vez… con la caída al río… ¡No! No podía pensar en eso.

CAPÍTULO 4

Karl entrecerró los ojos con gesto encolerizado y Julie se estremeció de forma casi imperceptible porque sabía lo que se avecinaba. Martina se había presentado radiante de alegría en la mesa con la invitación de Valerie en la mano: ahora que Martin ya tenía unos meses, la familia Fiamond insistía en conocer a su bisnieto. Martina contó entusiasmada que hacía mucho tiempo que había tenido que renunciar a los viajes a la ciudad. Pero cuando, con toda naturalidad, añadió que necesitaría que Julie la acompañase, Karl espetó:

—¡No te lo permitiré! —Y fulminó con la mirada a Julie, que se encontraba al otro lado de la mesa—. ¡Para que puedas lanzarte a los brazos de ese contable, no! Tú te quedas aquí.

—¡Pero, padre…! —Martina no estaba dispuesta a rendirse sin luchar, no tanto por Julie como por su propio interés—. ¡Juliette tiene que venir! —replicó, tajante—. ¿Quién va a ocuparse de Martin si no? —Se sentó a la mesa y comenzó a comer. Ella ya había dicho la última palabra, pero no era el caso de su padre.

—Puedes llevarte a tu negra, ella se ocupará.

—¿Liv? Vamos, padre, no digas tonterías, sabes cómo se pone Martin cuando lo dejo con Liv.

Liv se había convertido en la sombra viviente de Martina. Hacía todas las tareas con diligencia y soportaba las constantes críticas de Martina con estoicismo. Sin embargo, era cierto que Liv tenía sus batallas con el hijo de su misi, pues Martin gritaba en sus brazos como un loco. En realidad, continuaba sin consentir que lo cogiera nadie salvo Martina y Julie.

—Entonces que te ayude Pieter.

Pieter carraspeó.

—Bueno, Karl, yo creo…

Karl hizo un gesto desdeñoso con la mano. No ocultaba que era consciente de la ineptitud de su yerno para la paternidad.

—Entonces te quedas aquí, Martina —dijo con aspereza, y con eso dio por concluida la conversación.

En ese momento, Martina explotó.

—¡Padre! ¡No puedes privar a la abuela de ver a su bisnieto para siempre! ¡La gente de la ciudad ya ha empezado a hacer comentarios!

Karl levantó la mirada.

—¿Quién dice eso, tu tía? —Sabía perfectamente que después de la escena nocturna en la boda de Martina se habían desatado ciertos rumores.

—Vamos, padre, por favor, me gustaría ir a la ciudad y…

—¡En ese caso iremos todos juntos! —Karl se levantó decidido y salió de la habitación.

—¿Iremos? —Martina miró asombrada a Julie, que se limitó a encogerse de hombros.

Esa vez fueron dos barcas las que salieron de Rozenburg un

martes de febrero. En la primera, viajaban Martina, Martin, Pieter y Liv, además de una cantidad enorme de equipaje, sobre todo para el bebé; en la otra, iban Julie, Karl, Kiri y, sorprendentemente, Aiku, al que Karl solía dejar en la plantación durante sus visitas semanales a la ciudad.

Desde el balcón de la casa, Julie lanzó una mirada nostálgica a la calle. Karl no la iba a llevar a ningún lugar de la ciudad, de eso estaba segura, pero tampoco pensaba dejarla sola.

No cabía esperar ningún cambio por parte de Martina. Nada más llegar, había tomado un coche hasta la casa de los Fiamond y le había comunicado a su padre que se alojaría con Valerie, bajo el pretexto de que no podía estar llevando a Martin de aquí para allá constantemente. Karl había soltado un gruñido, pero había aceptado la decisión.

Julie ya se había resignado a que aquella estancia en la ciudad sería para ella como una obra de teatro que contemplaría desde el balcón de la casa cuando, de pronto, Foni anunció la llegada de un joven esclavo, menudo y desgarbado. El muchacho se miró cohibido los pies descalzos y entregó con actitud sumisa un mensaje para misi Juliette. De pronto, a Julie le dio un vuelco el corazón. Le entregó una naranja al joven esclavo, le dio las gracias y le ordenó que se retirara. ¿Sería un mensaje de Jean? ¿Sabría que estaba en la ciudad? No, no se atrevería a comunicarse con ella mientras Karl estuviera en casa. Cuando se dirigió al salón le flaqueaban las piernas. Se sentó en la butaca y, con dedos temblorosos, abrió el sobre y observó la caligrafía de una mujer. Julie se quedó estupefacta por un instante. Karl, malhumorado, levantó la mirada del periódico.

—¿De quién es?

Julie percibió su recelo. Él daba por supuesto que Julie estaba aguardando la oportunidad de verse con Jean.

Julie paseó la mirada hasta el final de la hoja.

—¡De Martina! —Enseguida pensó en Martin: ¿le pasaría algo al niño? Julie sintió que lo echaba de menos. Ella también había estado con él desde que había nacido, añoraba su olor dulce, e incluso el pañuelo lleno de baba en el hombro. Leyó en diagonal la nota, pero no encontró pistas más concretas. Martina solo escribía que le gustaría que Julie hiciera una visita a los Fiamond lo antes posible.

—Vaya. —Karl reflexionó un momento antes de comunicar su decisión a Julie. En su voz se apreciaba claramente que no le gustaba la propuesta de su hija.

—Bien, ve con Martina, Juliette. Aiku te acompañará. —El énfasis en su voz era claro: Aiku tenía que vigilar a Julie.

Luego se levantó.

—Entonces, yo…

A Julie no la sorprendió que Karl no abandonara su costumbre de visitar a Suzanna aunque toda su familia estuviera en la ciudad. Julie incluso respiró aliviada, en silencio. Así, por lo menos, Karl se ausentaría durante cuarenta y ocho horas.

Julie le dio instrucciones a Kiri para que empaquetara algunas cosas. Si Martina exigía que fuera, tenía que ser urgente, ¿tal vez ella o Martin estaban enfermos? Quizá tendría que quedarse más tiempo con los Fiamond, así que sería mejor que se llevara algunas cosas.

Poco después, Julie se puso en camino, y Aiku y Kiri siguieron el coche a pie. Al pasar, Julie contemplaba distraída las flores blancas del azahar de Orangebaumallee. Sus pensamientos siempre desembocaban en Jean y la tarde que habían pasado en el parque, cuando los naranjos estaban en flor… El cielo nocturno estaba repleto de innumerables estrellas cuando… Julie suspiró. Por mucho que se esforzara, no conseguía quitarse a ese hombre de la cabeza.

En casa de los Fiamond, Valerie salió a recibir a Julie, que estaba muy nerviosa.

—¡Valerie! ¿Le pasa algo al niño? ¿O… Martina? —susurró con cuidado, al ver que el niño dormía en brazos de Valerie.

Valerie hizo una señal a Kiri y Aiku con la mano que tenía libre para indicarles que salieran de la habitación. Luego sonrió.

—No, no te preocupes, todo va bien —respondió mientras mecía al niño con suavidad. Julie se acercó y acarició con ternura las mejillas de Martin. Luego miró a Valerie a los ojos.

—Entonces, ¿por qué me habéis hecho llamar?

—Juliette, imaginaba que con Karl en la casa de la ciudad te aburrirías —le explicó Valerie con un guiño de complicidad—. ¡Así que pensé que aquí estarías más distraída!

Julie sonrió. Karl no iría allí bajo ningún concepto, en eso Valerie tenía razón.

—Y esta tarde quería hacer una excursión al parque, ¿te apetece venir? —Una inmensa alegría se apoderó de Julie, que al mismo tiempo se sintió liberada.

Pasadas unas horas, las tres mujeres partieron contentas con el bebé. Cuando, poco después, se encontraron con Jean como por casualidad, Julie empezó a sospechar que Valerie había urdido aquel encuentro. Nada más verlo, le dio un vuelco el corazón y, cuando intercambió una mirada con él, notó que le flaqueaban las rodillas. Inmediatamente, Jean desvió la mirada para saludar a las damas.

—¡Julie! Mevrouw Fiamond, mevrouw Brick. Me alegro de verlas. —Su voz traslucía un entusiasmo notable. Valerie le devolvió el saludo con afecto y por un momento a Julie le dio la sensación de que le guiñaba el ojo. Solo Martina parecía un tanto consternada.

En aquel momento, Martin dejó escapar un leve chillido desde la cesta.

Valerie reaccionó al instante.

—Vaya, creo que tiene hambre. ¿Martina? Tal vez será mejor que nos busquemos un lugar tranquilo… ¡Aiku, por favor, tráeme la sombrilla! Juliette, ¿tal vez te gustaría caminar un rato con mijnheer Riard mientras nosotras nos ocupamos de Martin?

Martina hizo ademán de protestar, pero no dijo nada; Aiku tampoco paraba de mirar con indecisión a Julie y Valerie, pero se concentró en la tarea que le acababan de encomendar y llevó la sombrilla detrás de Valerie.

En un abrir y cerrar de ojos, Jean la agarró del brazo y la llevó a una parte tranquila del jardín público. Kiri andaba detrás de su misi a una distancia prudencial. Julie miró un segundo a su alrededor. ¿Y si la veía alguien? Sin embargo, enseguida desterró esa preocupación. ¿Cuánto tiempo llevaba soñando con aquel momento? Sentía una profunda felicidad. Todo su ser añoraba estar cerca de él y ahora adivinaba su mirada sobre ella.

—Te he echado de menos. —Le sonrió.

Julie tragó saliva.

—Jean, lo siento. En la boda…, no sé qué le ocurrió a Karl. Alguien debió de… ¿A qué te dedicas ahora?

—Vamos, Julie, no te preocupes. Ya me las arreglaré, siempre se necesitan contables. —Bajó la voz—. Tu marido…, quiero decir, ¿Karl te…?

Julie bajó la mirada.

—Bueno, Jean, Karl… estaba terriblemente celoso. —Notó que el recuerdo amenazaba con superarla y que las lágrimas le anegaban los ojos. No, no quería hablar de ello, aquello pertenecía al pasado. Ahora, en aquel momento, estaba allí, con Jean. Tragó saliva y se recompuso como pudo—. Martina recibió una invitación de los Fiamond y quiso sin falta que la acompañara, la verdad es que con el niño es un poco difícil. Al principio, Karl se negaba a que viajáramos a la ciudad, pero no podía impedir eternamente que los Fiamond vieran al bebé. Así que ha venido también y le ha encargado a Aiku que me vigile. —Sonrió—. Bueno, excepto ahora que… Valerie le ha encargado… —Le lanzó una mirada inquisitiva—. Dime, Jean: ¿estaba preparado?

Jean sonrió satisfecho.

—Digámoslo así: la casualidad quiso que hace unos días me encontrara a la señora Fiamond y entonces…

—¡Entonces sí! —Julie sacudió la cabeza en un gesto de fingida indignación. En ese momento, sintió un agradecimiento infinito hacia Valerie.

—Julie, simplemente necesitaba volver a verte —dijo Jean con insistencia. Su mirada, clavada profundamente en ella, reflejaba un enorme deseo. Luego, él la llevó con suavidad debajo de una pérgola sombreada y le acarició las mejillas con ternura.

—¡Jean, no! Nosotros… —Julie miró alrededor, frenética. Ya no veía a Kiri, que se había quedado, muy prudente, en el camino principal, a la espera de que su misi volviera a aparecer.

—Julie, deberíamos vernos más a menudo —dijo Jean en tono suplicante—. La señora Fiamond me explicó que tal vez ahora vendrías con más frecuencia a la ciudad con Martina.

Julie se sentía dividida. Su mayor deseo era pasar cada minuto con Jean, pero por otro lado… No quería ni pensar qué ocurriría si Karl llegaba a saber de sus encuentros.

—¡Jean, no puede ser! ¡Si Karl se entera…! ¿Martina le dirá…?

—Karl no lo sabrá —insistió Jean—. Siempre y cuando digas que estás con los Fiamond. Allí no te buscará. Además, aunque esté en la ciudad, la casa de su… está en la otra punta, y allí está muy ocupado.

Julie dudaba. Sonaba convincente, pero existía otro riesgo: ¿y si alguien los veía?

—¿Y qué pasa con Martina y Pieter?

Jean la estrechó entre sus brazos, le acarició el rostro con las manos y le dio un beso. Luego apoyó la frente un momento en la suya y la miró a los ojos.

—¡No hay peros que valgan, Julie, quiero volver a verte! ¡Por favor! La señora Fiamond se ocupará de los dos, de eso estoy seguro.

—¿Y Aiku…?

—No te preocupes por él. —Jean esbozó una sonrisa elocuente—. No tienes que temer por él, no te delatará.

Por supuesto, Aiku no podía decirle de viva voz a Karl dónde había estado Julie ni a quién veía, pero ella no estaba del todo segura de que el esclavo no fuera a encontrar otra vía para proporcionarle a su masra la información que deseaba. Jean percibió sus dudas y la miró a los ojos.

—Julie, Aiku sería la última persona que nos delataría. Odia a Karl.

Julie lo miró, atónita. No lo sabía. Hasta el momento había notado que Aiku sentía un fuerte rechazo hacia su amo, pero al fin y al cabo le servía todo el día con actitud reverente. Obviamente, Karl no lo trataba bien, pero mientras Aiku no cometiera ningún error… De todas formas, antes de que pudiera preguntarle nada a Jean, él la tomó de la mano.

—Vamos, es hora de irnos —susurró y volvió con ella al camino para regresar con Martina, Valerie y el niño, que habían encontrado una sombra bajo un árbol. Martina estaba jugando con el niño, que pataleaba, contento, sobre una manta. Valerie sonrió a Julie con alegría cuando esta se acercó a ellos con Jean.

—Ah, aquí estáis de nuevo; Martin ya está saciado, así que podemos continuar. ¿Nos acompaña un rato, mijnheer Riard?

—Lo siento, mevrouw Fiamond, pero debo irme. Ha sido un placer verla, mevrouw Brick. —Jean se despidió con educación de las damas, y a Julie le dedicó una larga mirada.

—¡Hasta pronto, Julie!

Después de que Julie regresara a la plantación, Jean y ella no se vieron mucho, pues Karl le negaba con frecuencia el deseo de viajar a la ciudad. Solo cuando Martina insistía, se ablandaba y les daba permiso para que pasaran allí el día. Cada vez que Julie veía a Jean le costaba más renunciar a su compañía.

—¿No crees que podrías venir más a menudo a la ciudad? —Julie advirtió el tono de apremio en su voz, pero no podía correr el riesgo de que Karl sospechara algo. El esfuerzo ya era suficientemente grande: en cada ocasión, para poder pasar un rato a solas con Jean, tenía que dar un rodeo mediante Valerie, dejar a Aiku con los Fiamond, a poder ser dejar también a Kiri ocupada allí y encargarse de que Martina estuviera distraída. Kiri no representaba un peligro, ya que siempre despedía a su misi con una sonrisa de complicidad, pero Julie no se atrevía a pasar fuera más que unas horas.

Aquel día dudó cuando Jean le pidió que fuera a su casa. Ya le había replicado alguna vez que era mejor que se vieran en lugares tranquilos pero públicos. Él nunca la presionaba, pero en esos sitios no podían estar tan juntos como ambos deseaban en silencio. Era abril, la estación de las lluvias, y resultaba casi imposible estar al aire libre, de modo que, finalmente, aquel día Julie accedió a seguirlo hasta casa. Cuando pasaron ante los caseros de Jean, Julie se sonrojó.

—Mevrouw Toomson —dijo y le hizo un gesto amable, como si no advirtiera su mirada de curiosidad. Julie no podía evitar tener la sensación de que estaba haciendo algo prohibido e indecente y la elocuente mirada de la anciana mulata no ayudaba mucho.

—No temas, no es una chismosa —dijo Jean intentando calmar a Julie cuando subieron la escalera de madera que conducía al ático del viejo edificio. Sin embargo, ella seguía teniendo sensación de fragilidad. En cuanto la puerta se cerró tras ellos, Julie se relajó un poco y miró intrigada a su alrededor.

La casa era pequeña y estaba amueblada con austeridad: una mesa, una silla, una cama y una estantería que se tambaleaba y servía de armario. Julie sintió remordimientos: ¿de verdad Jean podía vivir sin el trabajo bien pagado de la plantación? Con un poco de suerte, Karl no habría hecho correr rumores sobre él, esas cosas en la colonia se propagaban como un reguero de pólvora. Nadie querría contratar a un contable que perseguía a las mujeres de los dueños de las plantaciones. Siempre que sacaba el tema a colación, Jean se apresuraba a cambiar de conversación. Le decía que no tenía de qué preocuparse, pero Julie se había fijado en que pocas veces la invitaba a tomar algo y en que tenía la ropa cada vez más desgastada.

En aquel momento, él le quitó el pañuelo que se había puesto sobre el pelo y los hombros para protegerse de la lluvia y lo colgó con cuidado en el respaldo de la única silla de la habitación.

—Siéntate —le dijo con una sonrisa. Julie tomó asiento en la silla, algo cohibida—. Julie… —Se colocó en cuclillas delante de ella, le agarró las manos y le besó con ternura la punta de los dedos. Julie sintió un agradable estremecimiento. Aparte de un beso furtivo o una leve caricia, hasta entonces siempre habían evitado acercarse más; sus encuentros clandestinos ya eran lo bastante atrevidos. Se inclinó hacia delante para besarlo en la boca, al principio con reservas, luego cada vez con más energía.

Jean le acarició el cuello y recorrió con la punta de los dedos el escote de su vestido. Julie reaccionó con un ligero temblor y sintió que la respiración se le aceleraba. Todo su ser anhelaba sus caricias, pero en el fondo sentía miedo. Todo lo que sabía de las relaciones entre hombres y mujeres lo había aprendido con Karl, pero no recordaba que su cuerpo hubiera reaccionado así a sus caricias. Él era brusco, se mostraba rudo, impaciente y dominante. Jean, en cambio... Julie le agradeció que le respetara sus tiempos. Sentía que podía decir «no» en cualquier momento, aunque no tenía la menor intención de hacerlo. Cuanto más intensas eran sus caricias, más se acercaba su cuerpo al de Jean.

Él le tiró de las piernas con suavidad y le abrió el vestido. Se lo fue quitando mientras la cubría de besos. Julie arrimó su cuerpo desnudo al de él: quería tenerlo cerca, sentirlo. Jean no podía ocultar su excitación y la atrajo hacia sí. Muy abrazados, se dejaron caer en la estrecha cama. Julie lo ayudó a quitarse la camisa: tenía la piel caliente y suave. Le acarició el torso con los dedos, luego dibujó las líneas de su espalda musculosa. Su cuerpo era más propio de un obrero que de un oficinista. ¿Siempre había sido tan fuerte? Olvidó la idea cuando él empezó a acariciarle los pechos. Ya no le importaba otra cosa, estaba mareada de felicidad.

—Te quiero. —Jean le apartó con ternura un mechón empapado en sudor de la frente. Estaban tumbados, muy juntos. Julie evitó su mirada.

—Jean... Ya sabes que nosotros no...

Él se apartó un poco y se quedó tendido bocarriba.

—Sí, ya lo sé. Estás casada. ¡Pero aun así...!

Julie notó que la magia de las últimas horas se desvanecía de repente. Aun así, eran una pareja, habían sido un solo ser, y ahora se alzaba entre ellos el muro inquebrantable del matrimonio de Julie.

—Tal vez podamos encontrar una manera de que te puedas separar de Karl. —Jean parecía tomarse en serio esa posibilidad.

—¿Crees que no lo he pensado? —le susurró Julie.

—Podríamos escapar y empezar de nuevo en otro lugar, ¡podríamos tener nuestra propia plantación! —Jean parecía realmente entusiasmado.

—Vamos, Jean. —Julie le dio un empujoncito—. ¿Y de qué viviríamos? Yo no tengo recursos sin Karl y tú… —Jean se estremeció al ver que ella paseaba la mirada por la habitación.

—Lo conseguiré, ganaré dinero suficiente para mantenernos a los dos —le dijo él con rotundidad.

Julie soltó un leve suspiro.

—Sí, tal vez… algún día.

Julie no veía salida a aquella situación. Abatida, hundió la cabeza en la almohada.

CAPÍTULO 5

Cuando Julie regresó de la ciudad con Martina, en la plantación se respiraba un ambiente tenso. Karl estaba furioso y Pieter daba vueltas de acá para allá como un perro asustado. Julie buscó enseguida a la esclava para averiguar qué había ocurrido

—Amru, ¿qué ha pasado?—. Amru también estaba de mal humor. Andaba trasteando con los calderos en el porche trasero mientras maldecía en voz baja.

—Mejor que misi pregunte a masra Pieter —exclamó.

—Amru, dímelo —dijo Julie suplicante.

La esclava dejó las ollas en una tina con agua de fregar armando un gran escándalo y se secó las manos en el delantal manchado.

—Masra Pieter tuvo una idea contra la fiebre, ¡y ahora todos los niños están enfermos!

—¿Enfermos? —Julie no entendía lo que le decía Amru—. ¿Qué ha hecho?

Amru se cruzó de brazos y dejó escapar un resoplido furioso.

—Después de que las misis se fueran a la ciudad, masra Pieter hizo llamar a todos los niños y les dio algo. Masra Karl también estaba, dijo que era contra la fiebre. Al día siguiente todos los niños estaban enfermos.

Julie no lo entendía bien: Pieter era médico, ¿cómo podían enfermar todos los niños después de su tratamiento? Dado que no encontraba explicación, decidió buscar a Martina, que tal vez le habría sonsacado algo a Pieter.

Encontró a su hijastra en el porche delantero animando a Martin, que gateaba con entusiasmo a pesar de que todavía era demasiado pequeño para echarse a caminar. Julie se sentó en una silla frente a ella y fue directa al grano.

—¿Has hablado ya con Pieter?

—Sí. ¡Vamos, Martin, arriba, arriba!

—¿Y? ¿Te ha contado lo que ha pasado mientras estábamos fuera?

—¿Quién?

Julie hizo un gesto de impaciencia.

—¡Pieter!

Martina le tiraba a Martin de los bracitos regordetes.

—¿Por qué, qué debería haberme contado Pieter?

Julie se levantó, no iba a sacar nada en claro con Martina. Estaba con la mente en otra parte. Sin embargo, la noticia no la dejaba tranquila, así que Julie salió del porche y rodeó la casa para dirigirse a la aldea de los esclavos.

El silencio que reinaba era sospechoso. No se veían niños alborotando y, delante de las cabañas, había pocas mujeres sentadas cocinando. Julie se dirigió a la cabaña de Mura y llamó a la esclava. Mura surgió enseguida de la penumbra de su vivienda con expresión de sorpresa.

—¿Misi Juliette?

—Mura, ¿qué pasa con los niños? Amru me ha contado que…

En la cabaña se oían leves sollozos.

Julie apartó a Mura de un empujón y entró en la cabaña. Las nietas de Mura, dos niñas de tres y cinco años, estaban en sus hamacas. Tenían las caras pálidas y los ojos hinchados. Cuando la pequeña empezó a atragantarse, Mura se dirigió corriendo hasta ella y le aguantó la frente mientras la niña vomitaba en una palangana. Julie sintió una gran compasión, además de profundos remordimientos por no haber estado ahí cuando la necesitaban. No importaba lo que Pieter hubiera hecho: si ella hubiera estado en Rozenburg, podría haberlo evitado.

—¡No se volverá a repetir! —Karl seguía furioso con Pieter y no dejaba pasar un segundo sin hacérselo saber. Una parte de las mujeres llevaban unos días sin ir a los campos porque tenían que cuidar de los niños enfermos.

Entretanto, Julie logró enterarse de lo que había ocurrido: Pieter había seguido con lo que él llamaba «su investigación» y había probado sus conocimientos con los niños.

—Ha leído muchísimo —la informó Martina con orgullo. Karl, en cambio, reaccionó con una orden clara:

—No puede probar sus medicamentuchos con nuestros esclavos.

El propio Pieter no tenía mucho que decir sobre el asunto. Le molestaba que su primer ensayo de campo hubiera resultado fallido.

—¿Y qué demonios quería curar? ¡Los niños ni siquiera estaban enfermos! —Julie tenía la esperanza de obtener información útil de Martina, pero a ella no le interesaba lo que ocurriera en la aldea de los esclavos.

—Bueno, quería probar sus nuevos métodos para que los esclavos no enfermaran nunca. La fiebre siempre es muy molesta, padre siempre se queja de que entonces los esclavos no van al campo.

Al cabo de unos días, Julie escuchó en el porche que Pieter se quejaba a voz en grito a Martina de la actitud de Karl. Se escondió detrás de la puerta y escuchó el torrente de protestas.

—No tiene ni idea. He estudiado con mucho detenimiento el informe de los Países Bajos y me he ceñido estrictamente a las recomendaciones del doctor Joventus. Obtuvo grandes éxitos en la India con este método.

—A lo mejor los indios son distintos de nuestros esclavos —contestó Martina mientras forzaba a Martin a bambolearse sobre sus rodillas. Julie observó a través de la cortina que el niño alargaba los brazos hacia Pieter. Como de costumbre, su padre ni siquiera reaccionó. En realidad, Pieter solo prestaba atención al niño cuando estaba presente Karl.

A Pieter no pareció gustarle la respuesta de Martina.

—¡Y tú qué sabrás! —Con un gesto de desprecio, se fue del porche en dirección al jardín.

Julie suspiró aliviada al ver que no se dirigía a la casa. Esperó un momento y luego entró en el porche intentando disimular que había estado escuchando. Martin se puso a chillar en cuanto vio a Julie y estiró los brazos hacia ella.

—¿Qué, jovencito, cómo estás hoy? —Julie se sentó al lado de Martina y su hijo. Martina seguía mirando hacia el lugar por donde Pieter se había marchado. Luego soltó un breve suspiro y se volvió hacia Julie.

—¿Los niños negros ya están bien?

A Julie la sorprendió el repentino interés de Martina.

—Sí, lo han superado bien.

—Julie, Pieter solo quería ayudar. ¿Crees que padre se lo perdonará?

Naturalmente, Karl acabó calmándose. Pasadas unas semanas, el incidente parecía olvidado y todo en la plantación volvió a su curso normal. Julie insistía en pasar todos los días por la aldea de los esclavos y hasta Karl los observaba con más atención. ¿Tendría miedo de que Pieter volviera a hacer un experimento sin su permiso? Julie no lo sabía porque una inquietud mucho mayor la mantenía ocupada: por la mañana había sentido un mareo extraño y su estado anímico oscilaba como una palmera al viento. En un momento estaba de buen humor y, de pronto, sin motivo aparente, no podía contener las lágrimas. Le daba pavor padecer una dolencia grave, ya que en aquella tierra uno podía contraer enfermedades tropicales raras en cualquier momento. Intentaba ocultar todo lo que podía su estado de salud. Solo Kiri la descubrió una mañana vomitando en la palangana de lavar, con dificultades para respirar.

—¿Misi no se encuentra bien?

—No, estoy bien, Kiri. —Julie esperaba que Kiri se diera por satisfecha con eso, pero advirtió la mirada escrutadora de su esclava.

—¿Quiere que vaya a buscar a Amru?

—¡No!

Al cabo de unos días, los mareos impidieron que Julie pudiera levantarse de la cama en toda la mañana y no le quedó más remedio que pedirle a Kiri que fuese a buscar a Amru. Mejor el ama de llaves negra que Karl, Martina o Pieter. Amru entró con paso lento en la habitación de Julie. Kiri la había informado del estado de salud de Julie, pero no parecía especialmente preocupada.

—Misi Julie, Kiri dice...

Amru no pudo continuar porque, en ese instante, Julie tuvo que levantarse a vomitar. El leve aroma a comida que desprendía Amru era un suplicio para sus sentidos.

Julie vio, enojada, que Amru esbozaba una amplia sonrisa cuando por fin levantó la cabeza de la palangana.

—Amru, no tiene gracia, creo que estoy enferma —exclamó Julie, desesperada.

Amru cogió su mandil y se sentó en la cama al lado de Julie.

—Misi Juliette no está enferma.

Amru olía a tocino y pescado. Julie reprimió las náuseas.

—Pues yo creo que sí, Amru, ya hace un tiempo que estoy así. —A Julie le corrían lágrimas por las mejillas. Ni siquiera sabía por qué lloraba, se sentía débil y exhausta. Estaba convencida de que estaba enferma y Amru también tenía que notarlo.

—Le digo que misi Juliette no está enferma. Yo creo que... —Sonrió de nuevo—: Creo que misi Juliette está en estado.

Julie miró al ama de llaves estupefacta.

—¿Qué?

En aquel momento se le cayó la venda de los ojos. ¡Martina! Había tenido los mismos síntomas cuando estaba embarazada de Martin. ¡Claro! Julie contó mentalmente los días desde la última vez que… ¡Era evidente! Sintió un mareo.

—Amru, por favor, déjame sola y… no le digas nada al masra. ¡No le digas nada a nadie! —exclamó.

Amru asintió, con un gesto de comprensión, y salió de la habitación. Julie se dio la vuelta de costado en la cama y se quedó mirando por la ventana.

¡Embarazada! Y solo había un padre posible, pues hacía meses que Karl no la visitaba por la noche. Volvieron a correrle lágrimas por las mejillas, ¿qué iba a hacer?

A última hora de la mañana, el calor era tan intenso que parecía que el aire centellease. Los constantes graznidos de los pájaros en los plátanos habían cesado, lo cual constituía una señal inequívoca de que se acercaba la calurosa hora del mediodía.

Julie no dejaba de sudar, echaba de menos las habitaciones frescas de la casa, pero tenía que aguantar en el porche para hacer compañía a Karl. De modo que ahí estaba, sentada a su lado, en silencio. Incluso Nico, que solía mostrarse muy alegre, ahuecaba las alas y se trasladaba al último rincón del porche cuando aparecía Karl.

Aiku ya le había llenado varias veces el vaso de *dram* y, en los párpados centelleantes de Karl, Julie advirtió que había bebido demasiado. Había regresado de su ronda de vigilancia matutina de mal humor, así que era mejor no llamar la atención. Por lo visto, Aiku opinaba lo mismo, así que rellenó la pipa de Karl a toda prisa y se metió en la casa.

Tras la hilera de naranjos, Julie vio que Mura se acercaba con sus pupilos por el camino. Ninguno de los niños esclavos tenía ninguna prisa, aquel ritual semanal les repugnaba igual que a Julie. Hacía tiempo que Karl lo había impuesto, pero, desde que Pieter había utilizado a los niños para sus pruebas, Karl parecía mostrar un interés renovado por ellos. Todos los sábados, hacía llamar a Mura y los niños, y Julie tenía que hacerle compañía. También insistía en eso con vehemencia.

—Eres demasiado sensible con los esclavos, así por lo menos ves que están bien.

Los niños se iban empujando unos a otros, temerosos, y Mura siempre acababa teniendo que llamarle la atención a alguno para que no se cayera. Karl lanzó un gruñido y soltó una gran bocanada de humo: estaba claro que los niños no iban a oír un discurso agradable aquel día. ¿Pero acaso lo oían alguna vez?

Julie se estremeció cuando, de repente, Karl dio un golpe con la mano en la baranda del porche. Una fugaz risa maliciosa le deformó la boca cuando, al levantar la mano, apareció el cuerpo aplastado de una gran mariposa monarca. Julie se estremeció al ver las alas miserablemente arrugadas de la mariposa, antes tan bonita.

Entretanto llegó a la explanada el grupo de cinco niños con Mura. Los niños se alinearon por alturas con la mirada gacha. Karl paseó los ojos por el grupo y luego hizo una señal casi imperceptible a Mura con la cabeza. La anciana criolla levantó las manos y los niños gritaron al unísono:

—¡Odi Masra, Odi Misi! ¿Fai Masra dan? ¿Fai Misi dan?

Julie se esforzó por regalar una sonrisa de ánimo a aquellos ojos negros y pequeños que los miraban con asombro y que en ese instante se dirigían aterrorizados a Karl. Su marido se levantó despacio y bajó los tres escalones. Enseguida, los niños le tendieron los brazos con las palmas hacia arriba y bajaron la cabeza para que Karl pudiera mirar detrás de las orejas. Más por impertinencia que por auténtico interés, a alguno que otro le empujaba las orejas hacia delante con brusquedad. Los niños hacían muecas de dolor, pero ninguno rechistaba. Julie odiaba ese momento. Sabía que Mura se ocupaba con celo de sus pupilos. En vez de atormentar a los niños, que sin duda estaban limpios, Karl haría bien en mirar detrás de las orejas de sus guardas, pensaba ella, furiosa. Algunos parecían haber renunciado por completo a la higiene corporal. Cuando llegó al último chiquillo, Karl dudó un momento, como si fuera a observar las manos del niño con más detenimiento. Luego cogió impulso y dejó caer el bastón sobre las palmas de las manos del chiquillo. El ruido fuerte y seco hizo que todos se estremecieran.

Al niño maltratado le fallaron las rodillas por un segundo, pero, pese al dolor, volvió a erguirse enseguida y se quedó de pie, aunque le costaba respirar. Karl sonrió, esta vez satisfecho. Justo así quería que fueran sus futuros esclavos: duros a la hora de asimilarlo todo y leales. Cuando se dio la vuelta y se dirigió de nuevo hacia el porche, Mura se puso a dar palmadas y sacó de allí corriendo a los niños. En el camino de ida los niños se resistían, pero a la hora de volver no les costaba apretar el paso. A Julie le hervía la sangre cuando vio a lo lejos que Mura, a modo de consuelo, posaba la mano en el hombro del pequeño que había recibido el golpe.

—A esos negros les gusta tener niños. —Karl se dejó caer con torpeza en la silla y tomó el siguiente vaso de *dram*—. Pero viven hacinados como ratas. No entiendo por qué durante los últimos años han tenido tan poca descendencia. —Le dio un trago largo al vaso y le pasó de nuevo la pipa a Aiku, siempre solícito, para que se la rellenara. Julie arrugó la frente y se llevó como sin querer una mano al estómago. ¿Cómo reaccionaría Karl a su embarazo? Y lo que era más importante: ¿cómo iba a conseguir que Karl creyera que él era el padre? Solo había una manera… Como descubriera la verdad… Julie se estremeció.

CAPÍTULO 6

Erika se estiró y salió de la cabaña.

En el poblado, como todos los días, había una actividad lenta pero intensa. Las mujeres se ocupaban de los alimentos, trenzaban hamacas o tejían los pequeños taparrabos con los que iban ataviados. Los niños jugaban entre las cabañas y los hombres que no habían ido de caza estaban cuidando sus armas o fabricando utensilios de madera.

Erika les había tomado cariño a Jaminala y las demás mujeres de la tribu. Era como si, en vez de unas pocas semanas, hubiera vivido allí toda la vida. Superadas las primeras reticencias, Erika se adaptó bien a las circunstancias. Los indígenas eran pacíficos y amables, y no parecía molestarles que hubiera una blanca entre ellos. Nadie le había preguntado de dónde era ni si quería seguir su camino. Simplemente estaba ahí. A ella le llamaba la atención el sencillo modo de vida de aquellas personas. En el pueblo, los oayanas lo compartían todo. Si los hombres traían un botín de la caza, todas las familias recibían una parte. Las mujeres siempre estaban cociendo tortitas en las piedras calientes y hacían tantas que todo el mundo recibía algo. Los niños correteaban por la aldea y entraban en todas las cabañas y, para dormir, se acurrucaban donde querían. Si uno de los niños pequeños tenía hambre, siempre encontraba un pecho para alimentarse; si lloraba, siempre había una mano para consolarlo. Al principio, a Erika le resultaba un poco raro, pero se acostumbró rápido al trato relajado y cariñoso que las personas de allí se prodigaban.

Con lo que más problemas encontraba era con la preparación de los alimentos. A menudo, en sus incursiones, los hombres solo conseguían fruta y pescado, rara vez animales más grandes. Pero, si mataban a un animal, se consideraba de mala educación rechazar la parte que repartían de la caza, aunque Erika no tenía ni idea de cómo preparar lagartos o monos. Tampoco sabía qué hacer con la carne de perezoso o de tapir. Además, no tenía un lugar propio para cocinar, así que se lo entregaba todo a Jaminala, en cuya cabaña se alojaba. Jaminala preparaba sopas picantes y guisos o cocía la carne a fuego lento para luego dársela de nuevo a Erika y a Reiner. Las mujeres se sentaban juntas y Erika observaba asombrada cómo se llevaban constantemente pedazos de pan a la boca y los masticaban durante largo rato antes de escupirlos en una gran calabaza. Un día, Erika no pudo reprimir más la curiosidad y le preguntó a Jaminala qué era aquello. Ella, sonriente, se limitó a acercarle a la nariz la jarra donde guardaban el fuerte aguardiente. Al principio Erika no lo entendió…, pero luego cayó en la cuenta y se le revolvió el estómago.

Erika no sabía exactamente cuánto tiempo llevaba allí, pues en el poblado todos los días eran iguales. Ni siquiera sabía con certeza si quería irse y en caso de que quisiera no sabía adónde.

¿Debía intentar llegar a la ciudad? ¿Volver a la casa de la misión? Josefa no tardaría en darse cuenta de que estaba embarazada y si Reinhard no era el padre... Además, en cuanto se extendiera la noticia de lo ocurrido en Bel Avenier, la detendrían no bien pusiera un pie en la ciudad.

¿O debía intentar encontrar a su marido? Ya hacía casi dos años que no sabía nada de él y lo echaba mucho de menos. Las preguntas que había hecho en Bel Avenier a las familias amigas de los Van Drag, los vecinos de la plantación o los cimarrones no habían dado resultado: ni rastro de Reinhard. ¿Seguiría con vida?

Por supuesto, también podía intentar refugiarse en una plantación bien alejada de Bel Avenier, aunque estaba convencida de que la noticia de su huida se habría difundido incluso en las regiones más remotas. La gente estaba ansiosa de novedades y, al fin y al cabo, Ernst van Drag tenía multitud de conocidos que se creerían sin dudarlo la historia de la «institutriz errante», si es que no les contaba algo peor. Además, ya no podría seguir ocultando su embarazo. Jamás contaría a nadie lo que realmente había sucedido en Bel Avenier. Sentía una profunda vergüenza que le producía escalofríos cada vez que recordaba lo que Ernst van Drag le había hecho. Cuando eso le ocurría, procuraba desterrar el recuerdo enseguida y, si era necesario, se ayudaba de esa repugnante bebida de la calabaza.

No, en realidad no tenía elección. En vista de las alternativas, se sentía más segura y mejor atendida allí, sobre todo por Reiner. Era obvio que se sentía a gusto con los oayanas. Aunque Reiner no estaba en la cabaña cuando ella se despertaba, ya no temía por él. Al principio, le daban miedo las picaduras de insectos, las mordeduras de serpiente o algo peor, pero siempre había un adulto cerca de los niños y Reiner seguía a sus compañeros de juego con total despreocupación.

Jaminala la animó a calmarse. En una ocasión la había llevado de la mano a pasear por la aldea y, con una sencilla frase, la había convencido:

—Todos hemos crecido aquí, sanos y salvos. No te preocupes tanto.

Erika tuvo que darle la razón a Jaminala, una vez más. Todos los habitantes de la aldea estaban bien alimentados y rebosaban salud. Incluso los más viejos se encontraban en buena forma. El *piaai* de la aldea, el curandero, no tenía mucho que hacer.

Erika acabó por contagiarse de la calma y la serenidad que se respiraban allí. Por primera vez en mucho tiempo, volvió a dormir profundamente y sin preocupaciones.

—¿Por qué tú sola en el río? —Jaminala estaba amasando en un gran cuenco una pasta con los puños y Erika estaba sentada a su lado raspando yuca. Hasta entonces, nadie en la aldea le había preguntado de dónde era. Los oayanas simplemente acogían a los invitados y les dejaban quedarse todo el tiempo que quisieran. A menudo, recibían a visitantes de regiones alejadas, que se quedaban unas semanas y desaparecían de nuevo. Algunas mujeres incluso se quedaban para siempre. A nadie le molestaba, todos eran bienvenidos. Erika llamaba la atención por ser blanca, pero, como participaba en la vida de la comunidad, no importaba. Ni siquiera su avanzado embarazo suscitaba preguntas. Los oayanas eran un pueblo pacífico: si alguien necesitaba ayuda, como Erika en el río, ellos se la prestaban con toda naturalidad. Solo había conflictos de vez en cuando con algunas tribus de cimarrones, pero los oayanas se habían retirado tanto hacia el interior del país que estos enfrentamientos ocurrían en contadas ocasiones. Erika averiguó que se hallaba en un riachuelo sin nombre en el interior del país, lejos de cualquier asentamiento. Los hombres que la habían encontrado estaban de regreso de una larga jornada de caza y se habían llevado a Erika porque no conocían ninguna plantación cerca de allí.

—Quería ir a la ciudad —contestó Erika, en voz baja.

—¿Aún quieres ir? —Jaminala continuaba amasando sin levantar la vista.

Erika no supo qué contestar.

—Tienes que preguntar a Kajaku, dentro de unos días irá con algunos hombres por el río en dirección al mar.

Erika asintió, despacio, y ya no logró quitarse la idea de la cabeza durante el resto del día. Estuvo toda la noche despierta, observando la oscuridad. ¿De veras quería ir a la ciudad? Pensó sobre todo en Ernst van Drag. ¿Y si mandaba a alguien a buscarla? Por otro lado, tampoco podía quedarse para siempre allí, con los indígenas. Y en la ciudad… ¿Y si Reinhard ya había regresado? Ella le había dejado una nota a Josefa para él en la misión, pero no había tenido noticias suyas mientras había estado viviendo en Bel Avenier. Habían pasado ya casi dos años. ¿En todo ese tiempo su marido no había intentado hacerle llegar una nota? Erika temía que hubiese sufrido el mismo destino que los otros dos hermanos de la misión. ¿Y si había vuelto a la ciudad durante los últimos meses y la estaba buscando? ¿Y si oía hablar de Bel Avenier, de lo que había hecho su mujer, de que había herido a una persona… o incluso algo peor? ¿Y si daba crédito a los rumores sin oír su versión? Tenía que encontrarlo.

Jamás podría contarle lo que Ernst van Drag le había hecho, ¡nunca! Y si Reinhard se enteraba de que ella había atacado a ese hombre, ya se le ocurriría una explicación. Era su marido, la creería. En aquel momento tomó una decisión: iría a la ciudad, a pesar del peligro; quedándose en la aldea seguro que nunca encontraría a su marido.

El viaje en barca duró una eternidad. Kajaku y los demás hombres hacían pausas constantemente, incluso de varios días, se paraban en todos y cada uno de los poblados diseminados por la orilla, en los que habitaban pequeñas familias de indígenas, y un día incluso deshicieron parte del camino para ver a alguien que no estaba unos días antes. Erika trataba de mantener entretenido a Reiner, que disfrutaba especialmente cuando alguno de los hombres le daba un remo y, como los adultos, podía empujarlo en el agua. A Erika le parecía muy peligroso dejar que el niño se sentara tan cerca del borde, pero los hombres se reían y permitían que el chiquillo los ayudase.

Ella no se encontraba bien en la barca. No cesaban de venirle a la memoria recuerdos de su huida, el agua, el frío y el miedo atroz por sobrevivir. Sin embargo, se recompuso, ya que en aquel país no se podía hacer nada sin navegar. ¿Cuánto tiempo llevaba con los oayanas? Tal vez tres o cuatro meses, había dejado de contar las noches y los días. Reiner se acostumbró en muy poco tiempo a la vida en el poblado. Erika tenía la esperanza de que se adaptara igual de rápido a la civilización.

Gracias a Dios, durante el viaje a nadie le escandalizó que una mujer blanca fuera acompañada de indígenas. En la selva también reinaba el dinero: los hombres oayanas trabajaban de vez en cuando como guías para grandes embarcaciones o llevando barcas con pequeñas mercancías, recibían una buena remuneración por sus conocimientos de la zona y luego volvían a desaparecer en las profundidades de la selva; eso si no aparecían los cimarrones, que reclamaban la soberanía sobre los ríos. Al principio, los indígenas tuvieron que aprender el concepto de competencia a base de golpes, según le había contado Jaminala a Erika más de una vez.

Cuando por fin llegaron a la ciudad, a Erika le dolía todo el cuerpo. Los indígenas se dirigieron enseguida hacia las calles del mercado, cerca del puerto, y Erika se quedó un rato en el muelle, desconcertada, con su viejo vestido raído, el pequeño atadijo con sus escasas pertenencias bajo un brazo y Reiner, que observaba atento a su alrededor asido con la otra mano. Cuando se habían ido de la ciudad él aún era un bebé, seguramente ni siquiera recordaba su vida en la plantación.

En ese instante, Reiner tiró impaciente de la mano de su madre. Erika hizo de tripas corazón, se colocó a Reiner en la cadera y se dirigió hacia la misión. A medida que se acercaba a los edificios, se fue apoderando de ella el miedo a que los sucesos de Bel Avenier fueran conocidos en la ciudad. Aminoró la marcha y dejó que Reiner caminara solo. En aquel momento, dobló la esquina Dodo, una de las esclavas de la misión, con una cesta en la mano. Se quedó quieta, atónita. Luego dejó caer la cesta y salió corriendo hacia Erika. Reiner rompió a llorar del susto y se escondió detrás de las piernas de su madre.

—Misi Erika, misi Erika. —Sus gritos despertaron la curiosidad de los demás habitantes de la misión y algunos salieron a asomarse a la puerta para ver qué había provocado semejante estado de exaltación en Dodo.

Dodo agarró a Erika de la mano y la sacudió, sin parar de hacer reverencias. Erika se sentía terriblemente incómoda.

—Dodo, ya basta… Déjalo ya —dijo para tranquilizarla, mientras intentaba calmar a Reiner.

—Venga, misi Erika, ¿tiene hambre? Oh, ¿ese es masra Reiner? Está muy grande. —Dodo empujó a Erika hacia el edificio principal, sin parar de hablar. Tras ellas se formó un pequeño grupo de personas que mostraban curiosidad por Erika, pero ella no reconocía ningún rostro.

La esclava se apresuró a colocar a Erika y Reiner en una mesa y ofrecerles un plato de comida.

—Dodo, espera. ¡Dodo! —Solo cuando Erika se dirigió a ella con aspereza la esclava se detuvo sorprendida.

—¿Misi?

—¿Dónde está misi Josefa?

Josefa Bürgerle nunca había sido amiga de Erika, pero entre ellas se había creado un vínculo estrecho mientras habían viajado juntas hasta Surinam y durante los meses de estancia en la misión.

—Oh. —Dodo bajó la mirada. Erika tuvo un mal presentimiento.

—Masra Walter… Hubo un accidente. —Dodo se secó una lágrima con el delantal manchado—. Misi Josefa estaba enferma de tristeza, tomó un barco de vuelta a su país.

Aquello sí que sorprendió a Erika, que esperaba encontrarlo todo como siempre.

—¿Y quién se ocupa ahora de la enfermería?

—Ah, con el barco con el que se fue misi Josefa a casa llegó misi Klara. ¿Quiere que vaya a buscar a misi Klara? Misi Klara buena enfermera.

Erika se limitó a sacudir la cabeza y subió a Reiner a su regazo. El niño agarró ansioso las tortas de pan del plato; a Erika también le rugía el estómago.

—Espera a que haya comido. Luego iré yo misma a ver a misi Klara. —Con expresión de agradecimiento, le dio un mordisco al pan que le ofrecía la esclava.

Klara Decker era alta como un roble, tenía el pelo cobrizo y una voz que hacía temblar las paredes. En su primer encuentro, Erika se quedó mirando en silencio a aquella mujer antes de recuperar el habla. Klara era parca en palabras, su saludo fue más que escueto. Aun así, al cabo de unos días, Erika consiguió sacarle información sobre lo que había ocurrido en la misión. Klara le contó la partida de Josefa y de otros tres hermanos de la misión, encogiéndose de hombros.

—No lo entiendo. —Klara arreglaba las camas desvencijadas de la enfermería mientras hablaba. El hecho de que en una de ellas aún hubiera una anciana esclava que se recuperaba de las numerosas picaduras de una araña pequeña pero muy agresiva no le impedía seguir con su tarea—. Tampoco se está tan mal aquí. El clima es bueno, no hay que matarse a trabajar y no hay tantos enfermos.

A decir verdad, reinaba una inusual tranquilidad en la misión. Erika supuso que Klara inspiraba cierto miedo a las gentes de allí. Los esclavos empequeñecían en presencia de Klara, y eso que no les había hecho nada. Pese a su imponente tamaño, Klara era una buena persona.

Además, a Erika le pesaba otro asunto en el corazón.

—¿Josefa dejó por casualidad una nota para mí? O… ¿o alguien se ha puesto en contacto con la misión?

Klara arrugó la frente, pensativa, y luego se limitó a responder, sin mayores explicaciones:

—No.

Erika se derrumbó de pura tristeza: Reinhard no se había puesto en contacto con la misión en la ciudad.

—¿Esperas noticias, hermana?

La expresión melancólica de Erika debió de conmover a Klara.

—Sí, en realidad sí. Esperaba que mi marido Reinhard se hubiera puesto en contacto con la misión. Se fue al interior del país hace más de dos años y no tengo noticias suyas desde entonces.

—Vaya. —Klara enarcó las cejas y lanzó una mirada de desaprobación hacia la abultada barriga de Erika.

Erika agachó la cabeza, avergonzada. No podía ni quería explicárselo a Klara.

—¿Reinhard, dices? Ya. —Klara tomó asiento en una de las camas, que, bajo su peso, se curvó con un chirrido—. Una vez llegó un mensaje desde Batavia, debe de hacer un año. El hermano escribía que necesitaba apoyo. Yo no sabía de ningún otro hermano al que nadie echase en falta o que estuviera en paradero desconocido desde que estoy aquí…

—¿Batavia? —preguntó Erika, esperanzada—. ¿Eso es una misión en el río Coppename? Entonces podría...

Klara se levantó, apoyó las manos sobre las caderas y clavó la mirada en Erika con severidad.

—Hermana, ¿cuánto tiempo llevas en el país?

—Aproximadamente dos años.

Klara soltó un bufido.

—Por lo que veo, no has aprendido mucho... —Su voz reflejaba un tono de reproche inconfundible—. Batavia es un puesto de la misión, sí, pero es una leprosería. ¡Así que ni se te ocurra ir!

—¿Leprosería? —Erika palideció—. Pero...

—No hay peros que valgan, jovencita, todo el que va... A la gobernación de la colonia no le gusta que nadie vaya allí.

—Pero de alguna manera hay que averiguar si Reinhard está realmente en Batavia.

Klara se balanceó un poco y reflexionó.

—Podríamos intentarlo con una carta.

—¿Una carta? —Erika soltó un bufido—. Hace casi dos años que no sé nada de mi marido. A lo mejor está enfermo o necesita mi ayuda. ¡Tengo que ir!

—Entonces piénsate bien cómo hacerlo, sobre todo porque no deberías viajar en tu... estado.

Erika se miró, sintiéndose culpable. El niño. Seguía sin pensar en el embarazo aunque, por supuesto, ya no podía ocultarlo. A Klara se le suavizó la expresión del rostro.

—Mientras tanto, puedes ayudarme aquí.

CAPÍTULO 7

¡Había funcionado! De verdad había funcionado, aunque hubiera tardado mucho. Kiri estaba segura de que por fin su ritual nocturno había dado su fruto: los espíritus la habían escuchado, la misi estaba embarazada. No se lo había dicho todavía directamente, pero Amru se lo había dado a entender con indirectas. Y luego estaban los mareos continuos de la misi... Kiri lo había visto en las mujeres esclavas, era una señal inequívoca.

De todos modos, a Kiri la sorprendía que, al parecer, la misi no le hubiera contado a nadie su embarazo. La propia Amru, que sin duda lo sabía, oficialmente no estaba al corriente. No le correspondía a Kiri juzgarlo, pero con el tiempo se había impacientado un poco. Ahora, iba andando alegre entre las cabañas de la aldea de los esclavos. Era última hora de la tarde, le había preparado un baño a la misi y ya podía irse.

Kiri estaba convencida de que cambiarían algunas cosas. Si el masra por fin tenía un hijo con la misi, y en especial si tenían un varón, renunciaría a su escapada semanal a Paramaribo. Kiri sabía muy bien lo que el masra iba a buscar. Lo mejor era que el masra Pieter se quedaría pasmado. Kiri soltó una risita. A todos los esclavos les ponía nerviosos el masra Pieter y, cuando empezó a correr el rumor de que un día se haría cargo de la plantación, con misi Martina a su lado, los esclavos se indignaron mucho. En realidad, no tenían elección y Kiri sabía que todo su enfado no servía de nada, pues los esclavos no podían escoger a su amo. Cuando un masra era bueno con ellos, trabajaban para él con buen ánimo; el masra Pieter, en cambio, se había ganado su antipatía: su grosería, sus órdenes sin sentido a los *basyas* y, últimamente, sus peculiares experimentos con la medicina…

Misi Juliette era distinta. Los esclavos confiaban en ella, nunca se enfadaba y siempre había hecho todo lo posible por que estuvieran bien. Si su hijo heredaba aunque solo fuera la mitad de lo que misi Juliette era, sería un masra respetado. Ojalá masra Karl no fuera su padre, de él no había mucho que aprender. Pero de eso seguro que se encargaría la misi.

—¿Por qué estás tan contenta hoy? —Kiri se estremeció al notar que alguien la agarraba del brazo y la empujaba detrás de una cabaña.

—¡Dany! —exclamó asombrada y sintió que le daba un vuelco el corazón—. ¿Tienes que darme estos sustos?

Dany le sonrió con cariño.

—Eh, ¿qué tal un poco de alegría? ¡Hace mucho que no nos vemos!

Kiri no opuso resistencia cuando él la estrechó entre sus brazos. Tenía razón, la última vez que lo había visto había sido antes de ir a la ciudad con la misi.

—Bueno, cuéntame, ¿por qué estás tan contenta? ¿O estabas tan feliz solo de pensar en mí? —preguntó mientras le daba un mordisquito en el cuello.

—Dany, no… —repuso ella apartándolo un poco con suavidad.

—Vamos, los demás ya están en la barca, tengo que irme ya, pero todavía esperaba encontrarte.

Sintió que la estrechaba con sus fuertes brazos y que de nuevo la atraía hacia sí.

Se oyó un silbido a lo lejos.

—Tengo que irme, pequeña Kiri —le susurró al oído—. Pero estaremos de vuelta dentro de tres semanas. ¿Me esperarás?

Kiri no tuvo opción de contestar, pues él la besó de nuevo en la boca y se marchó. Su corazón se fue serenando poco a poco. Latía como si llevara horas corriendo. ¡Tres semanas! Por supuesto que lo esperaría, ya lo estaba echando de menos.

Durante los días siguientes, Kiri se esforzó especialmente para que misi Juliette se encontrara bien y no le faltara de nada. Sin embargo, la misi parecía abatida y físicamente no estaba en su mejor momento. Había sido un día especialmente caluroso, por la tarde, incluso los animales de la selva habían enmudecido. Nico estaba posado en la barandilla, decaído. Aquel año la estación de lluvias sería especialmente virulenta: parecía que el aire vibraba y olía a lluvia. Mientras cocinaba, Amru se detuvo algunas veces, preocupada, y miró primero al cielo y luego al río. A lo lejos, se oyó un trueno ensordecedor. Kiri estaba esperando la comida que debía llevar a la misi, que se había retirado a su habitación. Con el mal tiempo, no se encontraba bien.

—No es bueno —dijo Amru—. Esto no es bueno. Mira, Kiri, llévale esto a la misi. Si surge algo más, estoy en la aldea.

Amru le dio a Kiri una bandeja y una jarra con la comida para Juliette y luego se fue del porche sin recoger los utensilios de cocina. No era propio de ella. Kiri arrugó la frente, pensativa, pero se fue presurosa a llevar la comida a la habitación de la misi. Los truenos se iban acercando y cada vez parecían más amenazadores y potentes.

—Quédate un poco, Kiri, con este tiempo… —Misi Juliette estaba sentada en un sillón tapizado, junto a la ventana, y se estremeció al ver un rayo muy cerca.

Kiri se sentó en una estera en el suelo. Por dentro se alegraba de poder quedarse en la casa, sobre todo cuando empezó a llover. Seguro que la tormenta pasaría pronto, y ella no tenía prisa.

Pero no paraba de llover. La misi apenas había tocado la comida, estaba leyendo un libro. Kiri estaba sentada a sus pies en la estera y trenzaba una cestita. Normalmente, los esclavos se sentaban a esperar hasta que su amo ya no deseaba su compañía, o hasta que recibían nuevas órdenes. Sin embargo, a misi Juliette le parecía innecesario y permitía que Kiri hiciera pequeñas labores en su presencia.

—Si tú me haces compañía, también tienes que estar ocupada en algo —le explicó.

Ambas dieron un respingo cuando, de pronto, Karl entró chorreando y echando pestes.

—¿Qué haces aquí sentada, Juliette? Ven abajo, hay que poner orden. ¡Vamos! —gritó mientras se acercaba con paso pesado a su esposa, dejando con las botas charcos fangosos en el suelo de madera. Ella se levantó del sillón—. ¡Tú también! —rugió dirigiéndose a Kiri, a la que asestó una patada mientras empujaba a la misi hacia la puerta.

Kiri se levantó de un salto y corrió tras ellos.

—¡Karl, pero qué te pasa, suéltame! —Juliette logró zafarse del masra, pero Kiri vio que aun así él le daba un torpe empujón hacia la escalera.

—¿Qué ocurre aquí? —bramó—. ¡La casa está inundada y tú aquí sentada tranquilamente! ¡Vamos! Diles a las chicas lo que tienen que llevarse. Yo tengo que volver a los campos, quédate en casa, o mejor ve a casa de Martina y Pieter.

—¿Llevarse qué? —Era obvio que misi Juliette no entendía ni una palabra de lo que Karl le decía. Masra Karl soltó una maldición, pasó corriendo junto a las mujeres y salió de la casa. Abajo, junto a la escalera, las sirvientas aguardaban con cara de pánico. Nadie sabía muy bien qué hacer. Luego, llegó Amru a toda prisa por el pasillo trasero.

—¡Vamos, vamos! —No paraba de agitar los brazos—. Llevad todo lo que podáis a la planta de arriba. —Entonces las muchachas reaccionaron y empezaron a correr enseguida hacia las distintas estancias.

—Amru, ¿qué pasa, por el amor de Dios? —Misi Juliette seguía parada en el último escalón, con Kiri inmóvil a su lado.

—El río, el agua está subiendo muy rápido —contestó Amru sin más.

Kiri vio de reojo que la misi se estremecía.

—¿Llegará hasta la casa? —preguntó, temerosa, pero Amru ya había desaparecido en el comedor. Kiri nunca había vivido semejante alboroto. Las sirvientas pasaban presurosas junto a ellas cargando con mantelerías, con cortinas y con la vajilla buena hacia la planta de arriba. Kiri no podía imaginar que el río llegara hasta la casa de la plantación. La lluvia no podía ser tan intensa. Era cierto que seguía lloviendo, pero para llegar hasta la casa... y arrastrar todas las cosas... Amru apareció visiblemente preocupada en el umbral de la puerta.

—Será mejor que misi Juliette vaya arriba.

Sin embargo, Juliette no se movió ni un milímetro.

—Amru, ¿qué pasa con la aldea de los esclavos? —La angustia se reflejaba en su voz. Amru se encogió de hombros y desapareció. De pronto, su misi reaccionó.

—¡Kiri, vamos! —dijo con energía, se recogió la falda y salió inmediatamente de la casa.

—Oh, misi, no sé si está bien... —Kiri sabía que tenía que seguir a su misi, pero se permitió un leve intento de protesta. Lanzó una mirada de terror al jardín, por el que ya entraba el agua. Por lo visto, en ese breve lapso de tiempo el río había doblado su caudal.

Sin embargo, la misi no admitió objeciones.

—Tenemos que ir al poblado, las cabañas... —Salió corriendo.

Kiri se tropezó y fue tras su misi. Se hundían en el suelo mojado hasta los tobillos y seguía lloviendo a cántaros. Las ráfagas de viento agitaban con violencia las palmeras y azotaban aún más el agua.

En la aldea encontraron a todas las mujeres delante de las cabañas sin saber qué hacer, con los niños en brazos y cogidas de la mano.

—¿Dónde están vuestros hombres? —gritó la misi al llegar en medio de la tempestad, sin aliento.

—El masra los ha enviado a todos a los campos, tienen que dejar libres las acequias, si no...

—¿Si no, qué? —gritó la misi encolerizada—. ¿Aquí ya está todo inundado y al masra lo preocupan sus campos? —Se quedó de piedra por un momento y luego gritó con decisión—: ¡Kiri, vamos! ¡Envíalos a todos a la casa de invitados, a todas las mujeres y niños! No quiero que nadie se quede en la aldea. ¡Y todos a la planta de arriba!

Al principio, las esclavas se mostraron reticentes. Lo que les pedía la misi era insólito: ¿tenían que ir a la casa de invitados, a la casa de los blancos? Se quedaron inmóviles en el lodo, indecisas, mientras la misi cogía al niño de una mujer para que la madre pudiera agarrar de la mano a sus otros dos hijos. El agua ya les llegaba a todos por los tobillos y continuaba subiendo.

—¡Ahora, vamos! —ordenó con energía. Por fin, las mujeres empezaron a moverse. Kiri fue corriendo por todas las cabañas y luego también se dirigió a la casa de invitados, donde la misi estaba ayudando a la anciana Orla a subir los peldaños. En la planta superior ya estaban muy apretadas. Las esclavas estaban en cuclillas en el pasillo, nadie se atrevía a entrar en la habitación. Cuando subieron la escalera con la anciana y la misi, el agua ya alcanzaba el primer escalón.

—Dios mío, ¿hasta dónde llegará? —Juliette miraba incrédula el agua sucia que se abría paso allí abajo. La lluvia no aminoraba, las ráfagas de viento sacudían la casa y las madres sujetaban a sus hijos en brazos para protegerlos. Fuera, poco a poco, fue oscureciendo.

La misi recorrió de nuevo el pasillo.

—¿Tenéis todas a vuestros hijos? ¿Nadie ha quedado atrás? —Las mujeres asintieron en silencio y miraron agradecidas a la misi—. Ya no podemos hacer nada más, tenemos que esperar a que el agua se retire —anunció en tono sereno, mientras observaba por la ventana el drama que se vislumbraba en la oscuridad de la noche incipiente. El agua ya llegaba a un metro de altura.

Kiri buscó una manta en el armario ropero de la habitación de invitados y se la puso sobre los hombros a su misi.

—Misi tiene que sentarse.

Juliette la miró agradecida.

—Espero que no les pase nada a los hombres en los campos —murmuró.

—Saben cuidarse —intentó tranquilizarla Kiri, pero ella misma se dio cuenta de que sus palabras no sonaban muy convincentes.

—¿Y Pieter? ¿Dónde está? —Juliette se levantó de nuevo y miró por la ventana.

Kiri tenía la esperanza de que el masra Pieter no apareciera por la casa de invitados. Se enfadaría mucho al ver a las mujeres esclavas sentadas por los pasillos. De hecho, sus habitaciones siempre estaban cerradas, según los cuchicheos de las sirvientas. No quería ni pensar en lo que ocurriría si una de las puertas se abría y una de las mujeres…

Desvió la mirada hacia la misi. Estaba temblando de los nervios y tenía la ropa empapada.

—Misi Juliette, tiene que cambiarse de ropa o se pondrá enferma. ¿Quiere que…, quiere que mire si encuentro ropa seca?

Juliette asintió, agotada. Kiri salió corriendo y en un armario de una de las habitaciones delanteras encontró algunas prendas viejas. Llevó a su misi a la habitación y la ayudó a cambiarse. Misi Juliette se tambaleó un poco, pero logró mantener el equilibrio.

—¿Misi no se encuentra bien? —Kiri, preocupada, agarró a su ama del brazo.

—Se me pasará enseguida —murmuró ella con un hilo de voz.

—Misi debe calmarse un poco, tanta agitación, en su estado... —dijo Kiri con prudencia.

Juliette se quedó mirando a Kiri, con los ojos totalmente abiertos del susto.

—¿Cómo lo sabes?

Kiri se encogió de hombros.

—Misi tiene síntomas, como todas las mujeres que... —no continuó. Juliette la abrazó como no lo había hecho nunca. La miró fijamente a los ojos, con una mirada impenetrable.

—Kiri, no puedes decírselo a nadie, ¿me oyes? ¡A nadie! —le ordenó en tono suplicante.

Kiri sacudió la cabeza asombrada, pues nunca había visto así a su dueña.

—Pero misi Juliette, el masra...

Contempló atónita cómo la misi se dejaba caer sin fuerzas en una silla de madera, se tapaba la cara con las manos y rompía a llorar.

—Misi..., no pasa nada, no quería... —balbuceó Kiri.

Juliette tardó un rato en reaccionar. Kiri esperó con paciencia, la situación le parecía extraña. Por fin, la misi se había quedado embarazada, ¿por qué no demostraba alegría, en vez de sentarse en una silla a llorar?

—No, Kiri, sí que pasa —dijo por fin Juliette, entre sollozos—. Yo..., el niño... El masra no es...

Kiri se llevó la mano a la boca. ¡Qué tonta había sido!

CAPÍTULO 8

—Entonces ¿cómo se llamará?

Klara mecía en sus brazos a la niña recién nacida. Su rostro, que solía mostrar una expresión adusta, reflejaba una enorme alegría. Erika, en cambio, yacía en la cama mirando al rincón. Aquella noche, además del temporal que había asolado el país, ella había tenido una hija. No sabía cómo llamarla, pues hasta el último momento había estado intentando ignorar el embarazo. Ni siquiera al levantarse de la mesa después del desayuno, cuando supo que estaba a punto de dar a luz porque notó que el líquido amniótico le recorría las piernas, quiso darse cuenta de lo que estaba ocurriendo.

Durante las contracciones, se sintió como si observara a distancia lo que sucedía. Como si no fuera su cuerpo el que ahora tenía que soportar el momento más doloroso de las humillaciones infligidas por Ernst van Drag.

—Erika, dime, mírala, es tan dulce… —dijo Klara, que no la dejaba tranquila.

A Erika le vino de pronto a la cabeza el nombre «Hanni».

—Hanni —dijo Erika con un hilo de voz y se volvió hacia ellas.

—Hanni, sí, Hanni es un nombre bonito —contestó Klara, satisfecha—. Bueno, ahora tengo que ir a la misión a ver si todo está en orden y luego vuelvo…, pequeña Hanni.

Dejó al bebé en brazos de Erika y desapareció. Erika no se atrevía a mirarlo, pero cuando este empezó a hacer ruidos insistentes no pudo evitarlo. Desvió la mirada vacilante hacia la niña y la observó con detenimiento. No, no le veía ningún parecido con el padre, pero tampoco sentía nada por aquella criatura. La primera vez que había tenido a Reiner en brazos estaba exultante de amor y felicidad. Ahora no sentía absolutamente nada en su interior. Si por lo menos Reinhard…

Se colocó el bebé en el pecho, con un leve suspiro. No paraba de repetirse que la niña no tenía la culpa, ¡no tenía la culpa!

Reiner, en cambio, estaba entusiasmado con su hermanita. Desde el primer día, trató a Hanni con el cuidado y la curiosidad que solo un niño de casi dos años podía demostrar. Seguía con atención los solemnes discursos que le daba Klara: esa era su hermanita, a la que él debía amar, respetar y proteger. Él la escuchaba muy serio y asentía con la cabeza.

Hanni era un bebé tranquilo y fácil, y eso hacía que Erika a menudo simplemente se olvidara de ella. Si la pequeña dormía, Erika se dejaba la cestita por ahí. Pese a los reproches iniciales de Klara, retomó la actividad en la enfermería.

—Tienes que pensar primero en ti y en el bebé, Erika.

Pero eso era justo lo que Erika no quería: pensar en la niña. Si Hanni lloraba un poco al despertarse, Erika siempre esperaba a ver si Dodo o Klara, que estaban muy pendientes de la niña, querían ocuparse de ella. Solo cuando realmente no encontraba a nadie, sacaba a Hanni de la cesta, le daba de comer con rapidez y volvía a colocarla en su sitio.

De vez en cuando, a Erika la asaltaban los remordimientos. No era una buena madre para esa niña, pero tampoco era su madre por voluntad propia.

Después del parto, esperó impaciente unas semanas. Habría preferido ir lo antes posible a la gobernación de la colonia a solicitar el salvoconducto para Batavia, pero Klara no le quitaba ojo de encima. Temerosa, Erika intentó explicarle de nuevo sus motivos.

—Tengo que encontrar a mi marido —dijo, suplicante.

—¡Antes de nada tienes que cuidar de tus hijos! —contestó Klara con firmeza, aunque la preocupaba más Hanni que Reiner.

A Erika no le quedó más remedio que ir a escondidas a la gobernación de la colonia. Por desgracia, no recibió el documento tan rápido como esperaba. Tras varias visitas y después de rellenar infinidad de formularios, por fin consiguió hablar con el empleado responsable.

—A Batavia, ya veo. —Aquel hombre, pequeño y rollizo, cuyo rostro a Erika le recordaba el de un gorrino, se colocó bien las gafas. Luego miró a Erika con sus acuosos ojos azules y sacudió la cabeza.

—Bueno, mevrouw Bergmann, no sé…, no sé…

Erika se encontraba al borde de la desesperación porque, además de que tenía que mentirle a Klara cada vez que quería ir a la oficina, los continuos desplantes y los impasibles funcionarios la sacaban de sus casillas.

—¡Solo quiero saber cómo está mi marido! —exclamó.

—Mevrouw, entiendo su necesidad, pero no es tan fácil conseguir un salvoconducto. Quiero decir… No querrá quedarse allí, ¿verdad?

—No, yo… tengo hijos —confesó Erika.

—Mire, ir hasta allí es una cosa, pero volver es muy distinto. Aquí somos responsables de toda la ciudad. Ha sido un alivio que en Batavia se estabilizase la… problemática. Si todo el mundo pudiera andar de acá para allá como le viniera en gana… —El hombre ladeó la cabeza—. Me temo que no puedo expedirle el salvoconducto.

CAPÍTULO 9

El agua había provocado menos daños de los que Julie esperaba. En la casa principal, que se encontraba en el punto más alto del terreno, solo se había inundado un poco la planta baja. Gracias a Amru y al esfuerzo de las sirvientas, solo habían salido perjudicados algunos muebles. Martina, Martin y Pieter habían esperado con calma a que amainara la tormenta y ni siquiera se habían dado cuenta de que Julie y Kiri no estaban allí.

En la casa de invitados, la planta baja había quedado claramente más afectada. Había un palmo de lodo en el suelo, pero la peor parte se la había llevado la aldea de los esclavos. Además de algunos bienes que había arrastrado el agua, numerosas cabañas habían quedado destruidas. Cuando, al día siguiente, los hombres regresaron exhaustos de los campos, Julie ya estaba supervisando las tareas para retirar los escombros. Karl paseaba al trote entre las cabañas. Detuvo su semental junto a Julie y saltó del caballo.

—¿El agua llegó hasta aquí?

Julie se limitó a asentir.

—¿Y en la casa?

—Nada grave.

—¿Ha desaparecido alguien?

—¡No, Karl! —Julie se dio la vuelta, furiosa—. Y las mujeres y los niños también están bien, los puse a salvo en la casa de invitados cuando el agua empezó a subir.

—Que hiciste ¿qué? —Karl se quedó mirándola, incrédulo. Julie sabía qué opinaría de aquello, de modo que había preparado sus argumentos. Estaba segura de que había tomado la decisión correcta.

—¿Qué se supone que debía hacer, abandonarlos a su suerte aquí fuera? ¡Mira hasta dónde llegó el agua! —Señaló las franjas marrones en las paredes de las cabañas.

—Ya —dijo Karl—. El agua nunca había subido tanto —admitió, pensativo. Agarró el caballo por las riendas y lo giró en dirección al establo—. Tal vez estuvo bien… lo de la casa de invitados —rezongó.

Julie lo miró desconcertada. Estaba preparada para tener que justificar sus acciones y la sorprendió oír lo que, viniendo de la boca de Karl, casi parecía un elogio.

Desde el poblado, el agua se había abierto paso hasta los campos, donde los daños no habían sido graves, sobre todo gracias a los esfuerzos de los esclavos. La lluvia constante había llenado los canales de desagüe, pero las plantaciones no habían quedado muy dañadas. Julie se volvió pensativa hacia las mujeres, que ya se estaban ocupando de los huertos situados tras las cabañas. Muchas plantas habían quedado destrozadas y no todas las gallinas habían sobrevivido, pero no había mujeres ni niños heridos. Julie contempló la escena, satisfecha.

—Pieter, tú también podrías haberte hecho cargo —le dijo Karl a su yerno durante la cena—. Yo estuve toda la noche en los campos, ¿y tú? ¿Quién tuvo que ocuparse de todo allí fuera? ¡Mi mujer!

Julie no podía creer lo que estaba oyendo.

Pieter se sonrojó.

—Estaba con mi mujer y mi hijo, me tienen sin cuidado los negros, todos saben nadar.

—Los negros son mis esclavos y he pagado un precio muy elevado por cada uno de ellos. Los necesito, sin ellos tú tampoco vivirías aquí, pero, claro, el señor doctor ni siquiera piensa en eso. —Era obvio que Karl estaba muy enfadado—. Tú siempre alardeas de que algún día quieres dirigir la plantación con Martina. ¡Pues eso no consiste en esconderte al calor de tu cama! —Una vez más, aceptó la copa que le ofrecía Aiku—. Juliette sí que actuó con prudencia.

Bebió a su salud y Julie forzó una leve sonrisa. Luego se levantó.

—Me retiro a la habitación, estoy cansada —anunció antes de dirigirse presurosa al dormitorio. Estaba agotada.

Kiri la siguió. La joven esclava parecía inquieta mientras ayudaba a Julie a ponerse el camisón.

—¿Te pasa algo, Kiri? —preguntó Julie, para animarla a hablar. Sabía que las esclavas nunca decían nada por iniciativa propia, no les estaba permitido.

—Oh, misi, no, pero... No lo sé.

—Dime.

Era evidente que Kiri se sentía incómoda.

—¿Qué piensa hacer misi Juliette...? Quiero decir..., ¿qué dirá masra Karl cuando...?

Julie se encogió de hombros.

—Kiri, no lo sé, no lo sé —contestó ella con toda sinceridad.

Kiri se dio la vuelta y expresó en voz alta lo que tanto la preocupaba.

—Bueno, misi, lo mejor es que masra Karl… piense que es el padre. Así masra Karl no…

Julia contempló a la chica, agradecida. Ella también lo había pensado. A decir verdad, no tenía elección. Si Karl se enteraba de que se había quedado embarazada y de que el niño no era suyo… Había estado devanándose los sesos para encontrar la manera de que encajaran todas las piezas. Hacía tiempo que Karl no venía a visitarla por la noche y ella… nunca se le había ofrecido, seguro que él desconfiaba si lo hacía. Julie soltó un suspiro.

—Kiri, ya lo sé, pero… no puedo…

Kiri asintió, sabía lo que ocurría en aquella cama. Más de una mañana había ayudado a Julie a lavarse y le había puesto pomada para curar las heridas y los desgarros que Karl le había provocado. De pronto, a la chica se le iluminó la cara.

—¿Y si el masra…? Hoy estaba contento con la misi… —Sonrió—. Oh, misi, ¿puedo irme un momento? Es importante.

Julie alzó el brazo con indiferencia.

—Puedes irte, estoy cansada y tengo que acostarme.

Ya había pasado la medianoche cuando llamaron a la puerta de Julie. Ella dio un respingo. Kiri entró a hurtadillas.

—¡Misi Juliette, no se asuste! —Se acercó a la cama de Juliette, los dientes que su sonrisa dejaba ver brillaban en la oscuridad.

—Kiri, ¿qué ocurre? —preguntó Julie, medio dormida.

—Misi, el masra. —Kiri señaló la puerta—. El masra quería venir sin falta a ver a la misi.

Julie miró confusa a Kiri.

—¿Y te ha enviado a…? —Cuando Karl quería algo de Julie, siempre entraba por la puerta de su dormitorio. Sin embargo, aquella vez fue la puerta que daba al pasillo y por la que acababa de entrar Kiri la que se abrió.

Karl apareció apoyado en Aiku, al que le costaba mantener en pie a su masra.

Kiri se encogió de hombros y la miró muy seria.

—Misi, el masra ha bebido mucho. —Aiku asintió para confirmarlo—. Pero quiere dormir con la misi…

—Jul… li… guett… —tartamudeó Karl, que se acercaba a trompicones a la cama colgado del hombro de Aiku. Julie retrocedió sin querer hasta el borde de la cama mientras Aiku le quitaba la ropa a su amo.

Julie arrugó la frente, pero dejó hacer a los esclavos. No dejaba de mirarlo, temerosa, pero enseguida se tranquilizó. En ese estado, Karl no suponía ningún peligro. Kiri se colocó de nuevo un momento junto a la cama de Julie y le susurró a Karl:

—Ahora el masra tiene que dormir, pero mañana por la mañana… el masra tiene que pensar que…

Por fin, Julie comprendía qué pretendía Kiri con ese ritual nocturno. Si Karl realmente había pedido que lo llevaran con ella, era un momento perfecto para su plan. Si pensaba que él y Julie… Apretó la mano de su esclava, agradecida.

Al día siguiente por la mañana, Julie saludó con especial amabilidad a Karl, bajo los efectos de la resaca. Él miró a su alrededor un momento, sorprendido, murmuró algo incomprensible y se fue dando tumbos a su dormitorio. Julie no volvió a verlo hasta la tarde.

Por la mañana, Julie se llevó a Kiri al jardín.

—Has estado brillante, Kiri, te lo agradezco de todo corazón. Pero ¿qué demonios le dio Aiku? ¡Karl se pasó toda la noche como si estuviera muerto!

Kiri le guiñó el ojo con una expresión pícara.

—Da igual, misi Juliette, da igual. —Luego se le ensombreció el semblante—. Pero ahora misi tiene que esperar un poco, hasta que...

Julie asintió y miró fijamente a la chica.

—Kiri, nadie debe saberlo, ¡no lo olvides!

—¡Voy a ser padre! —A Karl se le hinchó el pecho con aquellas palabras. Julie había esperado unas cuatro semanas para comunicarle la buena noticia. Por un momento, Karl se quedó pensativo, elucubrando sobre dónde y cómo...; luego, sonrió satisfecho.

—¡Oh, qué bien! —La alegría de Martina por Julie parecía sincera cuando se lo comunicaron al resto de la familia. Desde que Martin había llegado al mundo, la relación entre Julie y Martina se había distendido mucho.

Pieter, en cambio, torció el gesto con disgusto. Julie abrigaba la esperanza de que ni Karl ni Pieter hicieran cuentas en cuanto a la duración del embarazo. Casi había esperado demasiado. Dentro de pocas semanas tendría una buena barriga.

Con el anuncio del embarazo, cambió el ambiente en casa de

los Leevken. Amru y Kiri estaban más relajadas y la relación entre Julie y Martina continuó siendo bastante tranquila. El único que se mostraba de peor humor era Pieter. Karl, en cambio, estaba de buenas. Para sorpresa de Julie, también cambió su comportamiento hacia ella. Le hablaba en un tono más amable y los días que eran especialmente buenos incluso preguntaba por el estado del bebé. Una mañana dio instrucciones a los esclavos de la casa de que vaciaran la habitación de los niños, que había quedado abandonada. Cuando Julie salió de su dormitorio, intrigada por la inusual actividad que había en la planta superior de la casa, Amru ya estaba descolgando las últimas cortinas.

—¡Masra Karl dice que hay que arreglar la habitación para el nuevo bebé!

Julie estaba sinceramente sorprendida, parecía que su embarazo hubiera logrado retirar la lúgubre sombra que se cernía sobre aquella casa. Disimulaba, como podía, el hecho de que el niño que llevaba en su interior no fuese de Karl. A veces se apoderaba de ella una tremenda nostalgia de Jean, sobre todo cuando Martina y Pieter iban a la ciudad; pero este niño solo podía tener un padre, y era Karl. Se había resistido a aceptarlo durante mucho tiempo, pero era la única solución. No importaba lo que ella sintiera, tenía que ser fuerte por el niño, no podía ceder a sus sentimientos.

Pasadas unas semanas, ya no aguantaba más. Era septiembre y hacía casi cinco meses que no veía a Jean. Por dentro, ardía en deseos de volver a verlo, aunque fuera solo un momento, un instante.

—Bueno, yo también creo que Julie puede venir a la ciudad una vez más, pronto no podrá hacerlo durante un tiempo. —Martina estuvo de su lado, recordaba muy bien la época de después del parto. Julie estaba convencida de que Martina creía en la paternidad de Karl. Realmente, Valerie y Julie habían conseguido mantener en secreto los escasos encuentros furtivos entre ella y Jean. Por una parte, eso la tranquilizaba, pero por otra tenía remordimientos. Ella y su hijo tendrían que convivir siempre con aquellas mentiras.

Esta vez, en la ciudad, a Julie no le resultó tan fácil reservarse un momento para escabullirse. Martina había dado por hecho que Julie también se alojaría en casa de Valerie porque Pieter se quedaba en la plantación. A Julie no le gustaba la idea de dejar allí a Pieter, pero sus ganas de ver a Jean eran más fuertes que la razón.

—¿Qué vas a hacer tú sola en la casa de la ciudad? —dijo Martina y Julie no pudo replicar. De nuevo, fue Valerie quien salió al rescate y, una tarde, se llevó a Martina y a Martin a un salón de café.

—Juliette, estás un poco pálida, tal vez será mejor que descanses un poco —le dijo con firmeza.

Julie asintió agradecida y se retiró a su habitación hasta que la casa estuvo en calma. Sabía que estaba en deuda con su anfitriona. Corrió a llamar a un coche de plaza. Esperaba encontrar a Jean en su casa y que no estuviera trabajando, tenía que verlo sin falta. Cuando, poco después, llegó a su casa, la conciencia la hizo dudar. El embarazo ya era evidente: ¿qué iba a decirle? ¿Debía explicarle que el niño era suyo, o era mejor dejarle creer que Karl era el padre? Antes de que tuviera ocasión de encontrar respuesta a esas preguntas, se abrió la puerta de entrada y la señora Toomson asomó la nariz con expresión de curiosidad.

—Yo… quería ver al señor Riard, ¿está en casa? —balbuceó.

La mulata observó a Julie de arriba abajo y su mirada se detuvo sin disimulo alguno en la barriga de Julie. Luego, la mujer sonrió.

—No, misi, no está.

—¿Y cuándo volverá?

—No tendrá tanta suerte, misi, se fue hace unas semanas. He alquilado la habitación a otro inquilino.

—¿Se ha ido? —preguntó Julie aturdida, mientras miraba fijamente a la mulata—. Pero…

La señora Toomson se encogió de hombros.

—Ni idea. Recogió sus cosas, pagó el último alquiler y se marchó.

—Gracias. —Julie se dio la vuelta y volvió a subir al coche.

Se había ido. ¿Por qué? ¿Y adónde? ¿Se había ido a Europa o a América? ¿Por qué no le había dicho nada? ¿Es que Julie no era importante para él? Se le formó un nudo en la garganta, pero no fue capaz de llorar.

Al final del embarazo, a Julie la atormentaban unas pesadillas horribles. En sus sueños, admitía ante Karl que el hijo no era suyo, entonces él la echaba de casa y ella, como carecía de recursos, acababa abandonada a su suerte y vagando por la ciudad con el niño. A veces, se despertaba empapada en sudor. Al mismo tiempo, sentía un amor infinito hacia esa pequeña criatura que iba creciendo en su interior. Era su hijo, el hijo de Jean, el único hombre al que realmente había amado, y pensaba proteger a ese niño aunque para ello tuviera que mentir.

CAPÍTULO 10

Henry nació una mañana soleada y agradable del mes de diciembre, con tres semanas de antelación. Julie pasó toda la noche sometida a la tortura de las contracciones. Nunca habría pensado que sería capaz de soportar semejante dolor, pero, cuando tuvo en sus brazos a aquella dulce criatura de piel rosada, el recuerdo desapareció de inmediato.

—Un niño fuerte. —Amru sonrió satisfecha; Kiri también estaba radiante de felicidad y no se separaba de Julie. Las dos habían estado con su misi durante las últimas horas.

Karl acudió cuando el niño ya estaba lavado y dormía plácidamente entre paños limpios.

—¡Mi hijo! —Levantó al niño con orgullo y lo sujetó en alto a la altura de los ojos. De pronto, Julie temió que se diera cuenta de que el niño no era suyo, pero los ojos de Karl reflejaban felicidad; no había en ellos el menor rastro de desconfianza. Poco a poco, Julie se fue relajando. Si Karl no tenía dudas, nadie más sospecharía. Desde el primer momento, Julie dejó al pequeño Henry en los brazos de Kiri con toda confianza. Observó cómo Amru le explicaba con paciencia todo lo que debía saber sobre el cuidado del bebé, cómo tratarlo, cómo cambiarle los pañales y mucho más. Sabía que Kiri haría todo lo que estuviera en su mano por su hijo.

A diferencia de Martin, que durante sus primeros meses de vida había puesto toda la casa patas arriba, Henry era un niño tranquilo. No berreaba ni se enrabietaba ni se mostraba impaciente. Aguardaba con una serena y encantadora sonrisa de bebé a que alguien se ocupara de él y reía con alegría cuando le daban de comer.

Julie se recuperó del parto rápidamente y, en cuanto se puso en pie de nuevo, llevaba al niño en brazos a todas partes.

Karl la reñía:

—No lleves a Henry al poblado de los negros, quién sabe lo que se puede coger allí.

Pero Julie no se dejaba amedrentar.

—Tonterías, los esclavos están todos sanos y contentos, ¿qué puede pasar allí?

De vez en cuando, Kiri se quedaba mirando al niño, pensativa. A veces le daba miedo que alguien descubriera el engaño acerca del padre de la criatura, pero se esforzaba por olvidarlo. La misi interpretaba su papel con maestría, así que ella también lo haría.

Kiri reparó en que el masra Pieter siempre observaba al niño con recelo. Un día, la misi le había explicado por lo bajo que Pieter estaba enfadado porque se sentía destronado. Kiri lo pensó un rato hasta que comprendió a qué se refería: el masra Pieter veía peligrar su futuro en la plantación. Sin embargo, a ella le daba exactamente igual, no quería tener nada que ver con él, con su esposa o con su hijo. Desde el nacimiento de Henry, parecía que cada vez estaban más aislados de los demás. Tenían sus esclavos favoritos y hacían su vida tanto en la ciudad como en la plantación. Aunque en algún momento él llegara a dirigir la plantación, a ella no la afectaría, ella seguiría a misi Juliette.

Masra Karl organizó una fiesta en honor de su hijo recién nacido. A los esclavos les dieron medio día libre y por la noche obtuvieron permiso para celebrar una danza en la aldea. El masra incluso les regaló una porción extra de carne.

—Tienen que ver al niño ya como un buen masra —le dijo a la misi en presencia de Kiri, que escuchó sorprendida esta insólita preocupación por los esclavos.

Por supuesto, la fiesta brindaba una oportunidad perfecta a los cimarrones para atracar las barcas en la plantación. Una vez más, Kiri se preguntó cómo se enteraban tan rápido de esos acontecimientos. Antes de que hubieran reunido la leña para la hoguera, Dany, muy contento, ya había hecho su aparición en la aldea de los esclavos.

Últimamente, ella lo veía con otros ojos. ¿Era adecuado como futuro marido y padre de sus hijos? En realidad, ni siquiera valía la pena planteárselo. Dany era un cimarrón, jamás sería posible que ellos mantuvieran una relación oficial, aunque un día Kiri llegase a ser libre. Pero ¿quién podría comprar su libertad? Dany no podría reunir tanto dinero. Luego estaba la misi. ¿Iba a dejarla en la estacada? En ese momento, Kiri no quería, pero más adelante, cuando el pequeño masra Henry fuera mayor y la misi ya no la necesitara tanto, ¿qué iba a ser de ella? Kiri intentó apartar ese pensamiento de su cabeza, ahora era el momento de disfrutar de la noche.

El ambiente era distendido y el aguardiente corría a raudales, pero Kiri no bebía. Aún quería volver a la casa de la plantación, pues desde que Henry había nacido ella dormía en una estera al final del pasillo. Aunque no era muy cómodo, no quería renunciar a quedarse cerca para poder acudir en ayuda de la misi o del masra Henry si la necesitaban.

Sin embargo, cuando Dany la cubrió de cariñosos besos tras las cabañas, no pudo resistirse, así que cuando regresó corriendo a la casa de la plantación, acalorada y feliz, era bastante tarde.

Al atravesar el corral, vislumbró una sombra en el camino, pero iba tan distraída que no le prestó atención.

—Bueno, pequeña, ¿adónde vas? —Sintió el olor a *dram*. Masra Pieter se plantó amenazador delante de ella.

—Yo... tengo que ir con la misi... —Kiri intentó pasar de largo.

Él la agarró con fuerza del brazo y la empujó en dirección a la casa de invitados.

—Tu misi puede esperar un poco —respondió él con frialdad.

—¡No! De verdad que tengo que... ¡Por favor, suélteme! —Kiri había oído rumores sobre el masra, rumores espantosos... Un pánico terrible se apoderó de ella.

El masra no hizo caso de sus objeciones y la empujó escaleras arriba hacia sus dependencias. Su despacho, como él lo llamaba. Kiri nunca había entrado en aquellas habitaciones, masra Pieter solo permitía que entrasen allí sus esclavos favoritos. Abrió con un golpe brusco la primera puerta y empujó a Kiri hacia la penumbra de la habitación. Había mesas por todas partes con vasos de cristal de todos los tamaños y se notaba un peculiar olor acre.

—¡Tengo que ir con misi Juliette o saldrá a buscarme! —Kiri hizo un último esfuerzo por convencer al masra.

Él soltó una carcajada burlona.

—¿Buscarte? ¿Para qué iba a buscar a una negrita como tú? Estará durmiendo, como todos los demás. Sois vosotros, los negros, los que nunca tenéis suficiente. Danzas, fornicación… ¿Tu amiguito también estaba? —Agarró a Kiri del brazo y la atrajo hacia sí con fuerza—. ¿Te has abierto de piernas para él? Ven… Sé que eres servicial, como todas las negritas.

En ese momento, Kiri sintió miedo de verdad. El masra estaba borracho y ella había caído en una trampa.

—¡Por favor! —gimió—. Tengo que irme…

—¡Tú te quedas aquí! Me da igual con qué negros andes por ahí… Ahora vas a ser buena, o puede que el masra Karl se enfade mucho con tu delicada misi.

Kiri estaba muy rígida y le empezaban a flaquear las fuerzas. ¿Qué sabía el masra Pieter?

—¿Sabes? Estaba pensando… Eres igual de traidora y embustera que tu misi… —Dicho esto, le dio una fuerte bofetada en la cara y Kiri cayó hacia atrás en el estrecho catre que el masra utilizaba como cama cuando no dormía en la casa principal. Acto seguido, Pieter se abalanzó sobre ella, le arrancó la tela del torso, le separó las piernas y la penetró con violencia.

Kiri se quedó paralizada. Aunque el cerebro registraba el dolor que le estaba infligiendo, la inquietud de que podía perjudicar a la misi o al masra Henry si el masra Pieter se iba de la lengua y decía algo que en realidad no debía saber la llevó a no oponer resistencia.

Cuando terminó, Pieter le tiró del brazo para echarla de la cama y le dio un empujón hacia la puerta.

—¡Lárgate de aquí! Pero ten cuidado, si te llamo tienes que venir, ¿entendido? No lo olvides… Tu misi es una mentirosa y como el masra Karl descubra que…, que Dios os proteja.

Kiri no lo olvidó… A partir de ese día, cada vez que el masra Pieter la llamaba, recordaba sus palabras.

CAPÍTULO II

—Karl, solo con que gracias a esto la mitad de los negros ya no tengan fiebre tan a menudo, habrás salido ganando.

Pieter llevaba varios días tratando de persuadir a su suegro. No paraba de insistir en que la fórmula que había desarrollado era completamente segura, como habían demostrado los experimentos con indios. Mientras intentaba convencerlo, golpeaba con el dedo sobre un fajo de papeles que se empeñaba en ponerle delante a Karl, pero este se negaba a leer el artículo.

Julie arrugó la frente. Estaba sentada a la mesa, Martin ocupaba ya su propia sillita y Henry dormía tranquilo en una cesta junto a ella. En su interior, albergaba la esperanza de que Karl no cediera a los ruegos de Pieter. Aquellos experimentos médicos le resultaban sospechosos, pero no se atrevía a decirlo en voz alta para no provocar conflictos. Desde el nacimiento de Henry, Karl estaba mucho más afable. En ocasiones, incluso le recordaba al hombre con el que se había casado en los Países Bajos, pese a que su amabilidad iba más dirigida al niño que a Julie. Pieter, en cambio, cada vez estaba más celoso, era obvio, pero, como desde el incidente con los niños no mantenía una relación demasiado buena con su suegro, se reprimía. Pasaba la mayor parte del tiempo en su laboratorio, como él lo llamaba, que era la casa de invitados. Martina, Julie y los niños estaban tranquilos en la casa de la plantación. Desde que Henry había nacido, Martina se mostraba más retraída. La actitud relajada que había empezado a manifestar después de la boda se había enfriado notablemente: al fin y al cabo, Henry era un hermanastro con el que no contaba. Y eso de tener que compartir el favor de su padre…

A Martin le costaba aceptar al nuevo miembro de la familia y, cuando tenía la sensación de que todo el mundo se ocupaba solo del bebé, se echaba a llorar para llamar la atención.

—Pieter cree que puede ganar mucho dinero si introduce el medicamento en Surinam. —Como de costumbre, Martina procuraba hablar bien de las ocurrencias de su marido.

—Pero las cosas os van bastante bien. —Julie no comprendía la avaricia de Pieter.

—Sí, bueno, pero ahora que está Henry… Padre no oculta que le gustaría que Henry se hiciera cargo de la plantación.

Julie se echó a reír.

—Pero Martina, si no es más que un mico —respondió Julie señalando la cestita, entre risas—. Hasta que tenga edad para dirigir algo aquí…

De todos modos, las palabras de Martina le hicieron tomar conciencia de lo que realmente significaba el nacimiento de Henry: era el sucesor de Karl, el heredero varón de Rozenburg, aunque en realidad no fuera hijo de Karl. Enseguida trató de no pensar en eso. Henry era hijo de Karl, y no había más que hablar.

Finalmente, Pieter consiguió respaldo donde menos lo esperaba. Desde hacía un tiempo, los ánimos en la aldea de los esclavos estaban caldeados por el tema de la abolición de la esclavitud. A pesar de que no se iba a implantar hasta 1863, comenzaba a respirarse una mezcla de miedo y esperanza. Era palpable.

De forma insólita, aquella inquietud proporcionó a Pieter un argumento válido.

—Precisamente por eso, tenemos que empezar ya.

Karl estaba indignado con la decisión del gobierno de abolir la esclavitud. Como tantos otros propietarios de plantaciones, lo preocupaba mucho perder la mano de obra barata, y más aún después de las ideas que Pieter le inculcaba.

—¡Ya no podrás comprar esclavos con tanta facilidad, Karl! Tendrás que explotar la finca con lo que hay.

En ese aspecto, hasta Julie tuvo que darle la razón a Pieter. Había reflexionado mucho sobre aquello: si en la colonia ya no estaba permitido el comercio con esclavos y quedaba totalmente suprimida la esclavitud, los propietarios de las plantaciones se enfrentarían a un problema irresoluble. ¿Cómo iban a mantener a los esclavos en las plantaciones?

—Ya se les ocurrirá una solución —gruñó Karl, malhumorado.

—Pero sería una gran ventaja que los negros gozaran de una salud mejor.

Era obvio que Pieter empezaba a sacar de sus casillas a Karl y que este quería dar por zanjado el tema de una vez por todas. Julie no podía creer lo que estaba oyendo cuando su esposo dijo:

—Bueno, haz lo que tengas que hacer, pero deja a los niños y las mujeres al margen y escoge solo a algunos hombres prescindibles.

—¡Karl! —exclamó Julie indignada, levantándose de un salto—. ¡No puedes permitirlo! —Estaba realmente enfadada.

—Siéntate, Juliette —le ordenó Karl.

—¡Karl, por favor! —le suplicó ella.

Karl no se inmutó.

—He dicho que te sientes. Pieter tiene razón, tenemos que ver con qué podemos contar hasta el año que viene, y para eso hay que empezar ahora. Y si su pócima realmente sirve de ayuda...

—Si funciona, el año que viene, para la cosecha, tendríamos hasta un tercio más de personas, que de lo contrario no acudirían por culpa de la maldita fiebre. —Pieter se recostó en la silla con aire triunfal.

—Tal vez deberías probar antes el remedio tú mismo —le replicó Julie. Recordaba muy bien su sonrisa maliciosa de la última vez, cuando sus experimentos causaron vómitos a los niños. «Se recuperarán», fue la sentencia lapidaria de Pieter. Al principio, cuando Karl lo hizo responsable, se mostró muy tranquilo, seguramente para calmar a su suegro, pero no fue ni una sola vez al poblado a ver a los niños.

—¡Juliette! —El tono severo de Karl no dejaba lugar a dudas: la discusión había terminado.

Julie se sentía impotente. La indignaba profundamente no poder influir en la situación y que todo quedase en manos de Pieter. Lo único que podía hacer en ese sentido era vigilarlo personalmente. En su opinión, Pieter escogió un número excesivo de hombres. Estos aguardaban el «tratamiento» con expresión miedosa bajo el tejado de la gran casa comunitaria.

En la puerta había dos guardas apostados, para que ningún esclavo se atreviese a oponer resistencia.

—No os pasará nada, el remedio os ayudará —consolaba Julie a aquellos hombres para tratar de tranquilizarlos, aunque ni ella misma se lo creía.

Pasada una hora, todos recibieron una inyección y regresaron a toda prisa a la aldea de los esclavos.

—¿Cuánto tiempo tiene que pasar para saber si ocurre algo? —Aunque evitaba dirigirse a Pieter, Julie no pudo reprimir la pregunta.

Pieter esbozó una sonrisa burlona.

—Querida suegra —replicó en tono soberbio—, no pasará nada, salvo que estos hombres dejarán de sufrir ataques de fiebre.

Su actitud arrogante sacaba de quicio a Julie.

—Bueno, eso espero...

Al cabo de tres días exactos, empezaron a desfallecer los primeros negros.

—Son efectos secundarios normales —los informó Pieter, convencido aún de las bondades del remedio.

Un día, Karl se fue a la ciudad. Esa misma tarde murió el primer hombre.

Al día siguiente por la mañana, Amru estaba nerviosa y distraída. Julie jamás la había visto así.

—¿Ocurre algo, Amru? —le preguntó, preocupada.

—No, misi... Hay un problema en la aldea —dijo Amru,

con la voz entrecortada y la angustia reflejada en los ojos. Julie enseguida sospechó.

—¿Qué pasa? ¿Es que Pieter ha vuelto…?

—No, misi, pero… Esta noche han huido algunos de los hombres a los que masra Pieter trató.

—¿Han huido? —Julie no se lo podía creer. Abandonar el terreno de la plantación estaba penado con un severo castigo.

—Los hombres tienen miedo, misi, prefieren…

Julie se lo imaginaba: si el curandero del poblado no podía hacer nada más, los esclavos iban a consultar al curandero de cimarrones. No lo hacían porque tuviera mejores conocimientos médicos, sino porque los esclavos creían que ese hombre tenía un contacto más directo con los espíritus que su chamán.

—Piensan que van a morir —anunció Amru con la mirada gacha.

Julie tragó saliva.

—Y no puedo reprochárselo. ¿Ya lo saben los *basyas*?

Si desaparecía un esclavo, los guardas tenían órdenes estrictas de salir a buscarlo de inmediato con los perros. Y cuando esos animales amaestrados, una vez sueltos, lograban atrapar a un negro… Julie se estremeció. En el campo de la plantación, le había visto las heridas de mordeduras cicatrizadas a un anciano esclavo. En comparación con los perros, el látigo era un mal menor, eso lo sabían todos los esclavos. Amru negó con la cabeza.

—Bien. —Si los guardas no lo sabían, existía al menos la posibilidad de que aquello acabara bien. Era el momento de actuar—. Pero los hombres quieren volver, ¿no?

Amru asintió, nerviosa.

—¡Por supuesto, misi, todos tienen familia aquí!

—Dios mío, pero ¿dónde se ha metido? —Julie llevaba más de dos horas con Kiri junto al río. Estaban esperando a Karl. Julie no paraba de correr por la orilla, nerviosa, seguida por Nico, que revoloteaba igual de inquieto.

A Julie le pareció que lo mejor era ir a buscar a Karl al río. Tenía que oír su versión de lo ocurrido y tal vez así podría convencerlo de que esperase a que los hombres regresaran por su propio pie en lugar de organizar una cacería de esclavos.

—Juliette, ¿qué haces aquí a oscuras, en el agua? —espetó Karl, enfadado, al verla allí.

—Karl, tenemos que hablar, Pieter…

—Hoy no, Juliette, estoy cansado. Aiku, lleva mis cosas a la casa. ¡Y tú, bicho, fuera! —Le dio una patada a Nico y algunas de sus plumas salieron volando. El pájaro desapareció en la oscuridad.

A Julie le costaba respirar y estaba a punto de estallar de rabia, pero se contuvo porque tenía una misión más importante. Pese al mal humor de Karl, tenía que intentar hablar con él.

—Karl, por favor, es importante, Pieter ha… Los hombres…

—¿No puede esperar a mañana? —Con brusquedad, Karl empujó a Julie a un lado para abrirse paso hacia la casa.

—¡Karl! Ya ha muerto un hombre… Los demás…

Karl se dio la vuelta.

—¿Cómo dices? —En ese instante a Karl se le ensombreció la mirada y acto seguido se dirigió a la aldea de los esclavos. Por el camino, entre las sombras de los setos que flanqueaban el sendero de la aldea, apareció Jenk.

—Masra Karl.

—Jenk, ¿qué haces aquí? ¿Por qué no estás en el poblado? —Karl parecía muy sorprendido.

—Masra Karl, por favor. —Jenk se colocó de rodillas delante de su masra—. Los hombres... tienen miedo... Volverán. —En el fondo, como chamán y curandero, Jenk era también el jefe de los esclavos. El peso de todo lo que ocurría en el poblado recaía inevitablemente sobre sus hombros.

—¿Volver? ¿Eso significa que...? ¿Los guardas están ya en camino?

Jenk negó con la cabeza sin levantar la mirada.

—Masra, le aseguro que volverán, por favor...

—¿No has informado a los guardas?

—Karl, por favor, escúchale. —Julie se temía lo peor.

—No te metas, ¿es que querías proteger otra vez a tus amigos negros? —se encolerizó Karl.

—Karl, si Pieter no...

Karl se volvió hacia Jenk y agarró el látigo que llevaba siempre en el cinturón.

—Que me traiciones y encima a mis espaldas... Hay negros rebeldes por todas partes... —El primer latigazo le dio en los hombros—. Si alguien huye, tienes que comunicarlo... —El siguiente latigazo le dio más abajo.

—¡Karl, para! —Julie quiso interponerse entre Karl y Jenk, pero Kiri se le adelantó. Con mucho arrojo, apartó a un lado a su misi antes de que recibiera el siguiente golpe. Julie tropezó y cayó de rodillas, de modo que Kiri recibió un latigazo en toda la cara y cayó al suelo.

—¡Maldita panda de negros! ¿Ahora se van a volver todos unos díscolos? ¡Esto es increíble! —bramó Karl enfurecido.

—¡Karl, para!

Pero Karl estaba fuera de sí y volvió a levantar el brazo para pegar a uno de los esclavos que estaban en cuclillas delante de él. Kiri se tapaba la cara con las manos y Jenk estaba agachado a la espera del siguiente latigazo.

Julie se acercó a Karl dando tumbos, estaba como poseída por el horror de aquella escena. ¡Esa gente no había hecho nada! Se golpeó la pierna contra algo duro y lo agarró por instinto. Comprobó con asombro que lo que sostenía en la mano era un remo.

—¡Karl! —gritó, desesperada, pero este estaba concentrado en sus víctimas. A Kiri le corría mucha sangre entre las manos, Julie casi podía olerla y, de pronto, comprendió que Karl iba a matar a la chica si ella no hacía nada por impedirlo. Julie hizo acopio de todas sus fuerzas y enarboló el remo en el aire. Cuando le dio a Karl en la nuca, se oyó un ruido sordo. Karl se quedó inmóvil un instante y giró la cabeza. Lanzó una mirada a Julie que reflejaba su asombro. Luego se derrumbó en suelo como un árbol que se desploma. Julie dejó caer el remo a un lado y fue corriendo hacia Kiri, que estaba acurrucada en el suelo, sollozando.

—Kiri, ¿estás bien, Kiri? —le preguntó con ternura. Julie le apartó las manos de la cara con cuidado—. Kiri, déjame, ver, por favor. ¡Kiri!

Cuando finalmente la muchacha se descubrió, Julie se quedó boquiabierta. El latigazo le había cruzado el rostro. A la altura del párpado izquierdo tenía una profunda herida en la piel; brotaba tanta sangre de ella que Julie no le veía el ojo.

—¿Jenk? —exclamó con un hilo de voz—. ¡Jenk, tenemos que ayudarla!

Cuando Julie se dio la vuelta, vio a Jenk inclinado sobre Karl. Jenk también tenía los hombros llenos de cardenales ensangrentados.

—¡Jenk!

—Misi Juliette…, el masra, creo que…

—¡Ven aquí a ayudarme! —exclamó Julie, esta vez casi gritándole, mientras intentaba incorporar a Kiri. La muchacha parecía inconsciente, estaba como dormida en brazos de Julie.

—¡Por todos los espíritus! —Jenk se colocó junto a Julie y examinó la herida de Kiri.

—Jenk, ayúdala, por favor, ¡tienes que ayudarla!

El anciano se agachó y levantó a Kiri en brazos a pesar de sus propias heridas.

—Voy a llevarla a la aldea, misi. —Julie también se levantó para seguirlo—. No, misi —dijo Jenk, con firmeza, y le señaló a Karl—. Misi debería… El masra.

En ese momento, Julie se volvió hacia Karl, que yacía en el suelo, inmóvil.

—¿Está…?

Jenk asintió, se volvió y se marchó con Kiri.

Julie se quedó petrificada. Pero ¡si solo le había dado un golpe! ¡No podía ser! Karl era un hombre fuerte… Aturdida, se arrodilló junto al cuerpo inerte de Karl. ¡Karl estaba muerto! Julie se sentía confusa. No quería a aquel hombre, no, pero en cierto modo… tampoco deseaba eso. Al fin y al cabo, era él quien la había traído a este país. Era su marido. ¡Era una asesina! No… Había sido en defensa propia. Pero ¿la creerían? ¿Qué ocurriría a partir de entonces? A Julie le daba vueltas la cabeza. ¡Henry! ¿Y si la detenían? Un accidente… ¡Había sido un accidente! ¿Qué iba a hacer ahora?

Agarró el remo y lo observó por un instante, luego lo lanzó al río. Cuando se lo llevó la corriente, dio media vuelta y se fue corriendo hacia la casa.

Pieter y Martina estaban en el salón.

—¡Pieter! —gritó desde la puerta, sin aliento—. Pieter… Karl ha resbalado en el río y… una piedra, creo, había una piedra… y él…

Pieter se levantó de un salto y salió corriendo.

—¡Oh, Dios, padre! —Martina también quiso salir corriendo tras él, pero Julie la agarró del brazo.

—Martina, quédate aquí.

—Pero tengo que… —replicó intentando soltarse.

—¡Martina! —insistió Julie y sacudió la cabeza con vehemencia.

CAPÍTULO 12

Martina estaba desconsolada.

Cuando regresó del río, Pieter confirmó la muerte de Karl. Ordenó a Aiku y a un par de esclavos más que llevaran al masra hasta una habitación de la casa de invitados.

—Tiene una fractura en el cráneo. Dios sabe con qué se habrá golpeado —le explicó a Martina, que sollozaba sin parar, y, de reojo, le lanzó una elocuente mirada a Julie.

Julie guardó silencio.

Martina insistía en velar el cuerpo sin vida de su padre.

Julie no sabía si Aiku, Amru o Pieter habían lavado y amortajado el cuerpo. A ella le daba igual. Todo el tiempo que pasó sentada junto al cadáver de su marido estuvo como en trance. En cuanto salió de la casa de invitados, se marchó con paso presuroso a la aldea de los esclavos.

Jenk había llevado a Kiri a la cabaña de Amru para poder cuidarla. Julie se asustó al ver a la criatura, que llevaba una gruesa venda alrededor de la cabeza y tenía la cara hinchada y amoratada. Las heridas de la muchacha la sobrecogían mucho más que la muerte de Karl. Cuando se acuclilló junto al lecho de

Kiri, las lágrimas le surcaron las mejillas. Para colmo de desgracias, la muchacha sufría un terrible acceso de fiebre. No estaba consciente y no reaccionaba a las palabras de disculpa que Julie le susurraba al oído. Amru entró detrás de Julie y le posó la mano en el hombro para consolarla. Si bien se trataba de un gesto insólito tratándose de una esclava, Julie agradecía mucho tener a Amru a su lado, aunque ni siquiera el consuelo maternal de la esclava conseguía aliviar el peso de la culpa que sentía.

—¿Amru? Se va a poner bien, ¿verdad? —le preguntó con la voz entrecortada.

—Misi, por ahora tenemos que esperar. La fiebre todavía es alta... —A cada rato, Jenk iba dándole a Kiri un bebedizo.

—¿Volverá algún día a..., me refiero a...? ¿El ojo?

Jenk le lanzó a Julie una mirada triste.

—No sé, misi Juliette, eso no lo sabremos hasta que no le retire el vendaje.

Amru acarició el cabello de Kiri.

—Pobre muchacha... Menos mal que... —agregó mordiéndose los labios.

—¿Qué? —preguntó Julie con gesto interrogante.

Amru suspiró y acto seguido miró a Julie con expresión grave.

—Menos mal que al bebé no le ha pasado nada.

—¿Al bebé? —Julie necesitó un momento para asimilar lo que Amru acababa de decir—. ¿Quieres decir que Kiri está...? No me había dicho nada.

Amru se limitó a encoger los hombros.

—Yo tampoco sospechaba nada hasta que... Bueno, al final eso se sabe.

Julie no sabía si Jenk o Kiri habían visto lo que en realidad había ocurrido en el río. Karl resbaló y se golpeó la cabeza. Esa era la versión oficial y nadie la cuestionaba.

Karl fue enterrado en la parte trasera del jardín un caluroso día de abril. En el mismo lugar donde en su día se colocó una cruz en honor de Felice, aunque solo para recordarla, pues su familia había insistido en enterrarla en el sepulcro familiar de Paramaribo.

Kiri se recuperaba muy despacio. Pasado un tiempo, volvieron a llevarla a su cabaña, donde la vieja Orla se encargaba de cuidarla. Julie iba a visitar a la muchacha todos los días y se pasaba horas en silencio sentada a su lado. Solía colocar el canasto de Henry junto a la cama de Kiri. Aunque ella no fuera capaz, tal vez los suaves y alegres gemidos de Henry lograran devolver la conciencia a Kiri.

La vieja Orla suspiraba ruidosamente de cuando en cuando y humedecía los labios de Kiri con un poco de agua.

Cuatro días después del entierro de Karl, Aiku se presentó en la cabaña de Kiri. Cuando vio que el esclavo le entregaba un pequeño envoltorio y volvía a marcharse, Julie lo miró sorprendida. Desenvolvió la tela y dentro del envoltorio descubrió el anillo de Karl. Julie no quiso tocarlo. Se trataba de una joya extraña cuyo significado jamás había llegado a comprender. Por un momento, le vino a la mente el hotel de Ámsterdam donde había reparado por primera vez en el anillo que Karl llevaba en la mano. Le pareció que desde entonces había transcurrido una eternidad.

Orla se quedó mirando el anillo con ojos turbios y acto seguido murmuró algo incomprensible. Julie advirtió que el rostro de la anciana reflejaba miedo, rabia y odio.

—Orla, ¿qué tiene de especial este anillo? —preguntó Julie con cautela.

Orla agachó la mirada. Julie no contaba con obtener una respuesta, pero al poco la vieja esclava arrancó a hablar en voz baja:

—Misi… Mi hijo nunca hizo nada malo. Lo que unen los dioses los hombres no deberían condenarlo. Pero los blancos opinan de otra manera. Una mujer blanca y un hombre negro… Si hay algo que un hombre no debe contar, le cortan la lengua. Si uno desea convertir a una persona en su criado para siempre, debe cortarle también alguna parte del cuerpo, quemarla y llevarla consigo. Así ha sido durante generaciones, cuando nuestros antepasados todavía poblaban esta tierra. Es un castigo terrible, el peor que puede haber.

A Julie estuvo a punto de caérsele el anillo de la mano.

—Oh, Dios mío, ¿no querrás decir entonces que en este anillo…?

Orla se encogió de hombros.

—Cuida de Henry, ahora mismo vuelvo —dijo Julie y salió corriendo de la cabaña. De pronto, encajó todas las piezas de la historia que había acontecido allí años atrás. Aiku, Felice, el bebé…

Echó a correr entre las cabañas, pero no encontraba a Aiku. Al emprender el camino hacia la casa principal, divisó la figura del esclavo junto al río. Llegó sin aliento y se colocó a su lado.

—Aiku… —Él bajó la mirada—. Yo no tenía ni idea.

Tomó la mano del esclavo y le entregó el anillo. Unas lágrimas resbalaron por el rostro del hombre cuando levantó la mirada con una expresión de profundo agradecimiento. A la mañana siguiente, se había marchado y, pocos días más tarde, la vieja Orla desapareció también de la cabaña de Kiri.

CAPÍTULO 13

A Kiri la atribulaban unos sueños confusos. La fiebre era un tormento físico y solo dejaba espacio a la lucidez de forma esporádica.

No sabía cuánto tiempo llevaba allí tumbada y tampoco qué había ocurrido. Poco a poco, fue recobrando los sentidos, hasta que llegó el día en que abrió los ojos y consiguió distinguir lo que sucedía a su alrededor.

Tenía la vista nublada y tardó un tiempo en deducir que le ocurría algo en los ojos. Con gesto dubitativo, hizo ademán de palparse la cara con la mano derecha, pero una mano ajena se lo impidió haciendo un movimiento delicado.

—No, Kiri.

Kiri sabía que había oído antes aquella voz, pero le costó recordar a quién pertenecía.

—¿Dany? —preguntó con alegría.

—Sí. —Dany le tomó la mano izquierda y se la estrechó.

—¿Qué ha pasado?

—Has tenido un…

—… accidente —dijo una segunda voz.

—¿Amru?

Kiri intentó de nuevo tocarse la cara. En esta ocasión, le permitieron hacerlo. Fue palpando cuidadosamente con los dedos la zona del ojo izquierdo. Tenía la piel dolorida e hinchada y pudo palpar una gran cicatriz que atravesaba el ojo en diagonal. La muchacha se asustó y trató de abrirlo con todas sus fuerzas, pero no ocurrió nada.

—Mi ojo, ¿qué le ha pasado a mi ojo? —exclamó tratando de incorporarse.

—Quédate tumbada, Kiri —oyó que le ordenaba la voz de Amru.

Kiri intentó enfocar con el ojo derecho, pero tenía que realizar un esfuerzo ímprobo.

—Kiri, por favor. —De nuevo era la voz de Dany. Estaba sentado en el lado izquierdo de la cama. Al principio, por mucho que girase la cabeza, no lograba verlo.

—¡Oh, no! Me he quedado ciega… ¿Me he quedado ciega?

Dany le apretó con fuerza la mano izquierda; no se la había soltado en ningún momento.

Con la otra mano, Kiri quiso volver a tocarse el rostro, pero Dany la agarró y la estrechó también entre las suyas.

—Kiri, todo irá bien, lo importante es que te hayas recuperado. Has tenido una fiebre tan alta… Por momentos creímos…

A Kiri comenzaron a asaltarle imágenes de aquella noche en el río, y la misi…

—¿La misi…?

—La misi está bien, pero ha estado muy preocupada por ti —contestó Amru con dulzura.

—¿Y el masra?

Amru meneó la cabeza.

Al cabo de unas horas, Julie fue a visitar a Kiri y se llevó una alegría tremenda al comprobar que había vuelto en sí, pero Kiri advirtió enseguida que tras el gesto alegre había un velo sombrío. Se preguntó qué habría pasado durante su convalecencia, pero no se atrevió a manifestar en voz alta su inquietud.

Julie sacó al pequeño Henry de su canasto y lo colocó al lado de Kiri.

—Te ha echado mucho de menos, Kiri —dijo con suavidad.

Kiri le tendió un dedo al pequeño masra, este lo agarró con los suyos y lanzó un gemido de satisfacción.

Julie escogió las palabras con gran cautela.

—Kiri, ¿por qué no dijiste nada de…? Bueno, ya sabes…

Al principio, Kiri no comprendió de qué hablaba Julie, pero luego giró la cabeza a un lado. No quería que la misi viera cuánto la atormentaba ese tema.

—Misi, yo pensé… No quería…

—Pero Kiri, ¡es algo hermoso! Mira, Henry todavía no es muy grande y tu bebé… será un amigo para él, estoy segura.

Kiri intentó sonreír.

—Sí, misi, ¡seguro que sí!

—¿Y quién es el padre? ¿Tienes un novio?

Kiri asintió. Nunca le había hablado de Dany. Ya era lo bastante peligroso que se atreviera a moverse con plena libertad por la aldea de los esclavos. Como cimarrón, Dany no tenía derecho a estar allí y siempre existía el peligro de que los *basyas* lo descubrieran o de que el masra acabara enterándose. Pero el masra ya no estaba, eso a Kiri sí le había quedado claro. Él también había tenido un accidente.

Sin saberlo, Julie estaba hurgando en el más oscuro y recóndito secreto de Kiri. La incertidumbre sobre la paternidad pesaba como una tremenda carga en el corazón de la joven esclava. No sabía si Dany era en verdad el padre del bebé o...

Durante ese tiempo, el masra Pieter la había llamado varias veces. Kiri procuraba desterrar de su cabeza la humillación y el dolor que le infligía. En más de una ocasión, estuvo a punto de rebelarse, pero luego pensaba en las consecuencias y se contenía. No permitió que nadie se enterase; ni siquiera la misi se había dado cuenta.

Ahora el masra Karl estaba muerto. El masra Pieter ya no podía revelarle el secreto de que Henry en realidad no era hijo suyo. Quizás a partir de ese momento dejaría de atormentarla. Ahora, la misi sería la dueña y señora de Rozenburg y todo comenzaría a ir bien. Y quizás el hijo que llevaba en las entrañas fuera de Dany... Nada anhelaba en el mundo más que eso.

CAPÍTULO 14

Julie no sabía cómo iban a ir las cosas en la plantación tras la muerte de Karl. El tiempo apremiaba y tarde o temprano debían tomar una decisión. Pieter, por supuesto, se hizo con la dirección de inmediato, pero Julie no tenía ni idea de cómo marchaban los negocios. Martina continuaba de luto por su padre.

Julie vivió la primera semana tras la muerte de Karl como un mal sueño. La asaltaba constantemente el miedo a que se descubriera lo que había sucedido. Aunque Jenk y Kiri mantenían su silencio, Julie no estaba segura de si sabían la verdad de lo ocurrido.

Jenk le explicaba a todo el mundo las heridas de Kiri diciendo que había sufrido un accidente en el pozo. Una de las cadenas se soltó, salió disparada y le golpeó en la cara.

De las señales del propio Jenk nadie se preocupó porque casi todos los esclavos tenían la espalda marcada.

Pieter no mostró interés en ningún momento por lo que le había sucedido a la esclava de cámara de Julie. Martina fue la única que le preguntó a Julie en una ocasión. Cuando se hubo recuperado del susto, esta le contó la historia del pozo.

—¡Qué espanto! ¿Se recuperará? Vaya, parece que no corren buenos tiempos. —Martina no parecía abrigar la menor sospecha de que aquello guardara relación con la muerte de su padre.

En ese momento, Julie venía de visitar a Kiri en la aldea de los esclavos. Era un día relativamente fresco del mes de mayo. Nada permitía adivinar la injusticia que habría de ocurrir aquel día.

En el porche, se encontró con Pieter, que estaba desmadejado en una silla con los pies en alto y la recibió con una desagradable sonrisa.

—¿Qué? ¿Vienes de ver a tus amiguitos negros? Como habrás comprobado con tus propios ojos, los hombres están todos sanos y salvos, así que la prueba ha sido todo un éxito.

Los esclavos huidos habían regresado a la plantación. Con el alboroto del «accidente» de Karl nadie había reparado en su ausencia. Al final, los hombres se reestablecieron, pero aun así otro de los esclavos acabó muriendo como consecuencia del tratamiento de Pieter.

—¿Todo un éxito? —Julie cerró el puño con rabia—. ¡Han muerto dos hombres!

—Dos de sesenta —puntualizó él.

Julie no tenía ganas de discutir con Pieter sobre el sentido o el sinsentido del experimento. Cuando intentó proseguir su camino hacia la casa, él le cerró el paso con brusquedad.

—Tú y yo tenemos que hablar.

Julie no presintió nada bueno; se quedó de pie en la entrada del porche.

—¿Qué quieres? —preguntó con sequedad.

—A partir de ahora me haré cargo oficialmente de la dirección de la plantación.

Julie contaba con que algún día surgiría esa conversación y llevaba tiempo madurando sus argumentos. Intentó mostrarse serena y contenida a pesar de que por dentro le hervía la sangre.

—En mi opinión tú no eres quién para tomar semejante decisión. Como descendiente varón, la plantación le corresponde a Henry y, por tanto, a mí, como madre de Henry…

Pieter soltó una estridente risotada, se levantó de la silla, se acercó a Julie y la miró fijamente con ojos amenazadores.

—¡Tú y tu hijo bastardo no tenéis absolutamente nada que decir aquí!

—Henry…

—¡Vamos, cállate! Que Karl fuese tan estúpido y permitiese que le endosaras ese hijo ilegítimo es algo que aún hoy sigo sin comprender. Pero, Juliette, yo soy médico. Hace ya mucho tiempo que Karl no podía engendrar hijos… De lo contrario la puta negra con la que se entendía en la ciudad habría seguido trayendo muchachos al mundo. E incluso tú misma habrías tenido descendencia mucho antes… Ni hablar. Ese mocoso tuyo no es hijo de Karl.

A Julie empezaron a temblarle las rodillas. Tambaleándose, se acercó a la baranda del porche para agarrarse.

—Karl reconoció a Henry como hijo propio y en los papeles figura…

Pieter la interrumpió levantando la mano.

—¿Y dime? ¿Qué quieres hacer? ¿Dirigir tú la plantación hasta que el muchacho tenga edad suficiente para tomar las riendas? No, yo me encargaré de que la dirección de la plantación quede en mis manos.

—¡No lo vas a conseguir, Pieter! —replicó Julie con un brillo colérico en los ojos.

—Sí, por supuesto que lo conseguiré, querida suegra, y tú no te opondrás en ningún momento. Sería una verdadera lástima que el niño tuviera que crecer sabiendo que su madre está entre rejas. Me refiero al «accidente» de Karl, tú ya me entiendes.

Julie notó que su rostro perdía completamente el color. ¡Pieter lo sabía todo! La tenía acorralada. Julie lo apartó a un lado de un empujón y entró en la casa hecha una furia.

Menos de una semana más tarde, Julie, Martina y Pieter se encontraban sentados ante la inmensa mesa del juez. Julie estaba tan nerviosa que ni siquiera fue capaz de retener el nombre de aquel señor.

Hasta el último minuto, no dejó de darle vueltas al asunto de cómo evitar lo que estaba a punto de suceder, pero no se le ocurrió nada. Si Pieter decidía contarlo todo…

El juez miró los papeles por encima de la montura de las gafas, que llevaba colocadas sobre la punta de su aguileña nariz, pasó unas cuantas hojas y se dirigió a Pieter con expresión de satisfacción.

—Yo creo que está todo arreglado. —El juez le lanzó una mirada elocuente a Julie y, con los codos apoyados sobre la mesa, cruzó las manos como en actitud de oración—. Mevrouw Leevken, quisiera transmitirle de nuevo mi más sentido pésame. Estoy seguro de que tendrá muchas preguntas. Por fortuna, su yerno se ha mostrado dispuesto a ocuparse de todo y a velar por los intereses de la familia. A usted, por supuesto, le corresponde una paga de viudedad. Y su yerno —agregó señalando con un cortés asentimiento de cabeza a Pieter— se ocupará de la plantación. Imagino lo difícil que será para usted…, y más aún siendo tan joven…, haber perdido a su marido. Pero no debe preocuparse por nada.

—Juliette, Pieter se ocupará de todo. —Martina se enjugó una vez más las lágrimas de las mejillas con un pañuelo y acarició el brazo de Julie.

El juez prosiguió:

—Para poder disponer de acceso a las cuentas, es preciso formalizar el traspaso de la tutela de Henry Leevken. —El juez entregó a Pieter otro papel y le alcanzó una pluma—. El resto podrán acabar de arreglarlo con el banco.

Julie pegó un respingo.

—¿La tutela?

El juez le dedicó una mirada clemente.

—Así es, mevrouw Leevken. Para poder administrar la herencia de su hijo, su yerno debe tener la tutela. Solo de ese modo su yerno podrá gestionar los negocios y la plantación en nombre de su hijo. Tengo entendido que ustedes han hablado ya de ese asunto.

Pieter fulminó a Julie con una dura mirada.

—Por supuesto, así es… —concedió Julie agachando la cabeza.

Se limitó a presenciar con resignación cómo Pieter estampaba su firma en los papeles. No tenía otra salida.

Durante los siguientes días, los peores temores de Julie se hicieron realidad. Desde que Pieter se había hecho cargo de la dirección de la plantación, ella se sentía completamente arrinconada. Karl, al menos, solía dejarle cierto margen de libertad, pero Pieter no admitía ninguna clase de intromisión en todo lo que guardaba relación con la plantación y los esclavos. Julie tuvo que limitarse a presenciar cómo Pieter reducía las raciones al mínimo y suprimía todas las ayudas que hasta ese momento les proporcionaban a los esclavos.

—Que les compren a los cimarrones todo lo que necesiten. ¿Por qué voy a invertir yo en tejidos, ropa o hamacas? —renegaba él.

Lo único que sí dejaba en manos de Julie era todo lo relacionado con Kiri, ya que al fin y al cabo era su esclava de cámara. De esa forma, por lo menos, Julie pudo conseguir que Kiri recibiera raciones más generosas que el resto de los esclavos ahora que estaba embarazada. Amru también estaba descontenta. Pieter anunció que las comidas en la casa de la plantación iban a dejar de ser tan opulentas. Vigilaba de cerca la despensa de alimentos de la casa, igual que controlaba todos y cada uno de los asuntos de la plantación. Julie jamás habría permitido algo así, pero estaba atada de pies y manos. Pieter le había dejado totalmente claro que no dudaría ni un instante en ponerla en la picota si se le ocurría llevarle la contraria.

Al cabo de tres semanas, Julie tenía la sensación de que Pieter no la dejaba ni respirar.

Martina tampoco era de gran ayuda. Idolatraba a Pieter y no comprendía por qué Julie, al parecer, no podía soportarlo.

—Lo único que intenta es mantener la plantación, Juliette.

—¿Y para eso tiene hacer pasar hambre a los esclavos, Martina? Eso no lleva a ninguna parte.

—Vamos, Juliette, ¿por qué no confías por una vez en él?

En ese momento, Julie tuvo la tentación de contarle a Martina unas cuantas cosas sobre su marido y el tema de la confianza. Pero no dijo nada. Debía pensar también en Henry.

Julie no podía soportar esa situación, necesitaba salir de allí. Si se marchaba a la ciudad, tal vez conseguiría descubrir algo sobre el paradero de Jean. Por más que se devanaba los sesos, no recordaba ningún dato que pudiera servirle de punto de partida para encontrarlo. Quizá Valerie Fiamond supiera algo. Ella vivía en la ciudad y conocía a mucha más gente que Julie. Tal vez con su ayuda Julie lograría averiguar algo. Necesitaba saber dónde estaba. Ahora que Karl había fallecido… Seguro que a Jean se le ocurriría una idea para resolver el problema de Pieter y puede que con su ayuda incluso consiguieran echarlo de la plantación, aunque eso implicara contarle por qué este la tenía entre la espada y la pared… Cualquier cosa sería mejor que estar allí. Ahora era cuestión de tiempo que Rozenburg acabase en la ruina. De eso no cabía la menor duda.

Unos días más tarde, cuando estaban sentados a la mesa, Julie reunió todo su valor y preguntó:

—Pieter, ¿qué te parecería que yo me trasladase a la casa de la ciudad? Vosotros…, cuando vais a la ciudad, soléis alojaros en la residencia de los Fiamond. Nadie utiliza la casa de la ciudad…, así que yo podría…

—¿Quieres marcharte? —le preguntó Martina mirándola con estupefacción.

—Me gustaría pasar una temporada en la ciudad, sí.

Pieter arrugó la frente y la miró con desconfianza. Después, se encogió de hombros…

—Si eso es lo que quieres…

A Julie la sorprendió la rapidez de la concesión, pero se sintió aliviada.

—Muy bien, entonces partiremos dentro de unos días.

—¿Partiremos? ¿Quiénes? —preguntó Pieter soltando una risotada socarrona.

—Henry, Kiri y yo…

—Juliette, ¿has olvidado que yo tengo la tutela de tu hijo?

—No, pero…

—No hay peros que valgan. Henry se queda en Rozenburg.

—¡No pretenderás ahora arrebatarme a mi hijo!

—Puedes quedarte aquí si no quieres separarte de él.

Otra vez aquella misma mirada.

Julie se estremeció.

Durante las horas siguientes, Julie se rompió la cabeza tratando de pensar qué debía hacer. Allí en la plantación nada cambiaría, tenía que encontrar a Jean. Y desde la plantación jamás podría averiguar dónde estaba. Pero ¿podía dejar a Henry allí solo? El bebé acababa de cumplir cinco meses.

Pieter no le haría nada a Henry, el niño era el legítimo heredero de Rozenburg. Y Martina también estaba allí. Aunque entre ellas se respiraba cierta tensión, lo cierto era que, una vez superadas las reservas iniciales, Martina trataba a Henry como si fuera su propio hijo. Amru también podía encargarse de cuidarlo.

No estaría fuera mucho tiempo, quizás unas semanas. Y siempre podía regresar a la plantación.

Finalmente, pudieron más los deseos que tenía de ver a Jean. Él sabría qué hacer y la ayudaría a salvar la plantación de las manos de Pieter.

Julie llamó a Kiri.

—Kiri, pasaré una temporada en la ciudad.

—¿Quiere que prepare el equipaje, misi?

—Sí, por favor.

—¿Cuándo nos vamos?

Julie se acercó a la esclava y le puso las manos en los hombros.

—Kiri, escúchame, esto no es fácil para mí, pero… —Soltó a Kiri y se apartó de ella—. Me marcho sola. Tú te quedarás aquí con Henry.

—Pero… —tartamudeó Kiri. Su voz reflejaba la decepción que la noticia le producía.

—No hay peros que valgan, Kiri, bastante difícil es todo esto para mí. No permiten que me lleve a Henry y tú eres la persona en la que más confío. ¡Tienes que quedarte para cuidarlo!

—Por supuesto, misi —asintió Kiri agachando la mirada. Julie se percató de que estaba llorando.

—Kiri, no tardaré en volver, te lo prometo.

—Sí, misi.

Lo que Julie no sospechaba era que no iba a poder mantener su promesa.

No es oro todo lo que reluce

Surinam, 1862
Paramaribo

CAPÍTULO 1

Julie sudaba bajo el sol de mediodía. Por la mañana, habían caído unos fuertes aguaceros, después el cielo se despejó y al salir el sol las calles desprendían vapor. Julie esperaba, una vez más, a que llegase el capitán de uno de los grandes barcos de carga que solía cubrir la travesía entre Surinam y Norteamérica o Europa.

Cuando, después de dos semanas en la ciudad, dio por agotadas las posibilidades de averiguar el paradero de Jean y no había conseguido obtener una sola respuesta que le permitiese continuar la búsqueda, decidió intentarlo en el puerto. Valerie, que estaba dispuesta a ayudarla en la búsqueda, tampoco sabía qué decirle. Parecía que la tierra se hubiera tragado al contable.

Si había abandonado el país, tal vez alguno de los capitanes recordaría al pasajero. Por desgracia, tampoco estaba teniendo demasiado éxito con esa estrategia, cosa que al mismo tiempo la llevaba a albergar la esperanza de que Jean se encontrase todavía en Surinam. Si, por otro lado, había abandonado el país por la frontera verde, entonces solo el cielo sabría dónde se encontraba.

Los pequeños botes de a bordo del Justine avanzaban con lentitud hacia el muelle. Julie intentó distinguir desde la distancia en cuál de ellos viajaba el capitán. Los marineros, por norma general, no tenían prisa alguna porque no les aguardaba más plan que meterse en una taberna del puerto o visitar a las damas de alguna de las casas sobre las que no convenía hablar en público. Así que no solía resultar difícil localizar al capitán.

—¿Juliette? —Julie pegó un respingo cuando una voz de mujer pronunció su nombre a su espalda. Se volvió, sorprendida, y en ese instante su mirada se topó con unos inocentes y tiernos ojos marrones.

—¡Erika!

Las dos mujeres se fundieron en un abrazo y se estrecharon con enorme cariño. Aunque durante la travesía en barco no habían tenido ocasión de pasar mucho tiempo juntas, se sentían unidas por los sucesos de aquellas semanas. En ese instante, el reencuentro provocó en Julie una inmensa alegría.

—Erika, ¿cómo está? —exclamó emocionada y se alejó un poco de la joven para poder verla. Julie se percató de que, a pesar de la alegría del reencuentro, una sombra oscurecía el rostro de Erika—. ¿Está todo bien? ¿Qué tal le va a su marido? —Erika bajó la mirada con pesadumbre—. ¡Oh! Discúlpeme si he sido… Es que no se imagina cuánto me alegro de verla.

Al oír las palabras de Julie, Erika sonrió un tanto abrumada.

—¡Juliette! ¿Qué está haciendo aquí en el puerto? ¿Espera a alguien?

En esa ocasión, fue Julie quien bajó fugazmente la mirada.

—No, no exactamente —fue su evasiva respuesta.

En ese instante, llegaron a puerto los botes con la tripulación del barco.

—No se marche, Erika, ahora mismo vuelvo.

Julie se dirigió con paso presuroso hacia los hombres. El capitán del Justine era un hombre pequeño y barbudo que lucía un desgastado uniforme. Respondió con un escueto «no» cuando Julie le preguntó si recordaba a un pasajero determinado cuyo aspecto le describió brevemente. Julie no esperaba una respuesta distinta, pero pese a todo se sintió decepcionada.

Abatida, regresó adonde se encontraba Erika, que la estaba esperando a la sombra de un árbol.

—Por su cara, se diría que ha recibido alguna mala noticia.

A Julie la consoló la mirada compasiva de Erika. Aunque llevaban mucho tiempo sin verse, entre ellas se palpaba una agradable cercanía.

—Erika, si a usted le apeteciera... Quiero decir que... No sé si tiene tiempo, pero... ¿Podríamos ir a mi casa a tomar un café?

Erika pareció dudar un instante antes de acceder. Julie se alegró. Rápidamente, llamó a un coche de plaza con la mano y poco después Foni estaba sirviéndoles un humeante café con un pedazo de bizcocho en la casa de la ciudad de la plantación Rozenburg.

—He vuelto a la ciudad hace muy poco tiempo. Mi marido Karl... sufrió un accidente. —Fue como si en su interior se rompiera un dique. Julie no podía parar. Necesitaba desahogarse y aliviar el peso que llevaba acarreando en el alma esos últimos años. Desde la infeliz boda hasta el accidente de Karl o la situación actual en la que Pieter se había apropiado de la plantación e incluso le había arrebatado a su hijo.

Erika escuchó en silencio, mientras asentía con expresión compasiva. Después, relató ella también cómo le habían ido las cosas durante aquellos años. Julie pudo leer en el rostro de su amiga que en varios acontecimientos su relato se quedaba corto. Julie sabía mejor que nadie lo que significaba acarrear un enorme saco de recuerdos desagradables.

Unos días más tarde, Erika invitó a Julie a la misión. A Julie le produjo un gran dolor ver a Reiner jugando por allí plácidamente con otros niños. Echaba de menos a Henry y le remordía la conciencia por haberlo dejado en la plantación. Rápidamente, intentó desterrar ese oscuro pensamiento de su cabeza. No podía dejar la plantación en manos de Pieter sin luchar, tenía que hacer algo y para eso debía encontrar a Jean. ¡Ojalá no estuviera tan condenada a la inactividad en aquella ciudad! No tenía ni idea de dónde buscarlo; y nada, absolutamente nada, permitía deducir adónde podía haberse marchado.

Erika estaba sumida en un estado de ánimo similar. Julie podía percibir la dura carga que suponía para ella la incertidumbre sobre el paradero de su marido.

—¿Y si intentases llegar hasta allí…? Quiero decir, sin salvoconducto… —Las profundas conversaciones estrecharon más aún los fuertes lazos que habían surgido entre ellas y al poco tiempo Julie invitó a su amiga a que se tutearan.

En ese momento, estaban sentadas en el patio de la misión contemplando a los niños. Reiner correteaba alrededor de un árbol con dos niños negros. Hanni se había quedado dormida en el regazo de Erika. Julie se percató de lo distanciada que estaba Erika de la niña. Y naturalmente se dio cuenta también de que, si el marido llevaba tanto tiempo fuera, Hanni no podía ser suya, pero se abstuvo de preguntar. En algún momento, Erika se sentiría en confianza y acabaría contándoselo, o tal vez no.

Julie no quería empañar aquella nueva amistad con preguntas inoportunas.

—Lo peor que podría suceder sería que te enviasen de vuelta con las manos vacías.

—Pero si consigo llegar a... Tú ya sabes adónde —susurró Erika. No quería mencionar el nombre de Batavia en el recinto de la misión, porque si llegaba a oídos de Klara que seguía planteándose la posibilidad de ir...—. Después igual no consigo volver. No sé cómo manejan las cosas allí.

—Bah, pero no pueden retenerte allí. —Julie no sabía mucho sobre Batavia, pero el asunto no podía ser tan grave—. Erika, es un sanatorio, no una prisión.

—Pues precisamente por eso. Aunque consiguiera regresar a la ciudad, si alguien se enterase de que he estado allí, seguramente me encerrarían por temor a que pudiera contagiar la enfermedad.

Ciertamente, Julie no podía rebatirle ese argumento. Los habitantes de Paramaribo estaban escaldados. En los últimos años, infinidad de epidemias habían asolado la ciudad y afectado sobre todo a la población blanca. El miedo a cualquier nuevo brote era más que palpable. Todo aquel que entrase por voluntad propia en un pabellón de leprosos constituía un peligro potencial, y eso a pesar de que nadie sabía exactamente cómo se transmitía la enfermedad.

A Julie se le ocurrió una idea.

—A lo mejor puedo ayudarte.

Erika la miró con sorpresa.

—¿Tú?

Julie se encogió de hombros.

—En las últimas semanas he conocido a casi todos los capitanes del puerto. Entre ellos es probable que se encuentre el que lleva el barco de provisiones a Batavia.

Un brillo de esperanza iluminó los ojos de Erika.

—¿Y crees que me dejaría viajar a bordo?

—Bueno, supongo que oficialmente no, pero esta gente del mar está dispuesta a aceptar dinero a cambio de favores así.

El atisbo de esperanza se desvaneció de inmediato.

—¿Dinero? Yo no tengo dinero.

Julie posó la mano sobre el brazo de Erika.

—Erika, vamos a ver primero si podemos localizar a ese capitán, y lo demás ya se verá. No te preocupes por el dinero, ya nos las arreglaremos.

—Pero ¡no puedo aceptar tu dinero!

Julie rechazó las palabras de Erika con un gesto.

—Eso no debe preocuparte en absoluto, Pieter me tiene bien atendida y a mí me encantaría que el dinero que me da sirviera para un buen fin. —Julie tendría que recurrir a sus ahorros, pero de eso Erika no tenía por qué enterarse.

—¿Y qué pasará con Klara? Si descubre que yo…

Julie interrumpió el discurso de Erika.

—¿Y por qué iba a descubrirlo? Puedes decirle que vas a hacer una visita a la plantación en la que trabajaste.

A Erika se le petrificó el rostro.

—¡No! —exclamó fuera de sí. En su voz pudo percibirse el pánico.

—Erika, ¡tranquilízate! ¡Es solo una excusa, pero no tienes que ir! Bastará con que lo digas.

Erika respiró hondo y entonces asintió con la cabeza.

—Pero ¿qué hago con los niños?

—Yo voy a estar aquí y, con lo que le gustan a Klara los niños, seguro que no tendrás problema.

A Erika no acababa de convencerla todo aquello.

—¿Y la enfermería? Klara se enfadará conmigo si me marcho.

—Vamos, antes de que tú volvieras la llevaba ella sola. Si todo sale bien, no te ausentarás muchos días, y yo creo que todavía me quedaré algunas semanas más en la ciudad, hasta que..., así que podría venir a ayudarla. —A decir verdad, Julie había perdido toda esperanza de encontrar a Jean. Pero si por lo menos Erika conseguía salir con éxito del empeño de encontrar a su marido... Y, por mucho que Julie echase de menos a su hijo, todavía no estaba decidida a emprender el regreso a Rozenburg. Tenía la impresión de que ese paso sería definitivo y todavía no quería afrontarlo.

—¡El barco ni siquiera tiene nombre! —susurró Erika cuando Julie y ella se acercaron en el puerto al pequeño junco que, según los datos que Julie había conseguido reunir, transportaba las provisiones a Batavia. La embarcación se hallaba amarrada en uno de los rincones más recónditos del puerto. Julie comprendía perfectamente el recelo de su amiga. La verdad era que no parecía cuidado con el mismo esmero que otros barcos del puerto. En las paredes del casco se veían grandes desconchones de pintura y las coloridas velas tenían remiendos de toda clase.

—No sé yo si… —titubeó Erika.

—Vamos, todavía flota en el agua. —Julie continuó avanzando hacia el bote. En la cubierta había un mulato que, con un martillo, reparaba la desvencijada superestructura. Julie se detuvo en el muelle y carraspeó con fuerza. El griterío de las aves marinas del puerto camufló el eco del carraspeo. Se volvió hacia Erika, encogió los hombros y exclamó elevando el tono:

—¿Hola? —En ese momento el hombre de piel oscura reaccionó y se volvió con sorpresa—. Buscamos al capitán de este barco.

El hombre dejó el martillo y se asomó por la borda.

—Yo mismo. ¿Puedo ayudarlas, señoras?

A juzgar por su expresión, Erika parecía estar a punto de salir corriendo. Julie la agarró de la manga y la empujó hacia la borda del barco para no tener que hablar tan alto. No tenía por qué enterarse todo el puerto de lo que habían ido a preguntar.

—Eh… ¿Es este el barco que sale para Batavia?

El mulato esbozó una amplia sonrisa.

—Sí. ¿Tiene usted a alguien a quien… haya que llevar para allá?

—No… sí… Bueno, nosotras…

¿Acaso los habitantes de la ciudad enviaban allí a los enfermos? En ese momento, el hombre recorrió un tramo más de la barandilla, abrió una portezuela en la pared de la borda y extrajo una pasarela que colocó sobre el embarcadero.

—Tal vez las señoras preferirían hablar de esto en el barco.

Julie empujó a Erika y susurró:

—Venga, ¡ve para allá!

Erika adoptó una postura rígida y avanzó delante de Julie por la tambaleante pasarela de tablones.

Una vez en la cubierta, el capitán las miró expectante.

—Verá, mire usted… —intentó explicarle Julie—, se trata de que a alguien le gustaría ir para allá, pero no exactamente… bueno, no es fácil conseguir un salvoconducto.

El semblante del hombre se puso serio.

—Ya entiendo. Pero imagino que las damas ya saben que en Ba…, que allí no… Bueno, quiero decir, que lo que hay allí es una casa de reposo, ya me entienden.

En ese momento Erika recuperó el habla.

—Sí, lo sabemos. Yo… Mi marido… Creemos que él puede estar allí.

—Entonces usted lo que quiere es ir a… ¿Su marido tiene…? Quiero decir…, ¿es paciente?

—No. Creo que… Bueno, no lo sé, en realidad trabaja como misionero.

—Hum, sí, allí hay dos misioneros blancos. Pero yo no entro en la leprosería. A uno suelo verlo siempre desde lejos; al otro no lo veo nunca.

Julie volvió a intervenir.

—¿Usted estaría dispuesto a llevar a alguien hasta allí? A cambio de una recompensa, se entiende.

El hombre se quedó pensando.

—¡Por favor! —Erika lo miró con sus inocentes ojos de carnero.

El hombre arrugó la frente.

—Bueno, no será barato, yo corro un riesgo considerable, no

sé si me entienden. Y además habría que establecer unas reglas muy claras. Reglas que seguir en el barco... y sobre todo allí.

A Julie se le iluminó la cara.

—¡Eso no es ningún problema! —exclamó y le dio un codazo a Erika para animarla—. ¿Cuándo..., cuándo tiene usted pensado zarpar?

—Partiré dentro de tres días, como muy pronto..., y sería conveniente que usted —agregó lanzándole una elocuente mirada a Erika— embarcase ya la noche anterior. Todo lo demás acabaremos de arreglarlo después.

Klara la miró con recelo cuando Erika anunció con voz un tanto temblorosa que tenía que irse de viaje unos días a la plantación donde había trabajado, pero se limitó a decir:

—Claro que puedo encargarme de cuidar a los niños.

Reiner estaba quejumbroso, no le hacía ninguna gracia que su madre quisiera emprender una aventura sin él.

—Dentro de unos días estaré de vuelta, Reiner —le aseguró Erika para tranquilizarlo.

Lo cierto era que no se habían preocupado de preguntarle al capitán cuántos días duraría el trayecto. Pero seguro que no se ausentaría más de una semana.

Para que su partida nocturna no levantase sospechas en Klara, Erika pasó las últimas horas antes de zarpar en casa de Julie. Pensar en dormir era imposible. Las mujeres se sentaron una frente a otra en silencio. Julie pensaba en Jean. Ojalá se le ocurriera alguna idea que la ayudase a encontrarlo.

Erika suspiró por lo bajo. Julie sabía que en el fondo a Erika la asustaba la posibilidad de reencontrarse con su marido. Debía de tener algún motivo para haberse pasado los tres últimos años sin dar noticias, dado que, por lo menos, sí que había tenido la posibilidad de escribir una carta a la misión. Julie no presentía nada bueno. Pero también sabía que Erika necesitaba cerciorarse de qué ocurría; comprendía perfectamente cómo se sentía su amiga.

Hacia el final de la noche, ambas se dirigieron al puerto. Julie dio órdenes a Hedam, el viejo esclavo patituerto, de que las acompañara. A esas horas, no había coches de plaza y era demasiado peligroso que dos mujeres anduvieran por la calle en plena oscuridad. Y aunque no podía decirse que Hedam fuese una gran protección, ella podía contar con su discreción absoluta. Por primera vez, Julie se alegró de que los esclavos no pudieran hacer preguntas. Hedam siguió a las mujeres por las oscuras calles del puerto hasta llegar a una embarcación en el último rincón del muelle. Una pequeña lámpara se bamboleaba sobre la cubierta y alumbraba la pasarela de madera que conducía hasta el barco.

—¡Toma! —Julie le puso a Erika en la mano un pequeño envoltorio con monedas—. Para el trayecto y para cualquier otra cosa que puedas necesitar.

Erika vaciló mientras contemplaba el regalo. Julie sabía que a su amiga le resultaba muy difícil aceptar el dinero.

—No te preocupes por nada. ¡Ve y encuentra a tu marido! —la animó Julie y, antes de que Erika pudiera responder, la empujó hacia la pasarela que llevaba al barco.

En la superestructura de madera que hacía las veces de refugio apareció la figura del capitán.

—¡Suba, suba! —gritó haciéndole una señal a Erika y saludó fugazmente a Julie. Esta se apresuró a abandonar el barco.

Ahora solo Dios sabía qué le iba a deparar el futuro a Erika. Julie solo esperaba que el Señor tuviera a bien proteger a su fiel discípula. No cabía la menor duda de que Erika solo le había contado una parte ínfima de sus vivencias en Surinam. Julie suponía que tendría sus razones para ocultar el resto. En aquella cálida noche de junio, recorrió las calles de regreso a la casa de la ciudad enfrascada en sus pensamientos.

CAPÍTULO 2

Kiri ponía todo su empeño en que Henry no se diera cuenta de que su madre no estaba. Considerando que el niño la aceptaba a ella como sustituta sin rechistar y que era todavía demasiado pequeño para hacer preguntas, la preocupación de Kiri era casi infundada. Ella se sentía muy incómoda en la casa de la plantación. Estar cerca del masra Pieter durante todo el tiempo que él estaba allí y no en los campos o recluido en su laboratorio le resultaba desagradable. Por de pronto, desde que misi Juliette le había hablado del embarazo de Kiri, él no había vuelto a molestarla: no obstante, a ella le daba un miedo terrible que cualquier día cambiara de parecer.

Desde el día en que su misi partió, Kiri dormía en un jergón en la habitación junto a Henry, por la mañana se ocupaba de él en la casa y en cuanto podía se lo llevaba a la aldea de los esclavos.

De vez en cuando, misi Martina mostraba sus reservas al respecto, pero Amru siempre insistía en que Henry estaba con Kiri mejor que con ninguna otra persona. Además, el masra Pieter no se mostraba demasiado entusiasmado cuando Kiri y Henry mantenían demasiado contacto con misi Martina y el pequeño masra Martin.

El masra Pieter solo necesitaba al niño como moneda de cambio por la plantación. O al menos eso le pareció entender a Kiri de las muchas discusiones que su misi había mantenido con el masra antes de marcharse a la ciudad.

La misi se había ido muy a su pesar.

—Kiri, cuando regrese, ¡todo volverá a ir bien! —le había dicho antes de partir.

Kiri tenía todas sus esperanzas depositadas en su misi porque desde que el masra Pieter dirigía la plantación las cosas no hacían sino empeorar. Los esclavos estaban rebelándose y se negaban a aceptar al nuevo masra. Este concedía a los *basyas* excesivas libertades, que los guardas empleaban sin piedad dispensando a los esclavos un trato mucho más violento de lo necesario. Por otro lado, no permitía que nadie lo aconsejara en los asuntos de los cultivos. En una plantación, pese a todo, había que cooperar y trabajar codo con codo para asegurar la continuidad de los plantíos. Algunos de los esclavos más experimentados en el campo se quejaban de que el masra se estaba equivocando en la manera de organizar los cultivos y decían que la cosecha iba a ser terrible. Pero en cuanto llegaban esos comentarios a oídos del masra Pieter, este ordenaba a los *basyas* que mantuvieran a los esclavos más controlados. En la aldea de los esclavos todavía se respiraba el temor a que el masra decidiera reemprender sus extraños ensayos médicos.

En cuanto pasó la primera semana, Kiri comenzó a esperar, a diario, el regreso de su misi. Pero la misi no volvía. Kiri se consolaba pensando que la misi debía de tener una buena razón para permanecer alejada tanto tiempo. Pero, a medida que se prolongaba la ausencia, aumentaba su intranquilidad.

—¿Y si la misi no vuelve nunca? —le preguntó un día a Amru.

—Kiri, la misi tiene un hijo aquí —respondió Amru acariciando a Henry en la mejilla—. Volverá, no te preocupes.

Pero a Kiri comenzaron a atormentarla las pesadillas: la misi no regresaba, Pieter educaba a Henry y lo convertía en una persona horrible, ella daba a luz a un niño blanco... Entonces se despertaba sobresaltada y empapada en sudor. ¿Qué ocurriría si resultaba que, en efecto, el niño era del masra Pieter? ¿Lo reclamaría como propio? ¿Lo reclamaría, pero no como a un niño blanco, sino como mano de obra, como esclavo?

Kiri no le había contado nada a Dany de los asaltos de Pieter. Cuando el niño naciera, ya se vería quién era el padre. Kiri temía el instante en que Dany y todos los demás fueran conscientes de que él no podía ser el padre. Tras un sinfín de cálculos y mucho pensar, había llegado a la conclusión de que era muy poco probable que Dany fuese el padre. Aunque el masra Pieter había restringido las visitas de los cimarrones y las permitía muy de vez en cuando, Dany siempre se las arreglaba para colarse y hacerle una visita a Kiri. Ella se sentía halagada. En un primer momento, después del «accidente», se avergonzaba de la cicatriz. Pero un día Dany la agarró del brazo, le acarició el rostro con las puntas de los dedos y le susurró:

—Pequeña Kiri, para mí eres la mujer más hermosa de la tierra.

Kiri no pudo evitar que se le saltaran las lágrimas. Jamás le habían dicho algo tan bonito. Solo esperaba no defraudarlo. A medida que avanzaba el embarazo, Kiri se distanciaba más de él. Dany se lo tomaba como un cambio de humor, pero esperaba al niño con ilusión.

—Cuando tu misi regrese y todo vuelva a la normalidad en la plantación, le preguntaré a tu misi si podemos casarnos. Por mi parte, podemos casarnos como los blancos.

Kiri deseaba con todas sus fuerzas que Dany estuviese en lo cierto.

CAPÍTULO 3

Erika iba oteando el horizonte sentada sobre un inestable tablón de madera que hacía las veces de banco. En el cielo lucía un sol matutino que calentaba el aire. A lo lejos, todavía se vislumbraba la fangosa zona de la orilla. El capitán dirigía el barco hacia el río Saramacca por el canal de Wanica. Desde allí tenían que recorrer un tramo por la desembocadura hasta el mar y después llegar al río Coppename pasando por el fuerte de Nasáu. Esa era la parte más peligrosa de la travesía. La embarcación del capitán Parono no era, bien lo sabe Dios, muy apta para navegar por mares. Ya en el río se oía crujir y rechinar la madera en cuanto la corriente aumentaba de intensidad. Parono insistía en tranquilizar a Erika. Supuestamente, su Vieja Dama había soportado ya infinidad de viajes. Erika solo esperaba que aquel no fuera el último del maltrecho velero. El lugar donde dormía no era demasiado cómodo. El capitán no le había dejado ni un pequeño rincón para echarse a dormir en la superestructura de la cubierta, donde se encontraba también el timón. Él sí dormía allí, bajo cubierta; si es que dormía en algún momento. Porque, si Erika lo pensaba bien, Parono se pasaba noche y día en su sitio y, solo muy de cuando en cuando, en los tramos en que el río se lo permitía, se sentaba en un taburete junto al timón y colocaba los pies encima. El único indicio de que dormía era que la pipa que asomaba por debajo de su sombrero de ala ancha dejaba de humear.

Parono era un hombre parco en palabras y hablaba muy poco con Erika. Sin embargo, esa mañana le hizo una señal con la mano y con el semblante muy serio le explicó cómo tenía que comportarse en Batavia.

—No toque nada, no coma nada, beba solo agua del barco y ahuyente a los niños cuando se pongan pesados. Tiene que entender una cosa: si la llevo de vuelta a la ciudad y por casualidad usted cayera enferma... y se supiera que fui yo quien la llevó hasta allí, perdería mi licencia.

Erika asintió. Sentía auténtico pánico. No sabía muy bien qué le esperaba en Batavia.

Unas horas después, ya por la tarde, Erika divisó en la orilla del río Coppename los primeros edificios. Parono dirigió su Vieja Dama hacia un embarcadero. En cuanto los habitantes del sanatorio vislumbraron el barco, comenzaron a aglomerarse en la orilla. Cuando se acercaron, Erika advirtió que entre aquella gente había también niños y ancianos. Cuando el barco atracó, un hombre vestido de blanco se abrió paso entre la muchedumbre. Erika había oído que un cura católico dirigía la leprosería desde hacía unos años. En ese mismo instante, percibió el halo de respeto que rodeaba a aquel hombre. Ella ya ni siquiera se consideraba una discípula devota del Altísimo. Los acontecimientos ocurridos y sus propias acciones la habían llevado a dudar de su fe. Aguardó en la cubierta del barco mientras Parono hablaba con el cura. Este levantó la vista en un par de ocasiones con expresión de asombro, pero después asintió y le hizo un gesto para indicarle que bajase.

—Bienvenida a Batavia. Donders es mi nombre. Le ruego que comprenda mi estupor, no acostumbramos a recibir visitas.

Erika agachó la mirada mientras respondía al saludo del padre Donders:

—Mi nombre es Erika Bergmann. Espero que mi inesperada visita no le ocasione ninguna molestia.

El padre Donders meneó la cabeza sonriendo:

—¡No, no! Descuide, mevrouw Bergmann, Parono me ha contado por qué... Es que nos encontramos tan alejados de la ciudad... Estoy convencido de que no habrá ningún problema. —Tras pronunciar estas palabras, adoptó una expresión seria y agregó—: Venga conmigo, daremos un paseo. —Y dirigió a Erika a través de la multitud.

Parono comenzó a descargar las provisiones del barco. Solo permitió que subiera a ayudarlo uno de los hombres; llevaba el miedo a la enfermedad grabado en el rostro.

Erika, en cambio, no se preocupó tanto. El párroco exhibía un aspecto saludable y fuerte, y la mayor parte de las personas que se habían apiñado en el muelle no mostraban síntoma alguno de enfermedad.

Cuando se hubieron alejado un poco de la multitud, el padre Donders volvió a tomar la palabra:

—De forma que viene buscando a su marido...

Al asentir, Erika tuvo que contenerse para no romper a llorar.

Abrigaba la esperanza de que el padre no tuviera malas noticias para ella.

Donders, como si hubiera notado la carga que pesaba sobre Erika, le dedicó una dulce sonrisa:

—Puede estar tranquila, su marido está aquí.

Erika no daba crédito a aquellas palabras. Aunque llevaba años ansiando oírlas, y aunque había vivido aferrada a ellas hasta el momento en que había emprendido ese viaje, lo cierto es que no contaba con oírlas ahora. Inmediatamente, las lágrimas le anegaron los ojos.

—¿De veras está aquí? ¿Dónde está? ¿Se encuentra bien?

Donders lanzó un suspiro. Se detuvo y miró a Erika a la cara.

—Mevrouw Bergmann, su marido está como cabría esperar dadas las circunstancias —dijo con cautela—. Debe saber que llegó aquí… no como misionero…, sino como paciente.

Erika sintió que el suelo que pisaba se tambaleaba. Hasta el último segundo que había pasado en el barco estuvo albergando el deseo de que Reinhard se encontrara allí; mejor dicho, se había convencido de que habría llegado allí debido a su fervor y a su dedicación a la misión. Que habría elegido ese lugar por eso. El hecho de que en verdad estuviera allí era extraordinario. Pero que estuviera allí porque… La noticia le cayó como un jarro de agua fría. Tardó unos segundos en recuperar el habla.

—Y ¿puedo…, puedo entrar a verlo a pesar de todo?

—Por supuesto que sí, yo solo quería advertírselo. Acompáñeme, por favor.

CAPÍTULO 4

Julie se encontraba en la enfermería doblando paños. Desde que Erika se había marchado, acudía todos los días allí a ayudar a Klara y cuidar de los niños. Así al menos le daba la impresión de que tenía una tarea y se sentía útil. Las ganas de ver a su hijo se le hacían cada día más insoportables, pero ahora debía esperar al menos hasta que Erika regresara. Se lo había prometido a su amiga.

Erika llevaba casi una semana fuera y Julie empezaba a preocuparse. ¿Acaso se había equivocado animando a Erika a subir a aquel barco? ¿Y si había ocurrido algo en el viaje? ¿O habían sufrido un accidente? Por otro lado, Julie no sabía cuánto duraba el viaje a Batavia y tampoco conocía a nadie a quien poder preguntarle eso o si había ocurrido algo en el río. Continuaba yendo al puerto, pero ya no preguntaba por Jean, ahora esperaba a Erika; aunque ninguna de las dos empresas parecía que fuese a prosperar. Ya había interrogado a todos los capitanes por el paradero de Jean y eran siempre los mismos barcos los que regresaban de las excursiones por la costa o de los viajes a los países vecinos. Los grandes navíos procedentes de América o

Europa atracaban tan de tarde en tarde que temía tardar años en recorrerlos todos. La desesperanza se iba apoderando de ella poco a poco. Aguardaría a que Erika regresara y emprendería de inmediato la vuelta a Rozenburg.

Estaba colocando los últimos paños en el armarito donde solían guardarlos cuando llamaron a la puerta de la enfermería.

—¿Sí?

Dodo entró acompañada de una muchachita mulata de unos diez años a la que empujó hacia delante.

—Misi Juliette, ¿dónde está misi Klara?

—Klara está haciendo una visita. ¿Qué ocurre, Dodo? ¿Le pasa algo a la pequeña? —Julie se percató de que la muchacha estaba al borde de las lágrimas.

—No, misi, no le pasa nada. —Dodo empujó a la niña otro par de pasos y la apremió por lo bajo—: ¡Cuéntaselo a la misi!

—Misi —la muchacha se inclinó con una torpe reverencia—, vengo por mi madre. Está enferma y no se puede levantar —dijo al fin en susurros.

Julie se acercó a ella y le posó la mano en el hombro. La muchacha, asustada, se estremeció.

—Descuida, no voy a hacerte nada. —Julie se acuclilló—. Cuéntame despacio qué es lo que le ocurre a tu madre.

La muchacha se sorbió la nariz.

—No sé… No lo sé… Tiene fiebre y está tumbada en la cama. Salí…, salí a buscar a la curandera, pero no la encontré. Creo que se está muriendo.

—Vamos, uno no se muere tan rápido —la consoló Julie mientras le acariciaba el brazo para tranquilizarla—. Esperaremos a que vuelva la hermana Klara y en cuanto llegue vamos a ver a tu madre, ¿de acuerdo?

La muchacha se enjugó las lágrimas del rostro con la mano y asintió con la cabeza.

A Julie le dio lástima. No solo estaba asustada por lo que le ocurría a su madre, sino que además temía que esta fuera a reñirla por haber entrado en la misión. A pesar de sus innumerables ofrecimientos de ayuda, los esclavos y los mulatos rara vez acudían a los misioneros. Solo lo hacían cuando el amo de un esclavo lo ordenaba o cuando un mulato estaba tan escaso de dinero que no podía permitirse pagar al curandero o al médico de color de la ciudad.

El miedo a que los misioneros condicionaran su ayuda a la adhesión a su credo hacía que se mostrasen reacios. No obstante, en ese sentido, Klara no era muy misionera. A ella lo que verdaderamente le importaba era el bienestar de las personas, con independencia del color de la piel o la religión. Su enorme aplomo no mitigaba lo más mínimo esa posición.

Klara no tardó en regresar de su visita al domicilio de un enfermo. Julie apenas había terminado de contarle la historia de la muchacha cuando la hermana se dirigió a la puerta, maletín en mano, dispuesta a salir.

—Dodo, llama a un coche.

Poco más tarde, Klara subió a la muchacha junto al malencarado cochero y fue a sentarse en el coche al lado de Julie.

—Si la obligamos a ir caminando detrás, no llegaremos nunca —se limitó a decir.

A Julie le gustaba la actitud resolutiva de Klara.

Al poco, una sensación inquietante comenzó a invadir a Julie. Conocía el barrio donde se encontraban. Y también conocía la calle que había tomado el coche y la casa frente a la cual la muchacha le estaba indicando al cochero que se detuviera.

¡Era la casa de Suzanna!

Julie entró en la vivienda con paso temeroso. Habría deseado salir corriendo, pero reunió todo su valor y caminó detrás de Klara, que no dudó en seguir a la muchacha por el interior de la casa. La pequeña condujo a las dos mujeres por una escalera y un corto pasillo hasta un dormitorio en penumbra. En la cama que había junto a la ventana yacía una mujer.

—¿Hola? ¿Mevrouw? —Klara habló en voz bien alta para alertarla de su presencia. En el lecho de la mujer apenas hubo reacción. Klara abrió su maletín y se acercó.

La pequeña muchacha se sentó en el borde de la cama y agarró la mano de su madre. Julie también se acercó. En efecto, se trataba de Suzanna. Aunque la tez bronceada de la mujer exhibía un aspecto pálido y se hallaba cubierta de un sudor febril, Julie la reconoció: era Suzanna.

—¿Quién…? —salió de labios de la enferma. Pronunció esa palabra con un ronco hilo de voz.

—Está bien. Venimos de la enfermería de la misión. Su hija ha venido a llamarnos, estaba preocupada. Está muy enferma, nosotras la ayudaremos —dijo Klara adoptando un tono esperanzador; luego, se dirigió a la pequeña—: ¿Puedes traer una palangana con agua fría y unos paños?

La niña asintió con diligencia y salió corriendo de la habitación.

Klara examinó a Suzanna con preocupación.

—Tenemos que lograr que le baje la fiebre aplicándole compresas frías. Que esta gente espere siempre hasta que casi es demasiado tarde…

Julie vaciló un instante antes de ayudar a Klara a quitarle a Suzanna la ropa empapada en sudor. Los pensamientos se le agolpaban en la cabeza. Aquel era el matrimonio surinamés de su marido. Y por tanto eso significaba que aquella mujer también era… ¡viuda! ¿Acaso aquella muchacha que las había llevado hasta allí era hija de Karl?

Después logró recomponerse. La mujer estaba gravemente enferma y, fuese o no la querida de Karl, necesitaba ayuda.

Al poco, regresó la muchacha. Con gesto de preocupación, se retiró a un rincón del dormitorio y observó lo que hacían las mujeres blancas. Estas cubrieron con paños fríos el cuerpo de Suzanna y cambiaron las sábanas. Después Klara le dio a Suzanna unas gotas contra la fiebre.

—Ahora lo único que podemos hacer es esperar. Juliette, ¿haría el favor de quedarse con la mujer hasta que recobre el conocimiento?

Julie miró a Klara con los ojos desorbitados. ¡No! No podía quedarse… allí…, junto a…

Klara no esperó a que Julie respondiera. Cuando se dirigió a la puerta, acarició el cabello de la muchacha.

—Vuelvo dentro de unas horas. Para entonces tu madre ya se encontrará mejor.

Julie se quedó petrificada en medio de la habitación. Al reparar en los grandes ojos marrones de la pequeña, que la miraba esperanzada, se rindió. Se quedaría allí con ellas.

—Ven aquí y siéntate al lado de tu madre, le vendrá bien —le dijo con dulzura.

Sin dudarlo, la muchacha tomó la mano de su madre entre sus pequeñas manitas.

—Se va a poner bien, ¿verdad? —preguntó con temor.

Julie asintió. Esperaba no estar engañando a la pequeña. Ella no era tan optimista como Klara. En aquel país infinidad de personas sucumbían a causa de la fiebre.

Ella tomó asiento en una silla en un rincón del dormitorio y contempló en silencio a la mujer que yacía en la cama. Suzanna conservaba su belleza a pesar de que parecía agotada. Tenía las mejillas flácidas y la figura algo más afilada de lo que Julie recordaba. Pero en realidad solo la había visto una vez. ¿La reconocería Suzanna a ella? ¿Sabría de su existencia? Solo se habían tropezado en la calle sin querer cuando Julie... Pero ¿y si sabía quién era? Seguramente, Karl no le habría hablado de ella...

Julie volvió a concentrarse en la muchacha. Arrastró su silla hacia ella y se sentó junto a la cama.

—Dime, pequeña, ¿cómo te llamas?

La muchacha la miró con timidez.

—Minou. Me llamo Minou.

—Y dime, Minou —Julie no pudo evitar preguntárselo—, ¿dónde está tu padre?

La muchacha se miró las manos avergonzada, luego desvió los ojos hacia su madre y se encogió de hombros.

—Hace varios meses que no viene. Mamá..., mamá dice que no volverá nunca más.

—¿Y tienes hermanos, Minou?

En ese momento, la muchacha esbozó una sonrisa y asintió.

—Sí, ¡claro! Tengo un hermano mayor. Wico.

—¿Y dónde está tu hermano mayor?

La muchacha volvió a encogerse de hombros.

—Al ver que padre no volvía…, Wico dijo que tenía que ir a ganar dinero y se marchó. A alguna parte.

A Julie se le hizo un nudo en el estómago. ¿Acaso les había arrebatado el padre a aquellos niños y el marido a aquella mujer? Karl había sido un tirano con ella, en Rozenburg, pero en realidad ella no sabía nada sobre su segunda vida en la ciudad, con la que él era tan consecuente, aunque estuviera casado con ella.

Klara regresó al cabo de unas horas. Examinó a la enferma y levantó la mirada satisfecha.

—Le está bajando la fiebre.

Julie sintió un gran alivio. En ese tiempo, no había dejado de pensar qué pasaría si Minou y Wico perdían a su madre.

—Volveremos mañana. —Klara recogió su maletín—. Tienes que ir cambiándole las compresas frías tan a menudo como puedas, ¿de acuerdo?

Minou asintió con diligencia.

—Muy bien. Y en cuanto despierte, ¡que beba mucho!

Julie lanzó una mirada de preocupación a Minou y a Suzanna mientras salía.

—Hasta mañana, Minou —susurró y siguió a Klara hacia la calle.

Cuando hubieron subido al coche, Klara resopló con desprecio.

—¿Lo ve? Otro caso más. Mujeres a las que mantienen hombres blancos, pero, cuando de verdad necesitan ayuda, ellos desaparecen de la faz de la tierra.

Julie se volvió hacia Klara con sorpresa. Esos arrebatos no eran propios de la hermana.

—¿Y por qué cree que a esa mujer la mantiene un hombre blanco? —le preguntó con curiosidad.

—Ah, Juliette, conozco este barrio, los niños nacen con la piel cada vez más clara, créame lo que le digo. Y el padre de esa muchacha estará ahora mismo tan tranquilo con su familia blanca. ¡Son unos adúlteros!

Era normal que Klara fuese tan crítica, no dejaba de ser una hermana misionera. A Julie le resultaba totalmente comprensible que la vida libertina de los colonos provocase su rechazo.

El universo emocional de Julie se estaba desmoronando. En la casa de la ciudad tampoco había encontrado serenidad, los pensamientos se le agolpaban en la cabeza. Sí, en su día había odiado a Karl por mantener una relación con otra mujer. Pero, con el tiempo, había acabado alegrándose de que fuera así porque gracias a ello la importunaba cada vez menos. Desde su muerte, Julie procuraba pensar en él lo menos posible. Ahora, su recuerdo se había reavivado con rabiosa intensidad. De nuevo, se veía obligada a enfrentarse al pasado de Karl. No tenía coraje para abandonar a su suerte a Minou y a la convaleciente Suzanna.

CAPÍTULO 5

El padre Donders condujo a Erika por el camino trazado entre las pequeñas y limpias cabañas de la leprosería hasta un edificio que había junto a la capilla de madera. Aquella casa era algo más grande que las demás. Donders hizo a Erika una señal con la cabeza, llamó a una puerta y se retiró. Erika jugueteaba nerviosa con un pañuelo que llevaba entre las manos y que no había soltado desde su llegada a Batavia. Se oyeron unos pasos tras la puerta y acto seguido se abrió.

¡Reinhard!

Erika rompió a llorar. Su marido la miró boquiabierto y estupefacto desde el otro lado del umbral. Estaba un poco más delgado que dos años antes y también comenzaba a escasearle el cabello.

—¿Erika?

Erika tendió los brazos y avanzó hacia él. Inmediatamente, él se cubrió el rostro y se echó hacia atrás.

—¡No! ¡No te acerques! —exclamó en voz alta.

Erika bajó los brazos, sorprendida.

—¿Reinhard?

—¡Sí, Erika! Dios mío…, yo… Escucha, yo… —Reinhard agachó la mirada.

Ni siquiera quiso darle la mano, sino que ocultó las dos en las holgadas mangas del hábito que llevaba puesto.

—Pasa —dijo en susurros. Se apartó para cederle el paso y Erika entró en la angosta habitación. Estaba limpia y ordenada y, en un estante sobre el estrecho camastro, había unos cuantos libros—. Siéntate. Siéntate, por favor. —Reinhard le ofreció la única silla que había en el dormitorio—. No sabía que tú… No sabes cómo lo siento… Habría tenido que…

Erika lo miró y entonces no pudo evitar soltar las palabras que llevaban largo tiempo pesándole en el corazón.

—Reinhard… Todos estos años… ¿Por qué no has dado señales de vida en todo este tiempo?

Reinhard se volvió, Erika no podía verle el rostro, y pasaron unos instantes antes de que él comenzase a hablar.

—Erika, llevo aquí ya mucho tiempo —dijo al fin, lentamente—. En su día fuimos recorriendo los ríos hacia el interior del país. En las plantaciones… No nos acogieron con los brazos abiertos.

Erika vio que Reinhard agachaba la cabeza.

—Mis compañeros cayeron enfermos, la fiebre actuó tan rápido que nadie pudo hacer nada para ayudarlos.

—¡Creía que habías muerto! —protestó Erika—. Creía que… —Estrujó de nuevo con fuerza el pañuelo entre los dedos. Era su manera de contener las ganas de reprochárselo todo.

Reinhard se volvió de nuevo hacia ella, aunque sin levantar la mirada del suelo. Casi en susurros, prosiguió:

—Sé que tienes motivos para estar enfadada conmigo. No he sido un buen marido. Yo continué el viaje y me adentré en la selva. Quería ver cómo vive allí la gente, quería… Quería acercarles la palabra de Dios. Acabé en un poblado de cimarrones. No llevaba ni seis meses allí cuando… —En ese momento, levantó la vista y miró a Erika con los ojos anegados en lágrimas; con la mano derecha, todavía oculta dentro del hábito, se levantó la manga del otro brazo. Erika no daba crédito. A Reinhard no le quedaban dedos en la mano izquierda.

—Oh —fue todo cuanto Erika acertó a decir. Avergonzada, trató de desviar la vista hacia algún otro lugar.

—¡Erika! —La voz de Reinhard destilaba desesperación—. Yo actué así a propósito para que creyeras que estaba… muerto. De esta manera no puedo ser el marido de nadie. Desconozco por qué Dios me ha castigado así. —Su voz revelaba un hondo pesar. Se encogió de hombros y comenzó a dar vueltas, desazonado, por la habitación—. ¡No deberías haberme buscado!

—Pero Reinhard…, yo…, tenemos…

La certeza de que Reinhard jamás regresaría con ella golpeó a Erika con fuerza, a pesar de que llevaba tiempo mentalizándose ante la posibilidad de que a su marido le hubiera ocurrido algo y hubiera muerto. El hecho de tenerlo en esos momentos ante sus ojos era peor que cualquiera de sus pensamientos anteriores.

—Erika, créeme: he pensado en ti todos los días. No sabes cuánto me habría gustado hacerte saber que…, pero era imposible, no podía ser. —Reinhard tragó saliva antes de proseguir—. ¿Qué…, qué ha sido de nuestro hijo?

Erika sonrió al pensar en Reiner.

—Oh, Reinhard… ¡Reiner está muy grande! Y algunas veces es tan testarudo como tú —agregó sonriendo.

De Hanni no dijo nada. Como Reinhard no regresaría jamás, Erika decidió sobre la marcha no contarle nada de su otra hija. Si se enteraba, le haría preguntas, pensaría que ella…, ¡no! Ella no había dejado de amarlo en todos esos años, nunca le habría sido infiel.

Hablaron durante toda la noche. Erika descubrió que Reinhard trabajaba como maestro de los niños de la enfermería. Una labor muy contradictoria, pensó para sí. Por mucho que aquellos niños pudiesen crecer con la enfermedad y les aguardase una larga vida, jamás podrían abandonar la leprosería. De todos modos, Erika prefirió no decir nada para no herir a Reinhard.

Reinhard sentía un gran aprecio por el padre Donders. Él era, aparte de dos hermanas auxiliares negras, el único que no estaba gravemente afectado por la enfermedad. La misión que tenía en la vida era mantener la leprosería y encargarse de las relaciones con la administración del país para que aquellas personas disfrutasen de una vida medianamente razonable. Los enfermos de lepra podían llegar a viejos. Lo que sucedía era que ninguna persona quería vivir cerca de ellos. De forma que todos los pacientes del país acababan allí. Reinhard le contó a Erika que, con frecuencia, llegaban botes con esclavos consumidos y medio moribundos. Erika se dio cuenta de lo importante que era aquel trabajo para él y eso la llenó de orgullo.

Cuando comenzó a despuntar el día, ambos guardaron silencio. Parono había anunciado que partiría al amanecer. La separación estaba cada vez más cerca y en esa ocasión sería para siempre. Erika no podía vivir allí y Reinhard no podía viajar a la ciudad ni permanecer entre personas sanas. Ella se sentía confusa. Ya no sabía qué pensar. Hasta el día anterior había abrigado la esperanza de que algún día su marido regresara con ella y la familia volviera a reunirse. Saber que eso no sucedería jamás y que a partir de ese momento tendría que continuar viviendo sola, sabiendo a su marido en la lejanía, un marido que aún no había muerto, pero que tampoco podía decirse que estuviese del todo vivo... Esa situación la desbordaba.

Unas horas más tarde, al subir al barco, se sintió vacía. Contempló, como extasiada, que poco a poco Batavia y la orilla del río se alejaban. Tenía que regresar a la ciudad.

Erika estuvo aturdida todo el viaje de regreso. Pasó hora tras hora sentada en el banco de madera con la mirada perdida en el agua. Ni siquiera abandonó ese lugar en los momentos en que rompió a llover a mares. Al capitán Parono, la mujer, que definitivamente había perdido a su marido, parecía inspirarle lástima. En silencio, le llevó una manta raída y, al ver que no reaccionaba a su presencia, le cubrió los hombros con ella.

Erika estaba completamente sumida en sus pensamientos. Pensaba en su vida anterior con Reinhard, en Alemania, en multitud de imágenes del viaje a Surinam. Unas veces reía y otras se le escapaban las lágrimas. La pérdida amenazaba con desgarrarla por dentro. ¿Qué iba a hacer ahora? Estaba sola con Reiner... y con Hanni. Si en verdad quería regresar a Europa, necesitaba dinero. En la misión no conseguiría ganarlo, tal vez podría volver a trabajar como institutriz..., aunque solo de pensar en la experiencia en la residencia de los Van Drag le entraron escalofríos. No sabía qué iba a hacer, sencillamente no lo sabía. De algún modo, albergaba el deseo de que aquella travesía en el velero no terminase nunca.

Tres días más tarde, Parono se dirigió a ella.

—¿Mevrouw?… ¡Mevrouw! No quisiera molestarla, pero… a mediodía llegaremos a Paramaribo. ¿Sería usted tan amable de…? Quiero decir que si no le importa esperar a que anochezca para bajar del barco.

Erika asintió.

Cuando divisaron las primeras casas, Erika se refugió en la cabina de la cubierta. Parono la saludó con un leve movimiento de cabeza y se concentró de nuevo en el timón.

Poco tiempo más tarde, el capitán atracó a la Vieja Dama en el muelle, se acercó de nuevo a Erika y se retiró la gorra de la cabeza.

—Mevrouw, ya hemos llegado —anunció con suavidad.

Erika le entregó la bolsa de las monedas. No sabía cuánto había dentro, pero seguro que Juliette se había encargado de que hubiese lo suficiente.

Parono abrió el envoltorio para echar un vistazo y asintió.

—Gracias. Ahora tengo que bajar del barco… Mi familia me espera. —Erika asintió—. Entonces usted…

—Sí, permaneceré a bordo hasta que anochezca. Gracias, capitán Parono. Y descuide: este viaje quedará entre nosotros.

Parono le dedicó una sonrisa de agradecimiento y se guardó la bolsa de dinero.

«Un buen hombre», pensó Erika mientras aguardaba escondida a que cayera la noche.

Una vez que hubo anochecido, caminó bajo la oscuridad hasta la misión. No quería despertar sospechas, de modo que se sentó en un pequeño banco del patio y esperó a que amaneciera. El sol despuntaba por encima de los tejados de la ciudad cuando apareció la primera persona: Dodo. La esclava se dirigía todavía soñolienta hacia el pozo del patio y, al ver a Erika en el banco, levantó los brazos. Erika llegó a tiempo de indicarle por señas que no hiciera ruido. Rápidamente, Dodo echó a correr en dirección al banco, mientras hacía aspavientos. Volver a ver a Erika le había producido una sincera alegría.

—¡Misi Erika! Misi Erika, qué lindo verla. Menuda alegría se llevarán los niños. Misi Erika, ¿tiene hambre? Ahora mismo preparo el desayuno —susurró nerviosa.

Las alharacas de la esclava ante su más que discreto regreso a Erika le resultaron un tanto excesivas. Pero así era la vida, su vida, y la vida estaba compuesta de emociones y sentimientos.

—Gracias, Dodo, sí, me encantaría desayunar —respondió dedicándole una sonrisa a la esclava mientras se ponía en pie.

Al poco, Reiner, medio adormilado, irrumpió dando tumbos en la cocina de la misión. Al ver a su madre, los ojos se le abrieron como platos.

—¡Mamá! —exclamó con entusiasmo y se abalanzó a los brazos abiertos de Erika—. ¡Mamá, has vuelto! ¿Qué tal en el río? —Nervioso, Reiner comenzó a lanzar una pregunta detrás de otra, mientras permanecía acurrucado en el regazo de Erika.

Al poco, Klara apareció en la cocina con Hanni. Ella también se alegraba del regreso de Erika. Esta acarició la mejilla de su hija, pero la pequeña solo tenía ojos para Klara, que en ese momento le estaba dando la papilla con una cuchara.

Erika suspiró hondo. Iba a tener que dedicarle más tiempo a la pequeña. Por muy sencillo que resultase entregársela a Klara y dejar que ella la cuidara, Hanni era hija suya. Erika iba a tener que acostumbrarse y asumir que Hanni no tenía culpa de sus orígenes. Y, si de Erika dependía, no los iba a descubrir jamás.

Al verse allí sentada con Reiner en el regazo y envuelta en el trasiego de Dodo y Klara, que atendían sus labores, de pronto se sintió bien. ¡En realidad tampoco se vivía tan mal en aquel país! Europa estaba lejos y, con el paso del tiempo, le resultaba cada vez más ajena. Ahora aquella era su patria y allí se buscaría un hogar para sí y para sus hijos.

CAPÍTULO 6

A la mañana siguiente, Klara pasó a recoger a Julie con el coche para ir a casa de Suzanna.

—Erika ha vuelto —anunció en un tono bastante inexpresivo, probablemente absorta en sus cavilaciones sobre los enfermos.

—Ah. —Por un momento, Julie se sintió confusa. Estaba deseando ver a Erika y saber qué tal le había ido el viaje, que le contase si había encontrado a su marido e incluso si Reinhard había vuelto con ella. Pero, por otro lado... Por otro lado, el regreso de Erika significaba que ella debía empezar a pensar en volver a Rozenburg. Ya llevaba más de cuatro semanas fuera. Sin embargo, regresar suponía renunciar a encontrar a Jean y, con ello, a todas las esperanzas de un futuro feliz en Rozenburg, sin Pieter. Julie reprimió esos pensamientos. Era el momento de visitar a Suzanna.

Cuando entraron en el dormitorio, encontraron a Suzanna todavía bastante débil, aunque la fiebre había remitido de manera considerable. Julie se mantuvo en un segundo plano mientras Klara examinaba a Suzanna y le preparaba compresas limpias para cambiárselas. Minou continuaba sentada en el borde de la cama, junto a su madre. Julie miró a la niña y se dio cuenta de que estaba agotada.

—¿Has comido algo, Minou?

La pequeña meneó la cabeza.

—No, no quería separarme de mi madre.

Aquellas palabras conmovieron a Julie.

—Ven, vamos a ver si encontramos algo de comer para ti. Tu madre estará bien atendida.

Julie tomó la mano de la muchacha y la condujo a la planta de abajo. En la pequeña y ordenada cocina no encontraron muchos alimentos con los que Julie fuese capaz de preparar algo. Desde que había llegado a aquel país, o, mejor dicho, desde que había dejado el internado y las pocas clases sobre labores domésticas que había recibido allí, no había tenido que volver a cocinar. Miró a su alrededor, despistada, y entonces descubrió una cesta llena de bananas. Alcanzó dos y se las colocó en la mano a Minou.

Siguió rebuscando en la cocina, pero, salvo un pedazo de pan al que incluso le había salido moho, comprobó que en aquella casa no había nada de comer. Entonces a Julie le asaltó la duda.

—¿Cuánto tiempo lleva enferma tu madre?

Minou masticaba una de las bananas a dos carrillos mientras pensaba la respuesta.

—Dos semanas, misi —contestó al fin.

Julie resopló. La pequeña debía de llevar ese mismo tiempo sin comer. Julie resolvió que esa noche le pediría a Foni que empaquetara alimentos para llevar algo de comer a aquella casa.

Suzanna también necesitaría reponer fuerzas. Klara bajó las escaleras y se asomó por la puerta de la cocina.

—Juliette, tengo que volver a la enfermería. —Y mirando de soslayo a Minou, agregó—: ¿Le importaría quedarse hoy aquí? Convendría cambiarle las compresas a la mujer dentro de dos horas.

Julie asintió con resignación. ¿Qué otra cosa podía hacer?

Al cabo de un rato, cuando entró de nuevo en el dormitorio con la niña, Suzanna estaba dormida. Julie se acomodó en la silla y Minou volvió a sentarse en el borde de la cama.

Julie se perdió en sus pensamientos mientras contemplaba a la mujer. ¿Qué estaba haciendo allí? ¿Qué iba a pensar Suzanna cuando despertase y la viera? Julie desterró ese pensamiento de su cabeza. Estaba allí por orden de la enfermera de la misión. Miró a Minou con gesto pensativo. ¿Tenía algún parecido con Karl? No, Julie no creía que se pudiera advertir ningún parecido. ¿Es que Karl no era el padre de los hijos de Suzanna? Eso tampoco le resultaba creíble. Teniendo en cuenta el ataque de celos que había tenido con ella, probablemente tampoco habría consentido que su amante negra… Pero ¿quién iba a saberlo? A Karl le gustaban los niños. De Henry se sentía orgulloso, a pesar de que Henry no era… Ese pensamiento se le clavó como una espina y le recordó el motivo por el que estaba en la ciudad. ¡Jean! Había abandonado a su hijo y ahora estaba allí perdiendo el tiempo. Bien era cierto que había ido hasta allí para buscar a Jean, pero, si no daba con él, tenía que regresar a la plantación lo antes posible, por mucho que le costara. Allí en la ciudad, alejada de Pieter y de los recuerdos de Karl, se sentía a gusto, pero echaba mucho de menos a su hijo, la suave pelusilla que le cubría la cabeza, sus regordetes bracitos y sus chillidos de alegría. ¡Lo único que deseaba era que estuviera bien! Kiri, Amru e incluso la propia Martina estarían cuidando de él. Estaba segura.

Suzanna se movió y arrancó a Julie de sus pensamientos.

—¿Mamá? Mamá, ¿me oyes? —Minou se inclinó sobre su madre y aguardó esperanzada alguna señal de vida.

Muy despacio, Suzanna abrió los ojos. Le costó un momento comprender dónde estaba. Al ver el rostro de su hija, una sonrisa iluminó su rostro.

—Minou —susurró, levantó la mano y acarició a su hija en la mejilla.

Los ojos de Minou se llenaron de lágrimas.

—Mamá, estás enferma, he llamado a las hermanas de la misión y han venido a ayudarte. No te enfades conmigo, ¡por favor!

En un primer momento, a Suzanna se le ensombreció el rostro. Después volvió a dirigirle una sonrisa a su hija.

—No, no te preocupes —dijo con la voz débil—. Lo has hecho muy bien, pequeña.

A Minou se le iluminó la cara. Se volvió y tiró de la manga de Julie. Julie se levantó y posó la mano sobre el hombro de Minou.

—Tiene una hija muy valiente, Suzanna.

Suzanna miró a Julie con expresión de desconcierto.

—¿Quién…?

Julie abrigó por un fugaz momento la esperanza de que Suzanna no la reconociera. Al fin y cabo, nunca habían sido formalmente presentadas y Karl siempre había procurado que no llegaran a encontrarse. Sin embargo, y eso fue exactamente lo que Julie vio en ese momento en los ojos de Suzanna, ¿qué mujer no intentaría averiguar quién era la otra mujer que había en la vida de su marido?

Julie advirtió que Suzanna miraba en todas direcciones con inquietud y que luego volvía a posar la mirada en ella.

—¡Está todo bien, Suzanna! —dijo con serenidad—. Minou, ¿por qué no te vas al piso de abajo y sales un rato a la calle? —El mensaje era obvio.

—Pero…

—Vete tranquila, Minou, yo estoy bien. Vamos.

La pequeña, confundida, abandonó la habitación.

Suzanna se incorporó ligeramente en la cama.

—¡Juliette! ¿Qué está haciendo aquí? —En ese momento su voz sonaba severa.

Julie no podía culparla.

—Suzanna, ha sido realmente como se lo ha contado Minou. Vino a la enfermería de la misión y nos trajo hasta aquí. Ha sido una casualidad. Yo no sabía…

—Usted… ¿trabaja en la enfermería de la misión?

Eso pareció desconcertar a Suzanna más aún que su presencia en la casa.

Julie se encogió de hombros.

—Es una historia muy larga.

Suzanna meneó la cabeza.

—Y yo que creía que las misis blancas no necesitaban trabajar.

Julie percibió el desprecio de la mujer, pero se esforzó por mantener la calma.

—Suzanna, creo que ahora lo más importante es que se recupere. Cuando se encuentre bien, ya hablaremos, si es que quiere hablar.

—Aquí no encontrará nada que llevarse. Karl no me ha dejado nada.

Julie se quedó desconcertada.

—No estará pensando que yo pretendía… ¡Ni hablar! No he venido aquí para… Suzanna, por favor, hablemos dentro de un par días con calma, ¿de acuerdo?

—Si usted lo dice… No sé muy bien qué tenemos que hablar usted y yo, pero está bien.

Y, acto seguido, el agotamiento la hizo cerrar los ojos.

CAPÍTULO 7

—Erika, ¡qué alegría verte! Ya empezaba a estar preocupada. —Julie recibió con entusiasmo a su amiga ese mismo mediodía—. Y cuéntame, ¿has encontrado a Reinhard?

Una fugaz sonrisa atravesó el rostro de Erika.

—Sí.

—¡Eso es formidable! —La alegría de Julie era sincera—. ¿Y? ¿Va a regresar a la ciudad? —Julie estaba tan emocionada que conducía a su amiga hacia el salón de la casa tirándole de la manga—. Foni, por favor, sírvenos algo de beber. Erika, toma asiento. —Pero la sonrisa se había esfumado del rostro de Erika—. Erika, ¿qué ocurre? ¿Está todo bien?

Erika agachó la mirada y comenzó a toquetearse el vestido con gesto nervioso.

—No. Reinhard no regresará a la ciudad. No puede.

Julie miró a Erika y advirtió la profunda desesperación de su amiga. Aunque no comprendía qué ocurría, se levantó y rodeó a Erika con el brazo para consolarla.

—Ay, Erika…

Erika no estaba llorando, pero el cuerpo le temblaba como si estuviera librando una lucha interior.

—Tiene que..., que quedarse en Batavia. Y yo..., yo tengo que... arreglármelas sola...

—Pero en estos últimos años has conseguido salir adelante sola. —Julie no sabía qué decir, pero tampoco se atrevía a preguntar qué había pasado.

—Sí, pero durante este tiempo siempre he pensado que algún día...

La certeza de que a partir de ese momento estaría sola a Erika se le hacía más difícil de soportar que la soledad real en que había vivido los años anteriores. Con la voz entrecortada, Erika relató a Julie lo sucedido en los últimos días.

Julie la escuchó en silencio y, cuando terminó, siguió callada sin saber qué decir.

—Pero no quieres marcharte del país, ¿verdad? —Julie no solo tenía miedo por Erika y los niños; de pronto temió también perderla. Era la única amiga que tenía en Surinam. Erika se limitó a negar ligeramente con la cabeza.

—Aunque quisiera, no podría. Apenas tengo dinero y un viaje así con un niño..., con dos niños pequeños —rectificó—, sería demasiado arriesgado. Además, ¿adónde iba a ir? ¿A Alemania? ¿Qué iba a hacer allí? Si regresara a mi comunidad, como viuda, cosa que en realidad no soy... No sé, es complicado.

Julie se quedó callada un instante.

—Ah, Erika... No sabes cuánto desearía que el viaje hubiera sido diferente —dijo. E inmediatamente añadió—: A mí también me ha pasado una cosa mientras tú estabas fuera. De hecho tengo que agradecértelo a ti, ya que al marcharte y sustituirte yo en la enfermería…

Julie le contó su encuentro con Suzanna.

Erika miró a Julie desconcertada.

—Entonces tú y la que era la queri… de tu marido ¿os habéis conocido?

—Bueno, no sé si «querida» es la palabra más correcta. Suzanna en realidad era… —Julie no sabía cómo explicar la compleja situación—. Suzanna no solo había sido la esclava de Karl, sino que probablemente fuera también su hermanastra. Y sus hijos, por tanto… Julie meneó la cabeza al pensarlo. Era un enredo demasiado complicado y en los últimos días se había preguntado a menudo si esa clase de relaciones serían muy habituales en la colonia. Era mejor no pensarlo. En ese instante, Erika la arrancó de sus cavilaciones:

—¿Has conseguido averiguar algo sobre el paradero de Jean?

Julie negó apesadumbrada.

—Y desde hace un tiempo tampoco he recibido noticias de Rozenburg. Espero que todo vaya bien. —No lo dijo muy convencida. Pieter era impredecible y probablemente estaría aprovechando su ausencia, de un modo u otro, para hacer de las suyas.

—¿Qué piensas hacer ahora? —le preguntó Erika a Julie—. Quiero decir si… ¿te apetece regresar?

Julie se encogió de hombros.

—Tengo que regresar, sobre todo por Henry. No puedo tardar mucho. Pero antes quiero esperar a que las cosas marchen por el cauce adecuado en casa de Suzanna. No podría vivir sabiendo que sus hijos y ella viven en la pobreza porque Karl no se ocupó de dejar las cosas arregladas.

Suzanna se iba recuperando. Al cabo de un par de días, Julie le pidió a Foni que empaquetara todos los manjares que encontrase en la cocina de la casa y ella misma se los llevó a la de Suzanna. Minou estaba esperándola ansiosa en la puerta y, en cuanto entró, metió la nariz en la cesta.

Suzanna estaba sentada en la cocina cuando Julie entró.

—No debería malcriar a la niña. Yo no puedo permitírmelo… y, cuando usted deje de venir, Minou se quedará decepcionada —dijo Suzanna y se quedó mirando a su hija con gesto pensativo, mientras esta salía de la cocina feliz con un puñado de galletas. Después agachó la mirada y añadió—: Además, no necesitamos limosnas.

Julie se sentó a la mesa con Suzanna.

—Suzanna, no le traigo limosnas, le traigo algo de comer porque ha estado muy enferma y durante su enfermedad no ha podido cuidarse ni cuidar a su hija —se apresuró a decir—. Y, por cierto, lo hago con mucho gusto —añadió en un susurro.

—¿Por qué? —En ese momento Suzanna miró a Julie a los ojos. En su mirada se advertía verdadero estupor—. ¿Por qué hace esto? Debería estar enfadada conmigo.

Julie soltó una carcajada.

—¡Suzanna! ¿Yo? No llevo en este país ni cuatro años. Usted, en cambio… Usted estaba aquí mucho antes que yo, y para Karl también. —Julie no sentía ningún rencor—. ¿Desde cuándo, si me permite preguntarle, conocía usted a Karl?

Una sonrisa amarga cruzó el rostro de Suzanna.

—Yo soy hija de la niñera de Karl. La hija de una esclava. Cuando nací, Karl tenía diez años. Le pertenecí desde el primer momento. Mi madre murió cuando yo tenía doce años. La familia Leevken me acogió.

—Oh, ¿y su padre?

Suzanna se quedó en silencio. Después prosiguió en voz baja:

—En este país, ya sabe... No tenía padre. Mi madre pertenecía al padre de Karl, que..., ¿entiende lo que le digo?

—Claro que sí... —respondió Julie—. ¡Lo lamento! Yo no sabía que... —Aquello la afectó de verdad. Un tanto aturdida, añadió—: Entonces usted... llevaba mucho tiempo con Karl.

Suzanna se encogió de hombros.

—Sí, desde siempre. Las cosas en este país son así.

—¿Y los niños? Quiero decir... ¿Karl es el padre?

Suzanna asintió.

—Sí, los dos son de Karl.

Julie se quedó en silencio, confundida.

—Por cierto, Karl se puso muy contento de que usted le hubiera dado un hijo. Claro, eso quería decir que...

—Quería decir ¿qué?

—Bueno, en los últimos años yo ya no me quedaba embarazada. Parecía que Karl ya no pudiera..., ya me entiende. El hecho de que usted le diera un hijo lo hizo muy feliz. Mi hijo nunca habría podido heredar.

—Él le... ¿hablaba de esas cosas? —Julie no salía de su asombro.

—Sí, hablaba mucho de la plantación.

Julie sentía una admiración infinita por aquella mujer. Se había pasado toda la vida junto a un hombre para el que nunca podría ser lo que eran otras mujeres. ¿Lo había elegido ella? ¿O en realidad su relación con Karl era una mera relación de amo y esclava?

En ese instante, Suzanna bajó la mirada y preguntó con un hilo de voz:

—He oído que... hubo un accidente... y a partir de entonces Karl ya no volvió. —Y entonces Julie supo que aquella mujer sentía algo por él.

—Sí, un accidente... —Julie no quería hablar de ello—. Si yo hubiera sabido..., habría enviado a alguien a comunicárselo. —De nuevo la invadió el sentimiento de culpa que con tanta frecuencia la asaltaba.

Julie seguía luchando contra la mala conciencia que le producía haberle arrebatado el padre a Martina; y, por si eso fuera poco, ahora tendría que sobrellevar también la carga de haber destrozado una familia entera. ¡Ella solo se había defendido! Eso fue lo único que hizo, defenderse, se dijo para tratar de tranquilizarse.

—¿Karl llegó a..., quiero decir..., tiene usted algo que sirva de seguro? —preguntó con cautela.

Suzanna rio por lo bajo.

—No.

—¿Y esta casa? ¿Es suya?

—No, es de la plantación. Y el yerno de Karl... Bueno, su yerno me ha hecho saber que dentro de poco la plantación ya no podrá seguir manteniéndola. Tendré que buscarme otro lugar.

—¿Cómo dice? —Julie se puso en pie. Eso era típico de Pieter—. ¡No puede echarlos a usted y a sus hijos a la calle! Quiero decir, de algún modo todos somos... Usted y Martina son...

Suzanna hizo un gesto de rechazo con la mano.

—Aquí todo eso no cuenta. El parentesco no existe entre personas de diferente color. —Su voz ni siquiera reflejaba amargura.

Julie sabía que Suzanna tenía razón. Ningún blanco admitiría jamás que había tenido descendencia con una mujer mulata. A los hijos no deseados los ofrecían como esclavos. Y a las queridas libres... se encargaban de mantenerlas a escondidas. Pero ¿reconocerlas públicamente? Eso jamás.

Julie había oído el caso de un hombre joven que unos años atrás había intentado luchar por los derechos de su mujer negra. Después de sufrir durante varios meses el desprecio y las humillaciones de la sociedad de la colonia, decidió marcharse a Europa. Julie estaba segura de que en Europa serían más tolerantes que en aquel pequeño país. Mejor dicho: en Europa ya no existía la esclavitud.

Estaba decidida a ayudar a Suzanna.

—Usted no se preocupe, que yo todavía puedo tomar parte en los asuntos de la plantación.

Eso era mentira, ya que Pieter la tenía completamente contra las cuerdas. Pero ahora que no se trataba solo de Henry y ella, sino también de Suzanna y sus hijos, Julie se sintió con más fuerzas para enfrentarse a Pieter. Tenía que salvar la plantación de manos de aquel hombre. Y para eso necesitaba a Jean. Tenía que encontrarlo.

CAPÍTULO 8

Hacía un bochorno insoportable. Hasta la propia Kiri sudaba, cosa poco común, ya que estaba completamente adaptada al clima y le costaba comprender por qué a los blancos les resultaba tan difícil sobrellevar el calor del país. Sin embargo ahora... Tal vez era por el embarazo. A esas alturas, su estado era más que evidente y Kiri tenía la sensación de que cada día estaba más redonda.

El masra Henry también sufría por el calor. Kiri había desnudado al pequeño casi por completo. Al verlo, misi Martina se escandalizó y le ordenó que volviera a ponerle la chaqueta, pero Amru meneó la cabeza y le ordenó que se llevara al niño a la aldea.

—¡Y no vuelvas a vestirlo! —le susurró.

El masra Martin, en cambio, llevaba ya unos días correteando con las mejillas coloradas porque misi Martina lo vestía con camisa y chaqueta a pesar del tiempo, así que iba haciendo eses y a veces parecía a punto de desfallecer a causa del bochorno.

Amru aconsejó a misi Martina que vistiera al niño con ropas más ligeras, pero ella le respondió airada:

—No voy a permitir que corretee por ahí vestido de cualquier manera como un niño negro.

El hecho de que Pieter no le dijera nada, aunque era médico y sabía lo malo que era para un niño ir tan abrigado con ese calor, irritaba más aún a Amru. La esclava estaba de mal humor cada vez más a menudo. Antes era ella quien llevaba la voz cantante. Aunque era cierto que el masra Karl tampoco era una persona fácil, siempre había dejado las cosas de la casa en manos de Amru. Misi Martina, en cambio, intentaba desde hacía un tiempo entrometerse en los asuntos de Amru. Su marido insistía en que tenía que imponerse de una vez por todas a «los negros».

En la aldea de los esclavos tampoco se respiraba un ambiente animado. El clima favorecía que aparecieran las fiebres y ya habían caído enfermos algunos hombres. Masra Pieter se había puesto muy nervioso por la falta de mano de obra y había anunciado que iba a tomar medidas. Las primeras instrucciones consistieron, naturalmente, en ordenar a los *basyas* que fueran látigo en mano a sacar a los hombres de los camastros. Eso funcionó solo durante algún tiempo, hasta que llegó un día en que tuvieron que volver a llevar a casa a los hombres desde los campos porque se desplomaban con el machete en la mano. Estaban gravemente enfermos y, pasada una semana, murió el primero de ellos a causa de un acceso de fiebre.

Amru y Jenk hacían todo cuanto podían para ayudar en la aldea. Jenk preparaba tés y friegas y durante la noche el curandero y los esclavos sanos iban a los campos, encendían un fuego y obraban rituales para pedir ayuda a los dioses. Pero era un mal año. El tiempo no mejoraba, apenas se movía el aire y la atmósfera viciada permanecía estancada noche y día entre las cabañas.

Cuando cayeron enfermos los primeros niños, Amru comenzó a alarmarse. Un día, se atrevió a dirigirse a misi Martina. Esta estaba sentada en el porche con los niños y Kiri se encontraba acuclillada en una estera a su lado.

—Deles al menos a los esclavos una ración mayor, los niños enfermos tienen que alimentarse bien.

Misi Martina se quedó pensando un momento. Cuando el masra Pieter regresó de los campos, se atrevió a sacar el tema, pero el masra se negó a aceptar la propuesta de Amru.

—Bah, todo el día holgazaneando y encima pretenden cebarse a comer, ¡qué se habrán creído esos negros! ¡De eso nada! El que trabaja poco también come poco.

—Pero, Pieter, a lo mejor... Quiero decir... ¿y los niños?

—Nuestros negros tienen tierras, con eso ¡tienen de sobra para abastecerse! Si resulta que son demasiado vagos como para cultivarlas... Martina, la plantación no rinde mucho que digamos, así que no puedo darles de comer como si fueran reyes. Volveré a hacer una prueba con los medicamentos, tengo una nueva receta de Europa que...

Misi Martina se inquietó al oír las palabras de su marido.

—Pero la última vez...

Sus reservas no contribuyeron a calmar a Pieter, sino más bien al contrario.

—¡Qué sabrás tú! Han vuelto a mejorar el compuesto. Esta vez no habrá problemas. Además, si lo probamos aquí con nuestros esclavos nos darán una pequeña recompensa.

Cuando Kiri le contó a Amru cómo había discurrido la conversación, Amru se limitó a soltar un bufido de desprecio.

—Como el masra siga haciendo las cosas así, dentro de poco se habrá quedado sin esclavos.

Kiri se sentía también bastante fatigada. Ya se encontraba en el sexto mes de embarazo y con aquel calor tenía la sensación de que estaba hinchándose como una esponja. Algunos días, por la noche, incluso se sentía febril. Para combatir el calor, se cubría las piernas con compresas frías. No podía caer enferma, no mientras no regresara misi Juliette.

A su alrededor, la situación no hacía más que empeorar. Nunca habían caído enfermos de fiebre tantos esclavos. En casi todas las cabañas había una persona indispuesta.

No pasó mucho tiempo antes de que el masra Pieter convocara a todos los esclavos en la casa comunitaria para administrarles una inyección. Todo aquel que se negaba recibía un despiadado escarmiento con el látigo hasta que accedía a extender el brazo. La noche anterior, dos jóvenes con fiebre que todavía tenían fuerzas para caminar habían intentado escapar de la plantación.

—Mejor morir en la selva que por culpa de la medicina del hombre blanco —dijeron. Cuando los *basyas* se dieron cuenta de que había varios huidos, soltaron a los perros.

Amru intentó convencer al masra Pieter de que esperase un poco más.

—¡La fiebre viene y se va todos los años!

Pero él la apartó de un empujón.

Pocos días después de que el masra Pieter hubiera administrado el tratamiento, algunos hombres empezaron a empeorar.

A la fiebre siguieron los vómitos y los delirios; no sabían ni dónde estaban; algunos niños gritaban sin cesar y otros no reaccionaban.

En la aldea de los esclavos se desató el caos.

CAPÍTULO 9

Cuando, al cabo de unos días, Julie llegó a casa de Suzanna, se la encontró en la cocina con una cesta de fruta.

—Suzanna, ¿está segura de que se siente lo bastante recuperada como para hacer esos esfuerzos? No debería cargar peso, yo le he traído algunas cosas…

—Juliette, esto que traigo aquí no es para mí. Como comprenderá, tengo que encontrar un modo de ganarme la vida.

Suzanna trataba a Julie por su nombre desde el primer día, como si fuese incapaz de pronunciar el apellido Leevken. A Julie no le parecía mal. En el fondo habría preferido conocer a aquella mujer en otras circunstancias. Desde que mantuvieron aquella primera conversación sobre Karl, ambas evitaban mencionar su nombre.

Suzanna colocó el canasto de fruta sobre la mesa y cogió una silla sobre la que se dejó caer, agotada. Su cansancio era evidente. La fiebre la había dejado más debilitada de lo que ella quería admitir.

—Mañana lo llevaré al mercado.

—¿Y de veras cree que conseguirá venderlo? —Julie se sentó también a la mesa.

—Tirar la fruta que me sobra no me ayudará.

—¿Esa tierra pertenece a..., a la casa?

De pronto Julie temió que Suzanna pudiese perder no solo su techo, sino también su medio de vida.

Suzanna sacudió la cabeza.

—No. Esa tierra me la dejó mi madre. No es grande, pero nos alcanza para comer de ella y para vender una pequeña parte.

Julie se quedó pensando cómo podría ayudar a Suzanna. No iba a querer aceptar su dinero; era demasiado orgullosa. De pronto, se le ocurrió una idea.

—¡La tierra de la casa! Está en el otro extremo de la ciudad, pero nosotros no conseguimos consumir todo lo que se cultiva allí. ¿Tal vez le interesaría ir a recolectar lo que sobra y venderlo?

Suzanna arrugó la frente. Se quedó pensando unos instantes.

—¿Y no le parecería mal a la esclava de la casa?

Julie se encogió de hombros.

—Ya le digo que la cosecha llega para abastecer la casa, alimentar a Foni y Hedam, y aún sobra mucho. Hedam se quejaba en los últimos tiempos de que tenía que acabar tirando muchas cosas porque no hay nadie allí que se coma lo que se cultiva. Así que si quisiera... No creo que nadie tuviera nada en contra de que fuese allí a recolectar y vendiese la cosecha en el mercado. Como contrapartida, podría encargarse de mantener cuidado el huerto. Seguro que a Hedam le viene bien un poco de ayuda, porque Foni solo se ocupa de la casa.

Suzanna no estaba del todo convencida. Le daba la sensación de que tenía que haber alguna trampa en todo aquello.

—Pero no puedo recoger sus frutas y venderlas así..., sin... No sé.

Julie entrecerró los ojos con desesperación. Admiraba el amor propio de aquella mujer. Lo que decía lo decía en serio.

—Entonces puede llevar a la casa de la ciudad el dinero que saque en el mercado y yo le pagaré por hacer el trabajo de vender la cosecha.

Los labios de Suzanna dibujaron una amplia sonrisa.

—¡Hecho!

Julie se puso contenta. Al menos, así podría ayudar a Suzanna sin que ella tuviera la sensación de que se trataba de una obra de caridad.

Justo cuando las mujeres se estaban despidiendo, oyeron unos gritos en el exterior.

—¡Mamá! ¿Mamá?

—Esa es Minou. —Preocupada, Suzanna salió a todo correr al pasillo y, en la propia puerta, se chocó con alguien que en ese momento entraba en la casa.

—¡Ay, Dios mío! —Suzanna se llevó la mano a la boca y acto seguido levantó los brazos para echarlos al cuello de esa persona. Julie se acercó unos pasos a la puerta para ver quién había venido. Entonces vio que Suzanna besaba a un joven en la frente mientras le sostenía el rostro entre las manos.

Parecía desbordada por la felicidad que le producía estrechar entre sus brazos a su hijo mayor. Y también Minou, que lo acribillaba a preguntas: que si había encontrado oro, que si había visto lagartos peligrosos en el río, o a los espíritus de la selva… Al dirigirse a la cocina, el muchacho se quedó mirando a Julie un momento, sorprendido, pero no dijo nada. Tomó del brazo con dulzura a su hermana pequeña y la condujo a la cocina.

—Minou, Minou, al menos déjame que entre.

Julie dudó. ¿Era momento de marcharse? ¿Le importaría a Suzanna que se quedara? Estaba intrigada por escuchar el relato del joven. Para alivio de Julie, Suzanna la invitó a sentarse a la mesa con un gesto; luego, sacó una botella de la estantería para celebrar la ocasión y beber a la salud de Wico. Después de darle un trago, la pasó para que circulase por la mesa.

Julie advirtió que Wico seguía mirándola con curiosidad. En realidad, ella no se había presentado, pero ¿cómo debía hacerlo? Suzanna acudió en su ayuda.

—Wico, esta es Juliette Leevken. La esposa de vuestro difunto padre —dijo Suzanna sin andarse por las ramas.

Julie tragó saliva, sorprendida.

Minou, con la agitación, no oyó bien lo que dijo su madre, pero Wico frunció el entrecejo con un gesto de recelo. Suzanna, al reparar en ello, le dio una palmadita y le aclaró:

—Julie trabaja en la enfermería de la misión y vino aquí para ayudarnos.

—Madre, ¿has estado enferma? —preguntó Wico volviéndose hacia su madre con gesto de preocupación.

—He tenido un poco de fiebre, pero ya estoy recuperada —repuso ella quitándole importancia al asunto—. Y, ahora, cuéntanos, ¿cómo te ha ido por ahí?

Wico les habló de las condiciones en que se vivía en el interior del país, donde la gente se dedicaba a buscar oro en los ríos. Según contaba, la situación era caótica, se trataba de terrenos inexplorados y los trabajadores eran enviados allí y abandonados a su suerte. Muchos de ellos perdían la vida. Y cuando lograban encontrar algo de oro en un río o en un arroyo, en el camino de regreso a la ciudad tenían que entregárselo a los capataces, que los registraban de arriba abajo.

—Buscaban hasta en los rincones más insospechados en los que podrías guardar algo. Y no solo en la barca y en el equipaje... —explicó señalando con la mano su propio cuerpo—. A cambio te daban una indemnización —agregó y lanzó una bolsa de monedas sobre la mesa—, pero no compensa el esfuerzo —apostilló con un suspiro.

—¿Ves? Ya te dije que no esperaras regresar con un saco lleno de oro. —Suzanna quiso que sus palabras sonaran a broma, pero su rostro revelaba que en el fondo había albergado la esperanza de que su hijo regresara con dinero.

Julie se despidió enseguida porque no quería interrumpir la felicidad del reencuentro familiar. Al sentarse en el coche, de pronto cayó en la cuenta: ¡Tendría que haberle preguntado a Wico por Jean! ¡Los buscadores de oro! No se le había ocurrido, pero tal vez Jean estuviese con ellos. Por un momento, pensó en volver a casa de Suzanna, pero luego recapacitó. Necesitaban disfrutar de aquel momento de intimidad los tres juntos. Además, ¿qué probabilidades había de que Wico se hubiese encontrado precisamente con Jean? Julie suspiró. Sabía que tenía que empezar a pensar en volver a Rozenburg. Pero rápidamente desechó ese pensamiento.

Al día siguiente por la mañana, Suzanna fue con Hedam al huerto. Por la tarde, Julie llamó a un coche para acompañar a Suzanna a casa con la cesta repleta de todos los tubérculos y frutos que había cosechado.

Suzanna vacilaba a la hora de subir con Julie en el coche. Una mujer de color y una blanca juntas ¡era inconcebible!

—Venga, déjese de tanto remilgo —la instó Julie con tono resuelto, señalando al asiento que tenía al lado.

Suzanna subió al coche agobiada y reflexionó en voz alta:

—Juliette, ¡como nos vea alguien...! ¡Esto manchará su fama!

Julie soltó una carcajada.

—¿Mi fama? Creo que yo no tengo de eso.

Por el camino, algunos de los blancos con los que se cruzaron en otros coches se volvieron a mirar con estupor y una mujer incluso se ruborizó cuando Julie la saludó abiertamente. Pero ella lo pasó de maravilla, disfrutó como hacía mucho tiempo que no disfrutaba...

—Mañana toda la ciudad hablará de nosotras —exclamó entre risas. Suzanna vivió la experiencia con semblante preocupado y sintió un alivio evidente cuando el coche se detuvo frente a la puerta de su casa.

Los niños recibieron a su madre con alegría. Wico se había dado ya un buen baño, se había peinado y vestía ropa limpia. Saludó a Julie con amabilidad, aunque con ciertas reservas; a ella le parecía lógico que el muchacho sintiese cierta desconfianza. No podía culparlo, se trataba de una situación bastante insólita. Julie le había pedido a Foni que hiciese un pastel; en ese momento lo dejó sobre la mesa, lo cual hizo que Minou soltase un chillido de alegría. Suzanna preparó café mientras le contaba a Wico la idea que se le había ocurrido a Julie sobre el huerto.

—Yo seré como la ayudante cosechera, digamos —concluyó. En su voz se adivinaba el orgullo que sentía.

En el rostro de Wico se adivinó, por un fugaz instante, cierto remordimiento de conciencia:

—Madre, siento mucho haber vuelto a casa sin dinero.

Suzanna desestimó el comentario con un gesto.

—Vamos, jovencito, no te preocupes ahora por eso. Saldremos adelante.

A Wico no parecieron tranquilizarlo demasiado aquellas palabras.

—Por cierto, en uno de los almacenes donde lavaban el oro conocí a un hombre que trabajaba para mi pa... —Wico reprimió rápidamente la palabra y se corrigió—: para la plantación Rozenburg.

Julie levantó la mirada, intrigada. Estaba esperando el momento oportuno para preguntar por Jean y, al oír a Wico, estuvo a punto de atragantarse.

—¿Qué..., qué aspecto tenía?

—Había trabajado allí de contable —dijo Wico con la boca llena.

—¿Cómo? —A Julie le dio un ataque de tos.

—A lo mejor usted lo conoce. Se llama Jean Riard.

Julie se quedó mirando a Wico con los ojos desorbitados. E inmediatamente, rompió a llorar.

CAPÍTULO 10

Kiri estaba dándole de comer al masra Henry cuando el masra Pieter soltó un bufido detrás del periódico. El pequeño Henry prefería jugar con la cuchara de plata antes que llevarse la papilla a la boca. Con los deditos pegajosos, atrapaba una y otra vez la cuchara y Kiri se las veía y se las deseaba para conseguir que la papilla no acabara donde no debía, es decir, en el suelo. Misi Martina, que ya le había lanzado miradas de reproche en dos ocasiones, se disponía a regañarla cuando el masra Pieter arrugó el periódico bruscamente y lo arrojó sobre la mesa. Todos se volvieron hacia él sorprendidos, incluso Henry se quedó con los deditos paralizados en el aire y sus grandes ojos azules asustados se clavaron fijamente en el hombre mayor.

—Es increíble. El rey quiere abolir la esclavitud. Ahora se va a formar una comisión que decidirá qué hacer. ¿Qué creen que será de la colonia si no nos permiten conservar a los esclavos?

Misi Martina se encogió de hombros y volvió a centrarse en el desayuno.

—Pieter, no te sulfures, el rey está en Europa y el gobernador de aquí lo arreglará.

—¡Esto es una merienda de negros! Ya verás la que nos espera cuando te levantes una mañana y tengas que vestirte sola.

Al oír esas palabras, misi Martina se quedó mirando a su marido con gesto de desconcierto. Kiri estuvo a punto de echarse a reír y a Liv, que en ese momento estaba dándole el desayuno al masra Martin, también se le descompuso el rostro, pero rápidamente se contuvo y agachó la cabeza.

El masra Pieter se levantó de la mesa visiblemente airado. Misi Martina ordenó a Liv que vigilara al masra Martin y abandonó también la habitación.

Al marcharse los señores, Kiri respiró aliviada. El masra seguía inspirándole miedo aunque llevaba meses sin llamarla a sus aposentos. Tener que verlo todos los días y tener que servir a la familia no le ponía las cosas fáciles. Liv también estaba tensa. Aunque ya llevaba años trabajando como esclava de cámara para misi Martina y se encargaba del masra Martin desde que había nacido, por alguna razón la joven no acababa de acostumbrarse.

—Abolir la esclavitud… —Liv sacudió la cabeza—. Eso no sucederá nunca.

—Pero… ¿si lo dicen los periódicos? —replicó Kiri con tono esperanzado.

—Bah, Kiri, ¿y no has visto la cantidad de disparates que dicen los periódicos? Acuérdate de las cosas que solía leer el masra Karl: que si hay barcos que navegan por debajo del agua, que si en Europa hay coches sin caballos que funcionan con vapor o algo así… Yo no me creo nada de eso.

Kiri, en cambio, quería creérselo. Qué de cosas podría hacer si fuera libre…

Más tarde, mientras se dirigía a la aldea de los esclavos aprovechando que el masra Henry dormía la siesta, de pronto, algo llamó su atención. A lo lejos, vio un grupo de personas y, al aproximarse, se dio cuenta de que estaban divididas en dos bandos, uno enfrente del otro. Junto al masra Pieter se encontraban los *basyas* con látigos y perros y, al otro lado, todos los esclavos de los campos, con Jenk al frente. Kiri se detuvo. Era mejor no acercarse. En los últimos días, se habían producido ya varias revueltas de esclavos que los *basyas* habían logrado sofocar enseguida con el látigo. Ahora se habían congregado todos los habitantes de la aldea. Entre el murmullo de voces, Kiri intentó distinguir algunas palabras para comprender de qué hablaban. Al parecer, acababa de morir otro hombre a causa del tratamiento del masra. A Kiri la invadió el miedo, echó a correr todo lo rápido que pudo hacia la casa de la plantación y buscó a Amru a gritos por todas partes. Alertada por el griterío, misi Martina se asomó a la puerta.

—¿Qué es ese jaleo?

Al ver que Amru dejaba todo lo que estaba haciendo y salía corriendo de la casa, la siguió alarmada.

Cuando las mujeres llegaron a la aldea, la pelea ya había comenzado. Masra Pieter, con el rostro encendido, señalaba a Jenk con un dedo mientras le gritaba:

—Tú, con tus charlatanerías, has llamado a mis esclavos a la rebeldía. Encárgate de que vuelvan al trabajo. ¡Que vuelvan ya!

Jenk levantó los brazos con gesto de impotencia.

—Masra, yo no puedo hacer nada, los hombres tienen miedo de…

El masra Pieter extendió el brazo hacia un *basya,* le arrebató el látigo de la mano y golpeó a Jenk con él. El hombre quedó tendido en el suelo. Junto a Kiri, Amru soltó un grito sofocado e hizo ademán de echar a correr hacia él, pero Kiri la retuvo. Los demás esclavos se echaron hacia atrás un momento, pero enseguida volvieron a apiñarse. En los rostros de todos ellos podía leerse que en esa ocasión hablaban en serio.

—Si no vais ahora mismo a los campos, soltaré a los perros —bramó Pieter tan alto que estuvo a punto de quedarse sin voz.

Los propios *basyas,* que estaban tras él, se mostraron sorprendidos al escuchar sus palabras. Los perros estaban entrenados para morder a cualquier esclavo que encontrasen a su paso. Soltarlos en la selva para que persiguieran a los escapados era una cosa, pero ¿hacerlo dentro de la plantación, en el poblado donde vivían los esclavos? Acabaría desatándose una catástrofe. Es más, los *basyas* tenían órdenes de disparar a cualquier perro que anduviera suelto por el recinto de la plantación.

La amenaza hizo vacilar un instante a los esclavos, pero no se movieron.

—¡Dame al perro! —Masra Pieter tiró de la correa con la que el *basya* tenía atado al perro. El animal, de color terroso, al que le colgaban hilos de baba del hocico, gruñía amenazante—. ¡Trae aquí!

El *basya,* aturdido, le entregó al animal, y el masra Pieter cogió la correa y lo soltó. El perro se quedó indeciso unos instantes, un tanto desconcertado, pero enseguida pegó un gran salto y se arrojó sobre la masa de cuerpos negros que tenía ante sí. Los esclavos echaron a correr, muchos de ellos gritando, presas del pánico, y se dispersaron.

El masra soltó una ruidosa carcajada.

—¡Vamos, corred!

Finalmente, misi Martina reaccionó.

—Pieter, ¿es que te has vuelto loco? —gritó y, dirigiéndose a los *basyas,* ordenó—: ¡Vamos! ¡Cojan las armas y disparen a ese animal!

Amru se plantó de un salto junto a Jenk, que permanecía tendido en el suelo a los pies del masra Pieter.

—Ya está bien —sentenció el masra Pieter con la mirada perturbada—. Se acabó. A partir de ahora van a cambiar las cosas.

—Pieter, por favor... —Misi Martina no acertó a decir nada más. El masra Pieter le propinó una sonora bofetada—. ¡Y tú...! —bramó—, ¡vete a casa, que es donde tienes que estar!

La misi retrocedió tambaleándose y se llevó la mano a la mejilla, asustada.

Detrás de las cabañas, se oyó un disparo y un breve alarido. Un *basya* había alcanzado al perro, a pesar de lo cual el animal había mordido todo lo que había encontrado a su paso. Había varios hombres tendidos en el suelo que se sujetaban las piernas ensangrentadas. Las mujeres, que habían presenciado la escena desde las cabañas y habían cerrado las puertas por temor a que les sucediera algo a sus hijos, salieron en estampida en cuanto el perro cayó desplomado y acudieron en ayuda de los hombres.

—Prended a este hombre y colgadlo del árbol —ordenó el masra Pieter, y le atizó una patada a Jenk.

Amru se postró de rodillas ante el masra.

—Masra, por favor, se lo ruego —le imploró.

—Ha inducido a todos a la rebelión y ¡eso hay que castigarlo!

Prendedlo y colgadlo en el árbol. ¡Como se hacía antes! —ordenó el masra con frialdad.

Amru intentó aferrarse al brazo de su marido, pero los *basyas* la apartaron a un lado. «Como se hacía antes», había dicho. Los esclavos recibieron esas palabras con terror.

Los *basyas* llevaron a Jenk al árbol, le amarraron las muñecas a los tobillos haciendo que se abrazara las piernas con los brazos, le introdujeron por encima de los codos un palo que pasaba por detrás de las rodillas y lo colgaron bocabajo de una rama gruesa. Aquel castigo se llamaba el «balancín del papagayo», era un método de tortura que llevaba varios años prohibido. Kiri presenció con impotencia cómo Amru intentaba una y otra vez disuadir al masra. Misi Martina se hallaba detrás de Kiri gimiendo entre sollozos:

—¿Qué le ha pasado? ¿Por qué se comporta así?

El masra Pieter, en cambio, miró con satisfacción al esclavo que colgaba del árbol, se sacudió el polvo de los pantalones y se dirigió a la casa de la plantación. Amru se quedó llorando a los pies de su marido. Masra Pieter designó a dos hombres para que montaran guardia y se encargaran de vigilar que nadie liberase a Jenk.

Dos días más tarde, Amru continuaba sentada en el mismo lugar. No quería comer ni beber y nada de lo que pudieran decirle los demás esclavos conseguía arrancarla de aquel sitio. Al cuarto día Jenk murió.

CAPÍTULO II

—Erika, ¡tengo que ir! —Julie fue corriendo a decirle a su amiga lo que Wico le había contado acerca de Jean.

Erika arrugó la frente.

—No sé, Julie…

Julie no comprendía por qué Erika no mostraba ningún entusiasmo. ¡Había encontrado a Jean! Sabía dónde estaba. Se sintió decepcionada e incluso un poco enfadada ante la reacción de su amiga. Precisamente ella tenía que comprender mejor que nadie cómo se sentía.

—Erika, tú fuiste a Batavia a buscar a Reinhard —le reprochó sin darse cuenta de que, para Erika, aquellas palabras eran como meter un dedo en su dolorosa llaga.

—Por eso, Juliette —respondió Erika en susurros—, yo fui a Batavia y… ¿qué? ¿Qué conseguí? La certeza de saber que mi marido no volverá conmigo jamás.

—Sí, pero Jean… —Julie comprendió entonces el dolor de su amiga. El caso de Jean era diferente.

—Juliette, ¿has pensado alguna vez que quizá Jean tuviera sus propios motivos para marcharse de la ciudad sin decirte nada?

Sí, Julie lo había pensado, pero siempre acababa descartando las explicaciones que se le ocurrían. Y no sin motivo.

—En aquel momento la situación era completamente distinta. Él no sabe lo que ha pasado.

Erika se cruzó de brazos y lanzó una mirada desafiante a Julie.

—¿Estás segura? Quiero decir... ¿Tienes la certeza de que hoy él seguiría dispuesto a...?

A Julie se le saltaron las lágrimas. Erika había expresado en voz alta los temores que ella abrigaba desde hacía meses. El miedo a que él ya no la quisiera y que por eso se hubiera marchado...

—¡No! Él quería pasar el resto de su vida conmigo. Me lo dijo. Y ahora..., ahora sería posible, así que tengo que ir a buscarlo.

Julie se dio media vuelta con actitud orgullosa y abandonó la enfermería. Después se dirigió al puerto hecha una furia. Poco a poco, se fue dando cuenta de que en realidad no estaba furiosa con Erika, que actuaba con la mejor de las intenciones. En realidad, estaba furiosa consigo misma porque en el fondo no conseguía librarse de la sospecha de que tal vez perseguía un sueño irrealizable. Por otro lado, sabía que eso solo conseguiría averiguarlo si lograba encontrar a Jean. Tenía que encontrar a los buscadores de oro. Y debía hacerlo lo antes posible. Julie le hizo una señal a un coche de caballos y se dirigió a casa de Suzanna.

—¡No puede viajar hasta allí! —exclamó Wico soltando una carcajada—. Se lo digo en serio. ¿Cómo se imagina usted que es aquello?

Julie no se dejó desanimar por el comentario de Wico. Había sido muy difícil averiguar dónde se encontraba Jean y ahora, estando ya tan cerca de su objetivo, no podía rendirse.

—Wico, tú sabes dónde está Jean, tú podrías llevarme hasta allí. ¡Te pagaré por el trabajo! —añadió rápidamente Julie, aunque no sabía muy bien de dónde iba a sacar el dinero.

Ya no le quedaba mucho, Pieter no era muy generoso con el reparto y ella había destinado todos sus ahorros al viaje de Erika a Batavia. Pero siempre podía pedirle ayuda a Valerie. Seguro que ella la ayudaría. Cuando Wico sacudió el brazo, ella seguía sumida en sus pensamientos.

—Es imposible llevarla hasta allí, siendo mujer... El viaje dura varios días y es muy peligroso. Espere a que Jean regrese a la ciudad.

—¡No puedo seguir esperando, se me acaba el tiempo! Tengo que encontrarlo ya, ¡llevo mucho tiempo buscándolo!

Julie se sentó en una silla en la cocina de Suzanna y dejó caer la cabeza con un gesto de resignación.

Wico sintió compasión. Lo cierto era que el hecho de que la viuda blanca de su padre hubiera entablado relación con su madre, la amante negra, ya le parecía de por sí extraordinario, pero que además se hubiese ocupado de cuidar de su madre enferma y de su hermana pequeña hacía que sintiese hacia ella un tremendo respeto y un profundo agradecimiento. Por eso, él también esperaba poder ayudarla. A pesar de su escepticismo, acercó una silla, tomó asiento y agarró el tablón de la mesa con las manos. Tras pensar un rato, se dirigió a Julie.

—Suponiendo..., suponiendo que pudiéramos planear ese viaje. Necesitaríamos un bote, tres hombres más como mínimo para remar, provisiones para varias semanas y… un arma tampoco estaría mal. Sería muy caro.

Julie levantó la cabeza, de pronto recuperó un halo de esperanza.

—¿Eso sería todo? ¡Ningún problema! Yo puedo conseguir el dinero, pero tendrías que encargarte tú de conseguir las cosas. No sé dónde comprar un arma.

Wico esbozó una amplia sonrisa.

—¡Trato hecho!

—Trato hecho. —Julie se quitó un enorme peso de encima. Temía que Wico no estuviera de acuerdo con las condiciones.

El siguiente escollo iba a ser Suzanna. Ella no comprendería que Julie quisiera embarcar a su hijo en un viaje tan peligroso. Estaba encantada de que Wico hubiese regresado a casa sano y salvo, así que ¿por qué iba a arriesgarse de nuevo?

—¡Ni hablar! Juliette, no sabe cuánto le agradezco la ayuda que ha prestado a nuestra familia, pero no puedo permitirlo. Solo para que usted pueda volver a ver a su contable.

—Jean no es «mi contable». —Julie no le había explicado a Suzanna todo lo que estaba ocurriendo en la plantación por culpa de Pieter—. Sin Jean lo más probable es que acabe perdiendo la plantación.

Suzanna se encogió de hombros.

—Ese no es mi problema.

—¿No? —Julie elevó un poco el tono. Entendía la preocupación de Suzanna por Wico, pero se estaban jugando más que eso—. ¿Y qué sucederá con esta casa? ¿Y con la casa de la ciudad y el huerto? Todo forma parte de la plantación. Si la pierdo, perderé todas estas cosas. Y lo cierto es que estamos muy cerca de llegar a ese punto. La plantación le ha permitido vivir todos estos años como ha vivido, Karl se lo ha permitido. Usted está en deuda con todas las personas que trabajan allí y ahora tiene que ayudarlos a evitar que la plantación caiga en manos de Pieter.

Suzanna cruzó los brazos y le dio la espalda a Julie. Julie sabía que había tocado un tema delicado. Suzanna jamás admitiría que en realidad era, como todos los demás, parte de la plantación.

—Yo lo único que digo es que no quiero perder a mi hijo —se limitó a responder. Pronunció esas palabras con un hilo de voz.

Julie se emocionó.

—Yo tampoco. Haré todo lo posible para disponer de todos los medios necesarios y asegurarme de que Wico cuente con todo cuanto precise para viajar y regresar a casa sano y salvo. —Y, tras un breve silencio, añadió—: Se trata de nuestro futuro. Si no lo intento, entonces…

Suzanna asintió con un gesto mudo.

Los días siguientes estuvieron marcados por el ajetreo de los preparativos. Julie fue a casa de Valerie para pedirle dinero. No era un camino fácil y en realidad la avergonzaba tener que hacerlo, pero no le quedaba otro remedio.

—Te devolveré hasta la última moneda, Valerie.

—Vamos, Juliette, se trata también de Martina y la plantación. Te daré el dinero, pero con una condición.

Julie miró a Valerie sorprendida. No podía imaginarse qué era lo que Valerie tenía en mente.

—Mira, Juliette, mi madre ya es mayor y en algún momento… Yo acabaré quedándome sola y temo el día en que eso suceda. Te daré el dinero a cambio de que me prometas que, cuando llegue el momento, podré irme a vivir con vosotros. No tengo a nadie más y no quiero hacerme mayor sola. Solo pensarlo me aterra.

Julie escuchó perpleja la sincera confesión de Valerie y agradeció su confianza.

—Por supuesto —contestó sonriendo—, serás bienvenida siempre que quieras.

Julie le entregó a Wico el dinero necesario para preparar el viaje. Este se tomó su tarea muy en serio. Le encargó a Julie varias compras que él, como mulato, tenía vetadas, pero se encargó personalmente de hacerse con el bote y de buscar a tres hombres fuertes dispuestos a remar. Estos, en el fondo, se alegraron de que les brindaran esa oportunidad porque querían encontrar trabajo como buscadores de oro y de esa manera se ahorraban pagar un viaje que habrían tenido que hacer de todos modos.

Wico invitó con orgullo a Julie a ir al puerto para enseñarle el bote. En un primer momento, ella se quedó decepcionada. No llegaba ni siquiera a la categoría de bote, sino que era como una cáscara de nuez. Ella se había imaginado que viajarían en una embarcación más grande, pero aquello era un *korjal* normal y corriente con el espacio justo para cinco personas y algo de equipaje. Wico reparó en la mirada de desencanto de Julie.

—No se preocupe, los botes pequeños son más resistentes que los grandes y, como tendremos que superar rápidos y saltos de agua, nos conviene uno como este.

—¿Saltos de agua? —Julie se sintió desfallecer.

—Sí, saltos de agua y, eh, sí, debería… —Wico lanzó una tímida mirada a los pies de Julie—. Debería comprarse unas botas resistentes. Porque puede que cuando nos topemos con los saltos tengamos que bordearlos a pie por la orilla y siempre es bueno llevar un calzado fuerte.

¡Botas! Encima eso. Julie suspiró.

El asunto de las botas se convirtió en un verdadero quebradero de cabeza. En la colonia no estaba previsto que las mujeres calzasen botas. Julie tardó una eternidad en encontrar un zapatero que pudiera ofrecerle un par de botas que, pese a que hubieran sido confeccionadas para hombre, se ajustasen a su pie. No obstante, tendría que ponerse unas gruesas medias si no quería perderlas.

Agotada, Julie se dirigió al fin de vuelta a casa y, en el camino, hizo parar al coche en otra tienda para efectuar las últimas compras. De pronto, oyó una voz a su espalda que la llamaba:

—¡Juliette Leevken! Pero, bueno, qué alegría encontrarla. —Era Marie Marwijk. A Julie la sorprendió encontrarse en la ciudad a su vecina de la plantación. Hasta ese momento no había visto a nadie conocido, salvo a Valerie, por supuesto, a la que visitaba ocasionalmente.

—Ah, ¡hola! —respondió Julie con amabilidad, aunque a decir verdad no tenía ninguna gana de mantener una conversación muy larga con Marie Marwijk.

—¿Ha conseguido ya apaciguar a los negros de su plantación? Hemos oído que ha habido problemas —dijo la vecina sin rodeos.

Julie se esforzó por disimular su sorpresa.

—¿Los negros de nuestra plantación? —preguntó con cautela.

—Sí, hemos oído que se han producido revueltas.

—No, debe de tratarse de un malentendido. Todo está en orden —se apresuró a responder Julie. Al parecer, Marie no sabía que Julie llevaba mucho tiempo fuera de la plantación. Ambas mantuvieron una charla intrascendente, tras lo cual Julie regresó rápidamente a la casa de la ciudad. No podía dejar de pensar en la plantación. ¿Qué habría pasado en Rozenburg? Por un momento, pensó en tirar por la borda los planes de viaje y regresar de inmediato a Rozenburg. Pero si hubiese habido problemas graves, ¿no se lo habrían comunicado? Por otro lado, aunque los hubiese, ¿qué iba a hacer ella si Pieter la tenía a su merced? Julie quería salvar Rozenburg, pero para eso necesitaba ayuda. Primero tendría que encontrar a Jean y entonces podría regresar a Rozenburg.

En la casa de la ciudad, Foni había comenzado ya a empaquetar las cosas de Julie. Los bultos del equipaje eran más grandes de lo que Julie había imaginado.

—Foni, ¡no puedo ir cargada con todas esas cosas! —Julie revolvió las maletas—. Mira, con unas cuantas mudas y algún vestido para cambiarme tendré suficiente.

—Misi, ¿solo un vestido? —preguntó Foni escandalizada, sacudiendo la cabeza.

—No se trata de un viaje de placer.

Julie sacó de las maletas las pocas cosas que quería llevarse consigo y ordenó a Foni que volviese a guardar todas las demás. Cuando vio ante sus ojos el pequeño hatillo que contenía los pocos enseres de los que dispondría durante varias semanas, la asaltó el miedo. Tampoco es que estuviera acostumbrada a grandes lujos, pero aquel equipaje era verdaderamente espartano.

Dos días más tarde, Julie acudió al puerto lista para partir. Wico introdujo su pequeña bolsa de equipaje bajo uno de los bancos del bote y le señaló uno de los lugares en la popa. Erika y Suzanna acudieron también al puerto a despedir a los viajeros. En sus rostros se reflejaba el pesar que les producía la empresa de Julie. Ambas se contuvieron para no hacer más críticas. Suzanna había acabado comprendiendo que la misión de Julie era por el bien de la plantación y Erika no se hallaba en posición de reprocharle nada. Ella también había emprendido un peligroso viaje para encontrar a su marido. En el fondo, todos albergaban la esperanza de reencontrarse pronto sanos y salvos.

CAPÍTULO 12

Amru no volvió a hablar. Kiri empezó a preocuparse seriamente por la vieja esclava. Desde que había muerto su marido, torturado en el árbol por orden del masra Pieter, Amru desempeñaba las tareas de la casa con desidia, no le dirigía la palabra a nadie y hacía como si los amos blancos no existieran. Kiri esperaba que la actitud de Amru no contribuyese a aumentar más aún el disgusto del masra Pieter. Los niños también estaban sufriendo la situación. El masra Henry y el masra Martin veían en Amru a una especie de abuela que siempre estaba dispuesta a dedicarles una palabra amable o a limpiarles la boca o los deditos. Sin embargo, desde la muerte de Jenk, cuando los niños estaban presentes, Amru pasaba de largo, como si fueran invisibles. A menudo, el masra Henry se echaba a llorar cuando extendía el bracito hacia Amru y ella continuaba caminando sin ni siquiera dignarse mirarlo.

También la relación entre el masra Pieter y misi Martina se resintió. Poco después del incidente, tuvieron una tremenda discusión y desde entonces tampoco se hablaban. Misi Martina se encerraba en sus habitaciones con el pequeño masra Martin y solo salía cuando Pieter estaba en los campos o en sus habitaciones de la casa de invitados. El ambiente que se respiraba en la plantación era muy tenso.

Y, para colmo de males, misi Martina cayó enferma. ¡Fiebre! Kiri y Liv pusieron todo su empeño en hacerle la vida lo más cómoda posible a la misi. Le cambiaban las compresas frías cada dos horas e intentaban mantener el aire de su habitación lo más ventilado y fresco posible. Cuando el masra Pieter se enteró, se puso furioso. Irrumpió en el dormitorio de su esposa y le recriminó a voz en grito:

—¿Es que ahora resulta que eres igual de enclenque que la chusma negra?

La misi rompió a llorar.

Después, el masra Pieter increpó a Kiri y a Liv, que estaban junto a la cama cuidando de Martina:

—No os quedéis ahí sentadas como pasmarotes. Venga, moveos, ¿no tenéis nada mejor que hacer?

Algo aturdidas, las esclavas salieron de la habitación a todo correr. Cuando vieron que el masra Pieter abandonaba la casa, se atrevieron a volver junto a la misi, que estaba tendida en la cama hecha un mar de lágrimas.

—Liv, Kiri, venid.

Sorprendidas, las esclavas se acuclillaron a los pies de la cama.

—Escuchadme bien lo que voy a deciros —les explicó misi Martina por lo bajo—. Tenemos que marcharnos de aquí, a la ciudad, a ser posible esta misma noche. Es Pieter… No sé qué le pasa —susurró entre sollozos—, pero me da mucho miedo. Henry tampoco está a salvo aquí. Tenemos que irnos con los niños. Debemos partir con Juliette.

—Pero, misi, ¿cómo vamos a salir de aquí? —preguntó Liv a su ama, desconcertada.

Kiri, en cambio, se puso a pensar de inmediato. No había nada que deseara tanto como abandonar la plantación. En los últimos tiempos, había pensado muchas veces en esa posibilidad. Para los esclavos era imposible salir de allí. El masra, o mejor dicho, los *basyas,* se percatarían enseguida de la ausencia de un esclavo, probablemente mucho más rápido que de la desaparición de su propia esposa o de su hijo. A no ser que... A Kiri se le ocurrió una idea.

Esa tarde aguardaban la llegada de los cimarrones. Si Dany venía con ellos, y Kiri estaba convencida de que sería así, tal vez él pudiera ayudarlas.

Kiri se levantó y le puso en la mano a Liv los paños limpios que traía para misi Martina. Después miró a su dueña con gesto serio y le dijo:

—Misi Martina, veré qué puedo hacer. No se preocupe. Abandonaremos la plantación esta misma noche. Liv, recoge algunas cosas, embálalas y encárgate de entretener al masra Henry y al masra Martin para que esta noche estén bien cansados. Yo tengo algo que hacer. —Y, con esas palabras, abandonó la habitación.

Lo primero que hizo fue dirigirse a Amru. Se llevó a la esclava a un lugar tranquilo y le explicó lo que había dicho la misi y cuál era su plan. Amru asintió, aunque sin pronunciar una sola palabra.

—¿Podrás encargarte de que esta noche el masra tenga un sueño profundo? —le suplicó Kiri.

Amru posó la mano sobre el hombro de la muchacha y asintió de nuevo para corroborar su apoyo. Kiri resopló. Podía contar con la ayuda de Amru. Sabía que ella haría bien su parte. La esclava conocía infinidad de remedios contra pequeñas dolencias y, entre ellos, un infalible somnífero. Ojalá Amru pudiera echárselo al masra en alguna comida, pensó Kiri.

Luego fue corriendo hacia el río. No tuvo que esperar mucho para ver aparecer a lo lejos la barca de los cimarrones. Cuando los hombres desembarcaron y las mujeres de la aldea se apiñaron alrededor del bote, Kiri arrastró a Dany hasta un lugar tranquilo detrás de unos arbustos. En susurros, le explicó lo que estaba ocurriendo en la plantación.

—¿Tú podrías hacer eso? Quiero decir…, ¿podrías llevarnos a la ciudad? ¿Estás dispuesto a ayudarnos?

Dany se limitó a sonreír y estrechó el rostro de Kiri entre sus grandes y fuertes manos.

—Por supuesto, Kiri. Pero no tengo salvoconducto, aunque, si viajamos con tu misi, eso no debería ser un problema. Venid a la orilla poco después de medianoche. ¡Os estaré esperando!

Kiri sintió un alivio inmenso.

La espera estaba consumiendo los nervios de las mujeres. Liv le cambiaba las compresas a misi Martina cada media hora para bajarle la fiebre todo lo posible. El viaje ya iba a ser bastante peligroso y emprenderlo con una enferma a bordo suponía un gran riesgo. Pero misi Martina estaba más que decidida. Quería abandonar la plantación, costase lo que costase.

Poco después de medianoche, Liv y Kiri pasaron a recoger a los dos niños. Masra Martin y masra Henry siguieron durmiendo apaciblemente en brazos de las esclavas. Por un momento, Kiri se preguntó si Amru también habría hecho algo para conseguir dormir a los niños.

Amru ayudó a misi Martina a ponerse en pie. La mujer estaba muy débil y caminaba muy despacio. En un momento dado, tropezó sin querer con una silla, cayó al suelo estrepitosamente y todas se quedaron paralizadas del susto. Amru las apremió para que siguieran avanzando y señaló en dirección a la casa de invitados. Esa noche, el masra Pieter no había regresado a la casa principal. Eso no tranquilizó en absoluto a Kiri. Notaba los latidos del corazón en la garganta mientras se dirigían en fila hacia el río. Por una fracción de segundo, creyó que Dany la había dejado en la estacada, pero en ese preciso instante divisó el bote bajo una rama que pendía sobre el río. Dany tomó a los niños de los brazos de Liv y Kiri, los acomodó entre los bancos y ayudó a misi Martina a subir a la barca en primer lugar, y a Liv y a Kiri después.

—Ahora tendremos que ver cómo lo hacemos para llegar a la ciudad con misi Juliette antes de que el masra Pieter nos descubra. Misi Juliette nos podrá ayudar —susurró Kiri.

Dany asintió con la cabeza y empujó la barca hacia el centro del río. Kiri no sabía si, cuando llegasen a la ciudad, estarían de veras a salvo o si, por el contrario, de ese modo solo conseguirían alimentar la cólera del masra.

CAPÍTULO 13

No remontaron el río Surinam, sino que se dirigieron por el Commewijne hacia el río Cottica para atravesar desde allí el Wane Kreek y llegar hasta el Maroni.

Cada vez que Julie creía que habían abandonado las regiones habitadas, aparecía una nueva plantación tras un recodo del río. En realidad, ella daba gracias porque así las primeras noches no habían tenido que dormir al raso. Ahora llevaban ya tres días de viaje y desde hacía unas horas lo único que veían en la orilla eran las ruinas de innumerables tierras de cultivo abandonadas. A lo largo de la margen del río se divisaban colosales esqueletos de casas que llevaban décadas deshabitadas y plantaciones desiertas cuyos terrenos habían sido reconquistados por la vegetación de la selva. Julie pudo hacerse una idea de las épocas de prosperidad que se habían vivido en aquel país. Cien años atrás o más, aquella parte del país debía de haber sido una región floreciente.

Wico le explicó a Julie que a partir de allí solo encontrarían asentamientos de cimarrones. En algún punto del río Maroni, había un puesto militar. Allí, según Wico, vivía un alemán que era un personaje extraordinario.

Wico también le había contado que, después de que las plantaciones de aquella zona hubieran quedado abandonadas, allí no había vuelto a adentrarse ningún blanco. Y entonces, cuando se encontró oro en la parte alta del Maroni, se emprendieron unas largas y complejas negociaciones con las autoridades de los pacíficos cimarrones para que dejasen atravesar el país a los buscadores de oro. Al final, los astutos cimarrones lograron encontrar el modo de sacarle partido a la situación, ya que ellos controlaban y conocían las mejores rutas de aprovisionamiento y, por tanto, podían hacer negocio con todo aquel que a partir de ese momento cruzara sus territorios.

En la selva seguía habiendo campamentos de franceses huidos. En el río Maroni todavía no había consenso sobre la frontera, pero una cosa era segura: si uno conseguía escapar de la Guayana francesa a Surinam, era libre. Como los franceses insistían en castigar a los prisioneros enviándolos a trabajar a la colonia, pero la mayoría fracasaba y acababa huyendo de aquella inhóspita tierra selvática, había mucho ir y venir de gentes por el río. En el lado francés, según Wico, se encontraban algunos puestos militares, de forma que oficialmente no podían atracar la barca allí. Extraoficialmente, sin embargo, añadió guiñándole el ojo a Julie, en uno de aquellos puestos les darían un gran banquete tras el largo viaje. Se trataba del último que había antes de los saltos de agua. Julie nunca se había imaginado que Wico la llevaría por tierras selváticas tan vírgenes. En las orillas de las vías fluviales solo se advertía una frondosa e impenetrable vegetación salvaje, los monos saltaban por las ramas sin ningún reparo y, bajo la sombra de los árboles que pendían sobre el río, las capibaras, a las que llamaban también cerdos de río, se atrevían a acercarse al agua a plena luz del día. Esos animales, según les explicó Wico, no estaban emparentados con el cerdo, sino que en realidad tenían una cercanía mucho mayor con el ratón. Julie no sabía qué la maravillaba más: si que aquellos roedores tuvieran el tamaño de un perro o que Wico tuviera tales conocimientos.

Los otros tres muchachos no abrían la boca. En ocasiones, miraban a Julie con un aire socarrón; probablemente pensaban que aquella blanca estaba loca. Julie se planteaba de vez en cuando cómo iban a regresar si aquellos tres jóvenes se quedaban en los asentamientos de buscadores de oro. Pero seguro que Wico tenía un plan. O al menos eso esperaba.

A última hora de la tarde, atracaron en un gran banco de arena.

—Aquí estaremos mejor. Hasta aquí no llegan animales salvajes —dijo Wico.

Julie estaba muy asustada. Jamás en su vida había dormido al raso.

Wico hincó los remos invertidos en el fondo y extendió una lona encima. Aquel espacio protegido por la lona se lo ofreció a Julie. Los mozos se sentaron alrededor de un fuego que encendieron en la orilla.

—¡Debería ponerse las botas! —le aconsejó Wico a Julie—. Por aquí hay unos pequeños vampiros que muerden a la gente.

Julie encogió los pies todo lo que pudo, asustada, los pegó al cuerpo y los envolvió en una fina gasa que Foni había insistido en meterle en su hatillo. Julie, que había accedido a regañadientes, agradeció en ese momento la insistencia de la esclava. La plaga de mosquitos era insoportable. Esas bestias, que habían ido persiguiendo a los viajeros y engrosando la nube que avanzaba alrededor de la barca, aprovecharon que esta se detuvo para acribillar a sus víctimas. Y, de entre todas ellas, parece que sintieron especial predilección por Julie.

Esta apenas consiguió conciliar el sueño en toda la noche. Si las cosas continuaban así, para cuando llegase adonde se encontraba Jean estaría destrozada.

Dos días más tarde, arribaron al famoso puesto francés junto al río Maroni. Apenas habían abandonado la barca cuando los abordó una mujer de color. Hablaba una mezcla de inglés criollo y francés. Julie intentó desempolvar los rudimentarios conocimientos de francés que había adquirido en el internado.

Pero salvo de *merci beaucoup,* no se acordaba de nada y para dar las gracias era todavía demasiado pronto. El cabo de guardia que se hallaba apostado allí llegó poco después caminando desde su cabaña con paso lento. Al ver a Julie, se le iluminó la mirada y entonces trató de saludarla como a una dama. Se presentó como Pierre Goudard y le indicó rápidamente a la mujer de color, que se llamaba Elodie, que preparase algo de comer. Wico tenía razón: Julie y sus acompañantes de color gozaron de un banquete por todo lo alto. A falta de habitaciones de invitados, Julie tuvo que volver a dormir de nuevo bajo la lona, pero, como tenía el estómago lleno y estaba ligeramente achispada por el buen vino con el que Goudard los había agasajado, durmió mejor que las noches anteriores.

A la mañana siguiente, se despidieron con gran pesar y muchos aspavientos y Goudard hizo que Julie le prometiese que volverían a parar allí en el viaje de regreso. Julie no sabía si podría cumplir la promesa, pero al hombre le hacía tanta ilusión que no se atrevió a negarle ese deseo.

Por detrás del puesto, el terreno ascendía lentamente hacia tierras montañosas. Sin embargo, las montañas no eran reconocibles como tales, la frondosa vegetación de la selva se alzaba y descendía en la distancia y en el río había cada vez más rápidos intransitables. El cauce era escarpado y escabroso y, cuando encontraron los primeros saltos grandes, tuvieron que bajar todos de la barca. Los hombres se colgaron las bolsas ligeras de equipaje a la espalda, apoyaron el bote sobre sus cabezas y, para evitar los obstáculos del río, lo acarrearon por caminos que, debido al exceso de vegetación, resultaban casi infranqueables. Julie caminaba tras ellos completamente concentrada para no tropezar ni caer. Las afiladas hojas de las matas que crecían al borde del camino iban rasguñándole los brazos, con los que ella trataba de protegerse el rostro lo mejor que podía... A pesar del cansancio, Julie no dejaba de admirar la exuberancia de aquel paraje. Infinidad de orquídeas flanqueaban el sendero. Si uno golpeaba sin querer alguno de aquellos racimos de flores, cientos de mariposas de colores echaban a volar sumiendo a los intrusos por un instante en una nube de mil colores. El aroma dulce de las plantas envolvía a Julie y le hacía difícil respirar.

La caminata resultó dura y agotadora. Julie no estaba acostumbrada a ese tipo de ejercicio y no hacía más que darle las gracias a Wico por haber insistido en la recomendación de las botas. Sin ellas le habría resultado imposible transitar por aquellos tortuosos caminos. A pesar de todo, el esfuerzo fue monumental. Cuando por fin pudieron subir de nuevo al bote, Julie tenía las piernas pesadas y doloridas.

Para colmo, durante el camino, los cimarrones los habían hecho parar dos veces en sendos puestos de vigilancia. Los hombres discutieron largo y tendido, haciendo grandes aspavientos, aunque Julie no entendía prácticamente nada de lo que decían. Después de entregarles varias botellas de licor y algunas monedas, los habían dejado pasar.

Una vez más, Julie presenció con asombro el despliegue de habilidades de Wico, que había pensado en todos y cada uno de los detalles. No obstante, también reparó en que, cada vez que lograban dejar atrás un puesto de cimarrones, el muchacho respiraba aliviado.

—¿Podemos tener problemas con esas gentes? —preguntó Julie vacilante después del segundo encontronazo.

Wico se encogió de hombros.

—Puede que en algún momento no nos dejen continuar sin preguntarle antes a su «capitán» y, si tienes mala suerte, puede que él no quiera tomar una decisión sin preguntar antes al *granman.* —Al ver el gesto de perplejidad de Julie, Wico procedió a explicarle—: Entre los cimarrones las familias sueltas se denominan *osos.* Estas, a su vez, se organizan en *bee's* y supuestamente todos los miembros de un *bee's* proceden de la misma rama africana. —En la voz de Wico se adivinaba cierta fascinación.

—¿Y eso tiene algo de especial? —preguntó Julie intrigada.

Wico bajó los ojos.

—Bueno, al menos esa gente sabe de dónde procede. —Julie percibió el peso que encerraba aquella frase. Wico se quedó callado un momento antes de recobrar el aplomo y proseguir con su relato—: Los *bee's* forman a su vez parte de un *loh,* y todos los miembros del *loh* tienen también una historia común; por ejemplo, todos llegaron en el mismo barco a Surinam o proceden de una misma plantación. Hoy en día, viven en poblados comunales y todos se consideran parte del mismo clan. Cada poblado tiene un representante al que llaman «capitán» y cada clan tiene su *granman.*

—Vaya, qué complicado —señaló Julie.

Wico soltó una carcajada.

—Sí, claro, la diferencia entre «blanco» y «esclavo» es mucho más sencilla.

Julie se quedó pensativa. Era la primera noticia que tenía de que los cimarrones vivieran en un entramado social tan complejo. Siempre había imaginado que habitaban aldeas desperdigadas y caóticas. Y caos fue precisamente lo que encontraron en los campamentos de los buscadores de oro.

CAPÍTULO 14

Kiri se sintió aliviada cuando, a la mañana siguiente, llegaron a Paramaribo. Una vez que los niños se despertaron no había sido tan sencillo mantenerlos tranquilos y a misi Martina le había vuelto a subir la fiebre durante el viaje. Ardía, aunque delante de su hijo intentó disimularlo. Liv y Kiri tuvieron que ayudar a Dany a remar y después del extraordinario esfuerzo físico estaban exhaustas. Kiri estaba preocupaba porque no sabía si eso podía afectar a su bebé, pero lo cierto era que no sentía ningún tipo de molestia.

Dany ayudó a las mujeres a llegar hasta la puerta de la casa. Después, se apresuró a regresar al bote para abandonar la ciudad porque, como no disponía de salvoconducto, corría un peligro enorme de que la policía lo detuviera.

Foni se quedó paralizada por un instante al ver el grupo de personas que apareció ante la puerta. Le costó un momento reconocerlos. En cuanto cayó en la cuenta, llamó inmediatamente a Hedam y el viejo esclavo jorobado llegó justo a tiempo de sujetar a Martina cuando esta se les empezaba a escurrir de los brazos a Liv y Kiri, que trataban de mantenerla en pie.

—Lleva a la misi a su habitación —le ordenó Foni—. Y, vosotras dos, llevad a los niños al piso de arriba, lavadlos y ponedlos a dormir, que tienen que estar agotados. Cuando hayáis acabado, bajad a la cocina, que os prepararé algo de comer.

Liv y Kiri siguieron las instrucciones al pie de la letra a pesar de que les dolían todos los huesos. Mientras se dirigían a las habitaciones, Kiri iba atenta a todos los ruidos para ver si oía a misi Juliette. ¿No las había sentido llegar? De pronto, le asaltó la idea de que tal vez la misi no se encontraba en casa. No, no podía ser, ¡imposible!

Una vez que hubo lavado y mudado de ropa al masra Henry, el pequeño se quedó dormido al instante y Kiri bajó agotada a la cocina. El aroma a plátanos fritos y pan le abrió el apetito. Con tantos nervios, llevaba sin comer nada desde el día anterior.

—¿Misi Juliette no está en casa? —inquirió aventurándose a lanzar al fin la pregunta que le quemaba en los labios.

Sus temores se confirmaron cuando la esclava de la casa se volvió hacia ella y meneó la cabeza.

—No, misi Juliette está…, está de viaje.

—¿De viaje? ¿Y cuándo regresará?

Foni se encogió de hombros y volvió a concentrarse en los calderos.

Liv, que entretanto había llegado también a la cocina, lanzó a Kiri una mirada inquisitiva. Pero Kiri tampoco sabía exactamente cómo interpretar aquella situación. De pronto, le asaltó el miedo de que el masra Pieter pudiera encontrarlas allí. Y si misi Juliette no estaba… Tragó saliva.

El estado de misi Martina empeoró a lo largo del día. Preguntó varias veces por misi Juliette, pero Kiri se limitó a responderle con vaguedad que en ese momento no estaba en casa y que no esperaban que llegase hasta más tarde. No quería alterar más aún a misi Martina con la noticia de que Juliette se había marchado de viaje.

Cuando Kiri bajó una vez más a buscar agua fría, se encontró a Foni acompañada por una mulata alta y flaca.

—Hola, yo soy Suzanna. Tú debes de ser Kiri, ¿verdad? Tu misi me ha hablado mucho de ti —dijo con amabilidad.

Kiri miró a la mujer sorprendida: ¡aquella era la esposa surinamesa del masra Karl! En ese momento, Kiri no fue capaz de explicarse cómo había llegado aquella mujer hasta allí ni qué había ido a buscar. Para disimular su perplejidad, se concentró en el encargo que había bajado a hacer.

—Tengo que subirle agua fresca a misi Martina.

La mulata arrugó la frente.

—¿Todavía no se siente mejor?

Kiri meneó la cabeza, preocupada.

—No, me temo que sigue subiéndole la fiebre.

La mujer se puso en pie de golpe.

—Iré a buscar ayuda. Es necesario que reciba tratamiento —dijo antes de abandonar la cocina. Cuando estaba en el umbral de la puerta, se detuvo de nuevo—. ¿Alguien ha avisado a la tía de misi Martina?

Foni y Kiri negaron con la cabeza. Lo cierto era que ni siquiera lo habían pensado.

No había transcurrido ni una hora cuando Suzanna apareció de nuevo en la casa con dos mujeres blancas. Una, pelirroja y muy corpulenta, iba vestida con uniforme de enfermera. La otra, pequeña y delicada, llevaba ropa de trabajo ligera.

—Kiri, estas son la hermana Klara y misi Erika. —Kiri saludó a ambas mujeres con cortesía y se apartó de la cama de misi Martina.

La hermana Klara se inclinó sobre la enferma mientras Erika se dirigía a Kiri:

—Nosotras... Yo soy buena amiga de Juliette, ayudaremos a mevrouw Brick. ¿Habéis traído también a los niños? ¿Están bien?

—Sí, misi, los niños están bien —asintió Kiri, que se quedó mirándose los pies, enfrascada en sus pensamientos. Kiri tenía la certeza de que podía fiarse de misi Erika. Por otro lado, parecía que conocía a los niños, sí, e incluso se había interesado por ellos. Además, había ido hasta allí a ayudar a misi Martina. Y, si verdaderamente era amiga de misi Juliette, tal vez ella supiera dónde estaba, pero para eso debía atreverse a preguntar..., aunque estaba terminantemente prohibido. No importaba. Kiri necesitaba asegurarse. Reunió valor y se dirigió a la misi:

—Misi... sabe cuándo... misi Juliette —sin apartar la vista de Martina, Kiri bajó la voz y susurró—: ¿Cuándo regresará?

Erika lanzó un suspiro.

—Ay, jovencita, ojalá lo supiera.

Aquella no era la respuesta que Kiri esperaba. Parecía que allí estaba sucediendo algo extraño, pero no se atrevió a seguir preguntando. Ahora lo importante era cuidar a misi Martina.

—Menos mal que Suzanna ha venido a llamarnos. —Misi Erika parecía preocupada por misi Martina—. Klara, ¿cómo está?

—Tiene la fiebre muy alta, tal como esperábamos. Tenemos que bajársela, la tensión del viaje no le ha sentado bien. ¿Por qué...? —empezó a preguntar la hermana Klara cuando alguien la interrumpió.

—¿Dónde está mi sobrina? —Misi Valerie irrumpió apresuradamente en la habitación—. ¿Martina? —Miró con sorpresa a todas las mujeres que rodeaban el lecho de su sobrina—. ¡Oh, no! Martina...

Misi Erika le explicó brevemente a misi Valerie cómo habían transcurrido los acontecimientos. Cuando acabó, se oyeron en la parte de abajo unos tremendos bramidos.

—¡Aquí hay demasiada gente y esto empieza a parecer un gallinero! Todo el mundo fuera de la habitación. La paciente necesita descansar —ordenó la hermana Klara.

Las voces del pasillo se oían cada vez más alto. Kiri se estremeció y se escondió detrás de Erika.

—¿Quién es ese? ¿Es el marido de Martina? —Misi Erika se disponía a salir por la puerta cuando advirtió el rostro de pánico de Kiri—. Kiri, ¿qué pasa?

—Misi..., la misi Martina no quería que... el masra Pieter... Anoche salimos de la plantación a escondidas —confesó Kiri entre temerosos titubeos.

—¿A escondidas? —Misi Erika paseó la mirada de Kiri a misi Valerie y de nuevo a Kiri, mientras las demás calibraban también el peso de las palabras que acababan de oír—. ¡Oh!

—Yo me ocupo —terció misi Valerie. Su voz reflejaba una gran firmeza.

En ese momento, se abrió la puerta de golpe y el masra Pieter irrumpió en la habitación. Por un instante, se quedó paralizado y luego inquirió a voz en grito:

—¿Quiénes son ustedes? ¿Qué están haciendo en mi casa?

—En ese instante, reparó en Valerie y agregó—: Y tú, ¿qué estás haciendo aquí?

Antes de que misi Valerie tuviera ocasión de contestar, la hermana Klara, que hasta ese momento continuaba inclinada sobre el lecho de misi Martina, se puso en pie y se plantó delante del masra Pieter.

—¿Es su esposa? —preguntó con determinación. En cuanto vio que asentía, prosiguió en el mismo tono de voz—: Bien. Está muy enferma, de manera que todo este alboroto no le conviene. Vayamos todos abajo y allí podremos hablar. Esta mujer necesita reposo total. —La hermana Klara cruzó los brazos a la altura del pecho y lanzó una mirada desafiante al masra Pieter.

—¡Eso deje que lo decida yo, que para eso soy médico! —le espetó el masra Pieter.

—Ah, ¿sí? ¿Y entonces puede explicarme por qué su esposa se ha visto obligada a escapar a la ciudad en este estado? Cualquiera diría que usted no ha sido capaz de ayudarla...

Kiri apretó los labios de pura tensión. Jamás había oído a nadie hablarle así al masra Pieter.

A él, por lo visto, tampoco le pareció adecuado.

—¿Quién se ha creído usted que es? —la increpó e hizo ademán de esquivar a la hermana Klara para llegar hasta la cama de Martina, pero la hermana lo agarró por el antebrazo y lo echó de la habitación—. ¡Le he dicho que esta mujer necesita reposo!

El masra Pieter se quedó tan perplejo que ni siquiera se defendió. La hermana Klara lo acompañó a la planta baja. Kiri, misi Erika y misi Valerie se apresuraron a seguirlos mientras la asustada Liv se quedaba junto a la cama de su misi. Abajo, en el pasillo, se encontraron con Foni y Suzanna, que llevaban en brazos a los masras Henry y Martin. La hermana Klara logró arrastrar al masra Pieter, al que sacaba casi dos cabezas de estatura, hasta la puerta de la casa. En ese momento, sin embargo, el hombre reaccionó y salió del estado de parálisis, se soltó de la mano de la hermana Klara y dio media vuelta.

—¡Quiero ir ahora mismo con mi mujer! ¡Y quiero que me den al niño también! ¡Volveremos a la plantación hoy mismo!

En ese instante, Valerie recuperó el habla y con actitud protectora se colocó delante de Foni, Suzanna y los niños.

—Los niños se quedan aquí, Pieter —dijo en un tono pausado.

—No, nos vamos. ¡Nos vamos hoy! —El masra Pieter hizo ademán de apartar a Valerie a un lado para llegar a los niños.

De nuevo, la hermana Klara fue más rápida, volvió a agarrarlo del hombro y lo condujo hacia la puerta.

—Sí, sí. Usted puede marcharse, pero su esposa y los niños se quedan aquí hasta que se hayan recuperado. —El tono de la hermana Klara no daba pie a réplicas.

Detrás de ella, Kiri, misi Erika, misi Valerie, Suzanna y Foni formaron una suerte de muro alrededor de los niños. Al masra Pieter se le encendió el rostro de rabia al ver que no le quedaba otro remedio que abandonar la casa.

—¡Esto no va a quedar así! —amenazó según se marchaba.

La hermana Klara, que hasta ese momento había mantenido el rostro serio, esbozó una amplia sonrisa.

—¡Le hemos demostrado lo que es bueno! ¿Se puede saber quién es ese hombre? No será el yerno de Juliette, ¿verdad?

—Sí —respondieron misi Erika y misi Valerie al unísono, y misi Erika agregó—: ¡Y acabas de echarlo de su propia casa, Klara!

La hermana Klara se limitó a encogerse de hombros.

CAPÍTULO 15

Wico atracó el bote en uno de los pequeños brazos laterales del río. En esa orilla se divisaban por todas partes pequeños campamentos con cabañas destartaladas o carpas raídas. Aquí y allá había fogatas humeantes. Todo mostraba un aspecto caótico y desordenado.

—¿Dónde están los hombres? —Julie esperaba encontrarlos junto al río.

—Están dentro del bosque. Allí hay pequeños arroyos que nacen de los precipicios de roca y es donde se batea para lavar el oro y separarlo de la arena.

Julie miró intrigada a su alrededor. Todo estaba cubierto por una frondosa vegetación, entre los árboles se vislumbraban velos de niebla de los que de vez en cuando emergía algún pájaro. Los sonidos de la selva se oían amortiguados. Cuando amarraron la barca a la orilla, Julie advirtió enseguida que el terreno comenzaba a ascender poco después de la margen. Los hombres encajaron la barca entre las raíces de unos mangles y la anclaron allí. Acto seguido, los tres mozos se encaminaron hacia la selva para dirigirse al capataz.

—Vamos directamente al campamento y esperamos allí —le

dijo Wico a Julie y emprendió el camino junto a la orilla delante de ella.

En un pequeño claro, se levantaban varias cabañas con aspecto de haber sido construidas de forma provisional. No se veía ni un alma por ningún sitio.

—¿Y tú estás seguro de que Jean está aquí? —Julie estaba sudando, se sentía sucia y, de pronto, cuando vio el ruinoso campamento y tomó conciencia de su cansancio, la invadió una sensación de desaliento.

—Al menos, cuando yo me marché todavía estaba aquí. Pero tendremos que esperar, los hombres no regresan de la selva hasta más tarde.

Wico se sentó junto a una de las hogueras y sopló unas cuantas veces en las brasas hasta que estas prendieron de nuevo.

—Siéntese, esto puede alargarse.

Julie tomó asiento junto a Wico. Se había acostumbrado a sentarse en el suelo y a enrollarse el vestido alrededor de las piernas para no mostrar una postura impúdica y de paso evitar que los mosquitos la acribillaran. En una ocasión, habían hecho un alto en una isla fluvial y una cucaracha se le había colado hasta... El histérico baile de Julie fue tal que horas después Wico y los muchachos seguían desternillados de la risa. La suciedad ya no la preocupaba, después de siete noches durmiendo en el suelo ya todo le daba igual. Lo único que esperaba era poder regresar pronto a la civilización, aunque el viaje de vuelta no iba a ser precisamente más cómodo.

Julie se quedó medio adormilada y se despertó sobresaltada al oír unas fuertes carcajadas. Por la frondosidad del linde del campamento apareció el primer grupo de trabajadores y todos intercambiaron sonrisas socarronas al advertir la presencia de Julie.

—Vaya, ¿es que ahora el gobernador nos manda mujeres? —dijeron a voz en grito.

Julie se incorporó rápidamente, se puso erguida como una vela y se arregló un poco el cabello en un torpe intento por mantener la compostura. Al claro llegaban cada vez más hombres y Julie trataba de reconocer el rostro de Jean entre las caras sucias y demacradas.

—¡¿Julie?! —Un hombre se apartó del resto de la cuadrilla y se dirigió apresuradamente hacia ella—. Por todos los santos, Julie, ¿qué estás haciendo tú aquí? —Jean se plantó ante ella con expresión incrédula. A ella le costaba reconocerlo. En el rostro cubierto de suciedad lucía una poblada barba y vestía unas ropas roñosas hechas jirones.

Julie se sintió desbordada por la felicidad. Llevaba tanto tiempo buscándolo…, tanto tiempo añorándolo…, y ¡ahora lo tenía ante sus ojos! Se levantó de un salto y se lanzó a sus brazos.

—Jean, gracias a Dios, ¡te he encontrado! —susurró con el rostro enterrado en los largos cabellos de Jean mientras un reguero de lágrimas le surcaba las mejillas.

Los hombres profirieron todo tipo de comentarios mientras aplaudían.

—Julie… Julie. Ya está. —Apartó con suavidad los brazos de Julie de su cuerpo y se alejó un poco. Después se volvió y, dirigiéndose al corro de curiosos que se había formado a su alrededor, añadió—: Bueno, gente, ya está bien, ¿es que no tenéis hambre?

Los trabajadores continuaron lanzando comentarios vulgares, pero poco a poco se fueron dispersando hacia las distintas hogueras del campamento.

Jean saludó a Wico con amabilidad antes de llevar a Julie junto a la orilla del río, donde no los molestaría nadie. Una vez allí, meneó la cabeza como si no pudiera creérselo. Posó la mirada sobre Julie. No podía apartar la vista de ella.

—¡Hay que ver de lo que eres capaz! ¿Cómo has venido hasta aquí? ¡Como se entere Karl…!

Julie lo interrumpió. Seguía teniendo el rostro anegado en lágrimas.

—Ay, Jean. Karl ha muerto. Han pasado tantas cosas…

Entre sollozos, Julie le contó todo lo que había sucedido desde la última vez que se habían visto. Le habló del niño y de la muerte de Karl, aunque sobre ese último asunto prefirió ahorrarle los detalles.

—¿Karl está muerto? Y me estás diciendo… que tú y yo… ¿tenemos un niño?

Julie asintió.

—Sí, un varón. Se llama Henry. Quise contártelo desde el principio, pero resultó que te habías marchado de la ciudad. —Julie no pudo evitar un tono de reproche.

—Julie…, estaba convencido de que nuestra relación no tenía ningún futuro. Solo nos habríamos procurado infelicidad, y Karl… A la larga no habría funcionado. —Jean agachó la cabeza, avergonzado—. No sabía…, si hubiera sabido… ¿Y estás completamente segura de que Karl no es el padre?

—¡Estoy convencida!

Jean tragó saliva.

—¿Y dónde está Henry?

Cuando Julie le explicó que Pieter se había adueñado de la plantación y que quería utilizar a Henry como moneda de cambio, Jean se puso hecho una furia. Julie jamás lo había visto así.

—¡Ese miserable! Siempre pensé que tenía mucho peor carácter que Karl, pero ¡esto sobrepasa todos los límites!

—Jean, precisamente por eso he venido hasta aquí. —Julie le tomó la mano y lo miró a la cara. ¡Cuánto lo había echado de menos! Todas y cada una de las fibras de su cuerpo lo añoraban, deseaba pasar el resto de su vida con él y no pensaba volver a dejarlo escapar. Ahora solo tenía que regresar con ella a la ciudad. Juntos conseguirían dominar la situación—. Yo sola no puedo con él. Esperaba que tú pudieras ayudarme. Tal vez de esa manera logremos quedarnos con la plantación. Yo debería ser la heredera.

Jean se quedó pensativo. Al cabo de un rato, dijo:

—Julie, lo que él ha hecho no es del todo ilegal. Tú, como mujer, no puedes hacerte cargo de la plantación. —Julie se había informado y era consciente de ello, pero había buscado una solución.

—Lo sé. Pero ¿si tú…? —dijo entre titubeos.

—Si yo… ¿qué? ¿Crees que Pieter renunciará tan fácilmente a la plantación si regresamos los dos juntos? ¡Jamás en la vida! Ni siquiera aunque consiguieras llevarlo ante los tribunales…, él tiene las mejores cartas. Además, Martina debería tener derecho a quedarse también algo de la plantación.

—Sí, ¡pero Henry también! —protestó Julie.

—Sí, por supuesto. Pero si resulta que no es hijo de Karl…

—Pero eso no lo sabe nadie salvo nosotros y nadie tiene por qué enterarse.

Jean vaciló un momento.

—No lo sé. No, creo que no sería capaz de hacerlo. Para eso tendría que mentir al niño durante toda su vida.

Julie notó que la decepción se iba apoderando de ella. Sus previsiones no habían llegado tan lejos. Jean tenía razón, nunca podría reconocer a Henry como hijo porque el futuro de Henry en la plantación estaba inevitablemente vinculado a que Karl fuera su padre. No tenía un solo argumento para rebatírselo.

Jean le despejó un mechón empapado en sudor de la frente, la miró durante largo rato y después la besó en la frente con delicadeza.

—Estoy tan feliz de que me hayas encontrado. De lo contrario, jamás habría... Bueno, la verdad es que tenía otros planes, pero ahora que sé que tengo un hijo y que me necesitáis...

Julie sintió sus labios en la piel y le estrechó la mano con dulzura. Lo había encontrado, ahora eso era lo único que importaba. Lograría salir adelante, tenía que haber una solución, para ella, para Henry, para Jean y para las esclavas. Aunque en aquellos instantes no tuviera la más remota idea de cómo iban a conseguirlo.

Con un gesto lento, apartó el rostro de los labios de Jean.

—Ay, Jean, ¿qué vamos a hacer ahora? ¡Yo quiero recuperar a mi hijo! Pero eso significa que tendré que someterme a la voluntad de Pieter en la plantación y conservar la esperanza de que nos mantenga a mi hijo y a mí hasta el final de mis días. Pero ¿qué pasará con nosotros? Pieter jamás permitirá que tú entres en la plantación.

Jean le acarició el dorso de las manos con los dedos.

—Podría ser de otra manera —dijo con gesto pensativo—.

Si regresamos juntos a la ciudad, yo reconozco a Henry como hijo mío y dejamos que Pieter se quede con la plantación, ningún tribunal podrá oponerse. Y Pieter se quedará tan contento de deshacerse de ti y del niño.

Julie lo interrumpió. Ya había pensado en esa posibilidad y solo le veía un problema.

—¿Y qué pasará entonces con todas las personas como Amru, Kiri, Liv y los demás esclavos? No pienso dejarlos en la estacada.

—Kiri es tu esclava, puedes llevártela adonde quieras. Y Amru y los demás esclavos llevan en la plantación mucho más tiempo que tú. Ellos se las arreglarán. Nosotros podríamos empezar desde cero, quizás incluso podríamos tener nuestra propia pequeña plantación.

Julie se echó a reír.

—¿Y cómo quieres que hagamos eso, Jean? Ni tú ni yo tenemos dinero.

—Wico —dijo Jean haciéndole una señal al joven, que seguía sentado junto al fuego—, ocúpate de que nadie nos moleste.

Wico acogió la orden con una amplia sonrisa. En la cabaña estaba oscuro y se respiraba un ambiente bochornoso. Jean cerró la puerta con la arpillera a modo de cortina y comenzó a desabrocharse el cinturón.

Julie lo miró perpleja.

—Jean, no sé si… ¿Tú crees que aquí…?

Jean se rio por lo bajo.

—No es lo que crees. Espera.

Se bajó los pantalones hasta la rodilla y rebuscó algo bajo un vendaje que llevaba enrollado al muslo. Allí llevaba colgada una pequeña faltriquera de cuero. Jean sonrió satisfecho al ver el rostro de alivio de Julie.

—¿Es que mi casa no te parece apropiada para el amor? —preguntó en tono burlón.

Después, sacó de la faltriquera un montoncillo de pepitas de oro.

—Con esto podría bañarte la cama en oro.

Julie lo miró con ternura. Suavemente, rozó las brillantes pepitas del precioso metal con las puntas de los dedos.

—¿Me estás diciendo que esto es para nuestro nuevo comienzo? ¿Para nuestra propia plantación?

Jean asintió.

—Conozco a alguien en la ciudad que bajo cuerda estaría dispuesto a pagar más que por los cauces oficiales. —Jean volvió a guardar cuidadosamente las pepitas en la bolsa de cuero, se la ató con fuerza a la pierna y volvió a subirse los pantalones.

—Bueno, ahora deberíamos ir a comer algo, tienes que estar muerta de hambre después del viaje. —Jean pellizcó a Julie en ambas mejillas para que cogiera algo de color y le guiñó un ojo—. Ahora, cuando salgamos, pon cara de cansancio y satisfacción.

Jean habría podido ahorrarse los pellizcos porque a Julie se le subieron los colores en cuanto abandonaron la cabaña y los hombres negros esbozaron una amplia sonrisa que dejaba a la vista sus blancas dentaduras.

CAPÍTULO 16

—Wico dijo que estar aquí era muy peligroso —susurró Julie tras acurrucarse contra el hombro de Jean.

Estaban tumbados bajo la tenue luz del fuego casi extinguido y todos los habitantes del campamento se habían retirado a descansar. Julie reparó de nuevo con asombro en la cantidad de ruidos nocturnos que resonaban en la selva. Las cigarras cantaban mucho más alto que en las zonas habitadas, las ranas verdes croaban a varias voces y, en la distancia, los profundos gruñidos de otros animales selváticos surcaban el aire. Julie prefería no saber de qué clase de animales procedían.

Jean arrojó un poco más de madera húmeda en las brasas porque el humo era un método muy eficaz para ahuyentar a los miles de mosquitos.

—Sí, es peligroso. Los capataces registran a todas las personas que abandonan el campamento. Hay quienes recurren a las partes del cuerpo más insospechadas para esconder el oro. Pero yo los entiendo, la recompensa es muy escasa. Si lo hubiera sabido antes… —resopló por lo bajo—. Como no consigamos sacar la bolsa de aquí llegaremos a la ciudad con las manos vacías. ¡Tenemos que hacerlo! Ya se nos ocurrirá la manera. —Estrechó a Julie contra su cuerpo para animarla—. Y ahora intentemos dormir un poco, que todavía me quedan unos días complicados aquí antes de partir.

Al día siguiente, después de que Jean se adentrase muy temprano en las profundidades del bosque, Julie aprovechó la ausencia de los hombres para lavarse por primera vez en varios días y limpiar la ropa. El aire era bochornoso y unos velos neblinosos flotaban entre los árboles por encima del río. No se oía nada salvo los susurros del bosque. Insectos y pájaros zumbaban alrededor. A Julie le inquietaba aquella sensación. Nunca había estado tan sola en medio de la naturaleza. Examinó el agua con recelo: allí había caimanes y serpientes. Convenía que se mantuviera alejada de árboles y matorrales, le había aconsejado Jean. Aquel era el reino de los habitantes de la selva y el humano no era sino un huésped indeseado al que los animales deseaban comer, picar o como mínimo atrapar.

Julie acababa de terminar la higiene cuando, de pronto, oyó un ligero traqueteo detrás de una cabaña. Se quedó paralizada. En teoría, no había nadie más en el campamento. Los hombres estaban en la selva buscando oro y los tres muchachos negros a los que dentro de unos días habían de utilizar como moneda de cambio para regresar a casa se habían marchado de caza. Así que Julie estaba sola en el campamento.

Tras el traqueteo se oyó un crujido, luego un chasquido y de nuevo un crujido.

—¿Hola? —Julie aguzó el oído—. ¿Hay alguien ahí?

No hubo respuesta. Entonces volvió a oírse un traqueteo.

A Julie le entró miedo. ¿Y si había un ladrón? ¿Un cimarrón o incluso un indígena?

Miró rápidamente a su alrededor, necesitaba un arma. Por si acaso el intruso atacaba a mujeres. Encontró un palo grueso y lo agarró con la mano. Cautelosamente, se deslizó en dirección a la cabaña de la que procedían los ruidos que, en ese preciso instante, habían cesado. Intentó hacer el menor ruido posible, pero la arena crujía bajo las botas. Entonces oyó un bisbiseo, sintió un rápido movimiento y un bicho pequeño y con los dientes amarillos saltó hacia ella. Julie chilló, dejó caer el palo al suelo y echó a correr. Los crujidos y los jadeos hacían suponer que la bestia la estaba siguiendo. Entonces, ella advirtió unas cajas de provisiones junto a una cabaña y se subió encima. Rápidamente, se dio media vuelta y entonces vio el pelaje gris de un animal con la cara fea, un hocico muy largo y la cola pelada como la de las ratas. Al llegar a las cajas, se irguió sobre las patas traseras y se apoyó en las cajas como si quisiera seguir a Julie. Ella trepó sobre la siguiente hilera hasta que alcanzó el techado de la cabaña. Con gran esfuerzo, quiso seguir ascendiendo pero, al apoyar la pierna, ejerció tanta presión sobre las cajas de arriba que toda la pila comenzó a tambalearse y cayó al suelo con gran estrépito. El animal retrocedió asustado y profirió un chillido al reparar en las bananas y los demás frutos que salieron disparados de las cajas. Rápidamente, comenzó a engullir con deleite aquel inesperado botín. Julie se sentó casi sin aliento sobre el techado de la cabaña y sopesó la situación. Estaba demasiado alto para saltar, ya no había nada en lo que pudiera apoyarse para descender poco a poco y, mientras aquel monstruo continuase merodeando por ahí, lo mejor sería permanecer allí arriba.

Al cabo de varias horas que se hicieron interminables, los tres muchachos negros volvieron de cazar. La alimaña gris se había tendido a la sombra de una de las paredes de la cabaña con el estómago lleno y roncaba plácidamente.

—Eh, psst, vosotros... —Julie intentó no levantar demasiado la voz.

Cuando los mozos vieron a Julie sobre el techado, intercambiaron miradas de perplejidad. Entonces, Julie señaló con el dedo al animal que dormía a los pies de la cabaña. Los muchachos siguieron la dirección de su dedo y estallaron en carcajadas al ver al animal. El bicho se despertó sobresaltado y huyó hacia la espesura de la selva. Los muchachos continuaron desternillándose de risa, señalaban primero a Julie y luego hacia el lugar por donde había huido el animal y se daban palmadas en los muslos.

De pronto Julie sintió una vergüenza terrible.

—¡Sí, muy divertido! Pero... ¿podríais ayudarme a bajar de aquí?

Los muchachos reconstruyeron la pila de cajas y, sin dejar de reír, la ayudaron a bajar hasta el suelo.

Cuando a última hora del día regresaron los hombres, lo primero que hicieron los tres muchachos fue contar que se habían encontrado a Julie encaramada al tejado de una cabaña.

—¿Has tenido que subirte al techado porque te perseguía una zarigüeya? —le preguntó Jean con expresión de incredulidad y esbozó una amplia sonrisa.

—Me alegro mucho de procurarle diversión a todo el campamento —espetó Julie furiosa—. ¿Y ahora qué tal si nos dedicamos a pensar en cosas más importantes? Dentro de dos días tenemos que regresar a la ciudad y todavía no sabemos cómo... Ya me entiendes.

Jean se sentó con Julie junto al fuego.

—Hoy he tenido una idea, pero para llevarla a cabo sería necesario que colaborases conmigo en el número de mañana...

Jean y Wico iban remando y trataban de deslizar el bote río abajo. Se hallaban de camino al puesto donde se llevaban a cabo los registros rutinarios de trabajadores y equipajes. Si alguien abandonaba el campamento y se dirigía a la ciudad sin detenerse allí, se avisaba inmediatamente a la policía.

—Lo importante es que llamemos la atención lo menos posible —dijo Jean.

El plan que había tramado era tan ingenioso como arriesgado. Julie iba sentada en la parte delantera y no podía parar de revolverse en el asiento. ¡No veía el momento de dejar atrás el puesto de vigilancia!

A sus pies viajaban tres gallinas negras y gordas en unas pequeñas jaulas.

—Mevrouw, si nos permite...

—No se les ocurra tocarme —le espetó Julie al guarda blanco y flaco del puesto. Este se limitó a esbozar una amplia sonrisa burlona que dejó a la vista una ristra de dientes podridos. El hombre se limpió las manos en la grasienta camisa. Wico y Jean ya habían superado el control.

—¡No pueden hacer eso! ¡Es mi mujer! —protestó Jean.

—Sí, sí —replicó el hombre sin prestarle atención—. Un poco extraño que la haya traído hasta aquí... Mevrouw, si nos permite..., no podrá...

—Está bien, está bien, adelante. —Julie entró en la angosta oficina del puesto de vigilancia y se desvistió hasta quedarse en ropa interior—. Ya está. —Levantó los brazos y dio toda la vuelta.

De fondo seguían oyéndose las protestas de Jean:

—Es insólito que sometan también a las mujeres...

—Escuche, si usted supiera la cantidad de mulatos que han intentado sacar oro de aquí escondiéndolo en sus mujeres no se pondría tan furioso. ¡Las órdenes son las órdenes! —exclamó el hombre hacia el exterior.

Con una gran sonrisa, cogió el palo que tenía apoyado en la pared y le subió la enagua a Julie hasta la rodilla.

—¡Eso sí que no...! ¡Por favor! —exclamó Julie escandalizada, aunque no se resistió.

—¡Mire, mire, qué tenemos ahí! —El hombre tocó con el palo una cinta ancha de cuero que Julie llevaba enrollada por encima de la rodilla. Aproximó el palo y deshizo el vendaje de un tirón. Julie se desequilibró hacia un lado a causa del brusco movimiento del hombre, pero el guarda no se inmutó ante el cuerpo medio desnudo de la mujer. Con una desdeñosa sonrisa, salió de la oficina y colocó la pequeña bolsa de cuero ante los ojos de Jean.

—Blancas, mulatas o negras... Cuando hay oro de por medio, todas son iguales.

Jean compuso una expresión de sorpresa mientras Julie volvía a vestirse.

El vigilante abrió la bolsa y esparció las pepitas de oro que contenía sobre la palma de su mano. Después las examinó con cierta perplejidad.

—Vaya, no es gran cosa que digamos…

—Eso —replicó Julie, sulfurada— era para nuestra boda.

—Pues va a tener que financiársela de otra manera. ¡Este oro queda confiscado! —dijo con frialdad y guardó cuidadosamente la bolsa con las pepitas en una gran caja de hierro—. Bueno, queda la barca y ya podrán partir. —El hombre se dirigió hacia la orilla a grandes zancadas seguido de Julie, Wico y Jean. Registró debajo de los bancos, revolvió los equipajes, palpó todas las costuras de los pantalones y los cuellos de las camisas e incluso sacudió una a una las jaulas de las gallinas, gesto que ellas acogieron con cacareos de indignación.

Al cabo de aproximadamente dos horas, el examen concluyó y Julie, Jean y Wico pudieron volver a subir al bote. Julie no respiró tranquila hasta que perdieron de vista la estación de vigilancia.

—Uf, qué cerca hemos estado. —Jean hizo un gesto de alivio—. Podría habernos denunciado por las pepitas que encontró.

En el rostro de Wico se dibujó una amplia sonrisa.

—Jean, ¡tu idea era genial! —exclamó meneando la cabeza—. La única lástima es que hayas perdido ese oro.

—Teníamos que hacer que el hombre encontrase algo. Si no hubiese registrado a Julie, nos habríamos quedado con ese oro también. Pero de esta manera… —puntualizó dando unos golpecitos con la mano sobre las jaulas de las gallinas—, de esta manera podemos estar seguros de que el guarda dará el asunto por zanjado.

—Es una lástima —señaló Julie— que las gallinas tengan que sacrificar su vida.

Ese era el único inconveniente del plan.

—Bueno, de un modo u otro habrían acabado en la sopa. Podemos estar contentos de que todavía le quedasen unas cuantas al viejo Gorven y de que al final me las vendiera. —Jean volvió a imitar la actuación que había protagonizado frente al viejo—: «¡Vamos, tres gallinas, ¡no seas así! ¡Quiero ofrecer un banquete cuando llegue a la ciudad y tus gallinas son las mejores!».

En el campamento de bateadores de oro, Gorven se dedicaba a la cría de gallinas detrás de su cabaña para ganarse un poco mejor la vida. Aunque allí no se reproducían tan fácilmente como en la ciudad, una gallina en la sopa o asada al fuego de cuando en cuando hacía las delicias de los hambrientos buscadores de oro.

Cuando Jean se había presentado allí para comprarle tres gallinas de golpe, Gorven había refunfuñado.

—Deja algo para los demás. Falta mucho para que esos pollos estén lo bastante crecidos como para que se puedan comer. Y son los tres últimos que me quedan.

Gracias a Dios, Julie conservaba todavía algunas monedas con las que Jean había podido pagar a Gorven.

Y así fue como, la madrugada del día antes de partir, Jean se presentó en la cabaña con las tres gallinas. Julie se sentía cansada. Jean se pasó la mitad de la noche introduciendo las pepitas de oro en los granos de maíz que al día siguiente les dio de comer a las gallinas. Estas devoraron con entusiasmo el delicioso manjar. Julie temió que pudieran caer fulminadas allí mismo, pero lo cierto era que hasta ese momento el aspecto de las gallinas era más que saludable y ellos habían logrado superar el control de vigilancia. Dentro de pocos días llegarían a la ciudad y entonces todo se arreglaría. Julie estaba convencida.

No hay humo sin fuego

Surinam, 1862
Paramaribo

CAPÍTULO I

—¡Es increíble! —Erika llegó corriendo a la enfermería de la misión blandiendo un periódico—. Klara, Klara, ¿dónde te has metido? —exclamó sin aliento.

La hermana enfermera asomó la cabeza desde una de las habitaciones.

—¿A qué vienen esos gritos, Erika?

Erika se dirigió hacia ella con paso presuroso.

—Mira, ¡léelo tú misma! ¡El anuncio ya es oficial! —exclamó con entusiasmo señalando el periódico.

—¿Qué? —En la voz de Klara se adivinaba la impaciencia.

Erika respiró hondo antes de soltar la noticia:

—Pues… ¡que van a abolir la esclavitud!

Klara se volvió hacia su compañera con incredulidad.

—¿Cómo? ¡No puedo creerlo! A ver. —Klara le quitó el periódico a Erika de las manos y leyó detenidamente los titulares. Boquiabierta, levantó la vista y recorrió el pasillo gritando—: Dodo, Minna, Jakob, ¡venid todos aquí!

Rápidamente, los trabajadores y los esclavos de la enfermería se reunieron allí. Incluso los tres pacientes se levantaron intrigados de la cama.

Klara se plantó frente al grupo y dijo con gravedad:

—Escuchadme todos bien. Voy a leeros una cosa y ¡es importante! —Tomó aire y comenzó a leer—: «Anuncio del gobernador a la población de esclavos de la colonia de Surinam.

»Su majestad nuestro señor el rey ha dispuesto que la esclavitud quedará abolida en la colonia de Surinam de una vez para siempre el primero de julio de 1863. A partir de ese día ¡seréis libres!

»El rey desea que todas las personas que se hallan bajo su tutela convivan el tiempo que queda hasta ese ansiado momento en paz y tranquilidad.

»Yo aguardo esperanzado que llegue julio de 1863 y espero que hasta entonces, mediante vuestro empeño en el trabajo y vuestra obediencia, os hagáis merecedores de la bendición del rey. Asimismo, espero que tras el día de vuestra liberación cumpláis vuestras obligaciones como hombres libres y os sometáis a la autoridad de la UWC. Trabajaréis a cambio de una compensación justa y con eso podréis mantener a vuestras familias.

»Es para mí un honor comunicaros, en nombre del rey, tan grata noticia».

Cuando Klara levantó la vista del diario y lo dobló lentamente, se hizo un silencio sepulcral. Pasados unos segundos, todos empezaron a hablar a la vez.

Mientras tanto, Erika se quedó mirando el dorso del periódico que Klara volvió a ponerle en la mano. Allí, en un pequeño recuadro, había un anuncio escrito con letras gruesas: «Subasta de la plantación Bel Avenier, buena maderera, 20 trabajadores alemanes y 120 esclavos negros. —Y en letra más pequeña podía leerse—: A causa de la muerte accidental de mi padre unos meses atrás, me veo obligado a sacar a subasta la plantación. Los interesados pueden dirigirse a la administración de Paramaribo. Frits van Drag».

Por un instante, aquellas palabras resonaron en la cabeza de Erika, que creyó que iba a desmayarse de un momento a otro.

Horas más tarde, Erika se sentó en la cocina de la casa de la ciudad a hablar con Kiri, Liv, Foni, Hedam y Suzanna sobre la abolición de la esclavitud. La situación era nueva para todos y suscitaba infinidad de preguntas y sentimientos.

—¿Significa eso entonces que...? Quiero decir..., ¿qué vamos a hacer nosotros a partir de ese día? —preguntó Kiri con cierta inquietud.

Erika trató de aclarárselo.

—Por lo que he oído, habrá una fase de transición en la que cada esclavo deberá comprometerse a trabajar para un patrón.

Foni resopló con desdén.

—Así que en realidad no seremos libres...

—Sí, sí, pero tendréis que mantener una relación laboral con un patrón y a cambio, supuestamente, os pagarán un dinero.

Suzanna meneó la cabeza.

—¿Dinero? ¡No me hagas reír! Ningún blanco pagará a un esclavo por trabajar.

Erika sabía que Suzanna ya no era esclava porque Karl había comprado su libertad hacía varios años para poder tenerla como querida en la ciudad, pero no ignoraba que, como muchos antiguos esclavos, seguía sintiéndose más esclava que libre. La dependencia era algo que se les inculcaba desde niños en el pensamiento y la forma de actuar, y luego ya resultaba muy difícil deshacerse de ese sentimiento. Y, en la práctica, las cosas apenas cambiaban. Al menos, esa era la impresión que tenía Suzanna.

—¿Dinero? ¿Dinero con el que poder comprar cosas? —preguntó de pronto Liv, que llevaba tiempo allí sentada y se había limitado a escuchar.

—Sí —asintió Erika—. Hablo de dinero con el que podréis compraros lo que queráis. Y, por lo que sé, incluso recibiréis una compensación.

Kiri esbozó una enorme sonrisa.

—¿Nos van a dar dinero por liberarnos? —preguntó. Su voz reflejaba claramente la sorpresa.

—¡Oh! —En el rostro de Liv se notaba que su cabeza había comenzado a darle vueltas al inusual pensamiento de trabajar a cambio de tener su propio dinero—. Me compraré un par de zapatos. ¿Podremos llevar zapatos, misi Erika? —Se levantó y comenzó a dar vueltas por la cocina, contoneándose como una dama refinada y meneando las caderas. Las demás estallaron en carcajadas.

En ese momento, Erika también se puso en pie.

—Pero para eso todavía falta tiempo. Mientras tanto, tendréis que empezar a acostumbraros a la idea de que pronto dejaréis de ser esclavas para pasar a ser trabajadoras —dijo sonriendo, antes de añadir—: Voy a ver cómo sigue Martina.

De inmediato, cesaron las risas. Martina seguía sin recuperarse. La mayor parte del tiempo sufría delirios febriles y era casi incapaz de reconocer a nadie, ni siquiera a su propio hijo. Su marido había estado allí una sola vez, acompañado por la policía. Klara había conseguido aplacar al amable funcionario y convencerlo de que, en efecto, Martina no se hallaba en condiciones de viajar y de que, por tanto, debía permanecer en la casa de la ciudad hasta que se hubiera restablecido.

—¡Ahora resulta que usted me apuñala por la espalda! —protestó Pieter.

El policía cerró los ojos enojado y le respondió con frialdad:

—Si usted no deja que la hermana desempeñe su labor y pone en peligro la salud de su esposa, puedo denunciarlo por denegarle la ayuda humanitaria. Huelga decir que eso no diría nada bueno de usted, teniendo en cuenta que es médico...

El rostro de Pieter se cubrió de un color rojo poco saludable.

—¡Volveré! —espetó antes de dar media vuelta y marcharse.

Desde entonces, nadie había vuelto a verlo. Hedam había oído rumores de que había regresado a la plantación. Erika no acababa de fiarse. Aquel hombre le inspiraba terror y no era la clase de persona que fuese a consentir que las cosas quedaran así. A Erika la preocupaban seriamente Martina, los niños y las jóvenes esclavas. Además Kiri no tardaría en dar a luz. Lo mejor sería que todos permaneciesen en la ciudad. Los ojos de aquel hombre tenían un aire perturbado.

CAPÍTULO 2

La simpatía que las viajeras con plumas le habían suscitado a Julie al comienzo fue disminuyendo con el paso de los días. Las gallinas cacareaban sin parar, revoloteaban nerviosas y desprendían un olor poco agradable. Si no fueran tan valiosas, habría arrojado a aquellos animales al río con mucho gusto. Sin embargo, Julie las llevaba en brazos en las zonas de saltos, las alimentaba de vez en cuando con hojas que arrancaba de los matorrales y examinaba los excrementos que dejaban en las pequeñas jaulas.

—Ahí no encontrarás nada —le decía Jean una y otra vez—. El oro es tan pesado que se queda dentro del animal. Precisamente por eso después habrá que…

Siempre que llegaban a ese punto de la conversación, Julie torcía el gesto.

—Sí, está bien, ya sé cuál es el destino que les espera.

Prosiguieron el viaje y, por fin, apareció la primera plantación. La familia Fredenburg ya había acogido a Julie en el viaje de ida con gran hospitalidad, así que Julie aguardaba impaciente el momento de llegar. ¡Una cama! ¡Una palangana con agua! ¡Jabón! Julie esperaba con ilusión la vuelta a la comodidad de la civilización. En esa ocasión, sin embargo, la mujer de la casa la recibió con cierto recelo cuando la vio aparecer en el porche, sucia como un bateador de oro y calzada con unas botas. Además, el séquito que la acompañaba había pasado de tres mozos negros a uno blanco harapiento que, vestido con un roñoso atuendo de buscador de oro, no inspiraba demasiada confianza.

—El joven puede dormir con los guardas —concedió al fin arrugando la nariz.

Julie habría preferido pasar la noche con Jean, pero para eso todavía iba a tener que esperar. Esa conducta no era propia de parejas que no estaban casadas.

Pese a todo, por la noche se reunieron en el río a espaldas de la anfitriona y pasearon por la orilla cogidos de la mano.

—¿De veras crees que el oro bastará para nuestro nuevo comienzo?

—Por supuesto. Ahora mismo, se venden muchas plantaciones en unas condiciones muy favorables. Mucha gente lo deja. —A Jean se le iluminaron los ojos. Parecía que la idea de ser dueño y señor de sus propias tierras le hacía verdadera ilusión.

—Pero no lo dejan porque sí —reflexionó Julie.

—Ya, lo dejan sencillamente porque no saben llevar el negocio. Como contable he visto infinidad de casos. Despilfarran el dinero que ganan en lugar de reinvertirlo en la plantación. Eso tal vez se podía hacer hace cincuenta o cien años, cuando este país nadaba en la abundancia. —De pronto, Jean se detuvo y miró a Julie a los ojos—. Pero las cosas han cambiado mucho, y a mí me encantaría que tú y yo pudiéramos descubrir otras caras de este país.

A Julie la conmovieron las palabras de Jean. Había pasado tanto miedo pensando que él ya no la quería, que se había marchado porque... Pero estaba equivocada: él seguía amándola y ¡quería pasar el resto de su vida con ella! No obstante, a medida que se acercaban a la ciudad, Julie se iba angustiando al pensar en todos los problemas que tendrían que afrontar. ¿Permitiría Pieter que ella se marchara sin más? Jean creía que Pieter estaría dispuesto a colaborar siempre y cuando le entregasen Rozenburg sin ponerle ningún impedimento. Al fin y al cabo, eso era lo que siempre había deseado. Julie no estaba tan segura. En teoría, parecía fácil, pero en la práctica entraban en juego muchos otros factores. En Rozenburg se hallaba su herencia, la herencia de sus padres. ¿Debía entregársela a Pieter sin pelear? Y luego estaban las muchas personas que vivían en la plantación entre esclavos y niños... A Julie se le encogía el corazón solo de pensar que tendrían que vivir bajo la autoridad de Pieter. Y además... Cuanto más se acercaban a la ciudad, más claro tenía lo mucho que le importaba la plantación. A pesar de todos los pesares, con el tiempo se había convertido en su hogar.

Decidió no compartir sus cavilaciones con Jean para no estropear tan pronto la euforia de las nuevas perspectivas. Él estaba muy ilusionado con la idea de tener un futuro común y se pasaba las largas horas de viaje hablando con Wico de cómo había que administrar una plantación. Incluso le ofreció un puesto de trabajo como «organizador», así lo denominó, porque el término «guarda» le resultaba demasiado duro. Jean quería levantar una plantación en la que no hubiera esclavos, sino trabajadores que bajo ningún concepto tuvieran que sufrir penalidades.

—Solo las personas sanas y felices son capaces de trabajar bien —explicó.

Wico asintió. En diversas ocasiones a lo largo del viaje, el muchacho había sorprendido a Jean y Julie con sus vastos conocimientos. Cuando Julie le preguntó de dónde sacaba toda esa información, si nunca había ido a la escuela, él respondió: «Me gusta escuchar y se me da bien», y le guiñó un ojo.

—Y tu madre y tu hermana podrían trabajar también en nuestra nueva plantación —le sugirió Jean con entusiasmo—. Julie necesitará ayuda con la casa y, dado que Kiri va a tener que tomarse un tiempo para sí misma y para el bebé, nos vendrá bien una mano.

¡Kiri! Julie esperaba que estuviera bien. Y Henry… Lo había dejado solo durante meses. A Julie le sobrevino una ola de remordimientos de conciencia y de pronto rompió a llorar.

—Julie, ¿te encuentras bien? —Desde donde estaba, Jean no alcanzaba a tocarla porque en medio viajaban las jaulas de las gallinas. La miró con preocupación.

—Sí, estoy bien. Es solo que… Bah, no es nada.

Todos se alegraron cuando el día 10 de agosto de 1862 por la tarde llegaron a Paramaribo. Wico se despidió rápidamente y se marchó enseguida a casa de su madre. Jean y Julie se encaminaron a la casa de la ciudad a pie, cargados con las jaulas de las gallinas y con su ligero equipaje. Había un buen tramo hasta allí, pero Julie, a pesar del agotamiento, agradeció poder estirar las piernas y caminar después de tanto tiempo. Durante el trayecto, apenas se percataron de la infinidad de miradas curiosas que varios transeúntes dedicaron tanto a la peculiar pareja como a su equipaje, más peculiar si cabe.

Una vez en la casa de la ciudad, Julie depositó las jaulas con las gallinas, que cacareaban sin cesar, en el estrecho porche y se sorprendió al ver que quien salía a abrirles la puerta no era Foni, sino Hedam.

—Misi Juliette, ¡qué alegría que haya regresado!

La expresión del rostro del viejo esclavo hizo que Julie olvidase de inmediato el agotamiento del viaje.

—Hedam, ¿qué ocurre? ¿Dónde está Foni?

—¡Oh, misi! Foni está con Kiri. Kiri… —tartamudeó el anciano.

—¿Kiri? ¿Kiri está aquí? ¿Y eso por qué? ¿Por qué no está en la plantación? ¿Qué ha pasado? ¿Se encuentra bien? —No comprendía nada de lo que estaba pasando. Entonces la asaltó una duda—. El bebé… ¿Va a dar a luz?

Julie entró corriendo en la casa sin esperar la respuesta del esclavo y dejó a Hedam y a Jean allí plantados con cara de perplejidad. Quería atravesar la casa para salir por la puerta trasera al patio en torno al que se agrupaban las habitaciones de los esclavos, pero al pasar por la puerta del salón se detuvo de golpe. Sentado en el suelo, sobre una manta, estaba… ¡Henry! ¡Estaba sentado! Dios mío, ¿tanto tiempo había pasado? ¡Qué grande estaba! Julie se abalanzó sobre el pequeño.

—¡Henry! —El pequeño la miró confundido—. ¡Oh, Henry…, qué bien que estés aquí! —Julie lo cogió en brazos y lo estrechó contra su cuerpo. ¡Cuánto pesaba! Él se quedó mirándola con los ojos muy abiertos y le agarró un mechón de pelo con sus pequeños deditos. Julie se echó a reír, lágrimas de felicidad le surcaban las mejillas. Entonces se acordó de Jean—. ¿Jean? ¡Jean!

Jean la había seguido por el interior de la casa y se encontraba en el umbral de la puerta. Al ver a Julie con su hijo, el suyo, el de los dos, los ojos se le llenaron de lágrimas. Henry volvió la cabeza hacia él y alargó los bracitos con una expresión de alegría en los ojos.

—Mira, creo que le gustas —exclamó Julie con una tierna sonrisa.

—¡Misi Juliette! —Liv pasó ante la puerta del salón con Martin en brazos—. ¡Misi Juliette! ¡Qué alegría que haya vuelto!

Julie la miró con incredulidad.

—¿Liv? Pero ¿es que estáis todos aquí? Por el amor de Dios, ¿se puede saber qué ha pasado?

Liv no tenía mucho tiempo para embarcarse en explicaciones demasiado extensas.

—Misi Juliette, vinimos con misi Martina, pero Kiri... lleva desde anoche... Todo esto ha supuesto mucha tensión para ella y resulta que el bebé... viene demasiado pronto.

Julie recordó que en realidad había entrado en la casa para ir a ver a Kiri.

—Mira. Vosotros dos tenéis que conoceros. —Colocó al pequeño Henry en los brazos de Jean, que miraba al niño como si se tratase de una delicada pieza de porcelana—. ¡Tengo que ir a ver a Kiri! —Y con esas palabras se marchó por la puerta trasera.

Julie entró en el oscuro habitáculo de la cabaña de esclavos que había en el patio trasero. Allí era donde Kiri solía alojarse cuando iban a la ciudad. Lo primero que la mujer logró distinguir fueron los rostros de asombro de Foni y Erika.

—¿Erika? —Julie no estaba menos sorprendida que ellas—. ¿Kiri está bien?

—¡Juliette, has vuelto! —Erika se apartó a un lado. Kiri se encontraba tendida en un jergón, apoyada sobre varios cojines. Estaba empapada en sudor y parecía agotada—. Kiri está bien.

En ese momento, Kiri se dio cuenta de que Julie se hallaba en la habitación.

—¡Oh, misi! Qué alegría que haya vuelto. Ahora mismo, no puedo… —Una contracción la dejó sin palabras.

Julie se acercó al lecho de su esclava.

—Creo que ahora mismo tienes cosas más importantes que hacer —dijo Julie sonriendo.

—Kiri está bien, pero todavía le queda… —le aclaró Erika.

Julie miró a su amiga con cierta preocupación.

—¿Qué hacéis todas aquí? ¿Tú? ¿Kiri, Liv, los niños y Martina? —susurró.

—¡Ven conmigo! —Erika le hizo una señal a Foni, que acto seguido ocupó el sitio de Erika junto a Kiri, y se llevó a Julie fuera de la cabaña.

Una vez en el exterior, se enjugó el sudor de la frente y, cuando vio las jaulas de las gallinas, que Hedam estaba introduciendo en el patio por la puerta de los esclavos, se quedó paralizada.

—Qué alegría que hayas vuelto, Juliette. —Su voz traslucía un gran alivio—. ¿Has encontrado a Jean? —preguntó en un tono cauteloso.

—Sí —respondió Julie sonriendo—, está en la casa y acaba de conocer a Henry.

—¡Cuánto me alegro por vosotros! —Julie percibió alegría sincera en las palabras de su amiga, pero también detectó cierto pesar en la voz de Erika—. Vayamos dentro, Juliette. Tengo que darle el relevo a Suzanna.

—¿Suzanna? ¿Suzanna también está aquí?

—Entra conmigo, te lo explicaré todo dentro —se limitó a decir Erika y se dirigió a la casa.

En la cocina, Erika se sirvió con total confianza un vaso de agua de una jarra y llenó un segundo vaso para Julie.

—Ven, siéntate. —Erika entrecruzó las manos sobre la mesa y comenzó a contarle—: El caso es que han pasado muchas cosas durante las últimas dos semanas. Poco después de que tú partieras, se presentaron aquí Kiri y Liv con Martina y los dos niños. Martina quería huir de la plantación como fuera. ¡Quería estar contigo! Temía por su integridad y por la de los niños.

—¿Cómo? —Julie sabía que eso solo podía tener una explicación—. ¡Pieter! —farfulló con rabia.

Erika asintió.

—Juliette, Martina está muy enferma, sufre fiebres altas desde hace varias semanas y Klara dice que... Creemos que... —Erika bajó la vista apesadumbrada.

—Oh, no —exclamó Julie, sobrecogida—. ¿Y está...? Quiero decir, ¿puedo ir a verla?

Erika asintió.

—Sí, ven conmigo. Subamos a verla.

Junto a la cama de Martina estaba sentada Suzanna. En el regazo sostenía una palangana de agua con la que iba refrescando el rostro y los brazos pálidos de Martina.

—¡Suzanna! —susurró Julie. Suzanna se volvió sorprendida, apartó las compresas y dejó la palangana en el suelo. Después se puso de pie y se acercó a Julie.

—¡Me alegro mucho de que ya esté de vuelta! —exclamó aliviada. Acto seguido lanzó una mirada hacia Martina y agregó con preocupación—: Misi Martina no está bien. Recupera el conocimiento muy de vez en cuando y cuando lo recupera... pregunta por usted. Yo mantenía la esperanza de que usted llegase a tiempo... —Suzanna agachó la cabeza con pesar.

Julie se quedó sobrecogida. La mala conciencia por haber abandonado la plantación y por haber dejado en la estacada a todas las personas que se habían quedado allí le produjo una sensación casi de asfixia. A saber qué había sucedido.

—Gracias, Suzanna. ¿Puedo...? —dijo y le dedicó una mirada de agradecimiento a la mujer.

—Por supuesto. Siéntese —le indicó Suzanna y señaló la silla que había junto a la cama de Martina.

—Vamos, esperaremos en la planta de abajo, a usted también le vendrá bien beber algo —dijo Erika mientras trataba de sacar a Suzanna de allí.

A Julie la sorprendió la confianza con que se trataban las mujeres. Después, se acercó a la cama de su hijastra y le tomó la mano, que la tenía gélida a pesar de la fiebre.

—¿Martina? —susurró con suavidad.

Martina no mostró ninguna reacción.

Julie aguardó en silencio. ¡Ojalá se hubiese quedado en la plantación! Quizá las cosas no habrían llegado tan lejos. ¿Qué habría podido pasar para que Martina se viese obligada a huir a la ciudad en ese estado con los niños? Durante el turno de Julie, Martina no se despertó en ningún momento de su sueño febril. Cuando, al cabo de un tiempo, Suzanna regresó, Julie volvió a ver a Kiri. La joven seguía con contracciones, pero el parto avanzaba con mucha lentitud y Erika estaba convencida de que todavía tenían para un buen rato. Julie entró de nuevo en la casa dispuesta a hablar con Liv. Tenía que averiguar qué era lo que había pasado.

La esclava de cámara de Martina seguía sentada con Jean y los niños en el salón. Jean parecía haber perdido la noción del tiempo a causa de la alegría que le produjo conocer a su propio hijo y, sudado y sucio, continuaba en el suelo jugando con el niño. Julie contempló la escena con ternura. Aquello era lo que siempre había soñado.

—¡Jean! No sabes cómo me alegro de que os entendáis tan bien, pero creo que deberías ir a lavarte —sugirió con dulzura.

En ese momento, Henry alargó los brazos hacia Julie. Al verlo, a esta le dio un vuelco el corazón y los ojos se le llenaron de lágrimas. ¡No la había olvidado! Una de las cosas que más la preocupaban era que después de tanto tiempo su hijo la tomase por una extraña. Julie se acercó al pequeño y lo tomó en brazos. Luego frotó con ternura la nariz contra la mejilla de Henry. ¡Qué bien olía!

—De acuerdo, voy a ello. —Jean lanzó una mirada cargada de cariño a Julie y Henry, y se levantó—. Vuelvo enseguida, hombrecito. Te lo prometo. Y entonces seguiremos jugando.

—Venga, Jean, despréndete un poquito de tu hijo y ponte guapo para él —bromeó Julie, aunque no logró disimular del todo la preocupación.

Jean se percató de inmediato de que algo no iba bien.

—¿Ocurre algo? No pareces muy contenta —señaló, mientras Julie lo conducía por el pasillo.

—Kiri se ha puesto de parto, Martina está muy grave arriba y no consigo enterarme de qué ha pasado. Ahora voy a intentar averiguar qué ocurre —contestó Julie señalando a Liv.

—¿Quieres que…? Puedo quedarme, si quieres.

—No, está bien. Prefiero hablar con ella a solas.

—Bien. Pero luego me lo cuentas todo, ¿de acuerdo?

—Por supuesto.

Jean salió al patio por la puerta trasera, donde había un pozo y una tina de agua. Julie volvió al salón. Henry estaba sentado en el suelo, su madre le puso entre los deditos algo para jugar y, con semblante serio, tomó asiento en un sillón que había frente a Liv.

—Y ahora, Liv, cuéntame con calma qué es lo que ha pasado.

A Liv se le dibujó al instante el pánico en el rostro.

—Misi Juliette, no se enfade, el masra Pieter se puso tan furioso que… nosotras… Yo no pude hacer nada por… —tartamudeó la muchacha.

—Tranquila, no te preocupes, Liv. Sé que no teníais otra salida, pero ahora, por favor, explícame desde el principio qué ocurrió, ¿de acuerdo? Necesito saberlo porque, si no, no podré hacer nada para ayudarnos a todos a buscar una solución. ¿Por qué quiso misi Martina venir de manera tan repentina a la ciudad?

Liv le relató con todo lujo de detalles lo que había sucedido en Rozenburg. Le habló de los esclavos enfermos, de los nuevos experimentos de Pieter, de los hombres que habían perdido la vida, de las múltiples peleas entre masra Pieter y misi Martina…

—Masra Pieter llegó incluso a pegarle —explicó Liv en susurros.

Y, a continuación, le explicó lo que había sucedido con Jenk y lo mucho que Amru había cambiado desde entonces y que luego, además, misi Martina había caído enferma, pero aun así les había ordenado que lo organizasen todo para viajar a la ciudad. También le contó que el masra Pieter había aparecido en la ciudad, que un día incluso había acudido con la policía, pero que la hermana Klara, misi Fiamond y misi Erika lo...

Julie cada vez estaba más furiosa. Aunque, cuando se imaginó a Klara, alta como un roble, echando a Pieter de allí, no pudo evitar sonreír. Seguro que aquello no le había sentado nada bien. Luego, la rabia volvió a apoderarse de Julie. Todo aquello no debería haber pasado. ¡Y la pobre Amru!

—¿Juliette? ¿Juliette? —Erika irrumpió a toda prisa en la casa—. ¡Ya viene!

Julie se levantó de un salto.

—Liv, no te preocupes por nada, hicisteis lo que teníais que hacer —dijo apresuradamente—. ¡Todo volverá a ir bien! —le aseguró a la esclava y se marchó a todo correr con Erika para asistir a Kiri.

Media hora más tarde, Kiri dio a luz a una niña. Era menuda y frágil, pero tenía una voz potente y el cabello moreno y ensortijado. Más ensortijado aún que Kiri.

—Qué niña tan linda. —Julie depositó al bebé recién lavado en los brazos de Kiri. Esta parecía aliviada—. ¿Ya sabes cómo se llamará?

Kiri estudió al bebé con detenimiento y, de pronto, se le iluminó la cara.

—Sí, misi Juliette, se llamará Karini.

—¡Karini! ¡Qué nombre tan bonito! Dany se alegrará mucho de haber tenido una niña.

Por un momento, el rostro de Kiri se ensombreció. Después, murmuró:

—Sí, se alegrará mucho.

CAPÍTULO 3

El estado de Martina empeoraba día a día. Ahora, también Valerie pasaba mucho tiempo junto al lecho de su sobrina.

—Podría habérmela llevado conmigo a casa —le explicó a Julie como justificándose—, pero aquí… —agregó mirando a Erika, Suzanna y Foni con gesto de agradecimiento—, aquí está mucho mejor cuidada. Además, ella quería quedarse para estar aquí cuando tú regresaras, insistió en eso varias veces desde el principio. Estoy muy preocupada.

Hasta hacía unos días, las mujeres habían logrado darle agua a Martina con una cucharilla, pero en esos momentos tenía ya la garganta tan hinchada que para darle de beber era necesario exprimirle una compresa mojada sobre los labios.

Klara examinó a Martina y se dirigió a Julie y Valerie meneando la cabeza.

—No creo que dure mucho más.

Julie la miró horrorizada.

—¿Y no hay nada que podamos hacer?

Klara negó con la cabeza.

—Ahora, todo está en manos del Señor.

Julie volvió a sentarse en la cama de Martina y le agarró la mano. Se pasó largo rato pensando hasta que, en un momento dado, notó que Martina le estrechaba ligeramente la mano. Al principio, Julie se asustó. Martina llevaba varios días sin dar señales de vida.

—¿Martina? —susurró—. Martina, ¿me oyes?

—Querida…, estamos aquí. —Valerie se arrimó también a la cama y le acarició la frente con suavidad.

—Juliette…, tía Valerie… —Martina susurró los nombres con un hilo de voz casi inaudible.

—Sí, estamos aquí, Martina. Estoy aquí.

—Juliette…, tienes que…, Martin…, por favor… No quiero que Pieter…

—Ssshh… Martina, no conviene que te alteres.

Juliette posó la mano en la frente de su hijastra. Estaba ardiendo. Por un momento, pensó que tal vez sencillamente estaba delirando.

Luego, Martina abrió los ojos y clavó la mirada en Julie. Su pronunciación se volvió algo más clara, aunque hablar le suponía un esfuerzo sobrehumano.

—Juliette, ¡cuida de Martin, por favor! Y no dejes la plantación en manos de Pieter, prométemelo, ¡por favor! Tía Valerie, ¡tienes que ayudarla! Juliette, tienes que luchar por la plantación. Pieter no puede…

Los ojos de Martina volvieron a cerrarse. Su respiración era superficial y rápida.

—Martina… ¿Martina? ¡Te lo prometo! Cuidaré de tu hijo. Y la plantación…

—Lo siento tanto… Siento tanto todo lo que ha ocurrido…

—Martina, todo está bien, no tienes por qué disculparte. —Julie sintió que el pánico se apoderaba de ella.

Juliette jamás sospechó que la muerte de Martina la afectaría tanto. ¿O tal vez fue el estado de nervios de los últimos meses (o años) lo que de pronto la hizo estallar? Cuando Martina exhaló el último suspiro, Julie se quedó contemplándola, como en trance. Derramó las primeras lágrimas cuando Erika la agarró por los hombros y la condujo fuera de la habitación con suavidad. Lloró y lloró sin cesar como si las lágrimas no fuesen a extinguirse jamás. Ni siquiera Jean fue capaz de consolarla. Pero llegó un momento en que se le agotaron las lágrimas, entonces se tendió sobre la cama y se quedó contemplando el techo hasta que el sueño la venció. Durmió dos días y dos noches. Al tercer día, la despertó el sol de la mañana, que inundaba toda la habitación. Se sentó en la cama y observó que unas finas motas de polvo danzaban por los rayos de sol. De pequeña solía pasar largos ratos contemplándolas. De pequeña...

Julie se sumió en sus pensamientos y vio pasar ante sus ojos toda su vida. La pérdida de sus padres, la época en el internado, su odioso tío, su primer encuentro con Karl, el viaje a Surinam. La conclusión era descorazonadora. Tenía casi veintidós años y nunca había tomado las riendas de su vida; salvo, quizás, en las últimas semanas. Por lo general, habían sido siempre los demás quienes le habían dicho qué hacer. Pero en el fondo ahora era libre, ahora ya no tenía un tío que la atosigara o un marido que la obligase a hacer las cosas a su manera.

Tenía un niño maravilloso y tenía a Jean. Y, aunque Pieter dijese lo contrario, le correspondía un trozo de la plantación, porque se había financiado con su dinero, con la herencia de sus padres. De modo que allí mismo, en aquel instante, mientras contemplaba las motas de polvo iluminadas por el sol, decidió que iba a luchar por la plantación. Por sí misma, por Henry y Martin y por las muchas personas que vivían de aquellas tierras. El destino había querido que aquella plantación se convirtiera en su hogar y ella no renunciaría tan fácilmente. La idea de Jean de volver a empezar desde el principio era muy tentadora… y, sí, habría un nuevo comienzo, pero ¡en Rozenburg!

Y Jean tendría que aceptarlo. Podía ayudarla… o podía… ¡No! No aceptaría un no por respuesta. Jean la apoyaría. Julie estaba convencida.

CAPÍTULO 4

Jean protestó cuando Julie dijo que pretendía irse sola a la plantación para comunicarle a Pieter la muerte de Martina.

—¡Julie! ¡Ese hombre es peligroso! ¿No crees que es mejor que vaya yo contigo? —preguntó apurado.

—No, tengo que hacerlo yo sola. Además, si Suzanna viene conmigo, Pieter no se atreverá a hacerme nada. Cuando nos vea juntas, se lo pensará dos veces. Además, no quiero darle otra razón para tenerme contra las cuerdas.

—Bah, pero si en realidad no tiene ninguna baza —dijo Jean para intentar tranquilizarla—. Lo único que tú pretendes es conservar aquello que te pertenece.

Julie asintió. Nunca había llegado a contarle a Jean que había sido Pieter quien los había puesto en evidencia delante de Karl el día de la boda de Martina. Seguramente, Pieter sabía más cosas de las que ellos habrían deseado, aunque para Julie seguía siendo un misterio cómo había conseguido averiguarlas. Y a todo eso había que sumar la cuestión del accidente. Aunque Pieter, en calidad de médico, había confirmado la causa accidental de la muerte de Karl, pronunciaba la palabra «accidente» con un retintín que dejaba entrever que sabía lo que había ocurrido aquella noche en el río. Y lo utilizaría contra ella sin dudarlo, de eso Julie podía estar segura.

A decir verdad, la situación no cambiaba mucho con la muerte de Martina. Julie albergaba la esperanza de que, ahora que Martina ya no estaba, Pieter renunciase voluntariamente a la plantación. Pero, por otro lado, tenía claro que este siempre había utilizado a Martina como medio para alcanzar un objetivo; de eso se había dado cuenta el día en que lo conoció.

Tenía que ir a Rozenburg. Además, estaba deseando ver a Amru y a los demás esclavos. Julie sospechaba que en la plantación habían sucedido muchas más cosas de las que Kiri y Liv le habían contado, como podía deducirse del comentario de Marie Marwijk. La confianza de los esclavos en los blancos estaba destruida. Ella misma había abandonado la plantación meses atrás. Martina jamás se había preocupado de los esclavos y Pieter siempre los había maltratado. Julie esperaba que la presencia de Suzanna la ayudase a recuperar su confianza. Con la colaboración de Jean, urdió un plan para expulsar a Pieter de la plantación. Sin embargo, para ello era necesario ganarse, como mínimo, el apoyo de unos cuantos esclavos a los que convencer para que declarasen a su favor, lo cual, a la luz de todo lo sucedido, no iba a resultar nada fácil. Sus esperanzas estaban depositadas en Suzanna y en el anuncio de la abolición de la esclavitud, que tenía la intención de leerles. Conociendo como conocía a Pieter, lo más probable era que él no les hubiese dicho nada todavía. Julie alquiló un bote en el puerto con cuatro remeros y partió rumbo a la plantación.

Cuando llegaron a Rozenburg, no se veía un alma.

—Tú ve directamente a la aldea de los esclavos. Cuanto antes los tengamos de nuestro lado, mejor. No vaya a ser que Pieter se nos adelante… —previno a Suzanna antes de encaminarse con paso presuroso hacia la casa principal. Por primera vez, no tuvo tiempo ni de fijarse en los floridos azahares del jardín que tanto le gustaba contemplar.

Entró en la casa sin llamar. Al fin y al cabo, ¡era su casa!

—¿Hola? —gritó sin vacilar. En la parte trasera, se oyó un ruido estrepitoso y acto seguido Amru apareció en el pasillo. Julie se asustó. La que en su día había sido una mujer regordeta y fuerte no era ni la sombra de sí misma. Amru estaba demacrada, las ropas le colgaban del cuerpo huesudo y tenía el cabello encanecido. Se la veía anciana y casi sin vida. Al ver a Julie, se dirigió hacia ella y se desmoronó a sus pies deshecha en lágrimas.

Julie contempló la escena impactada.

—Amru, levántate… ¡Levántate, por favor! —le suplicó con suavidad. Agarró a la mujer negra de los brazos y la ayudó a incorporarse. Amru siguió llorando sobre el hombro de Julie—. Todo volverá a ir bien, Amru… No sabes cuánto siento no haber estado aquí. Yo… Ya me han contado lo que hizo Pieter y…

—¿Qué es lo que he hecho? —exclamó de pronto una voz fría—. Bueno, bueno, ¡pero si la viuda perdida ha vuelto! Qué agradable sorpresa. ¿No ha venido contigo la histérica de mi mujer? ¿Y mi hijo? —Pieter estaba apoyado en el marco de la puerta con una sonrisa de desprecio.

Julie se apartó de la puerta para mantenerse a una distancia prudencial.

—Pieter, tu mujer ha muerto —anunció con serenidad.

Pieter ni se inmutó.

Amru, sin embargo, lanzó un fuerte sollozo al escuchar la noticia.

—Bueno, la verdad es que ya no regía muy bien. Es mejor así. —Nada en la voz de Pieter permitía entrever que no hablaba en serio.

Julie lo miró fijamente a los ojos.

—Pieter, he venido hasta aquí porque quiero recuperar la plantación.

Pieter soltó una escandalosa risotada.

—Bah, Juliette, ¡ya estamos otra vez con lo mismo! —Parecía que ese asunto lo divertía—. No tienes ni la más mínima posibilidad. Olvídalo.

Julie no pensaba rendirse.

—Sí, Pieter, tengo una posibilidad. Después de todo lo que has hecho aquí..., hemos decidido denunciarte ante los tribunales. Has torturado a los esclavos de manera gratuita y a algunos incluso les has provocado la muerte. Sabes perfectamente lo que eso significa. Y cualquier juez de este país sabrá verlo también.

Pieter se acercó a Julie con una mirada amenazadora.

—¿Me estás amenazando? ¿Tú? ¿Que eres una asesina y tienes un hijo bastardo? ¿Estás segura de lo que haces?

Julie retrocedió un paso sin desviar la mirada de los ojos de Pieter.

—¿A quién crees que creerán: a una pobre y débil mujer que se ha quedado viuda o a un hombre que tortura con violencia a los esclavos y los deja morir como perros? —Tras pronunciar esas palabras, Julie dio media vuelta y se dirigió a la puerta. Estaba tan alterada que oía los latidos de su propio corazón. ¿Y si salía al porche y no había nadie...?

En cuanto abrió la puerta, respiró aliviada. Suzanna había llevado a cabo su misión en el poblado a una velocidad prodigiosa: allí, en el porche de la casa, se había congregado toda la aldea. Pieter, que salió tras Julie para intentar detenerla, se quedó petrificado cuando vio a los esclavos.

—¿Qué ocurre aquí? —bramó.

Uno de los hombres más ancianos se aproximó a Julie y la saludó con una reverencia.

—Misi Juliette, nos alegramos mucho de que haya regresado.

Julie sintió que las palabras de aquel hombre eran sinceras.

—Gracias, yo también me alegro —respondió agradecida. Entonces se volvió hacia Pieter y, tratando de imprimirle a su voz toda la convicción de que era capaz, anunció—: ¡A partir de hoy esta vuelve a ser mi plantación! Pieter, mañana te esperamos en la ciudad para formalizar el traspaso.

Tras pronunciar esas palabras, Julie, seguida por Suzanna, se dirigió hacia el muelle.

—¡No tienes nada contra mí, Juliette! ¡Nada! —gritó Pieter.

—¡Te equivocas! —replicó una voz con la misma potencia.

Pieter se asustó al comprobar que Amru había recobrado el habla. Julie se detuvo y lanzó una mirada de agradecimiento y aliento a Amru, mientras la vieja mujer se dirigía hacia ella.

—Yo me marcho con la misi y lucharé para que se haga justicia por lo de mi marido.

Un instante después, otras dos mujeres salieron de la multitud.

—Mató a nuestros maridos con sus inyecciones —exclamaron—, ¡nosotras también nos vamos con la misi!

—¡Al diablo con todo! —vociferó Pieter echando mano del látigo que llevaba en el cinturón.

—Yo que tú no lo haría —lo retó Julie fulminándolo con la mirada; luego, se dirigió a las mujeres—: Vamos, nos vemos mañana en la ciudad.

CAPÍTULO 5

Julie estaba tan nerviosa que se sentía medio mareada. Llegó ante el edificio del tribunal de la colonia acompañada por Erika, Suzanna y Amru. Allí era donde en su día había firmado el traspaso de la plantación a Pieter y le había concedido la custodia de su hijo.

Ese día estaba allí para intentar dar marcha atrás. Por enésima vez, le asaltó la duda de si lo lograría. Por un instante, sintió la tentación de echar a correr, pero ya no había vuelta atrás.

—¿Y si no se presenta?

—Se presentará, ya verás —la tranquilizó Erika.

—Ojalá Jean estuviera aquí. —Julie estaba al borde de las lágrimas. Jean no la había acompañado ese día por la misma razón por la que no la había acompañado a la plantación. No debían darle a Pieter ninguna pista de que se habían reencontrado. Porque en ese caso cabía la posibilidad de que Pieter se empeñase en demostrar que Henry no era hijo de Karl.

—¡Por ahí viene! —gritó Suzanna tirándole de la manga a Julie.

Julie divisó a Pieter, que se dirigía al edificio a paso ligero, seguido muy de cerca por un hombre ágil y veloz con el cabello cano. De pronto, a Julie le entró miedo: ¿habría contratado Pieter a un abogado? ¿Debería haber hecho ella lo mismo? Ahora ya era demasiado tarde. Si al menos estuviera allí con ella Valerie…, pero había preferido quedarse en casa cuidando de los niños.

—Es más importante que vayan las escla…, las mujeres negras, con su declaración ellas podrán aportar mucho más que yo.

Unos minutos más tarde, volvieron a verse las caras en la sala del tribunal. Era una sala pequeña, en el centro se hallaba la mesa del juez y el resto de la estancia estaba ocupada por dos hileras de sillas. Julie y Erika tomaron asiento en las sillas del extremo izquierdo de la primera fila y Pieter y su acompañante, en las del extremo derecho. Suzanna y Amru se colocaron en la pared del fondo junto con las demás mujeres esclavas. En aquella sala no les estaba permitido sentarse.

Tal como Julie esperaba, el juez no era el mismo que le había concedido a Pieter la tutela de Henry. Jean había oído rumores de que, al conocerse la noticia de que la esclavitud iba a quedar abolida, se había producido un giro político en la administración de la colonia. Muchos de los funcionarios que llevaban años acomodados en sus cargos habían renunciado y sus puestos los habían ocupado otros hombres mucho más liberales. Julie abrigaba la esperanza de que ese juez fuera uno de ellos.

El juez estudió en silencio durante largo rato la denuncia que Julie había redactado unos días antes con ayuda de Jean. Julie trató de disimular que le temblaba todo el cuerpo.

Había tres posibilidades: que el juez desestimase todas las acusaciones y le diera la razón a Pieter; que se embarcasen en un proceso largo y pesado; o que dictase sentencia rápidamente de acuerdo con las graves acusaciones.

El juez carraspeó y fue directo al grano.

—Mijnheer Brick, aquí hay varios esclavos, a los que usted conoce, que lo acusan de diversos delitos. ¿Qué tiene que decir al respecto?

Pieter se levantó:

—¡Todo son mentiras!

Amru resopló con desprecio y el juez la censuró con la mirada.

—Mevrouw Leevken, usted es quien ha presentado esta demanda. ¿Qué tiene que decir al respecto?

Julie se puso en pie con las rodillas temblorosas y le relató al juez todo lo que Kiri, Liv y posteriormente Amru le habían contado.

—Además, hemos traído a la ciudad a dos esclavas que sostienen que los medicamentos de prueba de mijnheer Brick perjudicaron a sus maridos hasta el punto de arrebatarles la vida.

El juez arrugó la frente.

—Mevrouw Leevken, creo que estará de acuerdo conmigo en que esas esclavas no gozan de los conocimientos médicos necesarios para extraer semejante conclusión. Mijnheer Brick, ¿qué tiene que decir usted como médico?

Pieter intercambió unas cuantas frases por lo bajo con su acompañante y, con una falsa sonrisa con la que logró engatusar al juez, respondió:

—El curandero lo estropeó todo. Si esos negros hubieran seguido mis instrucciones, el asunto no habría llegado tan lejos.

Así continuaron durante un buen rato. Julie formulaba una

acusación, Pieter intentaba justificarse y el juez escuchaba a una y otra parte con gesto imperturbable.

—Mevrouw Leevken —dijo al fin—, entonces usted reclama que mijnheer Brick sea considerado culpable de la muerte del esclavo Jenk, así como del fallecimiento de otros hombres; que le sea devuelta la custodia de su hijo; que se le adjudique la dirección de la plantación; y, por último, que se le conceda... ¿la custodia del hijo de mijnheer Brick?

Julie asintió, aunque al escuchar sus exigencias en boca del juez a ella misma le pareció poco probable que le dieran la razón en todos los puntos.

El hombre recorrió los rostros de todos los presentes y anunció:

—Dentro de tres días haré pública mi decisión. Preséntense aquí el próximo viernes a las once.

Pieter abandonó la sala con el rostro impasible.

Julie suspiró y, antes de abandonar la estancia, lanzó una mirada esperanzada al juez.

CAPÍTULO 6

—¡Misi!

La noche del jueves al viernes, Liv irrumpió gritando en el dormitorio de Julie. La esclava estaba tan alterada que ni siquiera reparó en Jean, que se encontraba junto a Julie y tuvo que cubrirse con la colcha, abochornado.

—Misi Juliette, ¡venga, dese prisa!

—Liv, ¿qué ocurre? —Julie saltó de la cama y se envolvió en la bata.

—¡Los niños! ¡Los niños han desaparecido!

—¿Cómo? —Una sensación de pánico se apoderó de todos los miembros de su cuerpo. Salió a todo correr de la habitación dejando atrás a Liv, recorrió el pasillo y entró en la habitación donde dormían Henry y Martin. Las camas estaban vacías. Julie salió corriendo de la habitación de los niños—. ¡Jean!

Jean salió del dormitorio de Julie dando tumbos, vestido solo con unos pantalones, descalzo y con el torso desnudo. Hasta entonces, habían intentado mantener en secreto que compartían cama por las noches, pero en esos momentos no era precisamente aquello lo que más preocupaba a Jean. Rápidamente, se cubrió el torso con una camisa.

En cuestión de segundos, se formó un gran alboroto en la casa. Foni entró corriendo desde el patio y, poco después, la propia Kiri apareció también en el pasillo a pesar de que Julie no consideraba acabado el periodo de reposo posterior al parto.

Si bien las mujeres estaban muy nerviosas y no sabían muy bien qué hacer, Jean fue directo a examinar la causa del asunto.

—Julie, ¡la puerta que da a la escalera trasera está abierta! Foni, Liv: ¿alguna de vosotras ha utilizado hoy esa puerta?

Ambas negaron con la cabeza.

La salida trasera consistía en una puerta que conducía a una estrecha escalera exterior. Por allí salían los esclavos cuando los señores no querían que atravesaran el interior de la casa. Julie nunca le había visto utilidad porque le parecía más lógico que los esclavos empleasen la escalera interior.

Jean examinó la puerta.

—Yo diría que alguien... Foni, por favor, ve a buscar luz.

La esclava obedeció y regresó enseguida con una pequeña lámpara de aceite.

Jean no tardó en sacar una conclusión.

—¡Alguien ha forzado la puerta! —Miró hacia la puerta del dormitorio de los niños y de nuevo a la escalera exterior—. Julie, no me gusta tener que decir esto, pero creo que alguien ha secuestrado a los niños.

Julie gritó horrorizada. No hacía falta pensar mucho para imaginarse quién podía haber hecho algo así. Además, Pieter sabía adónde conducía esa escalera y qué habitación había al lado.

—¡Maldito miserable! ¿Cómo ha podido…? Foni, manda a Hedam a la policía. ¡Ahora mismo!

Foni salió corriendo al patio trasero y despertó al viejo esclavo, que era el único que continuaba durmiendo a pesar del alboroto. Rápidamente, el hombre se levantó de la cama y se puso en marcha. Entretanto, Julie y Liv se dedicaron a encender lámparas para iluminar la casa. Tras lo que a todos se les antojó una auténtica eternidad, dos policías un tanto adormilados se presentaron en la puerta.

—¿Sostiene usted que su yerno ha secuestrado a los niños? —preguntaron con incredulidad.

—¡Sí, desde luego que ha sido él! —replicó Julie furiosa.

¿Cómo podía ser que aquellos hombres no enviasen de inmediato una patrulla de búsqueda tras Pieter? Para cuando ellos terminaran con el interrogatorio, Pieter habría puesto ya tierra de por medio…

—Hum… Sí… Mevrouw, en ese caso mañana debería dirigirse a la comisaría y presentar una denuncia.

—¿Mañana? ¿Están ustedes locos? ¡Para entonces puede haberles hecho cualquier cosa a los niños!

Jean le puso la mano en el hombro para tratar de calmarla.

—Julie, tranquilízate…

—¿Quién es usted? —preguntó con desconfianza uno de los policías.

—¿Yo? Soy un amigo de la familia —contestó Jean con aplomo—. Y ahora, por favor, discúlpenos, mañana nos dirigiremos a la comisaría. —Con esas palabras, Jean condujo a los policías hacia la puerta.

—Pero… ¿Jean? —Julie lo miró perpleja. No comprendía

por qué echaba de allí a los policías. ¡Tenían que buscar a los niños!

Jean, sin embargo, trató de explicárselo con calma.

—No iniciarán la búsqueda hasta mañana por la mañana y no hay nada que podamos hacer, así que será mejor que nos pongamos en marcha. —Antes de terminar su explicación, sacó su abrigo del armario—. Mete lo imprescindible en una maleta y ven al puerto. Creo que sé adónde ha podido ir Pieter. —Y con esas palabras, abandonó la casa.

Julie le pidió a Foni que empaquetara unos vestidos y unas mantas. Ella subió al dormitorio y sacó de un lugar secreto del armario una bolsa con monedas. Nunca se sabía qué clase de puertas podía llegar a abrirles el dinero. Después volvió corriendo al salón. Los minutos parecían horas. Cuando Kiri apareció con Karini en brazos, Julie negó con un gesto resuelto.

—Kiri, ¡no puedes venir! Piensa en Karini.

Kiri la contradijo, aunque sabía que en realidad no debía hacerlo. Estaban hablando de un asunto serio.

—Misi, Karini también viene, hay mujeres que vuelven a trabajar en el campo dos días después de dar a luz, así que yo puedo llevarla a la espalda adonde sea.

Julie miró perpleja a la esclava, que hablaba con enorme determinación.

—Misi, en estos últimos meses he cuidado de Henry como si fuese mi propio hijo. Si ahora le ocurriese algo, no me lo podría perdonar.

—Yo también voy, misi. —Amru apareció detrás de Kiri. En su rostro se apreciaba también una profunda preocupación.

—Está bien —accedió Julie, que enseguida se dio cuenta de

que discutir sería una pérdida de tiempo. Acompañada por las dos esclavas, se encaminó al puerto.

Cuando llegaron, estaba amaneciendo. Jean fue a encontrarse con ellas en el muelle. Miró a Kiri y a Amru sorprendido y, acto seguido, les contó lo que había podido averiguar.

—Ha tomado un bote y ha zarpado río arriba, según me han contado. Unos marineros se cruzaron con él cuando volvían a su barco hace unas horas. Dicen que iba acompañado por un negro y dos niños.

—¿Crees que se dirige a la plantación? —preguntó Julie.

Jean se encogió de hombros.

—Es posible. Tal vez tenga que pasar por allí a recoger alguna cosa. Pero desde luego no creo que piense quedarse allí, tan estúpido no es.

Julie estaba tan preocupada por los niños que se sentía al borde del desmayo.

—¿Qué se propondrá? ¿Por qué se habrá llevado consigo a los niños?

El rostro de Jean también reflejaba una honda preocupación.

—No me gusta tener que decir esto, pero ese tipo está loco.

Julie sabía que Jean tenía razón.

—Tenemos que seguirlo. ¡Necesitamos una barca! —exclamó y, desde el muelle, miró a su alrededor. Pero en el puerto reinaba una calma absoluta y ni siquiera los pequeños botes de remos que solían verse durante el día estaban atracados en la orilla.

—Puede que yo conozca… —murmuró Julie y echó a correr.

Jean la siguió con la mirada, perplejo, y comenzó a correr en la misma dirección. Las dos esclavas se quedaron en el muelle sin saber muy bien qué hacer.

A Julie le llevó un rato localizar el barco que había llevado a Erika a Batavia. Al verlo en el último embarcadero, suspiró. Se trataba de un velero. Con esa embarcación podrían remontar el río más rápido que con una barca de remos y, además, no dependerían de las mareas y las corrientes.

Julie pegó unos golpes en la madera del casco con el puño.

—¿Capitán Parono? ¿Capitán? —gritó sin aliento.

Pasó un tiempo que se le hizo interminable hasta que se abrió una de las escotillas de cubierta y un hombre medio adormilado asomó por una escalera.

—Pero ¿qué demonios…? —El hombre miró a Julie desconcertado—. Mevrouw, ¿qué está haciendo usted aquí? ¡Yo la conozco de algo!

—Sí, en una ocasión usted… No importa. Escúcheme. Necesitamos con mucha urgencia un barco que nos lleve río arriba. Le pagaremos lo que sea. —Julie miró al capitán Parono con gesto de súplica.

—Mevrouw, no puedo, mañana tengo que…

Entonces, Jean se colocó delante de Julie y tomó la palabra jadeando.

—Escuche, no importa lo que tenga que hacer mañana, nosotros le pagaremos el doble… El doble no, el triple. Ahora lo único que importa es que nos lleve río arriba.

—¿El triple? —preguntó el capitán Parono y se rascó la barbilla—. ¿Lo dicen en serio?

—Sí, el triple —confirmó Julie.

Parono sonrió satisfecho.

—Por favor… Suban a bordo, están en su casa. —Parono se apresuró a colocar la pasarela.

Una media hora más tarde, Amru, Kiri y Karini se habían reunido con ellos en el velero y todos se dirigían hacia Rozenburg.

Llegaron a la plantación a mediodía. Evidentemente, una embarcación de esas dimensiones no podía atracar allí, de manera que Parono hizo sonar una campanilla varias veces. Los esclavos de la plantación acudieron enseguida y, en pequeños *korjale,* se acercaron a remo al velero para trasladar a los pasajeros hasta la orilla.

Julie bombardeó a los hombres a preguntas, pero ellos se encogieron de hombros.

—Ni idea, misi. No sabemos si el masra Pieter está ahí.

En cuanto llegaron a la orilla, Julie y Amru se remangaron la falda y echaron a correr hacia la casa de la plantación. Jean gritó tras ellas:

—¡Espera, Julie! ¡Espera un momento!

Pero nada consiguió detener a Julie. Jean siguió a las mujeres jadeando.

La casa de la plantación estaba vacía. Una de las esclavas domésticas se quedó petrificada en el pasillo ante el repentino asalto de las mujeres.

—¿Dónde está el masra? ¡Habla! —Julie agarró a la muchacha del brazo y la zarandeó.

—Misi..., el masra Pieter... —tartamudeó la joven—, el masra Pieter se ha... ¿No está en la ciudad?

Amru liberó a la muchacha de las manos de Julie y, en un tono más calmado, le preguntó:

—¿Ha pasado por aquí esta mañana de madrugada? ¿Falta algo? ¿Se ha llevado equipaje?

La muchacha negó con la cabeza.

Jean, que había conseguido llegar a la puerta, volvió la vista hacia el río.

—¿Adónde ha podido ir ese miserable?

—Oh, Jean, si se ha…, si se ha marchado a algún otro lugar, ¡no lo encontraremos nunca!

Julie posó la frente sobre el hombro de Jean y rompió a llorar.

Kiri llegó de la aldea de los esclavos caminando tan rápido como le permitía el bebé que llevaba a la espalda.

—¡Misi! —Al llegar al porche casi sin resuello, se detuvo—. En la aldea dicen que se ha llevado a una mujer para cuidar de los niños.

Julie se puso muy nerviosa.

—¿Y alguien sabe adónde se dirigía?

Kiri negó con la cabeza.

—No. Pero uno de los hombres conocía al negro que lo acompañaba. Además, dicen que había otro hombre en la barca. Un cimarrón, según dicen en el poblado.

—¿Un cimarrón?

Kiri asintió.

Jean caminaba de un lado a otro del porche sin parar. De pronto, se quedó inmóvil.

—Creo que quiere esconder a los niños en el interior del país, imagino que para poder presionarte. Viniendo de él, no me extrañaría.

Julie tragó saliva.

—¿Y qué podemos hacer?

—Pues o bien esperamos a que aparezca o vamos a buscarlo.

—¿Esperar a que aparezca? ¡Estás loco! Podrían pasar semanas, y ¡quién sabe lo que podría hacer con los niños en ese tiempo! —Solo pensarlo le produjo auténtico pánico.

Jean asintió.

—Entonces, vayamos a buscarlo —sentenció con firmeza.

—Pero ¿adónde? —preguntó Julie mirando hacia el río.

Kiri se inquietó.

—Misi, ¡seguro que Dany sabe dónde deberíamos buscar!

—¡Buena idea, Kiri, pero entonces lo primero que tenemos que hacer es encontrar a Dany!

Kiri restó importancia al problema sacudiendo la mano.

—Misi, eso no debería ser difícil. Los esclavos del campo... Bueno, quiero decir, los hombres que...

Julie comprendió en ese momento que Kiri acababa de revelarle que los esclavos salían a escondidas de la plantación, algo que jamás reconocerían ante su masra. Julie sabía lo que suponía para Kiri contar algo así y se sintió muy agradecida. Además, ella nunca utilizaría esa información contra Kiri.

—Ve a buscar a esos hombres, ¡corre! —Kiri vaciló—. Kiri, diles que no les pasará nada. ¡Al contrario!

Kiri echó a correr. Al poco, regresó con cuatro esclavos de los que trabajaban en el campo. Todos se presentaron ante Julie con la cabeza gacha. Sin embargo, lo último que ella pensaba hacer era reprenderlos.

—¡No os sucederá nada! ¡A mí me da igual lo que hayáis hecho! ¡Ahora lo único que me importa es que nos llevéis hasta el poblado donde vive Dany! ¡Por favor!

El tono de súplica de la voz de Julie surtió efecto. Los hombres levantaron fugazmente la mirada, se encogieron de hombros y asintieron.

Julie quería partir de inmediato, pero Jean la retuvo.

—Tenemos que llevar provisiones, ¡ninguno de nosotros ha comido desde ayer! Y también deberíamos llevarle alimentos al capitán Parono. Y, otra cosa…, ¿tenéis armas en la plantación?

Julie se volvió hacia él, atónita.

—Sí, los guardas tienen armas.

—Bien, porque es posible que las necesitemos.

En ese momento, Amru, que seguía abrazada a la joven esclava doméstica, la apremió a entrar en la casa.

—Yo me encargo de preparar las provisiones. —Después se volvió hacia Julie y agregó—: Misi, si usted me lo permite, yo me quedaré aquí por si acaso regresa a la plantación. En ese caso, la gente de la aldea me ayudaría…

—Gracias, Amru. —Julie estaba abrumada por la cantidad de personas que se estaban mostrando dispuestas a ayudar.

Dos horas más tarde, volvían a encontrarse de travesía por el río.

Julie estaba en la cubierta, nerviosa, y desde allí escudriñaba la orilla como si fuese a advertir algún rastro de Pieter y los niños, pero, tal como cabía esperar, no vio nada.

Estaba empezando a caer la tarde cuando los esclavos indicaron a Parono que detuviese el barco. El capitán lanzó el ancla y, a los pocos instantes, surgieron de la espesura varias barcas en dirección al velero.

—Misi, ¡esos hombres son del clan de Dany! —exclamó Kiri visiblemente nerviosa. Julie sabía que Kiri no había vuelto a ver a Dany desde que se había marchado a la ciudad. Desde que había nacido Karini.

Los cimarrones saludaron primero a los esclavos negros del barco, pero a los hombres blancos los recibieron con recelo. No era muy habitual que los blancos se internasen hasta allí y que, además, pidieran que los llevasen hasta el poblado, como estaba haciendo Jean.

Durante unos instantes, los cimarrones discutieron entre sí, luego se encogieron de hombros y, con una señal, invitaron a todos los pasajeros del barco a subir a los botes. Julie descendió rápidamente por la escalerilla del barco de Parono y aterrizó en uno de los pequeños *korjale.* Kiri y Jean subieron cada uno en un bote, ya que apenas cabían más de dos pasajeros por embarcación. Los cimarrones remaron hasta la orilla, se internaron a remo entre las raíces de unos mangles y allí dejaron que las ramas colgantes de los árboles engullesen las barcas. Dentro de la espesura, se hallaban las vías fluviales que conducían a la verdadera orilla, muy escondida.

Una vez allí, abandonaron los botes y, poco después, llegaron a un extenso claro donde se levantaba el poblado. Un grupo de curiosos contempló con sorpresa a los recién llegados.

—¿Kiri? Kiri, ¿qué estás haciendo aquí? —Dany se abrió paso entre la muchedumbre y recibió a Kiri con euforia.

—¡Dany! —Kiri le explicó en pocas palabras por qué estaban allí. Mientras ella hablaba, Dany descubrió el bebé que llevaba a la espalda y contempló atónito a la criatura.

—¿Es un niño o una niña?

Kiri se echó a reír.

—Es una niña. Se llama Karini.

—¡Oh! —Dany le ofreció los dedos al bebé y se rio por lo bajo cuando la pequeña le agarró el índice.

Julie lamentó tener que interrumpir aquel idilio.

—Dany, ¿podrías venir, por favor? Es muy urgente.

—Sí, claro. —Se soltó de la pequeña y se dirigió con paso presuroso hacia una cabaña.

Poco después, de esa misma cabaña, salió una figura. Julie y Jean no daban crédito a lo que estaban viendo.

—¿Aiku? —exclamaron ambos al unísono.

Dany no pudo reprimir una sonrisa.

—Misi Julie, masra Jean, este es nuestro capitán Aikuwakanasa. —Y después, dirigiéndose a Aiku, añadió—: Padre, los blancos quisieran pedirnos un favor urgente.

—¿Padre? —Julie no entendía nada. Jean también se volvió confundido hacia Aiku, que había aparecido ante ellos ataviado con un traje tradicional y engalanado con collares, brazaletes y aros.

«Padre», se repitió Julie muy confundida. Si Dany era el hijo de Aiku y Aiku había estado con Felice, la primera esposa de Karl..., entonces ¿Dany era...? ¿Cómo podía ser?

Tendría que pensarlo despacio, pero en ese momento se sintió incapaz.

—Aiku, Pieter ha secuestrado a Martin, el hijo de Martina, y a Henry, mi hijo, y ha huido con ellos río arriba. ¡Necesitamos ayuda!

Aiku vaciló unos instantes. Después, levantó el brazo y acto seguido unos diez hombres bien fornidos dieron un paso al frente. Luego, Aiku le hizo un gesto a Julie y señaló hacia el río.

Dany también se ofreció voluntario:

—Son nuestros mejores cazadores y rastreadores. Ellos os acompañarán. ¡Yo también voy con vosotros!

CAPÍTULO 7

El capitán Parono condujo su Vieja Dama por el centro del río. A izquierda y derecha del barco viajaban remolcados los pequeños *korjale* de los cimarrones. Como los hombres no tenían que remar, avanzaban a toda velocidad.

—El cimarrón que iba con el masra Pieter no pertenece a nuestro clan. —Dany viajaba en la proa del barco junto a Julie y Jean. Kiri, a pesar de sus protestas, había acabado por quedarse en el poblado porque Dany le advirtió que a partir de ahí sería demasiado peligroso para ella y el bebé.

Al oírlo, Jean se volvió hacia Julie con preocupación, pero comprendió que no merecía la pena embarcarse en una discusión sobre la conveniencia de que Julie prosiguiera el viaje.

—Creo que sé de dónde es —continuó Dany—. En la parte alta del río, en uno de los arroyos del Surinam, vive otro clan. Lo que pasa es que sus miembros —agregó torciendo el gesto— no son especialmente amables con los forasteros.

—¿Y por qué iban a proporcionarle protección a un canalla como Pieter? —preguntó Jean.

Dany se encogió de hombros.

—En este país con dinero se puede conseguir cualquier cosa.

Navegaron toda la noche y, a la mañana siguiente, Julie notó en el creciente nerviosismo de los negros que estaban adentrándose en el territorio de ese temible clan.

Dany y otro hombre iban en la proa y desde allí oteaban las tierras cercanas a la orilla.

Julie se sobresaltó al ver que, de pronto, Dany levantaba el brazo: la señal para que Parono detuviera el barco. El ancla ni siquiera se había sumergido en el agua cuando un bote apareció entre la espesura. Dentro de la embarcación, había un solo hombre. Este cruzó su *korjal* delante del barco.

—¿Qué queréis? —gritó desde abajo.

Jean se asomó a la borda.

—Estamos buscando a un hombre blanco con dos niños.

El cimarrón del bote se echó a reír.

—Aquí no hay nadie. ¡Fuera! —Hizo ademán de darse media vuelta con el bote.

—¡Escuche! —gritó Jean—, ese hombre es un criminal, ofrecen una elevada recompensa por él.

Entonces el hombre vaciló.

—¿Recompensa?

Julie sacó de su vestido, como por arte de magia, la bolsa de dinero y la balanceó en el aire. El tintineo de las monedas se oyó con claridad.

—Bueno, ahora que lo pienso... Creo que esta mañana temprano ha pasado por aquí.

—¿Adónde se dirigía? ¿Lo sabe?

El cimarrón sacudió la cabeza.

—Siguió río arriba, yo creo. ¿Yo también recibiré una recompensa?

Jean torció el gesto y meneó la cabeza, pero Julie sacó dos monedas de la bolsa y se las arrojó al hombre, que esbozó una amplia sonrisa.

—¡Julie! Igual ha mentido solamente para embolsarse el dinero.

Ella miró al hombre fijamente a los ojos.

—No, no ha mentido, lo presiento. Pieter ha estado aquí. Además, todo el dinero está bien invertido si conseguimos encontrar a los niños.

Parono levó el ancla y el cimarrón apartó el bote y se alejó tan contento.

Era poco después de mediodía y el sol caía a plomo sobre la cubierta. Jean repartió un poco de agua de una calabaza. En el poblado de los cimarrones no habían cargado provisiones y no estaban preparados para abastecer a las más de diez personas que viajaban a bordo. Julie bebió un pequeño trago. A pesar de que desde el día anterior apenas había comido o bebido, ya no le rugía el estómago.

—Toma —dijo Jean y le entregó un mango algo maduro—, come algo o acabarás desmayándote.

Julie mordisqueó con repugnancia la dulce carne de la fruta. Ella estaba allí sentada, comiendo, mientras su hijo tal vez…

De pronto, sobre el río se oyó un disparo. Todos se sobresaltaron, los hombres se tendieron bocabajo sobre el suelo de madera de la cubierta y Jean se abalanzó sobre Julie y la obligó a hacer lo mismo. Entonces se oyó un segundo disparo.

Dany se incorporó ligeramente y aguzó el oído. Luego se puso en pie y le indicó a Parono que se detuviese. Este meneó la cabeza, aterrorizado.

—Arroje el ancla. ¡El disparo no iba dirigido contra nosotros! —dijo Dany y les indicó a los demás que se levantaran—. Creo que ha sido un cazador.

Apenas había terminado de pronunciar esas palabras cuando se oyó un tercer disparo, que se estrelló contra la borda justo al lado de donde se encontraban Jean y Julie.

—¡Media vuelta! ¡Media vuelta! —gritó otro hombre agazapado.

Parono comenzó a recoger el ancla con una mano y con la otra giró el timón. Julie permaneció protegida por el brazo de Jean junto a la cabina de Parono y aguzó el oído en medio del silencio. Río abajo, a favor de la corriente, siempre se navegaba más rápido. Eso lo sabía hasta Julie.

—¡Ese disparo sí que iba contra nosotros! —Jean miró con preocupación a Dany, que seguía agachado en la proa. Este asintió con la cabeza y se acercó a él arrastrándose por el suelo.

—Regresaremos un tramo río abajo y luego nos detendremos, si puede ser entre las pequeñas islas por las que pasamos antes. Esta noche nos acercaremos en los botes pequeños a tierra y lo intentaremos por la selva. Un cimarrón nunca dispararía sin motivo. Creo que los hemos encontrado.

Parono fondeó el barco justo en un estrecho tramo entre las islas fluviales cubiertas de árboles. Allí la embarcación estaba protegida y desde el río apenas se veía.

No obstante, hasta que anocheció reinó un ambiente de nerviosismo y nadie se atrevió a incorporarse en la cubierta.

Después, los cimarrones desataron los *korjale* y se dirigieron con Julie y Jean a la orilla. Parono recibió instrucciones de esperar en el barco y de zarpar en cuanto los demás regresaran.

Julie tenía un mal presentimiento. Todo estaba tan oscuro que apenas alcanzaban a ver unos metros.

En la orilla, Dany la ayudó a bajar del *korjal*. Por la selva, los cimarrones se movían con una seguridad abrumadora. En el medio, situaron a Jean y Julie, que avanzaban a trompicones agarrados de la mano. Caminaron lo que a ellos les pareció una eternidad, debía de ser ya medianoche cuando el hombre que avanzaba a la cabeza se detuvo. Los demás se deslizaron en silencio hasta el lugar en que el primero aguardaba acuclillado y escrutaron el bosque. A lo lejos, se vislumbraba el débil resplandor de un fuego.

—¡Eso no es un poblado cimarrón! Es un campamento —susurró Dany—. Vengan. —El grupo se acercó dando un gran rodeo por un lateral del río y Julie se preguntó por qué tomaban ese desvío. Enseguida comprendió que, de ese modo, cerraba el camino para una huida y que, como el aire soplaba hacia el río, camuflaba casi por completo los crujidos que pudieran delatarlos. A Julie le latía el corazón a toda velocidad. Jean le soltó la mano y agarró el arma que llevaba consigo. Los hombres que avanzaban a la cabeza se pusieron a cubierto y Julie miró atentamente hacia delante. En efecto: en la selva, en un pequeño claro, ardía una hoguera junto a una tienda de campaña. En torno al fuego, había dos figuras sentadas.

—¡Pieter! —susurró Julie alterada. Los hombres se volvieron hacia ella y la censuraron con la mirada.

—Tú te quedas aquí, ¿de acuerdo? —le advirtió Jean. Él les hizo una señal con la cabeza y señaló con la mano primero hacia la derecha y luego hacia la izquierda.

Los hombres comprendieron la orden y se dividieron en dos grupos.

Cuando les hicieron una señal, todos penetraron en el claro formando un único frente. Todos los caminos de huida estaban cerrados.

—¡Pieter! —la voz de Jean sonó grave y amenazadora. Julie vio desde su escondite que el acompañante de Pieter levantaba los brazos y se quedaba inmóvil. Pieter, en cambio, se incorporó de un salto enarbolando un arma.

—Hombre, el refinado amante de mi suegra —exclamó con sorna y apuntó a Jean con el arma.

—Suelta a los niños. Esto se acabó. —La voz de Jean traslucía determinación. Si tenía miedo, conseguía disimularlo.

—Los niños… —jadeó Pieter—. Si me quedo sin plantación, no hay niños.

Dio un paso atrás en dirección a la tienda de campaña. Jean lo apuntó con el arma.

—Es el último aviso.

Por la izquierda, apareció Dany, que se detuvo a unos metros de Jean y apuntó también a Pieter con el arma.

—Oh, qué bonito, pero si esto parece una reunión familiar. El pequeño bastardo de Karl ha venido también.

Julie oyó desde allí el resoplido de desprecio de Dany, aunque este no se movió de su posición.

Ella temblaba agazapada en su escondite.

Entonces, la esclava salió de la tienda con Martin en brazos. Pieter se distrajo un instante. Y ese fue el momento que Jean aprovechó para disparar. La bala alcanzó a Pieter en el hombro, lo cual no le impidió disparar antes de caer al suelo. La esclava profirió un chillido y protegió al niño con los brazos. Julie salió del escondite y echó a correr hacia ellos mientras los hombres se abalanzaban sobre Pieter. Hubo unos momentos de confusión.

—¡Martin! —Julie le arrebató el niño a la esclava y acto seguido apartó las lonas que servían de puerta a la tienda gritando—: ¿Henry? ¡Henry! —El pequeño estaba tendido en el suelo y empezaba a desperezarse.

Julie estrechó a los dos niños entre los brazos. La esclava se desplomó de rodillas en el suelo y rompió a llorar.

—Misi Juliette, yo…

—Levántate, no ha sido culpa tuya, levántate —dijo Julie con dulzura.

Julie se volvió a mirar. Los cimarrones habían retenido a Pieter y a su cómplice. Ya no suponían ningún peligro. A Pieter le sangraba el hombro y forcejeaba para intentar librarse de las ataduras. Pero ¿y Jean? Rápidamente, Julie recorrió el claro con la mirada hasta que lo localizó tendido en el suelo. Dany estaba agachado a su lado. Julie salió corriendo hacia él llevando en brazos a los dos niños, algo aturdidos.

—Dany, Jean, ¿qué ha pasado?

Jean se incorporó con un gesto de dolor y quiso inspeccionarse la pierna.

—Oh, Dios mío, ¿te han dado?

—La bala ha pasado rozando.

Dany ayudó a Jean a quitarse la camisa y le vendó con ella cuidadosamente la herida antes de ayudarlo a ponerse de pie. Jean gimió y miró con preocupación a los niños.

—¿Ellos están bien?

—Sí. —Julie tenía abrazado a Martin, que se había echado a llorar y alargaba el brazo en dirección a su padre.

—Papá…, papá… —sollozaba.

Julie lo retuvo junto a sí.

Henry, en cambio, desde el otro brazo de Julie, presenciaba lo que estaba sucediendo, todavía medio dormido y chupándose el dedo.

Condujeron a Pieter y a su compinche hasta el barco de Parono. Dany ayudaba a Jean y Julie iba detrás con Henry en brazos. Uno de los cimarrones se encargó de que Martin, que continuaba lloriqueando, atravesara sano y salvo el tramo de la selva. La esclava caminaba algo asustada, seguida por el resto de los cimarrones.

En cuanto llegaron al barco, amarraron a los criminales al mástil y dos cimarrones se apostaron a su lado para vigilarlos.

Huir les resultaría imposible. Julie puso a su hijo en manos de Dany y fue a curarle la herida a Jean. En el barco no disponían de medicinas, pero Julie encontró dos botellas de licor y abrió una de ellas. Primero le ofreció a Jean un buen trago y después derramó el resto sobre la herida. Jean soltó un alarido de dolor.

—Lo siento —murmuró Julie con compasión y le colocó un vendaje provisional.

Dany se acercó a Julie.

—Se pondrá bien y, cuando lleguemos a nuestro poblado, el curandero se encargará de la herida. Ahora, vámonos de aquí.

Le hizo una señal a Parono para que levara el ancla.

CAPÍTULO 8

En cuanto el barco de Parono partió del poblado, Kiri comenzó a dar vueltas, nerviosa, hasta que finalmente Aiku la llevó a su cabaña. Allí, en una cama acolchada con mantas y cojines, Kiri descubrió con sorpresa a otra persona conocida.

—¡Orla! —exclamó sin dar crédito.

—Kiri, ¿eres tú? —Kiri buscó la mirada de Orla y entonces se dio cuenta de que la anciana tenía la mirada empañada. La vieja mujer se había quedado completamente ciega.

—¡Qué fantástico que estés aquí! Tengo entendido que por allá han pasado muchas cosas. Siéntate y cuéntame qué ha sucedido.

Kiri se sentó junto a la anciana y le contó todos los acontecimientos de los últimos meses.

Orla se incorporó ligeramente, buscó a tientas la mano de Kiri y la estrechó con fuerza.

—A tu misi no le pasará nada. Y tu masra regresará también sano y salvo.

En ese instante, Karini comenzó a lloriquear a la espalda de Kiri. Kiri la sacó del pañuelo en el que la llevaba colgada para darle el pecho.

—¿Es tu bebé? —preguntó Orla entre susurros con tono estupefacto.

—Sí, es mi bebé. Es la hija de Dany —respondió Kiri por lo bajo.

—Entonces, es mi... ¿bisnieta? —Orla buscó con la mano la cabeza del bebé y le acarició suavemente el pelo con sus dedos viejos y retorcidos.

Kiri contempló a la anciana pensativa.

—¿Por qué no me cuentas cómo puede ser que...? Que Dany... y Aiku..., no entiendo.

Orla se recostó de nuevo en el camastro.

—Ay, jovencita, esa es una larga historia...

—Tengo tiempo de sobra.

Orla le explicó a Kiri que su familia vivía en la plantación Rozenburg cuando los padres del masra Karl aún estaban vivos. No malgastó demasiadas palabras en describir la vida en la plantación, pero las pocas que utilizó mostraban con claridad que habían llevado una existencia dura y sacrificada. El padre del masra Karl había sido un modelo de dureza y violencia para su hijo. En un momento dado, ellos intentaron huir y reunirse con algunos parientes que vivían en la selva como cimarrones libres. Los guardas se percataron del intento de huida y les lanzaron a los perros. Orla todavía era pequeña y no era capaz de correr muy deprisa, de manera que los perros la alcanzaron.

—Gracias a los dioses, no llegaron a matarme, pero los *basyas* me llevaron de vuelta a la plantación. Mi familia se había marchado y yo era demasiado pequeña para comprender lo que eso significaba. Cuando me hice mayor, escogí a un hombre y tuve un hijo con él: Aiku.

A partir de ahí, nunca volvió a sentir tentaciones de huir.

—Mi sitio estaba en la plantación —dijo con gesto pensativo, mientras recorría con los dedos las cicatrices que le surcaban las piernas. Después agregó en voz baja—: Luego llegó un día en que Aiku empezó a tener relaciones con Felice y ahí comenzó el drama. Yo le dije al chico varias veces que aquello no iba a salir bien. Cuando nació Dany, Amru y yo intentamos convencer al masra Karl de que el bebé había muerto al nacer. Pero, un día, el masra irrumpió por sorpresa en la habitación, vio al niño mulato y nos lo quitó. En ese arrebato de cólera, arrastró a Aiku hasta el río para ahogarlo. Aiku se metió con el niño en el agua y se dejó llevar por la corriente. El masra no pudo hacer nada desde la orilla y, cuando envió a unos hombres en barcas a buscarlos, Aiku ya había desaparecido. Aiku llevó al niño al poblado cimarrón donde vivía mi hermana porque sabía que allí estaría a salvo, pero quería regresar a toda costa a la plantación para reunirse de nuevo con misi Felice. Sin embargo, cuando volvió ya era demasiado tarde. La misi fue al río y el masra... Bueno, ya sabes lo que hizo con ella.

Kiri se quedó callada unos instantes, pensando.

—Entonces, ¿Dany está emparentado con misi Martina? —preguntó asombrada. Continuó dándole vueltas al asunto para sus adentros. Si Karini no era hija de Dany, sino del masra Pieter, entonces estaría emparentada con el pequeño masra Martin. Sacudió la cabeza para desterrar ese pensamiento de su cabeza. ¡Karini era hija de Dany! Tenía que serlo. Kiri no estaba dispuesta a creer otra cosa.

En un momento dado, Kiri cayó rendida de sueño a los pies de la cama de Orla. A la mañana siguiente, la despertaron unos gritos. Se levantó, se colocó al bebé a la espalda, que todavía seguía durmiendo, y salió de la cabaña. Orla roncaba.

Fuera, entre las cabañas, se había congregado un grupo de personas.

—¡El barco ha vuelto! —Kiri echó a correr hacia el embarcadero de los *korjale.* Le pareció que los pequeños botes tardaban una eternidad en llegar a la orilla.

—¡Misi Juliette! —Kiri ayudó a la misi, que parecía extenuada, a apearse del bote.

—Kiri, todo ha ido bien. ¡Tenemos a los niños! —El alivio se percibía con claridad en su voz.

El siguiente en llegar fue el *korjal* en que viajaban el masra Jean con el pequeño masra Henry en brazos y otro hombre que llevaba al masra Martin en el regazo. Después, llegó otro bote con el masra Pieter, escoltado por un fornido cimarrón. Cuando los hombres llegaron a tierra, a Kiri la invadió un fuerte deseo de venganza. Escupió con desprecio a los pies del masra Pieter y lo miró fijamente a los ojos. Él hizo ademán de atacarla, pero dos hombres se lo impidieron.

—Eh, hombre blanco, ¡ve con cuidado! ¡Este no es tu territorio!

—Recibirá el castigo que merece, Kiri. —El masra Jean apremió a misi Juliette y a Kiri para que se dirigieran al poblado. Él iba cojeando, pero podía caminar solo. Aiku fue a recibir a sus hombres y a la misi blanca.

—Aiku. —Misi Julie bajó la vista al darse cuenta de que lo había llamado por su antiguo nombre—. Te estoy muy agradecida por la ayuda que nos has prestado. Sin tus hombres no habríamos conseguido liberar a los niños. ¡Tengo una enorme deuda contigo! —exclamó rindiéndose ante él.

Aiku hizo un gesto con el brazo como quitándole importancia y aplaudió con las manos.

—¡Esto hay que celebrarlo! —exclamó Dany y todos los hombres se pusieron rápidamente en marcha. Dany condujo al masra Jean hasta la cabaña del curandero; este se dispuso a curarle la herida de inmediato y luego lo llevó a la fiesta.

Los hombres ataron al masra Pieter y a sus compinches a dos árboles. Uno de los hombres derramó un líquido verdoso de una jarra sobre la herida del masra Pieter. Este comenzó a berrear, pero se calló al advertir la amenazadora mirada de su guardián. Los niños del poblado fueron a mofarse de los prisioneros y a importunarlos con largos palos. Kiri condujo a misi Juliette y a los niños al centro del poblado, donde estaban a punto de encender un gran fuego. La misi parecía agotada. Se sentó en el suelo y miró de reojo al capitán del poblado, al que el masra Jean estaba contando lo sucedido.

—Kiri, ¿has conseguido averiguar qué hace aquí Aiku? —susurró.

Kiri asintió mientras acariciaba las cabecitas de los pequeños masras Henry y Martin.

—Sí, misi, es una larga historia…

Kiri no pudo continuar porque en ese preciso instante llegó Dany, que se sentó a su lado y, entre titubeos, comenzó a decir:

—Misi Juliette, cuando ha… ha dicho que se siente en deuda con mi padre…

—Sí, y lo mantengo. ¿Qué estás tramando? —le preguntó la misi con una pícara sonrisa.

—Bueno, me gustaría que…, que Kiri y yo… Si pudiéramos…

—¡Pues claro que sí! ¡Por supuesto! —contestó la misi radiante de alegría—. Y el año que viene, cuando desaparezca la esclavitud, ¡todo será mejor, estoy segura!

Dany estrechó a Kiri entre sus brazos.

—¡Sí, entonces podrás vivir conmigo! —Kiri se dejó caer en los brazos de Dany con expresión de agradecimiento. Karini parecía feliz.

CAPÍTULO 9

Julie aguardaba nerviosa en el muelle.

Había ido con Jean, Kiri, Erika, Valerie, Suzanna y Amru al puerto para presenciar el momento en el que Pieter subiera al barco y abandonara el país.

—¿En serio quieres ir a verlo? —le había preguntado Jean.

—Necesito ver con mis propios ojos que se lo llevan del país. Si no, no descansaré tranquila.

Durante las últimas semanas habían pasado muchos nervios. Cuando regresaron a la ciudad, entregaron a Pieter a la policía. En su declaración, habló más de la cuenta y acabó cayendo en su propia trampa. Primero acusó a Julie de haber intentado quitarle al niño, después dijo que Jean y ella eran una pareja de impostores que lo único que querían era quedarse con la plantación. Y, cuando vio que el funcionario tampoco daba crédito a esa teoría, perdió los nervios en un intento por desviar la atención hacia otro asunto y comenzó a acusar a Julie, a Kiri, a Jenk e incluso a Jean del asesinato de Karl.

Julie estuvo a punto de sufrir un ataque al corazón cuando el policía le preguntó qué tenía que alegar en su defensa.

—¿Quién lo mató, entonces? —le preguntó a Julie un tanto irritado—. ¿Usted, su esclava, su amante o quién?

—¡Nadie! —respondió Julie con firmeza—. ¡Fue un accidente!

Al final todo el proceso judicial acabó bien. Valerie había contratado a un buen abogado para que defendiese los intereses de Julie.

—Gracias, Valerie, yo no habría…; el dinero…

—No te preocupes, Juliette, no me debes nada. Siempre y cuando cuides bien de Martin y me acojas…, cuando llegue el día…, en vuestra casa.

Julie se lanzó sobre Valerie en un gesto espontáneo de cariño. Aquella mujer había hecho tantas cosas por ella…

—Por supuesto, Valerie. Tú siempre serás bienvenida en casa.

Además, Pieter fue acusado por los esclavos de la plantación, que gracias a Erika y Suzanna accedieron a prestar declaración contra su masra. El abogado aconsejó a Julie que ella no intercediera para evitar que los acusaran de ejercer influencia en los testigos. Desde el punto de vista de Julie, el proceso se vio favorecido por la inminente abolición de la esclavitud y la emancipación de la población esclava. Las autoridades blancas empezaban a mostrar cada vez más sensibilidad ante los delitos cometidos contra los esclavos y, en la mayoría de las causas, declararon a Pieter culpable. Los delitos médicos se revisarían en Europa porque allí podrían juzgarlos otros médicos y hacer justicia con conocimiento de causa. A Julie aquello no le hizo mucha gracia. Habría preferido saber que iban a encarcelarlo de por vida.

—No te preocupes, que acabará entre rejas, ya sea aquí o en los Países Bajos —le dijo Jean.

Tras la condena de Pieter, a Julie le fueron restituidas tanto la plantación como la custodia de su hijo y, además, le concedieron la custodia de Martin. Eso le supuso un gran alivio porque así podía cumplir la promesa que le había hecho a Martina.

En aquellos momentos, al ver que cuatro soldados llevaban a Pieter al barco, a Julie empezaron a temblarle las piernas. ¿De veras iba a suceder? ¿De veras iba a poder vivir en paz en ese país de una vez por todas?

La última mirada de Pieter le heló la sangre.

Julie se despidió en el muelle de Valerie, Erika y Suzanna.

Erika había decidido seguir trabajando en la enfermería de la misión y fundar, además, una pequeña organización para prestar ayuda a Batavia. De esa forma, aunque fuese desde lejos, al menos podría serle de utilidad a Reinhard. Julie la apoyó para que llevara a cabo esa empresa.

—Tal vez algún día podamos hacer una donación, cuando las cosas en la plantación vuelvan a ir bien —dijo esperanzada—. Venid a la plantación cuando queráis, los niños y tú seréis siempre bienvenidos en Rozenburg.

Erika le dio un sentido abrazo.

—Ay, Juliette, tenemos que mantener el contacto como sea. A mí ya solo eso me resulta de gran ayuda.

Suzanna iba a trasladarse con Minou a la casa de la ciudad de la familia Leevken. Wico se marcharía con ellos a la plantación, ya que Jean le había ofrecido un buen puesto. Jean había revisado los números y había dicho que en efecto no podían mantener una segunda casa en la ciudad. Aunque, gracias al oro de

Jean, poseían un pequeño capital para comenzar, debían administrarlo con precaución para que la plantación volviese a dar beneficios.

Hedam y Foni tendrían que empezar a trabajar menos, tal como correspondía a las personas de su edad, y Suzanna se haría cargo de la casa. Además, podría seguir ocupándose del huerto y vendiendo parte de la cosecha en el mercado.

—Pronto iré a haceros una visita —dijo Valerie cuando Julie se despidió de ella—. Pero, por ahora, necesitáis disfrutar de cierta tranquilidad durante un tiempo.

Por la tarde, Julie, Jean, los niños, Amru y Kiri llegaron al fin a Rozenburg. Julie se sentía agotada y algo aturdida. Al verse de nuevo en la plantación, le sobrevino un torrente de sentimientos contradictorios. Allí había vivido experiencias espantosas, pero también algunos de los momentos más hermosos de su vida. Se alegraba de haber regresado, aunque el futuro le inspiraba miedo. Jean pareció presentir su inquietud.

—No te preocupes. Pieter estará como mínimo quince años fuera. Quién sabe a qué lo condenarán en Europa. ¡No creo que volvamos a saber nada de él! —Dio un sorbo a la copa de *dram* y dedicó una mirada cargada de cariño a Julie mientras el sol se iba poniendo en la plantación.

—¡Eso espero! —exclamó Julie con un suspiro. Tomó un trago de vino y miró hacia el río—. Se respira tanta paz…

Jean siguió la mirada de Julie.

—Las sombras del pasado se desvanecerán, Julie. Has luchado por esta plantación y ahora es el momento de vivir.

Julie lo miró con agradecimiento. Después, se volvió hacia Henry y Martin, que jugaban con una tortuga sobre una estera en el porche.

—Espero que ninguno de los dos haya quedado marcado por todo lo que ha ocurrido —reflexionó en voz alta.

Jean se quedó mirando a los niños con gesto pensativo, luego sonrió y posó la mano sobre Julie.

—Es hora de que entre en casa un hombre que sea para ellos un modelo. Y tú…, tú, al fin y al cabo, vas a necesitar un buen secretario en la plantación.

De pronto, como si se tratase de una confirmación del cielo, se oyó un graznido y, un instante después, Nico aterrizó en la barandilla del porche.

—¡Nico! —Justo cuando Julie se disponía a alargar la mano, se oyó otro graznido. Un segundo pájaro se posó en la barandilla de madera, a una cierta distancia de los dos humanos. Nico se desplazó por la barandilla hasta colocarse junto a su congénere y comenzó a picotearle suavemente el plumaje.

—¡Sí, todo irá bien! —exclamó Julie feliz y le estrechó la mano a Jean.

EPÍLOGO

El 1 de julio de 1863, a las seis de la madrugada, Kiri se presentó junto a otros muchos esclavos en la gran plaza del palacio del gobernador. Habían viajado a la ciudad expresamente para esa celebración.

Veintiún disparos de cañón marcaron el inicio del día en que se iba a declarar la libertad de unos cuarenta mil esclavos.

Al estallar el último disparo, comenzaron los desfiles festivos por las calles. Las gentes peregrinaban hacia las iglesias engalanadas para la ocasión; allí se abriría el día con una misa. Todos los que a partir de ese momento fuesen libres debían convertirse también en buenos cristianos. En las últimas semanas, los esclavos habían respondido sin dudarlo al llamamiento al bautismo masivo; al fin y al cabo, cualquier cosa era mejor que la vida del esclavo. Kiri se bautizó y bautizó también a Karini y Julie logró convencer a Dany para que se bautizase también; de lo contrario, no podrían registrarse como marido y mujer, le dijo. Dany accedió a regañadientes y, con todo y con eso, se presentó en la ceremonia con un pequeño *obia* en la mano, un amuleto del gran dios de los cimarrones.

Después de los servicios eclesiásticos y tras el gran discurso del gobernador, hubo toda clase de celebraciones festivas por la ciudad.

La mayor parte de los blancos presenciaron el alboroto con cierto recelo. Cinco buques de guerra se desplazaron desde los

Países Bajos y fondearon en el río para poder sofocar cualquier disturbio que pudiera producirse, pero en todo momento reinó la calma.

Kiri se encontraba con Karini en brazos entre la multitud y observaba el ajetreo con incredulidad. A partir de ese día les cambiaría la vida, a partir de ese día podrían hacer infinidad de cosas que hasta entonces tenían prohibidas.

Kiri se sonrió al pensar en Liv. En cuanto recibió la pequeña paga que concedieron a todos los esclavos, lo primero que hizo fue comprarse unos zapatos. Ese día, al amanecer, Liv se había calzado los zapatos y, con paso un tanto torpe, había seguido a Kiri por toda la ciudad. Sin embargo, en cuanto llegaron a la gran plaza, se los quitó entre maldiciones.

—¡Es imposible andar con estos trastos!

Kiri prefirió guardar su pequeña paga. Los esclavos no recibieron una gran suma, sobre todo en comparación con los que iban a dejar de ser sus amos, que recibieron trescientos florines por esclavo. Para subsanar la pérdida…

Los dueños de algunas plantaciones decidieron emplear el dinero en marcharse a Europa; había un miedo generalizado a que los esclavos reaccionaran de manera vengativa. Los Marwijk abandonaron el país como unos fugitivos. En Rozenburg no tenían nada que temer por parte de los esclavos. El masra Jean y misi Juliette acordaron de inmediato que se ofrecería un contrato de trabajo a todos los esclavos de la plantación. La misi y el masra se esmeraron en poner la plantación al día y hasta se propusieron construir una escuela. Ambos querían lo mejor para sus trabajadores, de eso Kiri se daba cuenta. Uno de los acontecimientos más milagrosos que se produjo a raíz de la emancipación fue la adjudicación de apellidos. La mayoría de los blancos asignaron a los esclavos apellidos absurdos con el único fin de poderlos inscribir en el registro. La misi y el masra, sin embargo, se lo pensaron muy bien. Después, fueron llamando uno por uno a los esclavos de la plantación y celebraron el «bautizo».

A Amru, como era la persona más importante de la casa, se le concedió el honor de llevar el apellido Rozenburg. Amru Rozenburg. Kiri, Dany y Karini fueron bautizados con el apellido Rozenberg y así sucesivamente. Rozenbusch, Rozenfeld, hasta llegar a Rozenrot.

Kiri se sentía muy orgullosa de que su familia llevara en el apellido el nombre de la plantación.

Ahora era Kiri Rozenberg.

Y era libre.

APOSTILLA SOBRE SURINAM

Durante mucho tiempo, Surinam no ha sido más que una pequeña mancha en el mapa. Un pedacito de tierra en la costa noroeste de Sudamérica poblado por selvas espesas y sabanas, desde sus cenagosas costas hasta las elevadas montañas del interior.

Aunque Surinam fue descubierto en el año 1499 d. C., los cazafortunas y los aventureros no pisaron aquella región que los europeos consideraban inhóspita hasta la segunda mitad del siglo XVI. Ni siquiera el constante rumor de que en Surinam se hallaba la legendaria ciudad de El Dorado atrajo a muchos viajeros. Y aquellos que se aventuraban a emprender el arriesgado viaje tenían que enfrentarse a las enfermedades tropicales y a los beligerantes pueblos indígenas, de manera que la mayor parte de los europeos acababan muriendo al cabo de poco tiempo.

Muchos países iniciaron intentos de colonización y todos ellos se encontraron con la resistencia de los indios. Hubo que esperar 180 años, es decir, al año 1650 d. C., para que se estableciera allí el primer asentamiento europeo.

En 1657, Surinam —que en aquel entonces seguía llamándose Guayana holandesa o neerlandesa— le fue otorgado a los Países Bajos por el Tratado de Breda. A cambio, los ingleses conservaron Nueva Ámsterdam, que hoy se llama Nueva York.

Los blancos intentaron hacer frente a las múltiples dificultades que entrañaba la explotación de las plantaciones recién fundadas mediante la constante importación de esclavos negros de África Occidental. Sin embargo, la entrada de los esclavos provocó la aparición de nuevos problemas. Muchos de ellos escaparon de sus amos y establecieron asentamientos libres en la selva. Al cabo de poco tiempo, el número de los llamados «palenques» creció de tal forma que casi era suficiente para oponer resistencia al poder colonial de los blancos.

Entre 1730 y 1793 volvieron a desatarse conflictos bélicos a consecuencia de los cuales las autoridades coloniales neerlandesas tuvieron que negociar nuevos acuerdos de paz.

Los asentamientos libres permitían que los esclavos huidos mantuvieran su propia cultura y religión. Con el tiempo, la mezcla de los caracteres de los distintos clanes y pueblos dio lugar a una cultura propia que, actualmente, continúan fomentando los grupos de población con mayor sentimiento identitario.

Hasta el año 1863 —una fecha tardía si la comparamos con otros países y colonias— no se abolió la esclavitud en Surinam. El temor a la pérdida masiva de mano de obra hizo que se llevasen al país javaneses e indios de las colonias asiáticas de los Países Bajos. Por desgracia, la suerte de esos trabajadores contratados no fue mucho mejor que la de los antiguos esclavos africanos que, en Surinam, recibieron un trato especialmente cruel.

La abolición de la esclavitud y el floreciente comercio del azúcar de remolacha llevaron a la economía de las plantaciones a la decadencia definitiva. Como consecuencia de ello, muchos europeos abandonaron el país. En la actualidad solo un uno por ciento de los habitantes de Surinam es europeo o tiene orígenes europeos. En Surinam, aparte del neerlandés, se hablan otras dieciséis lenguas oficiales.

Se dice con frecuencia que Surinam es como «el mundo en miniatura». Es un país pequeño y joven que no obtuvo la autonomía administrativa hasta 1954 y la independencia hasta 1975. En las décadas de los ochenta y noventa del siglo XX, volvieron a producirse disturbios políticos que saltaron a los titulares de la prensa de todo el mundo. Un golpe militar y una posterior guerra de guerrillas azotaron el país y hasta el año 1992 no logró restablecerse una cierta estabilidad democrática.

Desde entonces, la situación se ha ido calmando. Hoy en día, viven a la sombra de sus selvas unas 600 000 personas, de las cuales 242 000 habitan en Paramaribo, su capital. En torno al ochenta por ciento de Surinam está cubierto por selvas vírgenes. Solo existen carreteras a lo largo de la costa y desde la ciudad de Paramaribo al aeropuerto internacional, que está situado unos cincuenta kilómetros al sur. Las únicas vías de comunicación son las pistas de tierra que conducen a los poblados de indios y cimarrones de la jungla y la sabana. Algunas de las aldeas se encuentran en puntos muy recónditos de la jungla, donde el río tiene tantos saltos que prácticamente nadie se adentra hasta allí.

Se han realizado tímidos intentos de abrir aquella zona al turismo, pero hay que ser muy individualista y amante de la naturaleza para sentirse cómodo en ese país.

A lo largo de mi investigación, he descubierto multitud de facetas del país y de sus habitantes. Uno de los esfuerzos más notables es el que se está haciendo para superar el pasado. En este sentido, uno de los mayores problemas son las crónicas, muchas veces contradictorias, de la época colonial: los relatos sobre los habitantes del país proceden en su mayoría de colonos blancos, militares o viajeros; las narraciones de esclavos o cimarrones son más bien escasas y en gran medida están incompletas. Dado que a mediados del siglo XIX todavía se sentía un hondo desprecio por las personas de color, el material que existe y al que he tenido acceso está impregnado —cosa poco sorprendente— de un tono tremendamente negativo.

Por eso, en esta historia de ficción me he tomado la libertad creativa de describir algunas cosas como «podrían haber sido».

Esta afirmación hace referencia, por ejemplo, a la descripción de la labor de la comunidad de los Hermanos Moravos. Por lo que a ellos respecta, ha sido necesario para la ficción añadir algunos detalles creativos en el desarrollo de los personajes de Erika, Klara y otras figuras relacionadas con la comunidad. La excelente labor de apoyo al desarrollo que todavía hoy desempeñan los Hermanos Moravos puede deducirse de la propia realidad.

También los experimentos farmacológicos de Pieter Brick con los esclavos de mi relato responden a una licencia creativa. En aquellos tiempos, las fiebres y las enfermedades representaban un enorme problema en la colonia. La malaria, la fiebre amarilla y otras enfermedades tropicales suponían a menudo la muerte del enfermo. En el siglo XIX, algunas de esas enfermedades y sus correspondientes tratamientos aún no se habían descubierto.

Otra enfermedad que por aquella época desató el pánico en todo el mundo fue la lepra. Lo más habitual era internar a los leprosos en pabellones apartados para evitar que se propagara el mal. Hoy en día, la lepra se considera una enfermedad curable, aunque las formas de transmisión todavía no están del todo claras.

Asimismo, me he permitido la licencia de introducir en el relato a algunas personas reales, a las cuales, no obstante, he atribuido acciones y pensamientos inventados.

Exactamente lo mismo sucede con las plantaciones, las familias y los esclavos.

Basarse en acontecimientos reales para relatar una historia es una cosa; conseguir trasladar todo eso de la forma más adecuada es otra bien distinta. En esencia, lo que yo he procurado es contextualizar la narración en la realidad de una época, aunque hay pequeñas discrepancias en la estructura temporal que, en este caso, están al servicio de la ficción.

El tiempo que he pasado con Julie me ha proporcionado mucho placer. Muchas de las cosas que me habría gustado escribir y describir no han tenido finalmente cabida en estas páginas. El día 1 de julio de 1863, cuando tuve que separarme de todos ellos, sentí cierta tristeza. ¿Cómo había ido yo a parar a aquel país?

Fue un verano, en la costa neerlandesa. En un bar de playa pedí un cacao caliente. Me lo sirvió una camarera joven, guapa y muy desenvuelta. Empezamos a hablar. Era de Surinam y estaba allí estudiando gracias a un intercambio. Me fascinó su vida, sus relatos sobre ese país tan pequeño como olvidado y, sobre todo, la historia de su familia. Su tatarabuela, de origen neerlandés, había contraído matrimonio a mediados del siglo XIX con el dueño de una plantación de Surinam…

AGRADECIMIENTOS

Si pensamos que el oficio del escritor consiste en sentarse en la soledad de su pequeño estudio a forjar un texto, entonces se trataría, en efecto, de un trabajo un tanto triste. Pero por fortuna es justo al contrario. Desde que uno concibe la idea hasta que desarrolla la historia se encuentra con infinidad de personas amables, apasionadas y entusiastas que ponen todo de su parte para convertir una pequeña idea en una gran historia.

Por eso quisiera dar las gracias a todas esas personas que me han acompañado a lo largo de los últimos meses. En primer lugar, un enorme «gracias» a C. G.: sin ti este libro no habría sido posible. A continuación, naturalmente, gracias a mi agente y al departamento de edición y corrección, que me han asesorado con dedicación y constancia, así como a mi editorial alemana.

Entre las otras muchas personas que me han prestado ayuda se hallan S. P., J. B. y D. G. Sin todas nuestras charlas y discusiones no me habría resultado nada fácil sacar adelante esta historia.

Por último, me gustaría darle las gracias a mi maravilloso marido, que me ha apoyado siempre y que en ningún momento se ha tomado a mal que me atrincherase detrás de la mesa a escribir y me sumergiera en el remoto universo de Surinam.